"十三五"国家重点出版物出版规划项目

经济科学译丛

# 实地实验
## 设计、分析与解释

艾伦·格伯（Alan S. Gerber）

唐纳德·格林（Donald P. Green） 著

王思琦 译

# Field Experiments
Design, Analysis, and Interpretation

中国人民大学出版社
·北京·

# 《经济科学译丛》总序

中国是一个文明古国，有着几千年的辉煌历史。近百年来，中国由盛而衰，一度成为世界上最贫穷、落后的国家之一。1949 年中国共产党领导的革命，把中国从饥饿、贫困、被欺侮、被奴役的境地中解放出来。1978 年以来的改革开放，使中国真正走上了通向繁荣富强的道路。

中国改革开放的目标是建立一个有效的社会主义市场经济体制，加速发展经济，提高人民生活水平。但是，要完成这一历史使命绝非易事，我们不仅需要从自己的实践中总结教训，也要从别人的实践中获取经验，还要用理论来指导我们的改革。市场经济虽然对我们这个共和国来说是全新的，但市场经济的运行在发达国家已有几百年的历史，市场经济的理论亦在不断发展完善，并形成了一个现代经济学理论体系。虽然许多经济学名著出自西方学者之手，研究的是西方国家的经济问题，但他们归纳出来的许多经济学理论反映的是人类社会的普遍行为，这些理论是全人类的共同财富。要想迅速稳定地改革和发展我国的经济，我们必须学习和借鉴世界各国包括西方国家在内的先进经济学的理论与知识。

本着这一目的，我们组织翻译了这套经济学教科书系列。这套译丛的特点是：第一，全面系统。除了经济学、宏观经济学、微观经济学等基本原理之外，这套译丛还包括了产业组织理论、国际经济学、发展经济学、货币金融学、财政学、劳动经济学、计量经济学等重要领域。第二，简明通俗。与经济学的经典名著不同，这套丛书都是国外大学通用的经济学教科书，大部分都已发行了几版或十几版。作者尽可能地用简明通俗的语言来阐述深奥的经济学原理，并附有案例与习题，对于初学者来说，更容易理解与掌握。

经济学是一门社会科学，许多基本原理的应用受各种不同的社会、政治或经济体制的影响，许多经济学理论是建立在一定的假设条件上的，假设条件不同，结论也就不一定成立。因此，正确理解和掌握经济分析的方法而不是生搬硬套某些不同条件下产生的结论，才是我们学习当代经济学的正确方法。

　　本套译丛于 1995 年春由中国人民大学出版社发起筹备并成立了由许多经济学专家学者组织的编辑委员会。中国留美经济学会的许多学者参与了原著的推荐工作。中国人民大学出版社向所有原著的出版社购买了翻译版权。北京大学、中国人民大学、复旦大学以及中国社会科学院的许多专家教授参与了翻译工作。前任策划编辑梁晶女士为本套译丛的出版做出了重要贡献，在此表示衷心的感谢。在中国经济体制转轨的历史时期，我们把这套译丛献给读者，希望为中国经济的深入改革与发展作出贡献。

**《经济科学译丛》编辑委员会**

实地实验：设计、分析与解释

本书献给我们的父母，
正是他们把对科学的热爱灌输给我们。

# 前　言

最近十多年来，我们为社会科学各学科的本科生和研究生开设了一门为期一学期的实验方法课。虽然阅读材料和讨论有些是围绕实验室实验的，但课程的主要关注点仍然是"实地"实验，即在自然的环境下进行的研究，其中实验对象被随机分配到干预组与控制组。学生通过阅读研究论文来掌握实验设计或分析的关键原理，课堂时间则用来解释这些原理。学生时常发现阅读材料很吸引人甚至振奋人心，但实际上他们阅读的是从广泛的研究文献中选出的资料而非系统性的教科书，这意味着即使那些非常有能力的学生在理解重要术语、概念和技术上也常常会遇到困难。

我们写作本书的目的，是提供一种系统性的实验方法介绍，将在原创性研究中进行探索和发现的快乐传递给读者。每一章都将抽象原理与许多社会科学领域中的案例结合起来：犯罪学、经济学、教育学、政治科学、社会心理学以及社会学。本书通过每一章末尾附带的练习题鼓励学生对研究设计中的抽象原理进行思考，以及对从一些重要实验中获得（或受到启示）的数据进行分析。我们希望提醒读者将实验方法运用在广泛的领域中，并且进行进一步的探索研究。

实验研究者对于专业知识的掌握，一部分是技术训练的结果，另一部分则是依靠学习实践得来的。前者要求读者使用抽象术语来思考实验方法。那么，从实验中究竟可以做出什么推断？在什么条件下可能导致这些推断出错？任何抽象原理的解释不可避免地都会涉及统计语言，因为统计语言可以保证推断的精确性和一般性。本书预先假定读者具有一学期或两学期的统计推断与回归分析的相关知识。鉴于读者对于统计原理的记忆可能已经模糊，本书将随时定义、解释和描述这些统计知识。此外，为了让内容更加通俗易懂，我们还对某些晦涩的术语进行了重新命名。①

---

① 在本书中，我们试图通过重新命名来将学术观点与程序背后的直觉传达给读者。例如外部效度（external validity）一词被替换为普遍性（generalizability）。同样，与学术传统中习惯使用学者名字来标注观点与程序不同，我们使用极端值边界替代了传统的曼斯基边界一词。我们会提供参考文献以便读者了解重要观点的来源。本书参考文献及索引可参见中国人民大学出版社网站：www.crup.com.cn。

在大多数情况下，我们也会避免使用进行检验假设和建立置信区间的那些标准公式，而倾向于使用一种基于统计模拟的统一框架。这种框架不仅使得本书的陈述更加系统化，而且使得本书更加准确——从少数核心原理出发，可以演绎出大量对于方法设计的建议，否则我们需要用大量篇幅来进行说明。

我们多年的教学经验表明，对于抽象原理的呈现需要通过启发性的例子和实际动手经验来强化。记住重要的假设是一回事，在特定的研究应用中认识到什么样的假设能够有用又是另外一回事。为了促进这种能力的发展，许多章末练习题都介绍了一系列实验，要求读者对设计、分析与解释进行思考。第 12 章将通过对几个重要实地实验的研读来进一步阐明之前章节中提出的原理。

正文和练习题的设计，是为了让读者更好地应对在开展和实施实验研究项目中出现的挑战。例如，在我们自己的课程中，我们要求学生进行自己的实地实验，因为只有亲身体验才能使他们将统计概念与研究细节联系起来，从而获得关于计划和实施实验方法的宝贵经验教训，以便更好地理解其他研究者的工作。我们强烈建议授课教师向学生布置一个小规模的实地实验来巩固学生对方法的理解，即如何构建可检验的研究假设、分配被试到不同的实验条件下以及解决诸如被试缩减或者不遵从等问题。虽然实地实验的方法有时因为费用太高、执行困难或者伦理障碍而不被采用，但我们的经验表明，其实很多实地实验研究可以使用有限的资源而得以实现，并且对人类被试风险很小。相关研究案例包括求职、寻找公寓、寻求援助、筹款、提建议、学习指导、节食、请愿、广告以及锻炼等。在附录 B 中，我们提出了一些实地实验（包括相关阅读材料）供学生作为学期论文和初步研究的参考。

虽然本书是为独立的实验方法课程而撰写的，但同样可以作为研究设计、因果推断或者应用统计学课程的补充教材使用。第 1 章到第 4 章对核心概念进行了详细介绍，这些概念包括潜在结果、抽样分布和统计推断。第 5 章到第 11 章包括一些更高级的主题，如不遵从、样本缩减、干扰、中介作用和元分析。为了使得本书更易于理解，每一章都附有一些实际研究案例，对于那些希望进一步寻求技术细节的读者，我们在每章末尾提供了建议阅读的材料。本书的补充材料可以在 http://isps.yale.edu/FEDAI 中下载，其中包括进行分析和模拟的所有数据和计算机程序代码。本书所有例子的代码都是用免费软件包 R 写成的，从而全世界的读者都可以免费使用这些统计程序。我们建议读者访问网址获取补充材料、更新和勘误。*

本书在许多方面都是集体合作的成果。例子和练习题中的数据来自一系列杰出的学者：Kevin Arceneaux、Julia Azari、Marianne Bertrand、Rikhil Bhavnani、Elizabeth Campbell、David Clingingsmith、Sarah Cotterill、Ruth Ditlmann、Pascaline Dupas、Leslie Hough、Peter John、Asim Ijaz Khwaja、Michael Kremer、Paul Lagunes、Sendhil Mullainathan、Karthik Muralidharan、David Nickerson、Ben Olken、Jeffrey Rosen、Venkatesh Sundararaman、Rocio Titiunik 和 Ebonya Washington。我们还要感谢 David Torgerson 和 Iain Chalmers 建议采用医学史以及随机试验（randomized trial）中的例

---

\* 中文版在翻译过程中已根据作者网站提供的勘误表进行了修改。——译者注

子。本书有几章是和同事合作的成果：Christopher Larimer（第 6、10 章）[1]、Betsy Sinclair 和 Margaret McConnell（第 8 章）[2]、John Bullock 和 Shang Ha（第 10 章）[3] 以及 Edward Kaplan 和 Holger Kern（第 5、9 和 11 章）[4]。在对本书初稿提出建议方面，我们要感谢 Josh Angrist、Kevin Arceneaux、Noah Buckley、John Bullock、Daniel Butler、Ana De La O、Thad Dunning、Brian Fried、Grant Gordon、Justine Hastings、Susan Hyde、Macartan Humphreys、Edward Kaplan、Jordan Kyle、Paul Lagunes、Malte Lierl、Jason Lyall、Neil Malhotra、David Nickerson、Laura Paler、Elizabeth Levy Paluck、Ben Pasquale、Limor Peer、Kenneth Scheve、Betsy Sinclair、Pavithra Suryanarayan、David Szakonyi 和 Lauren Young。特别感谢 Cyrus Samii 和 Rocío Titiunik 对整部稿件提供了宝贵建议。

作者同样要感谢帮助准备统计学案例和练习题的高水平研究团队。Peter Aronow 和 Holger Kern 对每一章都做出了重要的技术性和实质性贡献。Peter Aronow、Cyrus Samii 和 Neelan Sircar 开发了全书中用来进行随机推断的 R 程序包。参考文献和初稿的写作同样受益于 Mary McGrath 和 Josh Kalla 的工作，以及 Lucas Leemann、Malte Lierl、Arjun Shenoy 和 John Williams 的工作。Allison Sovey 和 Paolo Spada 帮助准备了练习题及答案。我们感谢 Limor Peer 和 Alissa Stollwerk 帮助存档本书中特别选用的数据和程序。耶鲁大学的社会与政策研究所为研究和数据存储提供了慷慨的资助，我们同样感谢诺顿公司的编辑 Ann Shin、Jack Borrebach 和 Jake Schindel 的杰出工作。对错误和疏漏的责任由作者自负。

最后，我们对我们的家人表达特别的感谢，感谢他们的支持、鼓励以及在漫长的写作、再写作、再再写作过程中的耐心。

前言

---

[1] Gerber, Green and Larimer, 2008.
[2] Sinclair, McConnell and Green, 2012.
[3] Bullock, Green and Ha, 2010；Green, Ha and Bullock, 2010.
[4] Gerber, Green and Kaplan, 2004；Green and Kern, 2011；Gerber, Green, Kaplan and Kern, 2010.

# 目　录

实地实验：设计、分析与解释

目
录

3

实地实验：设计、分析与解释

4

目
录

# 第 1 章

# 引　言

在人类的日常生活中不断出现各种因果问题。多吃蔬菜会使我更健康吗？如果我开车速度比法律允许的快一点，警察会把我拦下车罚款吗？拖着小孩去他们不愿去的博物馆总有一天会让他们对艺术和历史感兴趣吗？甚至司空见惯的预约牙齿检查和选择有效工作方式也会涉及因果推理。

各种社会组织也被因果问题困扰。慈善组织想知道哪种募捐方式更有效。营销机构寻求有效的促销方法。教堂致力于吸引更多的人参加星期天的宗教聚会。政党想赢得选举。利益集团试图影响立法。不管它们的目标是增加捐赠、销售、参与率或者政治影响，社会组织做出决策是基于（至少部分）它们对于因果关系的理解。在某些案例中，甚至一个组织的生存也取决于其对解决因果问题的能力。

对学术研究者来说，特别感兴趣的是政府与政策制定者所面临的因果问题。提高最低工资标准的经济与社会效果是什么？如果允许使用公共资助的教育券（voucher）支付私立学校学费，可以促使教育系统提高效率和成本收益率吗？对候选人竞选开支的法律限制会增加选举的竞争性吗？在预防流血冲突方面，国际维和部队应不应该装备重型武器？对于暴力犯罪者采用更加严厉的惩罚可以形成威慑吗？诸如此类与政策相关的因果问题简直数不胜数。

要列举许多由因果主张（causal claim）而产生的理论问题需要更多的篇幅。例如，当被要求对人类集体面临的问题如减少碳排放以避免全球变暖做贡献时，人们在多大程度上会响应这种基于社会规范或意识形态的呼吁？一些著名学者认为集体行动会失败，除非个体参与能够有所回报；按照这种观点，仅仅告诉人们他们应该为集体做出贡献并没有任何作用。① 如果这种因果主张是真实的，政策制定的后果就会非常复杂：税收抵扣可能会有效，但全国性的气候变化宣传日（Climate

1

2

---

① Olson，1965.

Change Awareness Day）是无效的。

不管是基于实用、政策还是理论的意义——甚至仅仅将我们置于不同的时间和地点——因果主张都可以激发我们的想象力。去麦加（Mecca）朝圣将如何影响人们的宗教、社会和政治态度？[①] 给予学习成绩以货币报酬能够改善低收入区域的高中辍学率吗？[②] 对违反交通法规被拦下的司机，某国警察索要贿赂时是向上层阶级要得多还是向下层阶级要得多？[③] 你的种族是否会影响雇主通知你面试？[④] 在内战中，老百姓会因为地方经济条件改善而增加对政府的支持吗？[⑤] 炮击那些被怀疑收留了反叛者的村庄，是增加还是会减少这些村庄随后反叛的可能性？[⑥]

总之，世界充满了因果问题。那么，如何才能令人信服地回答这些问题？哪些用来回答因果问题的方法应该被质疑？

## 1.1　从直觉、奇闻逸事与相关性中进行推断

一种通常的回答因果问题的方式，是从直觉（intuition）和奇闻逸事（anecdote）中得出结论。在之前提到的对收留反叛者的村庄进行炮击的例子中，某位学者可能会进行推理，对这些村庄进行武力镇压会刺激它们更加支持反叛者，导致将来更多的反叛活动。炮击可能也会提醒反叛者在村民面前展示其战斗的决心，即进行更激烈的反叛活动。然而，使用直觉和奇闻逸事来建立因果论证的问题在于，对同一个因果主张经常可以举出完全相反的例子。在镇压反叛者的例子中，另外一位研究者可能会争辩，因为反叛者需要依靠村民的好意而生存，所以当一个村庄被攻击后，村民们极有可能驱逐反叛者来避免进一步受到攻击。因此，反叛者将会失去物资供应，同时告密者会将其隐藏地点泄露给政府军。这位研究者可能会举出利比亚赛努西起义（Sanusi Uprising）中政府军的镇压成功消除反叛者进一步实施攻击的能力的例子。[⑦] 因此，基于直觉和奇闻逸事的辩论常常会陷入僵局。

对于奇闻逸事和直觉论证的批评还可以进一步延伸。这种方法容易导致错误，尤其是当直觉和奇闻逸事论证通常偏向于某一方的观点时。以医学史为例，因为与社会科学相比，医学史在因果问题上能够提供更加清晰的答案，医学史中有很多原先认为正确的假设后来被实验证明是错误的。以主动脉性心律失常（aortic arrhythmia，即心跳不规则）为例，这种症状通常与心脏病有关。一种被普遍接受的理论认为，心律不齐是心脏病的前兆，因此有几种药物被研发出来以抑制心律

① Clingingsmith，Khwaja and Kremer，2009.
② Angrist and Lavy，2009；Fryer，2010.
③ Fried，Lagunes and Venkataramani，2010.
④ Bertrand and Mullainathan，2004.
⑤ Beath，Christia and Enikolopov，2011.
⑥ Lyall，2009.
⑦ 参见 Lyall（2009）对这种争论和相关历史背景的分析。

实地实验：设计、分析与解释

3

不齐，早期的一些临床诊断报告也表明恢复正常心律似乎对病人是有益的。心律失常抑制试验（Cardiac Arrhythmia Suppression Trial）是一个大规模的随机实验，希望找出三种抑制药物中哪种的治疗效果最好，结果发现两种药物会显著增加死亡和心脏病发作数量，而第三种则是阴性的（negative）但似乎产生的致命效果较少。① 更进一步的观点是那种被普遍接受的理论并不可靠。在社会科学中这一问题特别严重，直觉很少是无争议的，有争议的直觉也很少得到确凿证据的支持。

　　另一种常见的研究策略是尽可能地搜集统计证据，来显示当某种原因存在时，某种结果就更可能出现。研究者有时会搜集大量数据集，从而让它们来确定某些假定原因和结果之间的相关性。这些数据可以用来研究以下统计关系：在多大程度上，一个村庄受到政府军的袭击后，会更多还是更少从事反叛活动？有时候从这些分析中会发现干预与结果之间的稳健相关性。问题是，相关性其实会对因果关系产生误导。例如，可能会发现政府轰炸与随后的反叛活动之间具有较强的正相关：炮击越多，随后的反叛活动越多。如果将这种关系解释为因果关系，那么这种相关性表明炮轰促使反叛者增加攻击活动。然而其他的解释同样可能是正确的。例如政府军收到情报，某些村庄反叛活动会升级，因此将集中炮火攻击这些村庄。换句话说，炮击可能是反叛活动升级的标志。在这种情境下，我们同样可以观测到炮击与随后的反叛攻击之间的正相关，即使炮击本身并没有任何作用。

　　将相关当成是因果的基本问题是，相关可能对我们试图研究的因果过程没有任何实质性的影响。例如，SAT考试预备课程能够提高考试分数吗？假设存在一种较强的正相关：参加了预备课程的人平均来说比没有参加的人分数更高。这种相关性是反映课程导致的分数增长，还是反映这样一个事实，即那些有钱或有动机参加预备课程的学生与那些不太富裕或参加动机更低的学生相比，本来就能够取得更高的考试分数。如果后者才是真的，我们同样可以看到参加预备课程与考试分数之间的较强正相关，即使课程本身对分数没有任何实质性的作用。另一种常见推断错误是看到冒烟就认为有火：因为相关性至少暗示了因果关系的存在，不是吗？然而并不一定，篮球运动员往往比一般人更高，但是你不能通过加入篮球队而长高。

　　相关性与因果性之间的区别看起来很基础，有人可能想知道为什么社会科学家在进行因果论证的时候要依赖相关性。其答案是主导的实践方法其实是将粗糙的（raw）相关性转变成精确的（refined）相关性。当注意到一种相关可能具有因果解释时，研究者会试图通过将这种比较限制在具有相似背景特征（background attribute）的观测案例上使这种因果解释变得更加令人信服。例如，某位研究者希望将SAT预备课程的效果孤立出来，将这种比较放在具有同样性别、年龄、种族、学分绩点（grade point average）和社会经济地位的学生中进行。问题是面对那些不能被观测到的（unobserved），既影响SAT成绩同时又影响是否参加预备课程的因素，这种比较方法是有问题的。即使将这种比较限制在具有同样社会-人

---

① 参见心脏心律失常抑制试验Ⅱ研究者（Cardiac Arrhythmia Suppression Trial Ⅱ Investigators，1992）。

口特征的人群中，使参与和不参与预备课程的人群在可观测（observed）特征上具有可比性，但这些群体在不可观测特征上仍然可能是有差异的。在某些例子中，某位研究者可能忽略了某些影响 SAT 成绩的因素，在另外的例子中，某位研究者考虑到了这些因素但是未能准确测量它们。例如，在平均意义上，参加了预备课程的人们可能更有动机（motivation）去考出好成绩。如果我们没能测量到（或者不能准确测量）动机，那么动机就成了一项没有被测量到的特征，导致我们做出错误的推断。这种没有测量到的特征有时候也被称为"混淆变量"（confounder）、潜在变量（lurking variable）或者不可观测的异质性（unobserved heterogeneity）。在解释相关性的时候，研究者必须一直对不可测量特征产生的歪曲影响保持警惕。事实上，某些人选择参加预备课程可能会揭示他们在考试中的表现如何。即使课程本身实际上没有效果，在具有同样年龄、性别、富裕程度的人中，参加了课程的人在考试中的表现依然可能会更好。

5

　　不可观测的混淆变量（unobserved confounder）造成的问题是严重还是无伤大雅，取决于我们面临的因果问题本身以及如何测量背景特征。让我们考虑所谓的"破窗"理论（"broken windows" theory），这种理论认为当破败的区域似乎被业主遗弃以及缺乏警察监控时，犯罪率将会提高。[①] 这种因果问题在于是否能够通过在这些区域中搜集垃圾、清理涂鸦以及修理破窗来减少犯罪。某种不太有说服力的研究可能会比较有着不同房产损坏率的街区的犯罪率差异。而更加有说服力的研究可能会比较那些目前破败程度不同，但过去具有相似损坏率与犯罪率的街区的犯罪率差异。但是即便如此，后一项研究仍然不那么令人信服，因为有不可观测因素的影响，比如临近当地大型商业区可能导致某些街区外观破败的同时犯罪率也上升。[②]

　　想要解决不可观测混淆变量的影响，某位研究者可能打算去测量每一个不可观测因素。这位无畏的研究者在从事这项困难任务时会面临一个基本难题：没有人能够确定哪些因素应该包括在不可观测因素里面。列出所有潜在混淆变量的名单可能是一个无底洞（bottomless pit），这种搜寻过程也没有一项明确定义的停止规则（stopping rule）。在社会科学中，研究文献常在不可观测混淆变量以及如何处理这种问题上陷入困境。

## ■ 1.2　解决不可观测混淆变量问题的实验方法

　　对那些想用令人信服的方法回答因果问题的人来说，面临的问题在于如何才能够实现一种研究策略，即不需要去识别更不用去测量所有潜在混淆变量。一步步，经过几个世纪的探索，研究者终于发展出用于分离（sever）干预（treat-

---

[①]　Wilson and Kelling, 1982.

[②]　参见 Keizer, Lindenberg and Steg（2008），但需要注意这项研究并没有采用随机分配。关于随机实地实验方法参见 Mazerolle, Price and Roehl（2000）。

实地实验：设计、分析与解释

ment）与其他预测结果变量间统计关系的规程（procedure）。早期的一些实验，例如，林德（Lind）在 18 世纪 50 年代对坏血病（scurvy）的研究以及沃森（Watson）在 18 世纪 60 年代对天花（smallpox）的研究，都采用了系统的追踪研究者实施干预（researcher-induced intervention）效果的方法，来比较干预组（treatment group）与一个或多个控制组（control group）的结果差异。[1] 这些早期实验存在的一个重要局限是，它们均假定其样本按照医学诊断标准（medical trajectory）是完全相同的。但如果这种假定是错的，即更倾向于对那些康复机会最大的病人实施干预（治疗），会发生什么？由于担心实验的明显效果可能来自无关因素（extraneous factor）而非干预本身，因此研究者越来越强调分配干预程序的重要性。许多 19 世纪的开创性研究都采用交替将被试分配到干预组与控制组的方式来建立实验组别之间的可比性。1809 年，一位苏格兰医学学生记录了在葡萄牙进行的一项实验，军医将 366 名生病的士兵交替使用放血（bloodletting）疗法与姑息（palliative）疗法。19 世纪 80 年代，路易斯·巴斯德（Louis Pasteur）在动物身上测试了他的炭疽疫苗，通过交替将实验组与控制组暴露在病菌下进行。[2] 1898 年，约翰尼斯·菲比格（Johannes Fibiger）将一种对于白喉的实验性治疗方法运用在哥本哈根一所医院中隔日入院的病人身上。[3] 交替设计在早期农业研究和透视能力调查中很常见，虽然研究者逐渐认识到交替方法的潜在缺陷。[4] 交替设计存在的问题之一是难以将混淆变量排除在外，例如白喉患者可能均在每周特定日子到医院看病。最早认识到这一重要问题的是农业统计学家费雪（R. A. Fisher），20 世纪 20 年代中期，他就大力主张将观测对象随机分配到干预和控制条件下的优点。[5]

这种洞见在科学史上具有分水岭式的重要意义。认识到无论多么精细的预先设计都不能避免干预组与控制组之间存在系统性差异，费希尔发展出一套通用流程来消除干预组与控制组之间的系统差异：随机分配（random assignment）。当我们在本书中谈及实验时，我们指的是按照某种类型的随机程序，诸如抛硬币来决定被试是否接受某种干预的研究。

随机实验在历史上的一个重要方面，即随机分配的思想在被引入现代科学实践前的许多个世纪已被少数聪明的学者所采用。例如，使用随机分配来形成有可比性实验组的理念，显然被弗兰德地区的一位医生扬·巴普蒂斯特·范·海尔蒙特（Jan Baptist Van Helmont）掌握了。他在 1648 年的一份手稿《医学的起源》中采用随机实验对放血疗法的支持者提出了质疑：

> 让我们从医院中选择……200 或者 500 名病人，这些病人有发烧症状或是胸膜炎，把他们等分后再抽签，半数病人被划分到我这部分，另外一半在你

---

[1] Hughes, 1975；Boylston, 2008.

[2] Chalmers, 2001.

[3] Hróbjartsson, Gøtzsche and Gluud, 1998.

[4] 参见 Merrill（2010）。对于实验方法历史的进一步阅读，参见 Cochran（1976）；Forsetlund, Chalmers and Bjørndal（2007）；Hacking（1990）；Salsburg（2001）。参见 Greenberg and Shroder（2004）对社会实验的论述以及 Green and Gerber（2003）对政治科学实验方法史的论述。

[5] Box, 1980, p. 3.

那部分，我不会使用放血疗法并将病人进行合理疏散。当然你会采用放血疗法。最终我们就会看到各自那部分病人的死亡情况。[1]

不幸的是，在海尔蒙特之后的几个世纪，很多病人被医生采用了放血疗法进行治疗，而他并没有去做那些他提议的实验。可以发现，中世纪时其实已经有人提出了同样的假设实验，但并没有证据显示真的有人去做过这种实验。直到20世纪初现代统计学理论出现之前，随机分配的属性仍然没有被充分理解，同样也没有被进行系统讨论以便于代代相传。

甚至在1935年费希尔的《实验设计》（*The Design of Experiments*）一书面世之后，虽然这种观点已经众所周知，但随机设计直到20世纪50年代前还被医学研究者抵制，直到20世纪60年代，社会科学中也没有人采用随机实验。[2] 在20世纪诸多杰出的科学发现中，随机比较的思想与相对论思想形成了鲜明的对比，直到被天才发现之前，相对论一直是完全隐蔽的。而随机化思想则更类似于原油，表面上周期性地起泡，但在几个世纪中始终没有被充分利用，直到其非凡的实用价值最终被认识。

## ■ 1.3  作为公平测验的实验方法

在一个充满因果主张的争议世界里，随机实验代表了公平（evenhanded）判断主张有效性的一种方法。把被试进行随机分配的程序具有明显优势，因为其保证了实验组或控制组的优势没有系统性倾向（systematic tendency）。如果被试（subjects）被分配到实验组和控制组，并且没有实施任何真实干预，就没有理由期望其中一个组比另外一个组的表现更好。换句话说，随机分配意味着可观测到的和不可观测的影响结果因素在实验组与控制组均同样地体现出来。任何特定实验均可能会过高或者过低地估计干预效应，但是如果实验在同样条件下重复进行，平均实验结果就能够精确地反映真正的干预效应。在第2章中讨论无偏估计量概念时，我们将会详细地阐明这种随机实验的属性。

从另一种意义上说，实验方法也是一种公平的方法：因为它包括了透明而且可重复的步骤。进行一项随机实验的步骤可以被任何研究团队所采用。某种随机步骤如抛硬币可以被用于将实验对象分配到干预和控制条件，观测者也可以监控

---

① Chalmers, 2001, p. 1157.

② 随机实验从被提出到被应用于社会与医学研究中仅仅花费了四分之一个世纪。在费希尔为随机分配建立统计基础及分析实验数据后不久，他完成了第一次随机农业实验（Eden and Fisher, 1927）。几年以后 Amberson, McMahon and Pinner（1931）完成了第一次医学随机实验，实验中使用抛硬币的方法将肺结核病人分配到不同的临床实验中。大规模的肺结核研究是在20世纪40年代进行的，也是医学中首次采用随机对照试验（randomized clinical trial）方法。此后不久，Hill（1951，1952）的系列文章确立了实验方法在医学中的应用基础，并在随后50年代脊髓灰质炎疫苗的试验中取得了成功（Tanur, 1989）。随机对照试验逐渐成为检验医学观点和论证的黄金标准。1952年，肯普索恩（Kempthorne）的书《实验设计与分析》（*Design and Analysis of Experiments*）（pp. 125-126）宣称"只有实验者采用完全随机分配干预的实验，其归纳推断链条才是可靠的"。

随机分配过程以保证程序被忠实执行。由于随机分配过程先于结果测量，因此也可以提前清晰地说明将要采用的数据分析方式。通过将数据分析过程自动化（automating），能够限制研究者的自由裁量权从而保证检验的公正性。

随机分配是区分社会科学中的实验和非实验研究的分界线。当使用非实验数据进行研究时，研究者难以确定实验组和控制组之间的可比性，因为没有人能够准确地了解为什么是某些被试而不是其他人接受了干预。某位研究者虽然可以预先假定这两个组是可比的，但这种对于某个研究者来说是合理的假设，对于另外的研究者来说则可能是牵强附会的。

这并非说，实验方法是完美无缺的。事实上，本书对于实施、分析和解释实验过程中面临的很多复杂问题来说，还是太简略。所有的章节都致力于解决实地实验中出现的各种问题：不遵从（被试接受的干预并非分配给他们的）、样本缩减（无法测量观测对象的结果变量），以及实验单位间的相互干扰（观测对象受其他观测对象分配到的条件所影响）。在实施实验时，推断偏误的威胁也一直存在，这也是为什么在设计和分析实验结果时，要随时关注保持实验组与控制组之间的对称性（symmetry）。更一般来说，要把实验工作嵌入一种能保证正确报告和积累实验结果的制度当中。

## 1.4　实地实验

实验方法可以有大量不同的目的。有时候实验通过检验隐含的因果关系来评价某种理论观点。例如，博弈论就是通过实验室实验来显示在谈判前引入不确定性和信息交流机会对于参与者讨价还价结果的影响的。[1] 这些实验通常基于非常抽象的术语，将拍卖、立法过程或者国际争端的规则特征形式化。实验参与者往往是普通人（经常是大学校园的师生），而并非交易商、立法者或者外交官。实验室环境会使得他们敏锐地察觉到是在参加一项学术研究。

---

**专栏 1.1**

### 自然科学中的实验方法

具有自然科学背景的读者可能会奇怪，竟然将随机分配作为社会科学实验定义中不可缺少的部分。为什么随机分配在自然科学如物理学中通常是不必要的？部分原因是在这些实验中的"被试"——例如电子——基本上是可互换的，因此将被试分配到干预中的方法是无关紧要的。另外的原因则是在实验室条件下除了干预以外的其他因素都被消除了。

---

[1]　Davis and Holt, 1993；Kagel and Roth, 1995；Guala, 2005.

在生命科学中，被试之间通常不一样，甚至在受到严格控制的条件下，要消除不能测量的干扰因素也很困难。一个有启发性的例子参见 Crabbe, Wahlsten and Dudek（1999）的研究，他们三人在三个不同的实验室进行了一系列针对老鼠行为的实验。Lehrer（2010）对此进行了解释：

> Crabbe 在实施实验之前，就试图将每一个他能够考虑到的变量标准化。每一个实验室都使用同样品种的老鼠，在同样的日期被从同一个供应商那里运送来。这些老鼠在同样类型的环境中被饲养，使用同样品牌的锯末作为睡垫。老鼠被暴露在同样数量的白炽灯光下，和同样数量的同窝幼崽一起生活，并被喂养同样的食物。当对老鼠进行实验时，实验人员连使用的手套都是一样的，并且使用同样的设备，甚至在早晨同一时间进行实验。

然而，在不同老鼠和不同实验地点之间，实验干预却产生了差异明显的结果。

在实验分类体系的另外一端，是那些尽可能接近现实并且非介入性（unobtrusive）的实验，目的是想检验更多与背景特征相关的研究假设。很多时候，这种研究是基于理论与应用的混合问题而产生的。例如在什么程度上和何种条件下，学前教育可以改善随后的教育结果？这些实验一方面关注儿童发展方面的理论问题，同时也能为特定社区里是否以及如何配置资源来干预儿童早期教育的政策争论提供依据。

对现实性和非介入性的强烈要求来源于一种担心，即除非研究者能够在自然的环境和方式下进行实验，否则实验设计的某些方面会导致研究结果的特殊性（idiosyncratic）或误导性（misleading）。如果被试知道正在被研究或者他们意识到接受的干预应该引起某种反应，那么他们在表达观点和报告行为时，可能会按照实验组织者所希望听到的那样。某项实验干预似乎总是有效的，直到更没有介入性的实验出现。① 在自然环境下进行的研究被认为是解决推断中那些无法预料的威胁的工具，尤其是在希望将实验室环境下得到的结果进行推广的时候。正如在检验因果主张时，实验方法对研究假设的依赖最小，对于在真实环境中进行的实

---

① 无论这种担心是否合理，它都是一种经验主义问题，而答案取决于实验环境、背景与被试。遗憾的是，有关这方面的文献相对较少。几项仅有的研究试图同时估计实验室和实地背景下干预的效应。例如，Gneezy, Haruvy and Yafe（2004）使用实地与实验室研究去检验假设，即食物消费数量究竟依赖于他（她）自己支付还是分摊账单。当实验在一个真正的自助餐厅进行时，分摊账单导致食物消费显著增加；而在附近实验室中使用抽象形式（货币支付）的等价博弈实验结果则显示，平均效应很弱，在统计上几乎为零。Jerit, Barabas and Clifford（2012）比较了阅读地方报纸对于政治知识和观点的影响。在实地环境下，免费的周日报纸被随机发放给住户，为期一个月；而在实验室环境下，从同样总体中抽取的被试被邀请到大学校园里收听 4 则重要的政治新闻故事，时间在同一个月中。在 17 项结果测量中，实验室和实地的干预效应估计值呈现弱相关关系。也可参见 Rondeau and List（2008），二人代表山峦协会（Sierra Club）向 3 000 个曾经的捐助者进行募捐，并比较了不同募捐请求的效果，使用真实的捐款来测量结果。这些募捐请求包括了不同配比策略、不同阈值和不同退款保证的组合。他们随后又在实验室环境下使用抽象方式如货币报酬进行实验。发现实验室和实地实验结果一致性较低，在 4 项条件下，实验室条件下的平均捐赠额仅能预测实地条件下的平均捐赠额方差的 5%。

验，其推广对假设的依赖也更小了。

在真实环境下进行的随机研究通常也被称为实地实验*。这个术语令人回想起早期的农业实验，按照字面意思是在"田野"中进行的。但问题是田野一词指的是实验环境，但环境仅仅是实验的一方面。这里不能只考虑这一项，而应强调实验的几项准则：研究中使用的干预与现实中感兴趣的介入（intervention）是否相似，实验参与者与通常接触这种介入的人是否相似，被试接受干预的背景与感兴趣的背景是否相似，以及结果测量与理论与实践兴趣有关的实际结果是否相似。

例如，假设某位研究者对现任议员连任竞选中，通过进行经费捐赠购买与议员见面资格感兴趣，对于那些担心议员会见富有的捐赠者会损害民主代表性的人来说，这是一个非常重要的问题。这里的假设认为，捐赠者捐赠得越多，议员就越倾向于会见捐赠者并讨论其政策诉求。一种可行的研究设计是招募学生来担任议员日程安排助手的角色，交给他们一张包括各种请求会见的人的列表，上面有捐赠者情况，以便检验被划分为潜在捐赠者的人是否会获得优先接见权。另外一种设计采用了同样的方式，不过这次被试变成了真正的议员日程助手。② 后面这种设计似乎能够提供关于捐赠与会见关系的更真实可信的证据，但是实验的现实性程度仍然是模棱两可的。这个例子中的干预可以说是真实的，因为这些人面临的状况与真实日程助手的相似，但是被试知道他们在参与一个模拟练习。因此在研究者的监督下，议员日程助手可能会试图表现出并不在意筹款；而在真正的议会环境下，议员会对助手进行反馈，捐赠者有可能获得特殊待遇。更加逼真的设计是，一个或者多个捐赠者随机捐赠给不同的议员并且要求见面讨论政策与管理议题。在这种设计中，被试变成了真正的日程助手，而干预变成了竞选捐款，干预和见面请求都是真实存在的，实验结果是会面的请求是否及时得到了同意。

因为"实地性"（fieldness）的程度可以用 4 个维度（干预真实性、参与者真实性、背景真实性以及结果测量真实性）来衡量，所以一个合适的分类框架应该包括至少 16 个类别，然而这种分类法超过了任何人的兴趣和耐心。只需要说实地实验方法有多种类型就可以了。某些实验在所有维度上看起来都是自然的。舍曼（Sherman）等人与堪萨斯城警察局合作，想检验警察对怀疑有毒品交易的区域的搜查效果。③ 实验干预是穿着制服的警察集体搜查，实验对象是从 207 个授权地点中随机选出的 104 个地点，结果变量是地点附近的犯罪率。卡尔兰（Karlan）和利斯特（List）与一个慈善组织合作，试图检验不同筹款请求的效果④，实验干预是筹款信；这种实验是非介入性的，因为收到筹款请求的人不知道是在进行一项实验；结果变量是财务捐赠数量。伯根（Bergan）与一个草根游说组织合作，测

---

* 本书将 field experiment 翻译为"实地实验"，而没有像某些文献那样翻译为"田野实验"，是因为田野一方面容易与人类学中的田野调查混淆，另外一方面也容易与农业研究中表示农田的"田野"混淆，而"实地"这一概念则能够避免这些问题。——译者注

② Chin，Bond and Geva，2000.

③ Sherman et al.，1995.

④ Karlan and List，2007.

试选民给州众议员发电子邮件能否影响投票表决的结果。[①] 该游说组织允许伯根从目标议员名单中抽取一个随机的控制组；在其他方面，游说活动则按照通常的方式进行，实验结果以全院表决来测量。

许多实地实验就没有那么"自然"了，从这些实验中得到的结论推广就更加依赖于假设。有时候实地采用的干预是由研究者而不是专业人士设计的。例如，埃尔德斯维德（Eldersveld）就设计了他自己的投票动员（get-out-the-vote）活动来检验动员是否真的能够促使登记的选民去参加投票。[②] 当研究者设计其实验干预时，可以学到很多东西——事实上，基于理论的干预设计过程对理论和政策争议的贡献很多。然而，如果一项实验的目的是测量典型候选人或政党领导的投票动员的效果，研究者领导的运动在信息使用和沟通模式上可能存在无代表性的问题。假设某个研究者的干预被发现是无效的，但仅仅这种发现并不能说明一种常规干预是无效的，即便这种解释被随后的一系列检验不同竞选沟通活动的实验所支持。[③] 有时候干预实施和结果测量的方式会提醒实验参与者他们正在被研究，正如保路克（Paluck）在卢旺达研究种族偏见的实验那样。[④] 她在研究中招募卢旺达村民每月收听广播节目录音，为期一年，实验结果使用问卷调查和角色扮演练习进行测量。最终，该实验研究中实地的成分相对较少，实际上是在一种人为环境中进行的现实干预，因为被试已意识到他们是在参与研究。在商业广告研究领域也有这种类型的例子，被试通常被要求观看不同类型的广告，实验在互联网调查中或者是购物中心的实验室中进行。[⑤]

一项研究能否被视为实地实验，在某种程度上来说是视角问题。一般来说，在大学校园中进行的实验往往被视为实验室研究，但有一些除外，例如某些研究作弊的实验会给学生真实的抄袭机会以及在自我测验中谎报得分的机会。[⑥] 一项旨在研究监考的威慑效果的实验应该被算作实地实验，如果该研究的目标是理解学生在学校中的作弊所需要的条件的话。这个例子提醒我们，究竟什么才能构成一项实地实验，取决于我们如何界定"实地"。

## 1.5  在真实环境中进行实验的优点和缺点

许多实地实验是以"项目评估"（program evaluation）的形式出现的，目的是测量资源使用的效果。例如，为了测试一位政治候选人在电视上做广告是否可以增加她的支持率，一项实地实验会将广告投放的地理区域进行随机分组，以便测

---

① Bergan，2009.

② Eldersveld，1956.

③ 例如，在检验呼叫中心使用电话进行投票动员是否通常是无效的研究中，Panagopoulos（2009）比较了政党和非政党电话内容（scripts）的差异，Nickerson（2007）评估了动员效果是否取决于呼叫中心的质量，其他学者则在不同选举环境当中进行了一系列研究。参见 Green and Gerber（2008）对于这方面文献的评论。

④ Paluck，2009.

⑤ 例如，参见 Clinton and Lapinski（2004）；Kohn，Smart and Ogborne（1984）。

⑥ Canning，1956；Nowell and Laufer，1997.

量实验组和控制组之间的差异。从项目评估的立场来看，这种类型的实验比实验室实验更优越，在实验室中，投票者被要求观看随机播放的候选人广告，然后被询问其对候选人的看法。实地实验可以检验广告的效果，并允许出现各种各样的可能性，如果某些广告目标区域的选民可能遗漏了广告，或者没有注意到广告，甚至因其他各种干扰而遗忘了广告的内容。实验室实验的结果解释往往比较复杂，因为实验室中的被试对广告的反应可能与实验室外的普通选民的反应不一样。在实地实验的例子中，前期的实验室研究同样是有用的，因为它可以提供实地环境下哪些信息有用的一种参考，但是只有实地实验能够允许研究者测量竞选广告改变投票行为的真实效果，以及测量为获得这种效果需要花费多少竞选资源。

当我们从项目评估转向检验理论命题时，实地与实验室环境的相对优劣就变得不太清晰。在实验室控制条件下进行干预的优势是实用性，可以很容易对干预的变化进行控制，以便检验非常精细的（fine-grained）理论命题。而实地干预通常很难做到这一点：在政治广告的例子中，在不同媒体市场中做不同广告可能存在后勤方面的困难以及政治风险。但另一方面，如果可以在大量被试群体中进行一系列干预，实地实验有时候能够获得具有较高细微理论差异的结果。实地实验中采用多种干预的版本也是常见的，例如，在一项关于歧视的研究中，研究者可以按不同种族、社会阶层以及其他特征来进行干预，以便更好地理解歧视产生的条件。[1]

即使局限于单一、相对简单的干预中，研究者也可以在实地中进行其实验。实地环境下的广告研究通常是非介入性的，意味着被试并非在研究者的要求下观看广告，结果测量也不会使被试意识到他们正在被研究。[2] 然而，在实验室环境下，作为结果变量的态度和行为往往是在同一种稳定环境下进行测量的[3]，而在实地研究中，一般会对行为进行持续一段时间的观测。这种对结果变量进行的持续测量是非常重要的，因为可能发现政治广告具有强烈的瞬时效应，即这种效应很快会消失。[4]

开展实地实验最大的缺点可能是实施的困难。与实验室相比，实验室中的研究者可以单方面做出采用什么干预的决定，而实地实验通常需要研究者、实施干预者以及结果测量者之间进行协调。奥尔（Orr）[5] 和格伦（Gueron）[6] 描述了在一个合作研究项目中，这种合作关系是如何形成和发展的。两位研究者都强调在使用随机分配上合作方达成一致的重要性。研究的合作者和资助方有时候会反对随机分配干预的想法，更倾向于对每一个人进行干预或者精心挑选被试。因此研

---

① 参见 Doleac and Stein（2010）对互联网拍卖中竞拍者种族歧视的研究或者 Pager，Western and Bonikowski（2009）对劳动力市场歧视的研究。我们将在第 9 章和第 12 章讨论歧视实验。

② 在使用问卷调查评估结果的例子中，测量在某种程度上是非介入性的，即被试并没有意识到调查的目的是测量干预的效果。

③ 精心策划的实验室回访通常面临后勤问题以及召回所有被试的困难，因此可能导致偏误（参见第 7 章）。

④ 参见 Gerber，Gimpel，Green and Shaw（2011）。同样参见第 12 章对结果测量的讨论。

⑤ 参见 Orr（1999）第 5 章。

⑥ Gueron，2002.

究者必须构建一个令各方都能够接受的实验设计，并令人信服地解释随机分配既是可行的也是符合伦理的。作者同样强调一致同意的(agreed-upon)实验设计的成功实施——被试分配、干预实施以及结果测量——都需要计划、试测以及持续监督。

尽管处理好与学校、警局、零售企业或者政治竞选机构的研究合作往往非常困难，实地实验在社会科学研究中却是一种发展迅速的方法，包括了许多研究领域，如教育、犯罪、就业、储蓄、歧视、慈善捐款、资源保护和政治参与等。[①] 它涵盖了一系列值得关注和有影响的实验研究类型：研究者实施和设计的小规模干预；研究者与企业、学校、警局或者政治竞选机构的合作研究；关于所得税、医疗保险、教育和公共住宅方面由政府资助的研究。[②]

研究者一次又一次地克服各种各样的实际困难，不断拓展可能的研究边界，例如关于如何提高政府问责的研究。直到 20 世纪 90 年代，该领域的研究基本上都是非实验性的，但是一系列开创性的研究显示，可以用实验方法来探索政府审计的效果以及社区舆论对于公共工程财务违规的作用，[③] "草根"监督对议员绩效的效果[④]，以及选民偏好信息如何影响立法者投票表决结果[⑤]。当然，实地实验也存在不足，例如难以研究所谓的"大问题"（big question），如文化、战争和宪法的影响。但是研究者能够越来越熟练地设计实验来检验各种影响机制的效果，这些机制中包括曾被认为是难以操控和影响的变量。[⑥] 由于实验方法的创新非常迅速，因此实验方法的应用潜力仍然是一个开放性主题。

## ■ 1.6 自然发生的实验和准实验

另外一种使用实验方法的研究领域被称为自然发生的实验（naturally occurring experiment）。当政府和其他机构进行某种干预分配时，就出现了一种实验研究机会。[⑦] 例如，越南战争征兵抽签[⑧]，将被告随机分配给不同的法官审判[⑨]，巴

---

① Michalopoulos，2005；Green and Gerber，2008.

② 参见 Robins（1985）对所得税的研究；Newhouse（1989）对医疗保险的研究；以及 Krueger and Whitmore（2001）和美国健康与人类服务部 2010 年对学校教育的研究。公共住房方面的研究，参见 Sanbonmatsu et al.（2006）；Harcourt and Ludwig（2006）；Kling，Liebman and Katz（2007）。

③ Olken，2007.

④ Humphreys and Weinstein，2010；Grose，2009.

⑤ Butler and Nickerson，2011.

⑥ Ludwig，Kling and Mullainathan，2011；Card，Della Vigna and Malmendier，2011.

⑦ 遗憾的是，自然实验这一术语的运用范围有时候非常宽松，不仅包括了自然发生的随机实验，还包括任何由偶然和难以理解分配机制产生的观测性研究。我们将使用近似随机或大概属于随机分配的实验称为准实验（quasi-experiments）。而自然实验的定义则不要求随机分配。参见 Dunning（2012）以及 Shadish，Cook and Campbell（2002，p. 17）。

⑧ Angrist，1991.

⑨ Kling，2006；Green and Winik，2010.

实地实验：设计、分析与解释

西地方政府的随机审计①，用父母进行抽签的方式把孩子安排在不同的公立学校就读②，给印度地方政府分配女性或者特定种姓的人担任领导③，给希望移民的人分配签证④，议会中抽签决定哪位议员的立法建议可以被提交⑤，这些仅仅是政府采用随机化程序的小部分例子，可以为实验分析提供基础。研究者同样关注那些由非政府机构进行的自然实验。例如大学，偶尔会随机分配室友、分配导师，以及组建终身教职评审委员会。⑥ 在体育比赛中也经常采用抛硬币或抽签的方式来分配从比赛顺序到运动员服装颜色等事项。⑦ 这个自然发生实验机会的列表也包括那些基于其他研究目的随机分配重访研究。下游实验（downstream experiment）指干预不仅影响感兴趣的结果，而且会潜在地影响其他结果（参见第 6 章）。例如，一位研究者可能想重新进行一项提高高中毕业率的实验，目的是评估这种随机导致的教育程度变化是否反过来会导致投票率的上升。⑧ 在本书中，我们几乎不区分实地实验与自然发生的实验，除非有时特别需要去验证那些实施随机分配的征兵部门、法院、学区等。

准实验则大不相同，在这种研究中，近似随机的分配过程使不同区域、群体或者个体接受到不同的干预。从 20 世纪 90 年代中期开始，越来越多的学者研究那些因为制度性规则（institutional rule）导致的近似随机的干预分配，这种分配将研究对象恰好置于某种截断点（cutoff）之上或之下，形成了一种间断性（discontinuity）。这种研究设计最有名的例子是对美国国会选区的研究，其中某个政党候选人会以微弱优势赢得多数选票。⑨ 因为投票的小幅变化就会导致胜负之间的颠倒，从而产生了一种干预——在众议院赢得议席——可以被认为是随机的。因此通过比较微弱优势获胜者和微小差距失败者的差异，可以评估微弱的胜利对于该区域获胜政党两年后重新当选概率的影响。

由于准实验没有包含清晰的随机分配过程，因此基于这种研究进行的因果推断有更大的不确定性。虽然研究者有理由相信某个任意阈值（arbitrary threshold）相反两侧的观测案例具有可比性，但观测案例有可能主动"选择"接受或者避免干预的风险仍然存在。那些对以微弱优势获胜或以微小差距失败的国会议员候选人密切观测的批评者认为，二者之间的确存在系统差异，尤其是在政治资源方面。⑩

① Ferraz and Finan，2008.

② Hastings，Kane，Staiger and Weinstein，2007.

③ Beaman et al.，2009；Chattopadhyay and Duflo，2004.

④ Gibson，McKenzie and Stillman，2011.

⑤ Loewen，Koop，Settle and Fowler，2010.

⑥ Sacerdote，2001；Carrell and West，2010；De Paola，2009；Zinovyeva and Bagues，2010.

⑦ Hill and Barton，2005；也参见 Rowe，Harris and Roberts（2005）对 Hill and Barton（2005）的回应.

⑧ Sondheimer and Green，2009.

⑨ Lee，2008.

⑩ Grimmer et al.，2011；Caughey and Sekhon，2011. 回归间断分析通常面临下面的难题（conundrum）：干预的因果效应是在间断点上进行识别的，但数据却稀疏分布在边界的邻近区域中。虽然可以将即将远离边界附近的观测值纳入比较当中，但是这样做却威胁到了接受干预和没有接受干预的群体之间的可比性。在一种用于修正组与组间不可测量差异的做法中，研究者常常用回归来控制边界两边的趋势，这种方法实际上引入了一系列存在不确定性的建模决策。参见 Imbens and Lemieux（2008）和 Green et al.（2009）。

同样的担心也适用于一系列准实验研究，这些研究有些使用气候模式、自然灾害、殖民定居模式、国家边界、选举周期、暗杀以及诸如此类的近似随机"干预"。由于缺乏真正的随机分配，这些干预的随机程度究竟如何是不确定的。虽然这些研究与实地实验的精神相似，都是致力于在真实世界的环境中阐明因果关系，但准实验并不在本书的讨论范围以内，因为它们是基于逻辑论证而非随机化过程的。为了给实验设计和分析提供一种单一的、前后一致的视角，本书将关注点限制在随机实验方面。

## ■ 1.7　本书的计划

本章介绍了一系列重要的概念，尽管对这些概念没有进行严格定义和证明。第 2 章将对实验方法的特征进行更深入的探讨，以便详细描述一项有价值的实验必须满足的一系列基本假定。第 3 章介绍抽样变异性，即当被试被随机分配到干预组与控制组时引起的统计不确定性。第 4 章关注协变量问题，这些变量在实施干预之前就进行了测量，可以用于后续的实验设计和分析中。第 5 章和第 6 章讨论当被试被分配到一种干预后却接受另外一种干预的复杂情况，即所谓的不遵从和干预失败（failure-to-treat）问题，由于问题非常常见，因而必须花两章篇幅来分析。第 7 章关注样本缩减（attrition）问题，即不能获得每一个被试的测量结果问题。由于实地实验经常是在被试可以沟通、比较或记得干预的环境下进行的，第 8 章对实验单位之间相互干扰的复杂情况进行了分析。因为研究者常常对导致干预效应强与弱的条件感兴趣，第 9 章还讨论了异质性干预效应的检测问题。第 10 章对实验效应传递的因果路径问题进行了分析。第 11 章讨论如何将在一个特定样本中观测到的平均干预效应推广到更广泛的群体中，以及如何将其运用到更广泛的群体的平均干预效应的计算中。第 11 章还对元分析（meta-analysis）进行了简要介绍。元分析是一种统计技术，即将多个实验数据汇总到一起分析，以便对某个领域的研究文献进行总结。第 12 章讨论了一系列著名实验，来强化之前章节中介绍的各种重要原理。第 13 章将指导读者写作实验研究报告，对任何一项实验都必须详细描述的关键内容提供了一种检查表。附录 A 将讨论运用于人类被试的实验必须遵守的准则。为了促使你将本书的观点付诸实践，附录 B 列出了几项低成本且对人类被试低风险的实验项目。

### □ 建议阅读材料

对于真实环境中实验设计的简明介绍可以参见 Shadish, Cook and Campbell（2002）以及 Torgerson and Torgerson（2008）。对于实地实验方法局限性的讨论，参见 Heckman and Smith（1995）、Morgan and Winship（2007）、Angrist and Pischke（2009）以及 Rosenbaum（2010），其中讨论了从非实验数据中进行因果推断的困难。Imbens and Lemieux（2008）对回归间断设计进行了有用的介绍。

实地实验：设计、分析与解释

## □ 练习题：第1章

1. 核心概念：

(a) 什么是实验？实验与观测性研究的差异在哪里？

(b) 什么是"不可观测的异质性"？其对于相关性解释产生的影响是什么？

2. 你能够从下面的研究摘要中区分出哪一个属于实地实验，哪一个属于自然发生的实验，哪一个属于准实验，或者以上都不属于吗？为什么？

> 本研究希望估计危地马拉（Guatemala）低收入村落中供应卫生饮用水产生的健康效应。从所有居住人口少于2 000的村庄中抽取一个随机样本用于分析，共有250个村庄被包含在样本中，其中110个被发现饮用不卫生的水。在这110个村庄中，婴儿死亡率平均值达到平均每1 000个活产婴儿中有25个死亡，相比之下，拥有卫生饮用水的140个村庄平均每1 000个活产婴儿只有5个死亡。不卫生的饮用水似乎是婴儿死亡的主要原因。

*19*

3. 基于你从下面摘要中获得的信息推断，确定在何种程度上该研究满足一项实地实验的标准。

> 我们研究了摩洛哥城市居民住房自来水联网的需求，以及联网对这些家庭福利状况的影响。在丹吉尔（Tangiers）市北部，随机抽取一部分没联网到城市自来水管网的业主，提供信用（零贷款利率）购买住房自来水管道联网权益的简化程序。这种干预的接受率很高，达到了69%。由于我们样本中所有住户都已经通过公共水龙头来使用自来水……因此住房自来水联网并没有对自来水的质量有任何改善；虽然水的消费量有显著的增加，我们并没有发现水传播疾病的发生率有任何改变。不过，我们发现住户仍然愿意为家里拥有一个单独的水龙头而支付一大笔钱。自来水联网有利于节约时间，这些节约的时间可以被用于休闲和社交活动，而非生产性活动。[①]

4. 在《英国医学杂志》（*British Medical Journal*）上有一篇明显是"恶搞"的文章，该文章质疑当跳伞者面临严重的"引力挑战"（gravitational challenge）时，降落伞是否能够有效地防止伤亡。[②] 作者指出，并没有任何将降落伞分配给跳伞者的随机实验来证明这一点。那么，为什么在没有随机实验来证明其效力的情况下，我们仍然相信降落伞的有效性？

---

① Devoto et al.，2011.

② Smith and Pell，2003.

# 第 2 章

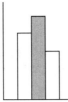

# 因果推断与实验

**本章学习目标**

（1）用来描述潜在结果的符号系统。

（2）核心术语的定义，即平均干预效应（average treatment effect）、期望（expectation）、随机分配（random assignment）以及无偏性（unbiasedness）。

（3）要得到平均干预效应无偏估计量，实验必须满足的假定。

21　　虽然实验方法的逻辑在很大程度上符合我们的直觉，能够为我们提供一种可靠的因果估计手段，但如果研究者缺乏对实验方法中关键假定的理解和掌握，仍然会遇到很多困难。这一点对于实地实验研究者尤其重要，因为他们必须经常对研究设计做出实时决策。错误理解统计原理及其现实含义会使得研究者浪费很多资源以及实验机会。因此，在进行一项研究课题之前，花时间学习实验的正式统计特性是一种明智的决定。

　　本章将介绍一套贯穿全书的符号系统。通过对每个单位是否被实施干预来标识潜在的结果变量，这种符号有助于澄清一系列关键概念，如干预效应等。这种符号系统随后会用于阐明用实验证明因果关系的条件。在本章的最后，还列举了一系列核心假设及其在实验设计中的意义。从核心原理入手来系统说明的方法的优点是，只需要随时记住相对较少的理念，就可以得出大量研究设计中需要小心的事项。

## 2.1　潜在结果

　　假设我们需要测量一种干预的因果效应。具体来说，假设我们希望研究在印度西孟加拉邦（West Bengal）和 拉贾斯坦邦（Rajasthan）地区中，如果由女性而非男性担任村民委员会（village council）的领导人，对村庄财务预算会带来什么影响。[①] 议会政治的研究者通常认为，发展中国家的女性会给预算过程带来不同的政策优先性，因为女性往往希望解决与健康有关的议题，如提供干净的饮用水之类。我们暂时不考虑如何实施随机分配的干预来研究这个问题。现在，只是简单假定每一个村庄要么接受干预（由女性作为村委会负责人），要么保持不干预状态（由男性担任村委会负责人）。对每一个村庄，我们都可以观测到其在村委会预算中分配给提供干净饮用水的份额。总之，我们可以观测到干预（村委会负责人是否为女性）以及结果（预算中有多大份额被分配给对女性特别重要的议题）。

而我们观测不到的是，现任负责人是男性的村庄如果由女性担任负责人，其预算分配的结果，相反的情况也同样无法观测。虽然我们无法观测反事实（counterfactual）的结果，但我们或多或少可以想象出来。假如这种思维练习能够再进一步，即我们想象每一个村庄都有两个潜在结果：女性担任负责人时的预算结果，以及男性担任负责人时的预算结果。村庄负责人的性别决定我们将观测到哪种预算结果。另外一种预算结果就只能是一种想象或者被称为反事实。

表2-1提供了包括7个村庄的模拟例子来介绍全书从头到尾使用的符号。村庄构成了本实验中的被试。每个被试用下标 $i$ 来标识，取值范围从1到7。例如，列表中的第三个村庄，分配的下标为 $i=3$。表中内容设想在两种不同的场景下发生的结果。$Y_i(1)$ 表示如果村庄 $i$ 接受干预（女性为村庄负责人）的结果，$Y_i(0)$ 表示村庄不接受干预时的结果。例如，村庄3如果由女性担任负责人就将分配30%的预算给饮水卫生，而如果由男性担任负责人仅仅会分配20%，因此，有 $Y_3(1)=30\%$ 以及 $Y_3(0)=20\%$。这种结果就被称为潜在结果（potential outcome），描述了实施干预和不实施干预将会发生的结果。

表 2-1　　当村庄负责人是女性或男性时，地方预算的潜在结果

（每格中的数据是分配给饮水卫生的预算份额）

| 村庄 $i$ | $Y_i(0)$ 负责人是男性时的预算份额（%） | $Y_i(1)$ 负责人是女性时的预算份额（%） | $\tau_i$ 干预效应（%） |
|---|---|---|---|
| 村庄1 | 10 | 15 | 5 |
| 村庄2 | 15 | 15 | 0 |
| 村庄3 | 20 | 30 | 10 |
| 村庄4 | 20 | 15 | −5 |
| 村庄5 | 10 | 20 | 10 |
| 村庄6 | 15 | 15 | 0 |
| 村庄7 | 15 | 30 | 15 |
| 平均值 | 15 | 20 | 5 |

———————————

① 参见 Chattopadhyay and Duflo（2004）。

采用这个例子的目的是，我们假设每一个村庄都存在两个潜在结果，取决于是否接受干预。假定其他村庄接受干预不会影响本村庄的结果。在2.7节，我们将更精确地介绍潜在结果模型所需要的一系列假定。并将讨论当被试受到其他被试的干预影响时导致的复杂情况。

## 2.2 平均干预效应

对每个村庄来说，干预（$\tau_i$）的因果效应被定义为两个潜在结果之间的差：

$$\tau_i \equiv Y_i(1) - Y_i(0) \tag{2.1}$$

换句话说，每个村庄的干预效应是世界上的两种潜在状态之间的差值。一种是村庄接受干预，另外一种是村庄没有接受干预。例如对村庄3来说，因果效应是 $30\% - 20\% = 10\%$。

当观测结果时，研究者通常面临的实证挑战是，在任何给定的时间点，只能观测到 $Y_i(1)$ 或者 $Y_i(0)$ 但不能同时观测到两者（记住我们能够在表2-1中同时看到每个村庄的两种潜在结果仅仅是一种假想的例子）。基于前面所述的符号系统，我们定义 $Y_i$ 为在每个村庄中能够观测到的结果，$d_i$ 表示观测到的对每个村庄实施的干预。在本例中，$Y_i$ 为观测到的在饮水卫生方面分配的预算份额，当村庄负责人是女性时 $d_i$ 等于1，否则取值为0。

对每个村庄观测到的预算可以使用下面的表达式来总结：

$$Y_i = d_i Y_i(1) + (1 - d_i) Y_i(0) \tag{2.2}$$

由于 $d_i$ 取值0或者1，等号右边总有一项为零。如果实施了干预（$d_i = 1$），我们将观测到干预导致的潜在结果 $Y_i(1)$。如果没有实施干预（$d_i = 0$），我们将观测到没有干预时的潜在结果 $Y_i(0)$。

24

---

**专栏2.1**

### 潜在结果符号

在本符号系统里，下标 $i$ 表示从被试1到被试 $N$。

变量 $d_i$ 表示第 $i$ 个被试是否受到干预：$d_i = 1$ 意味着第 $i$ 个被试接受了干预，而 $d_i = 0$ 意味着第 $i$ 个被试没有接受干预。我们假设对于每个被试，$d_i$ 都能被观测到。

$Y_i(1)$ 是第 $i$ 个被试接受干预的潜在结果。$Y_i(0)$ 是第 $i$ 个被试没有接受干预的潜在结果。总之，潜在结果可以表示为 $Y_i(d)$，这里 $d$ 表示干预状态。这些潜在结果对每个被试来说都是一种固定属性，表示在被试接受或不接受干预的情况下，假定会被观测到的结果。

潜在结果一览表（schedule）指的是对所有被试潜在结果的一份全面列表。一览表的 $i$ 表示行，$d$ 代表列。例如，表 2-1 中的第五个被试，其潜在结果 $Y_i(0)$ 和 $Y_i(1)$ 可以在与第五行对应的列中找到。

观测到的结果 $Y_i$ 与没观测到的潜在结果之间的关系由方程 $Y_i = d_i Y_i(1) + (1-d_i) Y_i(0)$ 来表示。这个方程显示，对接受干预的被试，$Y_i(1)$ 是观测到的结果，对没有接受干预的被试，$Y_i(0)$ 是观测到的结果。对于任何给定的被试，我们只能够观测到 $Y_i(1)$ 或 $Y_i(0)$ 二者之一，而不能同时观测到两者。

对所有被试的某个子集来说，潜在结果概念有时是非常有用的。表达式 $Y_i(\cdot) | X = x$ 表示当条件 $X = x$ 满足时的潜在结果。例如，$Y_i(0) | d_i = 1$ 指某个实际接受干预被试，如果不接受干预情况下的潜在结果。

我们经常希望了解一项假想的随机分配具有哪些统计属性，因此我们进行了一定区分，将一个给定被试受到的干预（真实数据中观测到的一个变量）表示为 $d_i$，而将假定实施的干预表示为 $D_i$。$D_i$ 是一个随机变量，第 $i$ 个被试在某个假想研究中接受干预而在另一个研究中则没有接受。例如，$Y_i(1) | D_i = 1$ 表示某个被试在某些假想干预分配下接受干预的结果。

平均干预效应（average treatment effect，ATE）被定义为 $\tau_i$ 之和除以 $N$，即被试的数量：

$$\text{ATE} = \frac{1}{N} \sum_{i=1}^{N} T_i \tag{2.3}$$

另外一种得到平均干预效应的等价方式，是用 $Y_i(1)$ 的平均值减去 $Y_i(0)$ 的平均值：

$$\frac{1}{N} \sum_{i=1}^{N} Y_i(1) - \frac{1}{N} \sum_{i=1}^{N} Y_i(0) = \frac{1}{N} \sum_{i=1}^{N} [Y_i(1) - Y_i(0)] = \frac{1}{N} \sum_{i=1}^{N} T_i \tag{2.4}$$

平均干预效应是一个极其重要的概念。村庄可能具有不同的 $\tau_i$，但是 ATE 可以显示如果每个村庄从不干预（男性为村委会负责人）到干预（女性为村委会负责人）情况下结果的平均变化。

从表 2-1 最右边一列中，我们可以计算 7 个村庄的 ATE。平均干预效应在本例中是 5%：如果所有村庄负责人都是男性，平均将会使用 15% 的预算在饮水卫生方面。反之，如果所有村庄负责人都是女性，这一数字将会上升到 20%。

**专栏2.2**

### 定义：平均干预效应

平均干预效应（ATE）是被试层面的干预效应之和，$Y_i(1) - Y_i(0)$，除以被试总数。一种等价表示 ATE 的方式是将其等于 $\mu_{Y(1)} - \mu_{Y(0)}$，这里的 $\mu_{Y(1)}$ 是所有被试 $Y_i(1)$ 的平均值，而 $\mu_{Y(0)}$ 是所有被试 $Y_i(0)$ 的平均值。

## 2.3 随机抽样与期望

26       假设我们不是去计算所有村庄的平均潜在结果,而是从所有村庄中抽取一个随机样本,然后计算样本村庄的平均值。随机抽样,即从所有 $N$ 个村庄中选择 $v$ 个村庄的一个过程,$v$ 个村庄的每种集合都有相同的被选中概率。例如我们从 7 个村庄中随机选择 1 个村庄,7 种样本被选中的可能性也相同。如果我们从 7 个村庄中随机选择 3 个村庄,

$$\frac{N!}{v!\,(N-v)!}=\frac{7!}{3!\,4!}=\frac{7\times6\times5\times4\times3\times2\times1}{(3\times2\times1)(4\times3\times2\times1)}=35 \tag{2.5}$$

即 35 种样本具有相同的被选中可能性。如果村庄与村庄之间的潜在结果是不同的,那么从不同样本中得到的平均潜在结果也会不同,取决于我们恰好选中的样本是什么。样本平均值可以表示为一个随机变量,即样本与样本之间不同的数量特征。

      期望值(expected value)指的是一个随机变量的平均结果(参见专栏 2.3)。在我们的例子中,随机变量是我们随机抽取村庄时得到的数值,然后计算其平均结果。回忆一下统计学概论中关于随机抽样的部分,某个样本平均值的期望值等于抽样总体的平均值。[①] 这个原理可以用表 2-1 中描绘的村庄总体来说明。回忆表 2-1 中所有村庄 $Y_i(0)$ 的平均值是 15。假定我们从 7 个村庄中每次随机抽取两个村庄,然后计算这两个村庄 $Y_i(0)$ 的平均值。这里有

$$\frac{N!}{v!\,(N-v)!}=\frac{7!}{2!\,5!}=21 \tag{2.6}$$

      即从 7 个里面抽取两个村庄作为样本共有 21 种可能方式,每个样本具有相同的被抽中概率。任何由 2 个村庄构成的样本都可能包含 $Y_i(0)$ 的平均值,可能高于或低于真实平均值 15,但是期望值指的是我们平均能够得到的值。如果我们检查所有 21 种可能样本,对于每一种样本计算 $Y_i(0)$ 的平均值:

$$\{10,\ 12.5,\ 12.5,\ 12.5,\ 12.5,\ 12.5,\ 12.5,\ 15,\ 15,\ 15,\ 15,\ 15,\ 15,\ 15,$$
$$17.5,\ 17.5,\ 17.5,\ 17.5,\ 17.5,\ 17.5,\ 20\} \tag{2.7}$$

27 这 21 个数字的平均值是 15,换句话说,由两个村庄组成的随机样本中得到的 $Y_i(0)$ 平均的期望值是 15。

      期望值的概念在本书随后的讨论中非常重要。因为我们将经常提到期望值,多讨论一些符号将非常有用。符号 $E[X]$ 指的是一个随机变量 $X$ 的期望(参见专栏 2.3)。表达式"当一个被试被随机抽样时 $Y_i(0)$ 的期望值"将被简写成

---

    ① 理解该原理背后直觉最容易的方式,是考虑一个例子,即每次只抽取 1 个村庄作为样本。由于每个村庄被抽中的概率相同,所有 7 种可能样本的平均值等于所有 7 个村庄构成总体的平均值。这种逻辑可以推广到 $v>1$ 时的样本,因为所有可能样本中每个村庄出现的概率恰好是 $v/7$。

$E[Y_i(0)]$。当某个术语如 $Y_i(0)$ 与某个期望算子同时出现时，不应被读成被试 $i$ 的 $Y_i(0)$ 值，而应视为一个随机变量，其值等于某个随机选择被试的 $Y_i(0)$ 值。当表达式 $E[Y_i(0)]$ 被用于表 2-1 中的值时，这个随机变量是从所有 $Y_i(0)$ 值列表中随机选择出来的一个 $Y_i(0)$；由于存在 7 种随机选择，其平均值是 15，由此得到 $E[Y_i(0)]=15$。

---

**专栏2.3**

一个离散型随机变量 X 的期望被定义为：

$$E[X] = \sum x\Pr[X = x]$$

这里的 $\Pr[X=x]$ 表示 X 取值为 $x$ 的概率，求和符号包括了所有 $x$ 的可能取值。

例如，某个从表 2-1 中随机选择得到的 $\tau_i$，其期望值如何计算？

$$E[\tau_i] = \sum \tau\Pr[\tau_i = \tau]$$

$$= (-5)\left(\frac{1}{7}\right) + (0)\left(\frac{2}{7}\right) + (5)\left(\frac{1}{7}\right) + (10)\left(\frac{2}{7}\right) + (15)\left(\frac{1}{7}\right) = 5$$

**期望值的性质**

一个常数 $\alpha$ 的期望是它自身：$E[\alpha]=\alpha$。

一个随机变量 X 和常数 $\alpha$ 与 $\beta$，$E[\alpha+\beta X]=\alpha+\beta E[X]$。

两个随机变量 X 与 Y 之和的期望等于各自期望的和：$E[X+Y]=E[X]+E[Y]$。

两个随机变量 X 与 Y 乘积的期望，等于各自期望的乘积再加上二者的协方差：$E[XY]=E[X]E[Y]+E[(X-E[X])(Y-E[Y])]$。

---

有时候，我们关注的是一个亚实验组（subgroup）中某个随机变量的期望值。条件期望值（conditional expectation）指的就是亚实验组的平均值。按照符号来说，符号"|"之后的逻辑条件就是定义一个亚实验组的准则。例如，"当某个村庄被随机从接受干预村庄中选出来时 $Y_i(1)$ 的期望"的表达式被写成 $E[Y_i(1) \mid d_i=1]$，当使用能够观测到的量时，条件期望的想法就非常简单。一些更加令人费解的表达式如 $E[Y_i(1) \mid d_i=0]$，用来表示"当某个村庄从那些没有接受干预的村庄中被随机选择出来时，$Y_i(1)$ 的期望值"。在研究过程中，我们永远不会真正看到一个没有接受干预村庄的 $Y_i(1)$ 值，也不会看到一个接受干预村庄的 $Y_i(0)$ 值。这些潜在结果可以想象出来但是不能观测到。

当一个亚实验组由某个随机过程的结果来定义时，一种特殊的条件期望就会出现。这种情况下的条件期望是可变的，取决于在随机过程的任何具体实现中哪些被试恰好符合条件。例如，假定用一种随机过程，诸如抛硬币，来决定哪些被试接受干预。对于给定的干预分配 $d_i$，我们虽然可以计算 $E[Y_i(1) \mid d_i=0]$，但

如果采用不同的方式抛硬币，就可能得到不同的期望值。假如我们想知道预期的条件期望值，或者想知道条件期望如何得出，平均来说，$d_i$ 可以按照所有可能方式进行分配。将 $D_i$ 作为一个随机变量，表示在一个假设实验中，每个被试是否会接受干预。条件期望 $E[Y_i(1)|D_i=0]$ 通过考虑 $D_i$ 所有可能的实现形式（用所有可能的方式抛 $N$ 枚硬币）来计算，以便产生 $Y_i(1)$ 和 $D_i$ 的联合概率分布函数。只要我们知道 $\{Y(1)，D\}$ 值的每一配对集合（paired set）的联合概率，我们就能使用专栏 2.4 中的公式来计算条件期望。[①]

---

**专栏 2.4**

### 定义：条件期望

对离散随机变量 $Y$ 和 $X$，当给定 $X$ 的取值为 $x$ 时 $Y$ 的条件期望是

$$E[Y \mid X=x] = \sum y \Pr[Y=y \mid X=x] = \sum y \frac{\Pr[Y=y, X=x]}{\Pr[X=x]}$$

这里的 $\Pr[Y=y, X=x]$ 表示 $Y=y$ 和 $X=x$ 时的联合概率，这里的求和是加总所有可能的 $y$ 值后得到的。

例如，在表 2-1 中，对 $Y_i(0)>10$ 的村庄，某个随机选择的 $\tau_i$ 值的条件期望是多少？这个问题需要我们描述变量 $\tau_i$ 和 $Y_i(0)$ 的联合概率分布函数，以便我们能够计算 $\Pr[\tau_i=\tau, Y_i(0)>10]$。表 2-1 表明 $\{\tau, Y(0)\}$ 的配对 $\{0, 15\}$ 以 2/7 的概率发生，而其他配对 $\{5, 10\}$、$\{10, 20\}$、$\{-5, 20\}$、$\{10, 10\}$ 以及 $\{15, 15\}$ 每个均以 1/7 的概率发生。$Y_i(0)$ 的边际分布显示 7 个 $Y_i(0)$ 中有 5 个大于 10，因此 $\Pr[Y_i(0)>10]=5/7$。

$$E[\tau_i \mid Y_i(0) > 10] = \sum \tau \frac{\Pr[\tau_i=\tau, Y_i(0)>10]}{\Pr[Y_i(0)>10]}$$

$$= -5 \times \frac{\frac{1}{7}}{\frac{5}{7}} + 0 \times \frac{\frac{2}{7}}{\frac{5}{7}} + 5 \times \frac{\frac{0}{7}}{\frac{5}{7}} + 10 \times \frac{\frac{1}{7}}{\frac{5}{7}} + 15 \times \frac{\frac{1}{7}}{\frac{5}{7}}$$

$$= 4$$

---

① 符号 $E[Y_i(1) \mid D_i=0]$ 可以被视为 $E\{E[Y_i(1) \mid d_i=0, d]\}$ 的简写形式。这里的 $d$ 是指干预分配的一个向量而 $d_i$ 是指其第 $i$ 个元素。在 $d$ 给定的条件下，我们可以对所有 $\{Y(1), d\}$ 组合对计算概率分布函数和给定这种分配集下的期望。然后我们可以加总所有可能的 $d$ 向量来获得这种期望值的期望。

为了说明在以一个随机过程结果作为条件时条件期望的概念，假定我们将表 2-1 中的某个观测值随机分配到干预状态（$D_i=1$）下。剩下的其他 6 个观测值作为控制组（$D_i=0$）。如果 7 种可能分配的每一种都以 1/7 的概率发生，给定 $D_i=1$，随机选择的 $\tau_i$ 的期望值是多少？此外，从 $\tau_i$ 和 $D_i$ 的联合概率密度函数开始，我们考虑这两个变量值的所有可能配对。$\{\tau, D\}$ 的配对 $\{-5,1\}$、$\{5,1\}$ 和 $\{15,1\}$ 以 1/49 的概率出现，而配对 $\{0,1\}$ 和 $\{10,1\}$ 以 2/49 的概率出现；剩下的 $\{\tau, D\}$ 配对中让 $\tau$ 与 0 匹配。则边际分布 $\Pr[D_i=1]=3\times(1/49)+2\times(2/49)=1/7$。

$$E[\tau_i | D_i=1] = \sum \tau \frac{\Pr[\tau_i=\tau, D_i=1]}{\Pr[D_i=1]}$$

$$=-5\times\frac{\frac{1}{49}}{\frac{1}{7}}+0\times\frac{\frac{2}{49}}{\frac{1}{7}}+5\times\frac{\frac{1}{49}}{\frac{1}{7}}+10\times\frac{\frac{2}{49}}{\frac{1}{7}}+15\times\frac{\frac{1}{49}}{\frac{1}{7}}=5$$

当具备这种符号系统之后，我们可以描述期望潜在结果与平均干预效应 ATE 之间的联系了：

$$
\begin{aligned}
E[Y_i(1)-Y_i(0)] &= E[Y_i(1)]-E[Y_i(0)] \\
&= \frac{1}{N}\sum_{i=1}^{N}Y_i(1)-\frac{1}{N}\sum_{i=1}^{N}Y_i(0) \\
&= \frac{1}{N}\sum_{i=1}^{N}[Y_i(1)-Y_i(0)]\equiv \text{ATE}
\end{aligned}
\tag{2.8}
$$

在式（2.8）第一行表示当某个村庄被从村庄列表中随机选出来时，其期望干预效应等于一个随机选择的干预结果期望值与一个随机选择的非干预结果期望值之差。式（2.8）的第二个等式表示一个随机选择 $Y_i(1)$ 的期望值等于所有 $Y_i(1)$ 的平均值，而且一个随机选择 $Y_i(0)$ 的期望值等于所有 $Y_i(0)$ 的平均值。第三个等式表明式（2.8）的第二行两个平均值之差可以表示为潜在结果的平均差值。最后一个等式说明潜在结果的平均值之差就是平均干预效应。总之，期望值之差等于整个村庄列表中平均潜在结果之差，或者 ATE。[①]

这种关系在表 2-1 的潜在结果一览表中非常明显。代表干预效应（$\tau_i$）数字的

————————

① 这里使用的符号仅仅是说明期望值与 ATE 之间联系的一种方式。Samii and Aronow（2012）提出了另一种形式化的方法。二人的模型设想一个有限总体 $U$，包括了 $j(1, 2, \cdots, N)$ 个单位，每一个单位都与 3 个变量 $[y_j(1), y_j(0), D'j]$ 组合相联系，其中 $y_j(1)$ 和 $y_j(0)$ 是固定潜在结果而 $D'j$ 是显示单位 $j$ 干预状态的随机变量。重新分配一个随机索引序列 $i(1, 2, \cdots, N)$，然后对任意一个单位 $i$，都存在一个相联系的 3 个随机变量 $[Y_i(1), Y_i(0), D_i]$，如此则有随机变量 $Y_i=D_iY_i(1)+(1-D_i)Y_i(0)$。它遵循式（2.8）：

$$E[Y_i(1)]-E[Y_i(0)]=\frac{1}{N}\sum_{j=1}^{N}y_j(1)-\frac{1}{N}\sum_{j=1}^{N}y_j(0)=\text{ATE}$$

诸如期望值或独立性的统计算符，指的是与一个任意序列 $i$ 相联系的随机变量。参见后面的章节将它们与按 $j$ 编索引的 3 个随机变量组合相联系，可以扩展这套符号系统以将其他单位层次的属性包括在内，如协方差或缺失值，通过在重新分配序列之前。

列，平均为 5%。假如我们从列表中随机选择村庄，我们期待它们的平均干预效应就是 5%。如果我们从一个随机选择的 $Y_i(1)$ 的期望值中减去 $Y_i(0)$ 的期望值，将会得到同样的结果。

## 2.4 随机分配与无偏推断

估计平均干预效应的挑战在于，在一个给定的时间点上每个村庄要么接受干预，要么没有接受干预：即 $Y_i(1)$ 和 $Y_i(0)$ 我们只能够观测到其中一个。为了说明这个问题，表 2-2 中显示了在村庄 1 和村庄 7 接受干预，而剩下的村庄均没有接受干预的情况下，我们能够观测到的结果。我们只能观测到村庄 1 和村庄 7 的 $Y_i(1)$ 而非 $Y_i(0)$。对村庄 2、3、4、5 和 6，我们只能够观测到 $Y_i(0)$ 而非 $Y_i(1)$。那些不可观测的或"缺失"的值在表 2-2 中表示为"?"。

表 2-2　　　两个村庄均由女性任负责人时观测到的预算结果

| 村庄 $i$ | $Y_i(0)$ 负责人是男性时的预算份额（%） | $Y_i(1)$ 负责人是女性时的预算份额（%） | 干预效应（%） |
|---|---|---|---|
| 村庄 1 | ? | 15 | ? |
| 村庄 2 | 15 | ? | ? |
| 村庄 3 | 20 | ? | ? |
| 村庄 4 | 20 | ? | ? |
| 村庄 5 | 10 | ? | ? |
| 村庄 6 | 15 | ? | ? |
| 村庄 7 | ? | 30 | ? |
| 基于观测数据估计的平均值 | 16 | 22.5 | 6.5 |

注：本表中观测到的结果基于表 2-1 中列出的潜在结果。

随机分配通过将观测值分为两组，解决的是"缺失数据"（missing data）问题。可以预期，这两个组在应用干预之前是完全相等的。当干预被随机分配后，干预组是所有村庄的一个随机样本，因此，干预组村庄的期望潜在结果与所有村庄的平均潜在结果相等。这种情况对控制组也同样成立。控制组的期望潜在结果同样等于所有村庄的平均潜在结果。因此可以预期干预组的潜在结果和控制组的也是一样。尽管将村庄分配到干预组和控制组的任何给定随机分配，都有可能产生具有不同平均潜在结果的村庄组，但这种分配程序仍然是公平的，因为不会使其中一组比另一组有更高的潜在结果集。

正如查托帕迪亚（Chattopadhyay）和迪弗洛（Duflo）所指出的那样，事实上，在印度农村随机分配使三分之一的村委会负责人是女性。[①] 通常，村委会负责

---

① Chattopadhyay and Duflo，2004. 在拉贾斯坦邦，一种抽签的方法被用于给女性分配委员会职位，在西孟加拉邦，一种近似随机分配的程序被用于实际分配中，村民通过自己的序列号被分配。

人都是男性，但是印度法律强制要求被选中的一些村庄由女性代表作为村委会负责人。为了方便说明，假定这 7 个村庄也必须遵守该法律，其中 2 个村庄被随机分配为女性村委会负责人。让我们考虑一下这种安排的统计意义。这个随机分配程序意味着每个村庄都有同样的概率接受干预；分配结果与村庄可观测或不可观测的特征没有系统性关系。

让我们更详细地分析这种随机分配形式的正式影响。当每个村庄以相同的概率接受干预时，那些随机选择接受干预的村庄是整个村庄集合的一个随机子集。因此，接受干预村庄的 $Y_i(1)$ 期望潜在结果与整个村庄集合的 $Y_i(1)$ 期望潜在结果是相同的：

$$E[Y_i(1)|D_i=1]=E[Y_i(1)] \tag{2.9}$$

当我们随机选择村庄进入干预组时，剩下作为控制组的村庄也是所有村庄的一个随机样本。因此控制组（$D_i=0$）中 $Y_i(1)$ 的期望值等于所有村庄集合 $Y_i(1)$ 的期望值：

$$E[Y_i(1)|D_i=0]=E[Y_i(1)] \tag{2.10}$$

如果将式（2.9）和式（2.10）放在一起，我们可以看到，在随机分配下干预组与控制组具有相同的期望潜在结果：

$$E[Y_i(1)|D_i=1]=E[Y_i(1)|D_i=0] \tag{2.11}$$

式（2.11）也强调了已实现的（realized）与未实现的（unrealized）潜在结果之间的区别。式子的左边，是接受干预村庄的期望被干预潜在结果。干预使这种潜在结果变成可观测的。式子的右边，是未接受干预村庄的期望干预潜在结果。这里，缺少干预意味着这些被试的受干预潜在结果仍然是不可观测的。

同样的逻辑也可以用于控制组。没有接受干预的村庄（$D_i=0$）与干预组村庄（$D_i=1$）如果没有接受干预时，具有相同的期望未干预潜在结果 $Y_i(0)$：

$$E[Y_i(0)|D_i=0]=E[Y_i(0)|D_i=1]=E[Y_i(0)] \tag{2.12}$$

式（2.11）和式（2.12）产生于随机分配：无论 $Y_i(1)$ 或 $Y_i(0)$ 的潜在值是什么，$D_i$ 都没有带来任何信息。被随机分配的 $D_i$ 值决定了我们实际上观测到的 $Y_i$ 值是多少，尽管它们在统计上仍然独立于潜在结果 $Y_i(1)$ 和 $Y_i(0)$。（参见专栏 2.5 对独立性术语的讨论。）

---

**专栏 2.5**

### 随机分配的两种常用形式

随机分配指的是以大于 0 而小于 1 的已知概率进行干预分配的一种程序。

最基本的随机分配形式是每个被试都有同样的概率被分配到干预组中。假定 $N$ 是被试的数量，$m$ 是被分配到干预组的被试数量。假定 $N$ 和 $m$ 是符合 $0<m<N$ 条件的整数。简单随机分配指的就是每个被试按照 $m/N$ 的概率被分配到干预组的程序。完全随机分配指的是恰好将 $m$ 个单位分配到干预组的程序。

在简单或完全随机分配下，所有被试被分配到干预组的概率都是相等的；因此干预状态与被试潜在结果以及它们的背景属性（$X$）之间在统计上是独立的：

$$Y_i(0), Y_i(1), \parallel D_i,$$

这里的符号$\parallel$意思是"独立于"。例如，如果使用掷骰子来将被试分配到干预组，概率就是1/6，知道了某个被试是否受到干预并没有提供关于被试潜在结果或背景特征方面的任何信息。因此，干预组和控制组中$Y_i(0)$，$Y_i(1)$和$X_i$的期望值是相同的。

当干预是被随机分配的时，我们可以重新排列式（2.8）、式（2.11）和式（2.12），将平均干预效应表示为：

$$\text{ATE} = E[Y_i(1)|D_i=1] - E[Y_i(0)|D_i=0] \qquad (2.13)$$

这个方程提供了一种估计平均干预效应的实证策略，方程项$E[Y_i(1)|(D_i=1)]$和$E[Y_i(0)|(D_i=0)]$都可以用实验数据进行估计。我们并没有观测所有观测对象的潜在结果$Y_i(1)$，但是我们观测到了受干预观测对象随机样本的结果。我们同样没有观测所有观测对象的潜在结果$Y_i(0)$，但是观测到了控制组观测对象随机样本的结果。如果我们想要估计平均干预效应，式（2.13）建议我们应该计算两个样本均值的差，即干预组结果平均值减去控制组结果平均值。这种使研究者能够使用可观测的数量特征(如样本平均值)来揭示感兴趣的参数（如平均干预效应）的想法，被称为识别策略（identification strategy）。

用于猜测参数如平均干预效应的统计程序被称为估计量（estimator）。在这个例子里，估计量非常简单，就是两个样本均值之差。在将估计量用于真实数据前，一个研究者应该认真思考其统计属性。一种特别重要的属性被称为无偏性（unbiasedness）。通常，如果一个估计量能够产生正确答案就属于无偏估计量。换句话说，如果实验在相同条件下重复无限次，平均估计值就会等于真实参数值。虽然某些猜测可能会高估，某些可能会低估，但是平均的猜测最终应该是正确的。在实践中，我们不可能做无限次实验。事实上，我们可能只做一次实验就结束了。然而，在理论上我们能够通过分析估计程序的统计属性，平均来看是否得到了正确的答案。（在下一章中，我们会考虑估计量的另外一种属性：如何精确地估计感兴趣的参数值。）

**专栏 2.6**

### 定义：估计量和估计值

一个估计量是一种程序或者公式，用来产生对参数的猜测值，诸如平均干预效应。基于某个特定实验产生的估计量猜测值被称为估计值。估计值用一个形似"帽子"的符号来表示。例如参数$\theta$的估计值写成$\hat{\theta}$。

总之，当使用某种程序以相同的概率将每个被试分配到干预状态时，潜在结果就独立于被试接受的干预。这种属性要求我们使用一种识别策略，即用实验数据来估计平均干预效应。

剩下的任务是证明当所有被试都具有相同的被干预概率时，推荐的估计量——干预组结果平均值与控制组结果平均值之差——是一个 ATE 的无偏估计量。要证明这一点很简单：由于被分配到控制组的单位是一个所有单位的随机样本，因此控制组的结果平均值是一个所有单位均值 $Y_i(0)$ 的无偏估计量。这一点，对干预组也同样成立：接受干预单位的结果平均值是所有单位平均值 $Y_i(1)$ 的无偏估计量。正式地，如果我们将村庄重新随机打乱排列，然后将前 $m$ 个被试作为实验组，剩下的 $N-m$ 个被试作为控制组，我们就能够分析所有可能随机分配结果的期望值或平均值：

$$E\left[\frac{\sum_1^m Y_i}{m} - \frac{\sum_{m+1}^N Y_i}{N-m}\right] = E\overbrace{\left[\frac{\sum_1^m Y_i}{m}\right]}^{\text{干预组平均结果}} - E\overbrace{\left[\frac{\sum_{m+1}^N Y_i}{N-m}\right]}^{\text{未干预组平均结果}}$$

$$= \frac{E[Y_1]+E[Y_2]+\cdots+E[Y_m]}{m}$$

$$- \frac{E[Y_{m+1}]+E[Y_{m+2}]+\cdots+E[Y_N]}{N-m}$$

$$= E[Y_i(1) \mid D_i = 1] - E[Y_i(0) \mid D_i = 0]$$

$$= E[Y_i(1)] - E[Y_i(0)] = E[\tau_i] = \text{ATE}$$

(2.14)

式（2.14）传递了一种简单但极其有用的思想。当实验单位被随机分配时，干预组和控制组结果平均值的比较〔即所谓的"均值差估计量"（difference-in-means estimator）〕就是平均干预效应的无偏估计量。

---

**专栏2.7**

### 定义：无偏估计量

若一个估计量是无偏的，就意味着其产生的估计值的期望值等于感兴趣的真实参数值。将我们希望估计的参数值称为 $\theta$，如 ATE。让 $\hat{\theta}$ 代表一个估计量，或生成估计值的程序。例如，$\hat{\theta}$ 可以代表干预组与控制组结果平均值之差。如果我们将这个估计量用于给定实验或观测研究的所有可能实现方式中，这个估计量的期望值就是我们会获得的平均估计值。我们可以说如果 $E(\hat{\theta})=\hat{\theta}$，$\hat{\theta}$ 就是无偏的；意思是，如果这个估计量的期望值是感兴趣的参数 $\theta$，那么估计量 $\hat{\theta}$ 就是无偏的。尽管无偏性是估计量而非估计值的一种性质，我们仍然将一个无偏估计量产生的估计值看成"无偏估计值"。

## 2.5 随机分配的机制

*36*   式（2.14）的结果取决于随机分配，因此弄清楚随机分配的构成是非常重要的。简单随机分配（simple random assignment）指的是某种程序——掷骰子或抛硬币——将每个被试以相等概率分配到干预组。简单随机分配的实际缺陷在于，当 $N$ 较小时，随机偶然性可能产生比研究者希望得到的更大或更小的干预组。例如，你可能用抛硬币将 10 个被试中的每一个分配到干预条件中，但是最终仅仅有 24.6％ 的概率恰好将 5 个被试分在干预组，5 个被试分在控制组。简单随机分配的一个有用的特例是完全随机分配（complete random assignment），使得 $N$ 个被试中的 $m$ 个刚好被按照等概率分配到干预组中。[①]

实施完全随机分配的程序可以采用三种等价形式。假定有 $N$ 个被试，需要分配其中 $m$ 个到干预组。第一种方法是每次随机选择一个被试，然后再从剩下的中间选择另一个，直到选择完 $m$ 个进入干预组。第二种方法是举出所有从 $N$ 个被试的列表中选择 $m$ 个被试的可能方式，然后随机选择其中一种配置方案。第三种方式是随机排列所有 $N$ 个被试，然后标记前 $m$ 个被试作为干预组。[②]

注意，随机（random）是一个常常被松散使用的词汇，用来指代某种随意的、偶然的或非计划的程序。这里的问题在于，随意的、偶然的或非计划的干预可能伴随没有注意到的系统模式。诸如交替（alternation）之类的某些程序是有风险的，可能存在系统性的原因导致某种类型的被试在一个序列交替出现，事实上，某些早期的医学实验就出现了这种问题。[③] 我们将在一种更严格的意义上来使用随机。我们通过某种物理或电子程序来实施随机化，保证干预组的分配过程与所有可观测或不可观测变量在统计上是独立的。

*37*   实际上，随机分配最好使用统计软件完成。这里有一种实施完全随机分配的简易程序。第一步，确定 $N$ 的大小，即你实验中的被试数量，以及 $m$，即被分配到干预组的被试数量。第二步，用统计软件设定一个随机数"种子"，这样你的随机数就可以被任何希望复制你研究的人重复。第三步，对每个被试产生一个随机数。第四步，将所有被试按照其随机数进行升序排列。第五步，将最前面的 $m$ 个观测值分配到干预组。使用 R 软件编写的程序例子可以在 http：//isps. yale. edu/FEDAI 中找到。

实施随机分配的第一步是生成随机数。当随机数生成后，研究者必须竭尽全

---

①   在第 3 章和第 4 章中，我们将讨论其他常用的随机分配方法：整群（clustered）随机分配，被试组被随机分配到干预和控制状态；区块（block）随机分配（也被称为分层随机分配），所有个体首先被划分为区块，然后在每个区块内进行随机分配。专栏 2.5 指出完全（相对于整群或区块）随机分配最典型的特征是，该分配中所有将 $N$ 个被试分配到一个大小为 $m$ 的干预组中的方式都有相等的可能性。

②   参见 Cox and Reid（2000，p. 20）。术语完全随机化其实有点尴尬，因为词汇完全没有表达将 $m$ 个单位恰好分配到干预组的要求，但这个术语已成为标准用法（Rosenbaum，2002，pp. 25 - 26）。

③   Hróbjartsson，Gøtzsche and Gluud，1998.

力保证分配过程的完整性。交替方法以及很多其他随意分配程序的缺陷，在于允许管理配置程序的人预见谁会被分配到哪个实验组中去。如果一位医院的接待员希望将最严重的病人分配到实验的干预组去，同时他知道交替分配模式，他就能按这种模式对最严重的病人重新排序以便将他们分配到干预组去。[①] 同样的担心也出现在某个随机数序列被用来分配入院病人时：当接待员提前知道分配顺序时，随机过程就会被破坏，因为他可以安排病人到某个特定的实验组别中去。为了防范可能影响随机分配完整性的潜在威胁，研究者应在他们的实验设计中设置额外的保障程序，诸如分配被试的人无法知道分配结果。

## 2.6 未使用随机分配时的选择性偏误

如果缺少随机分配，式（2.14）中得出的识别策略将无法实施。即干预组与控制组不再是样本中所有单位的随机子集（random subset）。我们反而将面对所谓的选择性问题（selection problem）：接受干预与潜在结果可能有系统性关联。例如，缺乏随机分配，村庄将自行决定是否由妇女担任村委会负责人。最终女性担任负责人的村庄也不再是所有村庄的一个随机子集。

来看非随机的选择怎么破坏进行干预组与控制组平均结果比较的识别策略。将式（2.13）中得出结果的期望差值进行改写，通过减去和加上 $E\left[Y_i(0) \mid D_i = 1\right]$：

$$\underbrace{E[Y_i(1) \mid D_i = 1] - E[Y_i(0) \mid D_i = 0]}_{\text{干预与未干预结果之间的期望差}}$$

$$= \underbrace{E[Y_i(1) - Y_i(0) \mid D_i = 1]}_{\text{接受干预对象的 ATE}} + \underbrace{E[Y_i(0) \mid D_i = 1] - E[Y_i(0) \mid D_i = 0]}_{\text{选择性偏误}}$$

$$(2.15)$$

在随机分配下，选择偏误项的取值为零，而且接受干预（随机的）村庄的 ATE 与所有村庄的 ATE 相同。在缺乏随机分配时，式（2.15）显示的干预效应实际上是选择性偏误与村庄子集 ATE 的混合结果。

要理解式（2.15）的含义，考虑下面的情景。假定不再随机选择接受干预的村庄，改为由村庄本身来决定是否接受干预。重新回到表 2-1 并设想一下，如果由村民自己来决定实施与否，村庄 5 和村庄 7 总会选择女性，因为村民对于饮水卫生的需求很迫切，而剩下的村庄则总是会选择男性。[②] 这个案例中的自选择（self-selection）导致对 ATE 的过高估计，因为接受干预其实与低于平均值的 $Y_i(0)$ 及高于平均值的 $Y_i(1)$ 有联系。干预组的结果平均值是 25，控制组的结果

---

① 随机分配被破坏的实验例子可以参见 Torgerson and Torgerson（2008）。

② 当期望值是来自一项假想的不断重复的实验时，我们可以思考所有可能的随机分配。在非随机分配的例子中，大自然本身成为了分配者。因此，在计算期望值时，我们必须考虑所有可能自然分配的平均结果，而非构建各种可能的分配并规定每一种情况发生的概率。我们必须保证例子尽量简单并假设村庄将"永远"选择同样类型的候选人。事实上，我们只会从发生概率为 1 的唯一可能分配中得到期望值。

平均值是 16。因此 ATE 的估计值是 9，而真实的 ATE 值是 5。我们看到，根据式 (2.15)，本例中接受干预者的 ATE 与所有被试的 ATE 不相等，即选择性偏误项不为零。进一步来说，将选择接受干预的村庄和不接受干预的村庄进行比较是有风险的。在这个例子中，自选择与潜在结果相关；因此，接受干预与不接受干预村庄间的比较结果，既不是整个样本的 ATE，也不是接受干预村庄的 ATE。

实验方法的绝妙之处在于，随机化过程产生了一个干预与控制的分配一览表，这种一览表在统计上独立于潜在结果。换句话说，从式（2.9）到式（2.13）的潜在假定，其合理性是基于随机分配程序的，而非基于干预组与控制组潜在结果有可比性的实质证据。

以上讨论并非意味着实验方法不需要实质假定。均值差估计量的无偏性并不仅仅以随机分配为条件，同样也需要以潜在结果的两个假定为条件，其合理性要依靠具体应用场景来决定。下一节将介绍这些重要的假定。

## 2.7　潜在结果的两个核心假定

到目前为止，我们对于潜在结果的描述忽略了两个重要的细节。为了让读者更容易理解潜在结果的框架，我们规定每个被试只有两种潜在结果，$Y_i(1)$ 是接受干预的结果，$Y_i(0)$ 是不接受干预的结果。更准确地说，每个潜在结果唯一地取决于被试自身是否接受干预。在用这种方式表示潜在结果时，我们假设潜在结果只响应干预本身而不是其他某些实验属性，诸如实验者分配干预或测量结果的方式。而且，潜在结果被界定为被试自身接受的一系列干预，而不是其他被试接受的干预。用专业术语来说，"唯一"假设即为可排除性（excludability），而"自身"假设可以用无干扰性（non-interference）来表示。

### ☐ 2.7.1　可排除性

我们在定义两种而且只有两种潜在结果时，依据的是干预是否被执行。我们隐含地假定，这里只有有关（relevant）的因果主体接受了干预。因为实验可以孤立（isolate）干预的因果效应，我们的潜在结果一览表排除了干预以外的其他因素。因此在进行实验时，我们必须定义干预并将其与相关因素区分开。具体来说，我们必须区分干预 $d_i$ 和 $z_i$，$z_i$ 表示观测值是分配到干预组还是控制组的变量。我们希望估计 $d_i$ 的效应，并假定干预分配 $z_i$ 除了通过影响 $d_i$ 的值，对结果没有影响。

术语"排除限制"（exclusion restriction）或"可排除性"指的是一种假定：$z_i$ 在 $Y_i(1)$ 和 $Y_i(0)$ 的潜在结果一览表中可以被省略。正式地，这种假定可以写成

下面的形式：让 $Y_i(z, d)$ 作为当 $z_i = z$ 和 $d_i = d$ 条件下的潜在结果，其中 $z \in (0, 1)$ 和 $d \in (0, 1)$。例如，如果 $z_i = 1$ 且 $d_i = 1$，则表示被试被分配到干预组并且接受了干预。我们也可以想象其他的组合。例如，如果 $z_i = 1$ 且 $d_i = 0$，即被试被分配到干预组，但因为某种原因并未真正接受干预。排除限制假定即 $Y_i(1, d) =$

实地实验：设计、分析与解释

$Y_i(0, d)$。换句话说，潜在结果仅仅对 $d_i$ 的输入产生响应，而与 $z_i$ 的值无关。很遗憾，这种假定不能进行实证检验，因为对同一个被试，我们永远不能同时观测到 $Y_i(1, d)$ 和 $Y_i(0, d)$。

当随机分配集合作用于 $Y_i$ 而非干预 $d_i$ 时，将会导致排除限制被破坏。假定在我们之前使用过的例子中，将干预定义为某位女性村委会负责人是否将主持对村庄优先事项排序的协商，我们估计这种干预效应会受到非政府援助组织干扰的影响，如果它们察觉到新当选的女负责人能够把饮水卫生放在最优先地位，非政府组织将转而解决由男性领导的村庄的饮水卫生。如果外部援助流向由男性领导的村庄，就会减少男性村委会负责人分配给饮水卫生的预算，因此，女性和男性村委会负责人之间在饮水卫生预算上的差异将导致高估干预的真实效应，如前所定义的那样。[1] 甚至女性村委会负责人对村庄预算没有影响时，非政府组织的行为也可能导致男性与女性领导村庄的平均预算差异。

测量中的非对称性导致另外一种对可排除性假定的威胁。假如我们在研究印度村庄时，派出一组研究助理去测量干预组的预算情况，派出另一组助理去测量控制组的预算情况。每组助理可能会采取不同的标准来决定什么类型的支出将被划分为饮水卫生经费。假定干预组研究助理使用更宽泛的会计标准——可能会夸大村庄在饮水卫生方面的花费。在比较干预组与控制组的平均预算时，估计出的干预效应是女性村庄负责人对预算的真实影响，再加上这些村庄因会计程序而过高估计的饮水卫生费用。推测起来，在估算实验及其结果时，我们其实希望估计的是这两种效应中的前一种。因此，如果想了解女性村庄负责人对村庄预算的真实效应，必须采用相互一致的计算标准。

为了显示测量不对称问题的后果，我们建立了一个简单的模型，模型中的测量结果存在误差项。在这种情况下，对通常的潜在结果一览表进行了拓展，以便能反映测量的结果不仅被 $d_i$ 影响，也被 $z_i$ 影响。进而决定由哪一批研究助理测量结果。假定我们观测到在未被干预的单位中 $Y_i(0)^* = Y_i(0) + e_{i0}$，这里的 $e_{i0}$ 是如果某个观测值被分配到控制组，测量潜在结果所产生的误差。对接受干预的单位，使 $Y_i(1)^* = Y_i(1) + e_{i1}$。如果我们比较干预单位与非干预单位的平均结果，将发生什么？从式（2.14）中我们可以得到均值差估计量的期望值：

$$E\left[\frac{\sum_1^m Y_i}{m} - \frac{\sum_{m+1}^N Y_i}{N-m}\right] = E[Y_i(1)^* \mid D_i = 1] - E[Y_i(0)^* \mid D_i = 0]$$
$$= E[Y_i(1) \mid D_i = 1] + E[e_{i1} \mid D_i = 1]$$
$$- E[Y_i(0) \mid D_i = 0] - E[e_{i0} \mid D_i = 0]$$

$$(2.16)$$

比较式（2.16）和式（2.14）可以发现，当干预组与未干预组的测量误差具有不同期望值时，均值差的估计量是有偏的。

---

[1] 是否违反可排除性取决于如何定义干预效应。如果某人在定义选择女性作为负责人的效应中包括了非政府组织的补偿行为，这种假定就不再算作被违反。

$$E[e_{i1}|D_i=1]\neq E[e_{i0}|D_i=0] \tag{2.17}$$

在本书中，我们提到"对称破缺"（breakdown in symmetry）时，我们需要时刻记住干预结果与控制结果期望差异可能被某些程序扭曲。

什么样的实验程序能够支持可排除性假设的合理性？宽泛的答案是，任何有助于我们确保对干预组和控制组进行统一操作的事物。其中一种类型的程序是双盲（double-blindness）——被试与负责测量结果的研究者都不知道接受的是哪种干预，因此他们在有意或无意的层面上都不可能扭曲结果。另外一种程序是实施实验时采用平行策略（parallelism）：评价干预组与实验组时，应当采用相同的问卷与调查访问员，两组结果的搜集应大致在同一时间与同样的环境中。如果控制组的结果在 10 月搜集，而干预组的结果在 11 月搜集，那么对称性就可能被破坏。

除非研究者能够精确界定实验中希望测量的究竟是何种干预效应，并据此来设计实验，否则不可能评估排除限制。根据研究者的目标，控制组可能接受某种特殊干预，从而干预组与控制组之间的比较能够分离出干预的某个特定方面。一个经典的例子是，某项研究设计试图分离出药物实验的具体原因，在实验中，干预组服用的是实验药丸，控制组服用的是外表看起来相同的糖丸。将药物给两个组的目标是在将药物成分的药理学效果分离出来的同时，保持单纯服用某种药丸的效果不变。在村委会的例子里，一位研究者可能希望区分女性负责人的效果和仅仅任命一位新负责人的效果。原则上，我们可以比较随机分配女负责人的区域与随机分配任期限制的区域，这种随机分配任期限制的政策有将非在任者（non-incumbent）任命为负责人的效果。这种分离因果机制的方法将在第 10 章中继续讨论，包括试图在多层面（multifaceted）干预中区分有效成分的设计。

在比较干预组与控制组时，保证理论的完整性是实验设计的首要目标。在村庄预算研究的例子中，目标是估计随机分配女性负责人导致的预算后果，而非使用不同的测量标准评价干预与控制村庄的后果。同样的论点也适用于研究中与干预分配有相关性的其他方面。例如，如果目标是测量女性领导对于预算本身的影响，那么只委派研究者代表去监控女性领导村庄的村委会商议就会导致偏误。因为现在所观测到的干预效应，实际上是女性村庄负责人效应与研究者观测效应的组合。无论将研究代表的存在视为对测量的歪曲还是某种未预见的因果路径——通过这条路径干预分配影响了结果，问题的形式结构都是相同的。实验的期望结果不再是我们希望估计的因果效应。

对称性条件并没有排除干预的交叉（cross-cutting）问题。例如，想象印度保留席位政策的另外一种版本，将某些村庄的议席随机分配给女性担任，其他的分配给低种姓，或低种姓中的女性。当我们在第 9 章中讨论因素设计时，将重点关注采用多个干预的相互组合能够得到什么。这些复杂实验设计的目标是在确保对称性的同时，理解干预的不同组合：单独和相互联合进行随机分配干预，允许研究者在实证层面上区分拥有女性村庄负责人的效果与拥有低种姓女性村庄负责人的效果。

最后，让我们再次审视一下其他行动者介入并响应干预分配的案例。例如，假定预期饮水卫生方面有更多支出，利益集团会花费更多的精力游说，让女性担任村庄负责人；或者采用另外的方式：利益集团将更加关注那些负责人为男性的村庄，因为他们相信，这些村庄中会遇到预算制定者的更大阻力。利益集团的干扰是否违反可排除性假定，取决于我们如何定义干预效应。如果将使用女性村庄负责人的效应定义为包括利益集团活动的所有间接影响，那么利益集团活动对排除限制就没有任何威胁。但如果我们希望估计没有任何利益集团活动干扰下纯粹女性村庄负责人的效应，那么，我们的实验设计就存在不足，除非能够找到排除利益集团策略性响应的方法。这些情况再次强调了清晰陈述实验目标的重要性，因为研究者和读者可以评价排除限制的合理性。

### □ 2.7.2　无干扰性

为了表述方便，以上讨论仅简单提到了定义和估计因果效应中发挥重要作用的一项假定。这一假定有时也被称为稳定的单位干预值假定（stable unit treatment value assumption，SUTVA），但我们将其命名为更简明的术语，即无干扰性。[1] 之前我们使用的符号中，表达式如 $Y_i(d)$ 被写成是单位 $i$ 的潜在结果值，这个值仅依赖于单位是否接受干预（$d$ 等于 1 还是 0）。一种更完整的符号系统使用扩展框架来表示潜在结果，即某个单位的潜在结果取决于其他单位接受什么干预。例如，只有村庄 1 被干预，我们可以写下所有村庄 1 的潜在结果，如果只有村庄 2 被干预或者如果村庄 1 和 2 都被干预都可如此。这种潜在结果的一览表很快就会失控。假定我们列出 7 个村庄中恰好有 2 个接受干预时的所有潜在结果：每个村庄将会有 21 种潜在结果。很清楚，如果研究仅涉及 7 个村庄，我们将不可能对这种因果效应的复杂序列进行有意义的描述，除非我们能够提出某种简化假定。

无干扰性假定消除了这种复杂性，即忽略被试 $i$ 受到其他被试干预影响而产生的潜在结果。形式上，我们精简了潜在结果 $Y_i(d)$ 的数量，这里的 $d$ 描述了所有被试接受的所有干预，更简单的表示方式是 $Y_i(d)$，这里的 $d$ 表示被试 $i$ 接受的干预。[2] 在我们的例子中，无干扰性意味着一个村庄的卫生预算不会被其他村庄负责人的性别所影响。无干扰性在实验与观测性研究中都是常见的假定。

无干扰性在这个例子中有现实性吗？如果我们没有村庄之间沟通和预算分配 相互独立程度方面的细节信息，这很难说。如果这些村庄群在地理上是分散的，那么假定一个村庄的负责人性别不会影响其他村庄的结果就是合理的。此外，如果村庄相互邻近，某个村庄具有女性负责人，可能会鼓励其他村庄的女性表达更强烈的政策要求。邻近村庄的预算相互依赖程度也最强；某个村庄在饮水卫生方面的支出越多，其邻近村庄维持水质的开支就越少。

干扰引入的估计问题是潜在高度复杂的与不可预测的。未干预的村庄如果被邻近的干预村庄所影响，就不能作为纯粹的控制组。如果女性担任负责人的村庄，其饮水卫生支出被由男性负责的相邻村庄仿效，那么，用受干预村庄与（半干预）控

---

① SUTVA 中的"稳定"（stable）指的是这样的规定，即一个给定村庄的潜在结果保持稳定，与其他村庄是否接受干预无关。这个术语的技术性特征在 Rubin（1980；1986）中进行了讨论。

② 潜在结果的公式中隐含的假定是，潜在结果不受真实的或分配的干预总体模式影响。换句话说，$Y_i(z, d) = Y_i(z, d)$。

制村庄进行平均结果比较，将导致低估式（2.3）所定义的平均干预效应。这个方程通常被理解为接受干预的潜在结果与完全不接受干预的潜在结果间的比较。此外，如果女性负责人的存在导致邻近男性负责的村庄在饮水卫生上搭便车，即分配更少的预算，那么平均预算分配上的表面差异会夸大平均干预效应。由于干扰将导致各种估计异常，研究者通常会采用最小化干扰的实验设计，将实验单位在时间和地理上分散化。第 8 章将会讨论另外一种方式，实验设计允许研究者探测实验单位间的溢出效应（spillover）。这些更复杂的实验设计并不把干扰视为一种麻烦，而是希望探测到实验单位间沟通或策略性互动的证据。

## 小　结

本章将讨论的范围限定在随机实验的类别中，实验中的干预被准确按照分配来实施，同时所有被分配被试的结果都是可以观测到的。这一类研究对讨论核心假定及研究设计的含义是一种自然的起点。接下来的各章将介绍进一步的假定，以便处理更加复杂的情况，如不遵从问题（第 5 章和第 6 章）以及样本缩减问题（第 7 章）。

从一开始我们就将因果效应定义为两个潜在结果的差异值。在一个结果中被试接受干预，而在另一个结果中被试没有接受干预。这种因果效应对任何被试来说都是无法被直接观测的，然而，当满足某些假定时，实验方法可以得到所有被试平均干预效应（ATE）的无偏估计值。在本章中我们提出了下面三个假定，包括随机分配、可排除性以及无干扰性。

（1）随机分配。所有实验单位基于一个从 0 到 1 范围内的已知概率接受干预。简单随机分配或者完全随机分配意味着干预分配在统计上独立于被试的潜在结果。

当所有干预分配都由同样的随机程序决定时就可以满足这个假定，如抛硬币。由于随机分配可能会被配置干预和帮助被试等因素歪曲，因此这些步骤中应该尽量减少人为判断。

（2）可排除性。潜在结果仅仅反映接受干预本身，而不反映干预的随机分配或任何随机分配的间接作用。干预必须被清晰定义以便能够判断被试接受的是希望的干预还是其他某种影响。

当存在下面的情况时，就会危及这个假定：一是测量干预组与实验组的结果时采用不同的实验规程；二是研究活动、其他干预，或第三方介入而不是实验干预本身，导致对干预组和实验组产生区别影响。

（3）无干扰性。观测值 $i$ 的潜在结果仅仅反映观测值 $i$ 的受干预或者受控制状态，而不是其他观测值的受干预与受控制状态。无论哪些被试被随机分配到干预与控制状态，某个给定被试的潜在结果都是相同的。

这个假定被危及的情况有三种：其一，当被试知道其他被试接受的干预时；其二，干预可能被传递，从接受干预的被试到没有接受干预的被试；其三，用于干预某些被试的资源会相应地减少可用于其他被试的资源时。参见第 10 章中更广泛的案例。

随机分配与其他两个假定的不同之处在于：一方面，随机分配指的是一种程序以及研究者实现分配的方式。另一方面，可排除性与无干扰性，则是实质性假定，即被试对于干预分配的回应方式。当基于某个特定实验背景来评价可排除性与无干扰性时，第一步是仔细考虑如何定义因果效应。我们希望研究选举女性作为村委会负责人的效果还是从一批只由女性构成的候选人中选择女性的效果？如果将干预效应定义为女性担任村委会负责人，那么合适的做法是将其与男性领导的村庄进行比较，还是将其和不与任何女性负责人村庄邻近的男性领导村庄进行比较？考虑到这些微妙的差异性，研究者必须更加严格地设计实验，并且更加精确地进行比较。注意到这些核心假定可以帮助和指导实验研究，以督促研究者去探索不同研究设计的实证后果。可能需要在某个特定领域进行一系列实验，研究者才能估计是否被试受到除随机分配干预之外的其他因素影响（违反可排除性），或者受到其他实验单位的干预状态影响（干扰性）。

46

### ☐ 建议阅读材料

Holland（1986）和 Rubin（2008）提供了对潜在结果符号的非技术性介绍。Fisher（1935）和 Cox（1958）是两本关于实验设计与分析的经典著作。Dean and Voss（1999）和 Kuehl（1999）提供了一些更新颖的干预措施介绍。参见 Rosenbaum and Rubin（1984）对随机分配干预的独特统计特征进行的讨论。

### ☐ 练习题：第 2 章

1. 关于潜在结果符号：

（a）解释符号"$Y_i(0)$"。

（b）解释符号"$Y_i(0) \mid D_i = 1$"并将其与符号"$Y_i(0) \mid d_i = 1$"进行比较。

（c）比较"$Y_i(0)$"与"$Y_i(0) \mid D_i = 0$"的含义。

（d）比较"$Y_i(0) \mid D_i = 1$"与"$Y_i(0) \mid D_i = 0$"的含义。

（e）比较"$E[Y_i(0)]$"与"$E[Y_i(0) \mid D_i = 1]$"的含义。

（f）解释为什么当 $D_i$ 是随机分配时，式（2.15）中"选择性偏误"$E[Y_i(0) \mid D_i = 1] - E[Y_i(0) \mid D_i = 0]$ 一项为零。

2. 使用表 2-1 中的数值来说明 $E[Y_i(0)] - E[Y_i(1)] = E[Y_i(0) - Y_i(1)]$。

3. 使用表 2-1 中的数值来完成下面的表格。

（a）将观测值数量分别填入 9 个单元格。

（b）指出 9 个单元格中每个格子占所有被试分布的百分比〔这些单元格表示 $Y_i(0)$ 和 $Y_i(1)$ 已知的联合频率分布〕。

（c）指出在表格底部，$Y_i(1)$ 的每一种类别中被试所占的比例〔这些单元格表示 $Y_i(1)$ 的已知的边缘分布〕。

（d）指出在表格的右边，$Y_i(0)$ 的每一种类别中被试所占的比例〔即 $Y_i(0)$ 的边缘分布〕。

（e）使用表格计算条件期望 $E[Y_i(0) \mid Y_i(1) > 15]$。〔提示：这个表达式指的是当给定 $Y_i(1)$ 大于 15 时，$Y_i(0)$ 的期望值。〕

(f) 使用表格计算条件期望 $E[Y_i(1) \mid Y_i(0) > 15]$。

| $Y_i(0)$ | $Y_i(1)$ | | | $Y_i(0)$ 的边缘分布 |
|---|---|---|---|---|
| | 15 | 20 | 30 | |
| 10 | | | | |
| 15 | | | | |
| 20 | | | | |
| $Y_i(1)$ 的边缘分布 | | | | 1.0 |

4. 假定干预指标变量 $d_i$ 的取值可以为 1（接受干预）或者为 0（没有接受干预）。将接受干预对象的平均干预效应表示为缩写 ATT，即 $\sum_1^N \tau_i d_i / \sum_1^N d_i$。请使用在本章中介绍的方程证明下面的观点："当使用完全随机分配来配置干预时，ATT 的期望值就等于 ATE。"换句话说，所有可能随机分配的期望值有 $E[\tau_i \mid D_i = 1] = E[\tau_i]$，这里的 $\tau_i$ 是某个随机选择观测值的干预效应。

5. 某位研究者计划询问 6 个被试为一个成人识字项目愿意付出的时间。每个被试要求付出 30 或 60 分钟。研究者考虑了三种随机化干预的方法。第一种是和每个被试谈话前抛硬币，如果是正面就要求付出 30 分钟，如果是反面，则要求付出 60 分钟。第二种方法是在 3 张扑克牌上写下"30"，同样在另外 3 张扑克牌上写下"60"，然后洗牌。第一个被试将被分到第一张牌上数字的时间。第二个被试将被分到第二张牌的数字，依此类推。第三种方法是将每个数字写在 3 张不同的纸上，将 6 张纸放入密封好的信封，在与第一个被试谈话前将信封弄混。第一个被试被分到第一封信，第二个被试被分到第二封信，依此类推。

（a）讨论每一种方法的优点与缺点。

（b）如果被试的数量是 600 而不是 6，你的答案会变成什么？

（c）如果使用抛硬币方法，$D_i$ 的期望值（分配到的分钟数量）是多少？如果使用密封信的方法，$D_i$ 的期望值又是多少？

6. 许多项目致力于帮助学生准备大学入学考试，如 SAT。在一项研究这些预备项目有效性的课题中，研究者在美国公立高中学生中抽取了一个随机样本，然后比较参加预备课程学生的 SAT 分数与没有参加的学生的 SAT 分数。这是一项实验还是一项观测性研究？为什么？

7. 假定在表 2-1 中的村庄中进行某项实验，其中 2 个村庄被分配到干预组，另外 5 个村庄被分配到控制组。假定实验执行者将村庄 3 和村庄 7 从 7 个村庄中选入干预组。表 2-1 显示这些村庄具有异乎寻常高的潜在结果。

（a）定义术语无偏估计量。

（b）分配规则会产生向上的有偏估计值吗？为什么？

（c）假定研究者不采用随机分配，而是选择村庄 3 和村庄 7 实施干预，因为这两个村庄实施成本最低。解释这种规则为什么会导致偏误。

8. 佩萨钦（Peisakhin）和平托（Pinto）[1] 报告了一项在印度进行的实验结果，这项实验的目标是测试一种叫作《信息权利法案》（Right to Information Act, RTIA）的法规的效果，它允许公民向政府官员询问某种诉求的办理状态。在他们的研究中，研究者雇用了一些贫民窟的居民作为合谋者（confederate），要求他们去获得定量供应卡（可以按低价购买食品），申请者必须填表并且由政府工作人员核查其住址与收入。贫民窟居民普遍认为获得这张卡的唯一途径是行贿。研究者指导合谋者通过四种方式之一申请卡片，具体哪种由研究者指定。控制组通过向政府办公室提交申请表；RITA 组在提交申请表后要求一项正式信息查询权利；非政府组织（nongovernmental organization，NGO）组则随申请表提交了一份当地非政府组织的证明信；行贿组在提交申请时支付了一小笔费用给某个知道如何加快办理的人。

|  | 行贿 | RTIA | NGO | 控制组 |
|---|---|---|---|---|
| 研究中的合谋者数量 | 24 | 23 | 18 | 21 |
| 接受住址核查合谋者数量 | 24 | 23 | 18 | 20 |
| 住址核查天数的中位值 | 17 | 37 | 37 | 37 |
| 一年内获得定量供应卡的合谋者数量 | 24 | 20 | 3 | 5 |

（a）解释干预对接受住址核查那部分申请者以及核查速度的明显效果。

（b）解释干预对实际获得定量供应卡的那部分申请者的明显效果。

（c）这些结果看起来是否意味着《信息权利法案》是一种帮助贫民窟居民获得定量供应卡的有效途径？

9. 某位研究者想了解在全国性彩票中赢得一大笔钱，是否会影响人们对房产税的看法。这位研究者对一个成年人随机样本进行了访谈，并将赢得 10 000 美元以上彩票的人与没有赢钱或者赢得很少钱的人进行态度比较。研究者推理得出彩票的赢家是随机产生的，因此人们赢得的金额也是随机的。

（a）对于这种假设进行批判性评估。（提示：报告赢得 10 000 美元以上的人与报告赢得很少钱或没赢的人在潜在结果期望上是否相同？）

（b）假如研究者将样本限定为在过去一年中至少玩过一次彩票的人，那么假定报告赢得 10 000 美元以上的人与报告赢得很少钱或没赢的人在潜在结果期望上相同，是否更加合理？

10. 假设研究者希望评价提供免费报纸订阅对学生政治兴趣的效果。列举出学生寝室名单并进行随机排列。名单中前一半寝室获得 2 个月送上门的免费报纸；名单中后一半寝室没有报纸。

（a）大学研究者有时被要求对被试披露是在参加实验。假定在实验之前，研究者给接受干预的学生发送一封信，告诉他们将获得免费报纸来研究对其政治兴趣的影响。解释（使用潜在结果符号）这种披露将如何破坏可排除性假定。

---

① Peisakhin and Pinto，2010.

（b）假设干预组学生将报纸带到自助餐厅，在那里其他人会阅读报纸。解释（使用潜在结果符号）这种情况将如何破坏无干扰性假定。

11. 几项随机实验评估了驾驶员培训课对学员发生交通事故或产生超速罚单的可能性的影响。[①] 由于参加驾驶员培训课程的学生通常比没有参与课程的学生更快获得驾照，这就会带来一个复杂问题。[②]（原因未知但可能反映出参加培训者对驾驶考试准备得更充分。）如果控制组学员开始驾驶的时间平均来说要晚得多，因此干预组中涉及交通事故和超速罚单的学员比例会高得多。假定某位研究者使用获得驾照3年内的事故数量来对干预组与控制组进行比较。

（a）对于干预组与控制组的测量方法仍然是对称的吗？

（b）如果结果测量是以每一英里驾驶的事故数量来计算的，测量还能够维持对称吗？

（c）假定研究者测量的是3年的结果，从将学员随机分配到培训或未培训状态开始。这种测量策略仍然能维持对称吗？这种方法有没有缺陷？

12. 某位研究1 000名囚犯的研究者注意到，每天至少阅读3个小时的犯人与监狱管理者的暴力冲突更少。因此研究者建议所有囚犯每天至少都要阅读3个小时。如果每天阅读少于3个小时，则 $d_i$ 等于0，每天阅读多于3个小时则 $d_i$ 等于1。$Y_i(0)$ 为每天阅读少于3个小时的囚犯与监狱管理者的潜在暴力冲突数量，$Y_i(1)$ 为每天阅读多于3个小时的囚犯与监狱管理者的潜在暴力冲突数量。

（a）在这项研究中，自然给每一名被试分配一个特定的 $d_i$ 实现。当评估这项研究时，为什么要对假定 $E[Y_i(0)\mid D_i=0]=E[Y_i(0)\mid D_i=1]$ 和 $E[Y_i(1)\mid D_i=0]=E[Y_i(1)\mid D_i=1]$ 保持谨慎？

（b）假设研究者希望通过随机分配10名囚犯进入干预组来检验研究假设。干预组囚犯被要求去监狱图书馆，在特别指定的阅览室每天阅读3个小时，持续1周；其他囚犯作为控制组，按照日常习惯安排。假设为了论证方便，干预组的所有囚犯实际上每天都阅读3个小时，控制组的囚犯则没有阅读任何东西。批判性评估本实验中的可排除性假定。

（c）陈述本实验中的无干扰性假定。

（d）假设这个实验的结果显示，阅读这种干预明显减少了囚犯与监狱管理者的暴力对抗。如果目标是评估要求所有囚犯阅读3个小时的政策的效果，无干扰性假定如何发挥作用？

---

① Roberts and Kwan，2001.

② Vernick et al.，1999.

50

# 第3章

# 抽样分布、统计推断
# 与假设检验

 **本章学习目标**

（1）如何将实验估计值的不确定性数量化。

（2）设计更具有信息量的实验需要的公式。

（3）如何反驳那些赞同"虚无假设"即实验没有任何效果的坚定的怀疑者。

（4）如何产生95％概率的将真实的样本平均干预效应包括在内的置信区间。

对不确定性进行严格的数量化是科学研究的特征之一。在分析实验数据时，研究目标不仅是对平均干预效应进行无偏估计，同时还需要对这些估计值的不确定性进行推断。实验研究最有吸引力的特点是，干预的随机分配是一种可重复过程。可重复性允许我们去评估抽样分布，或估计不同随机分配下得到的 ATE 集合，以便更好地理解实验的不确定性。本章的第一个目标是解释实验设计如何影响抽样分布。我们将思考各种实验设计以便减少抽样变异性（sampling variability）。我们认为，抽样分布可能被显著地改变，取决于分配被试到实验或控制条件下的随机程序。

本章的另一目标是指导读者对关键统计结果进行计算和解释。在分析一项实验时，你必须考虑得到的 ATE 估计值及其不确定性。除非你预先有 ATE 的值的信息，否则实验估计值只是真实干预效应的最佳估测而已。但这种估测可能接近也可能远离真实的平均因果效应。统计学家通常有两种方式来估计不确定性。一种方式是研究实验结果是否具有充分信息量去反驳那些坚定的怀疑者，他们坚持并没有所谓的干预效应。另外一种方式是确定一系列取值，这些值很可能包括平均干预效应的真实取值。本章介绍了一套灵活的统计技术，用来评估大量不同实验设计的不确定性。

## 3.1 抽样分布

在实验设计与分析中，最重要的话题是抽样变异性。当检验单个实验的结果时，必须考虑到我们面对的是随机分配形成的许多可能数据集中的一个。我们实施的实验刚好产生了一个平均干预效应的估计值，但同样的那些观测值也可以按照不同方式进行随机分配，而且估计值可能会差异很大。术语"抽样分布"（sampling distribution）指的是每种可能随机分配产生的一系列估计值。[1]

> **专栏 3.1**
>
> ### 定义：实验估计值的抽样分布
>
> 一个抽样分布是从一项假想重复随机实验中获得的某个统计量的频率分布。例如，在相同条件下不断重复同样的实验，从每次重复实验中获得平均干预效应的一系列估计值，就构成了抽样分布。按照中心极限定理，随着干预与控制条件下观测值的数量增加，平均干预效应估计值的抽样分布越来越接近于正态分布的形状。

为了说明抽样分布的思想，让我们回到之前章节讨论的村庄委员会实验中。在研究中，7 个村庄中有 2 个村庄被随机分配到干预组，即女性被任命为村委会负责人的村庄。从实证角度看，我们刚好观测到随机化的一个特定实现，具体见表 2－2。但在随机分配之前，实际上存在 21 种不同方式将 7 个村庄中的 2 个分配到干预组，而且这 21 种分配方式的每一种都有相同的概率被选中。使用表 2－1 中所示的潜在结果一览表，我们可以产生出 21 种随机化中每一种的假设实验结果。换句话说，对每一种可能随机化，我们都可以计算干预组与控制组的平均预算分配，然后再计算均值差（difference in mean）。结果见表 3－1。

表 3－1　从表 2－1 的 7 个村庄中分配 2 个村庄到干预组时，ATE 估计值的抽样分布

| ATE 估计值 | 每种估计值发生的频率 |
| --- | --- |
| −1 | 2 |
| 0 | 2 |
| 0.5 | 1 |
| 1 | 2 |
| 1.5 | 2 |
| 2.5 | 1 |

---

[1]　所有可能随机化中产生估计值的分布也被称为随机化分布，参见 Rosenbaum（1984）。

实地实验：设计、分析与解释

| | ATE 估计值 | 每种估计值发生的频率 |
|---|---|---|
| | 6.5 | 1 |
| | 7.5 | 3 |
| | 8.5 | 3 |
| | 9 | 1 |
| | 9.5 | 1 |
| | 10 | 1 |
| | 16 | 1 |
| 平均值 | 5 | |
| 总计 | | 21 |

对于表 3-1 中的结果第一个要注意的是，ATE 的平均估计值是 5，恰好与表 2-1 中的真实 ATE 相同。这并非巧合。事实上，这个练习强调了随机实验的一个重要特点：在第 2 章中给定三个核心假定（随机分配、可排除性以及无干扰性）的前提下，所有可能随机分配产生的 ATE 平均估计值就等于真实的 ATE。任何单个实验得到的值可能过高或者过低，但这种估计程序的期望值就是真实的 ATE。实验方法的一个最重要的优点就是可以产生 ATE 的无偏估计值：仅仅需要用干预组的均值减去控制组的均值，我们就得到了一个在平均意义上代表真实 ATE 的估计量。

表 3-1 中的第二个要注意的地方是，21 种可能的实验产生了明显不同的结果。最大的 ATE 估计值是 16——我们有 21 分之 1 的机会得到比真实值 5 大 3 倍的估计值。21 种随机化中有 2 个产生了取值为 -1 的 ATE 估计值。由于得到的估计值为 -1，我们可能会认为女性村庄负责人倾向于减少饮水卫生的预算份额，即使真实情况完全相反。估计值分散在真实的 ATE 周围提醒我们，虽然实验方法是无偏的，但并不一定就是精确的。仅仅只有 7 个观测值，我们的实验结果之间就有这么大的差异。

## 3.2 测量不确定性的标准误

为了描述实验获得 ATE 的精度，我们需要一个用来描绘抽样变异性大小的统计量。抽样变异性通常由标准误（standard error）来表示。标准误越大，我们的参数估计值的不确定性就越大。标准误是抽样分布的标准差。通过计算每个估计值与平均估计值之间离差的平方，再除以可能随机化的数量，最后将结果取平方根就得到了标准误。

按照表 3-1 中的数字，我们计算的标准误如下：

标准差平方求和

$$= (-1-5)^2 + (-1-5)^2 + (0-5)^2 + (0-5)^2 + (0.5-5)^2 + (1-5)^2$$
$$+ (1-5)^2 + (1.5-5)^2 + (1.5-5)^2 + (2.5-5)^2 + (6.5-5)^2 + (7.5-5)^2$$
$$+ (7.5-5)^2 + (7.5-5)^2 + (8.5-5)^2 + (8.5-5)^2 + (8.5-5)^2 + (9-5)^2$$
$$+ (9.5-5)^2 + (10-5)^2 + (16-5)^2$$
$$= 445$$

$$标准差平方的平均值再开方 = \sqrt{\frac{1}{21} \times 445} = 4.60 \tag{3.1}$$

当使用一个无偏估计量（如均值差）来估计一个参数时，一个有用的简单经验是，大约 95% 的实验结果会落在小于真实参数两个标准误到大于两个标准误的区间内。给定真实参数值为 5 以及标准误为 4.60，这个区间范围从 -4.20 延伸到 14.20。（在表 3-1 中我们看到，这种经验规则在该例中适用得很好：21 个估计值中有 20 个，即 95% 落入这个范围。随着样本量增加这种经验近似的准确性会越来越高。）在这个区间的下限，我们推断任命一个女性村庄负责人会减少饮水卫生预算；而在区间的上限，我们则会夸大女性村庄负责人在政策方面的开支。

如何减少标准误？换句话说，我们如何设计实验来产生更精确的 ATE 估计值？为了回答这个问题，让我们考查一个公式，将标准误表示为潜在结果和实验设计的一个函数。在讨论这个公式之前，我们首先需要界定一些关键术语。$N$ 个被试集合的观测或潜在结果的方差（variance），是每个被试值减去 $N$ 个被试均值后得到的标准差，平方之后再求平均值。例如，$Y_i(1)$ 的方差是：

$$\mathrm{Var}[Y_i(1)] \equiv \frac{1}{N} \sum_1^N \left[ Y_i(1) - \frac{\sum_1^N Y_i(1)}{N} \right]^2 \tag{3.2}$$

方差越大，均值的离散程度就越高。可能的最小方差是零，意味着变量是一个常数。注意方差是标准差的平方。这个公式的细节，参见专栏 3.2。

---

**专栏 3.2**

### 定义：标准差

一个变量 $X$ 的标准差是：

$$\sqrt{\frac{1}{N} \sum_1^N (X_i - \overline{X})^2}$$

这里的 $\overline{X}$ 表示 $X$ 的均值。注意这个公式要除以 $N$。当 $X$ 是一个随机样本，来自包括 $N^*$ 个被试且均值未知的更大总体时，总体标准差的估计值是：

$$\sqrt{\frac{1}{N-1} \sum_1^N (X_i - \overline{X})^2}$$

## 定义：标准误

标准误是一个抽样分布的标准差。假定有 $J$ 种随机分配被试的方式。用 $\hat{\theta}_j$（加上了"帽子"符号：ˆ）代表从第 $j$ 种随机化中得到的估计值，$\bar{\hat{\theta}}$ 表示所有 $J$ 的平均估计值。例如，$\hat{\theta}_j$ 可以代表其中一种可能随机分配中得到的均值差估计值。对于所有 $J$ 种可能的随机分配来说，$\hat{\theta}$ 的标准误是：

$$\sqrt{\frac{1}{J}\sum_1^J(\hat{\theta}_j-\bar{\hat{\theta}})^2}$$

为了得到两个变量诸如 $Y_i(1)$ 和 $Y_i(0)$ 间的协方差，将每个变量减去均值，然后计算结果的平均叉积（cross-product）：

$$\text{Cov}[Y_i(0),Y_i(1)]\equiv\frac{1}{N}\sum_1^N\left[Y_i(0)-\frac{\sum_1^N Y_i(0)}{N}\right]\left[Y_i(1)-\frac{\sum_1^N Y_i(1)}{N}\right]$$

$$(3.3)$$

协方差是两个变量间相关性的测量。协方差为负意味着一个变量值的减少伴随着另外一个变量值的增加。协方差为正则表示一个变量值的增加伴随着另一个变量值的增加。

把这些公式用在表 2-1 中列出的潜在结果一览表上，我们发现 $Y_i(0)$ 的方差是 14.29，而 $Y_i(1)$ 的方差是 42.86。$Y_i(0)$ 和 $Y_i(1)$ 的协方差是 7.14。为了获得实验平均干预效应估计值的标准误，余下的步骤是确定 $N$ 个观测值中有多少被干预。我们将 $m$ 作为接受干预单位的数量。在例子中，$m=2$ 而 $N=7$。一般来说，我们要求 $0<m<N$，因为如果 $m$ 为零或等于 $N$，我们就只能有一个实验组而不是两个。基于同样的理由，我们也要求 $N>1$。

---

**专栏 3.3**

### ATE 估计值抽样分布的经验规则

对于给定标准误的随机实验，大约有 95% 的随机分配产生的 ATE 估计值会落入与真实 ATE 值的相差 ±2% 个标准误的范围内。例如，标准误是 10 而真实 ATE 是 50，大约 95% 的估计值会位于 30 到 70 之间。当 $N$ 很大时，这种规则将非常有效。

---

由于所有条件都已经具备，我们可以写出 ATE 估计值的标准误计算公式了。式子中的被估计量都标注了"帽子"（hat）符号，表明我们讨论的是 ATE 的估计值而非 ATE 的真实值：

$$SE(\widehat{\text{ATE}})$$

$$=\sqrt{\frac{1}{N-1}\left\{\frac{m\text{Var}[Y_i(0)]}{N-m}+\frac{(N-m)\text{Var}[Y_i(1)]}{m}+2\text{Cov}[Y_i(0),Y_i(1)]\right\}}$$

$$(3.4)$$

这个公式告诉我们哪些因素会减小标准误。[①] 公式包含了 5 个输入值：$N$、$m$、$\text{Var}[Y_i(0)]$、$\text{Var}[Y_i(1)]$ 和 $\text{Cov}[Y_i(0), Y_i(1)]$。依次改变每个输入，在保持其他输入不变的情况下，我们能够检查标准误将如何变化。下面是公式对实验设计影响的总结：

（1）$N$ 越大，标准误越小。如果保持其他输入值不变（包括 $m$，即干预组的大小），增加 $N$ 意味着增大控制组的规模。随着控制组的增大，式（3.4）括号中的第一项与第三项随着分母 $N-1$ 的增大而减小。如果控制组的规模无穷大，那么不确定性的唯一来源就是干预组。有时增加控制组被试仅仅需要很少成本甚至没有额外成本。在那些对被试干预需要资源而不干预则不需要的实验中（例如，给干预组发送邮件而控制组不发送），尽可能多地额外增加控制组被试。对干预组这同样成立：保持控制组的规模不变，增加 $m$，即干预组的规模，可以减少式（3.4）括号中的第二项和第三项。当然，如果可能，控制组与干预组的规模都应该增加，可以减小式（3.4）中的所有三项。

（2）$Y_i(0)$ 和 $Y_i(1)$ 的方差越小，标准误就越小。要增加精度，就应该尽可能在潜在结果尽量相似的观测值上进行实验。这个原则有三个实验设计启示。第一，鼓励研究者尽可能精确地测量结果，因为可以抑制变异性。第二，如本章稍后将讨论的那样，将观测值按照相似潜在结果进行分组，即用区块设计来提高精度。[②] 第三，如在第 4 章中所述，另外一种缩小结果方差的方式是在实验干预前测量结果变量，这有时候被称为前测（pre-test），而在干预后进行的额外测量被称为后测（post-test）。不是把后测分值定义为实验结果，而是将实验结果定义为从前测到后测的分值变化。分值变化的方差通常比后测分值的方差更小。

（3）假定 $Y_i(0)$ 和 $Y_i(1)$ 是可变的，$Y_i(0)$ 和 $Y_i(1)$ 间的协方差越小，标准误就越小。[③] 当潜在结果具有为负的协方差时，就会发生一种有利的情况：$Y_i(0)$ 的较高取值伴随 $Y_i(1)$ 的较低取值。为了了解这种模式如何产生，可以令 $Y_i(1) = Y_i(0) + \tau_i$。替代 $Y_i(1)$ 允许我们将 $\text{Cov}[Y_i(0), Y_i(1)]$ 表示为 $\text{Var}[Y_i(0)] + \text{Cov}[Y_i(0), \tau_i]$（参见专栏 3.4）。因此，当 $Y_i(0)$ 和 $\tau_i$ 是负相关时（例如，较低基线成绩的学生受益于干预更多），$Y_i(0)$ 和 $Y_i(1)$ 之间的协方差可能接近于零甚至为负。

---

① 式（3.4）描述了真实标准误 $SE(\widehat{\text{ATE}})$，注意不要与基于特定实验计算出的估计标准误 $\widehat{SE}(\widehat{\text{ATE}})$ 混淆。

② 研究者可以将注意力集中在具有相似背景属性的被试上，来减少 $Y_i(0)$ 和 $Y_i(1)$ 的方差，但是这种方法可能导致限制概括性的缺陷，因为结论是从小部分被试获得的。为了克服这种局限，研究者可以用不同区块进行实验，每一区块的被试都拥有相似的背景属性。

③ 为什么协方差值为正将导致更大的标准误？这里有一种潜在的直觉。如果 $Y_i(1)$ 的较高取值伴随着 $Y_i(0)$ 的较高取值，那么选择一个有较高潜在结果的被试进入干预组，就意味着控制将减少一个较高结果的被试。因此 $Y_i(0)$ 和 $Y_i(1)$ 间的协方差为正，意味着对被试进入干预组还是实验组的结果更加敏感。此外，如果 $Y_i(1)$ 的较高取值与 $Y_i(0)$ 的较低取值对应，那么将一个具有较高潜在结果的被试纳入干预组，意味着控制组少了一个具有较低潜在结果的被试。在这种情况下，干预组接受了一个 $Y_i(1)$ 的较高取值，使得控制组得到"补偿"，因此抽样变异性会减小。参见 3.6.1 节。

## 方差与协方差的性质

(a)$\mathrm{Cov}[Y_i(0),Y_i(0)]=\mathrm{Var}[Y_i(0)]\geqslant 0$

(b)$\mathrm{Cov}[Y_i(0),Y_i(1)]=\mathrm{Cov}[Y_i(0),Y_i(0)+\tau_i]$

$\qquad\qquad\qquad=\mathrm{Var}[Y_i(0)]+\mathrm{Cov}[Y_i(0),\tau_i]$

(c)$\mathrm{Cov}[aY_i(0),bY_i(1)]=ab\mathrm{Cov}[Y_i(0),Y_i(1)]$

协方差的有界性限制条件为：

$$\mathrm{Cov}[Y_i(0),Y_i(1)]\leqslant\sqrt{\mathrm{Var}[Y_i(0)]\mathrm{Var}[Y_i(1)]}\leqslant\frac{\mathrm{Var}[Y_i(0)]+\mathrm{Var}[Y_1(1)]}{2}$$

两个变量$Y_i(0)$和$Y_i(1)$的相关系数为：

$$\frac{\mathrm{Cov}[Y_i(0),Y_i(1)]}{\sqrt{\mathrm{Var}[Y_i(0)]\mathrm{Var}[Y_i(1)]}}$$

（4）该公式的一个微妙含义是当$Y_i(0)$和$Y_i(1)$的方差相似时，将大约半数的观测值，即$m\approx N/2$分配到干预组是一种较为合理的安排。当潜在结果具有不同方差时，则将更多观测值纳入有更大方差的实验条件。例如，如果$\mathrm{Var}[Y_i(1)]>\mathrm{Var}[Y_i(0)]$，将更大份额观测值分配到干预组。然而在实践中，研究者很少能够事先知道哪一组具有较大方差，因此给每种实验条件分配同样数量的被试。

为了理解公式如何起作用，我们将表2-1中的数值代入公式，得到的值与表3-1中计算出的值大小恰好相同：

$$SE(\widehat{\mathrm{ATE}})=\sqrt{\frac{1}{6}\times\left(\frac{2\times 14.29}{5}+\frac{5\times 42.86}{2}+2\times 7.14\right)}=4.60 \qquad (3.5)$$

当我们知道潜在结果的完整一览表时，式（3.4）就可以告诉我们所有可能随机分配中得到的ATE估计值的标准差。

式（3.4）可以用来显示我们采用的$m=2$的研究设计并非最优。将接受干预单位的数量增加到$m=3$可以将标准误减少到3.7。而将$m$增加到4会进一步将标准误减少到3.3。在这个例子中，将更多的观测值分配到干预组而非控制组的理由，是干预的潜在结果比未干预的潜在结果具有更大的方差：$\mathrm{Var}[Y_i(1)]>\mathrm{Var}[Y_i(0)]$。而将$m$提高到5则太高，甚至导致精度的轻微下降。

总之，标准误是不确定性的测量工具；可以用来显示所有可能随机分配产生估计值的范围。实验设计时的一个考虑是让标准误尽量小。两种输入值决定了标准误的大小：潜在结果一览表以及分配到干预组与控制组的观测值数量。潜在结果一览表是无法观测到的，但有时实验者在设计实验时，可以基于限制有较大变异的潜在结果可能产生的损害这种思路来进行。通过更精确的测量或将观测值区分为同质性的子集，来降低$Y_i(0)$和$Y_i(1)$的方差。也可通过所谓的"罗宾汉干预"（Robin Hood treatment），将具有较低 $Y_i(0)$ 被试的结果提高，而将具有较高 $Y_i(0)$ 被试的结果降低，来减少标准误（例如，军校里的一个严格监管的体质健身项目，由于学员空余时间很少，可以让体型最差的增加锻炼强度而让顶尖运动员降低运动强度）。如果每位被试需要的成本在两个实验组中一样，分配相似数量的被试到干预组与控制组，并向预期有更多变异结果的组进行倾斜。

## ▊ 3.3 估计抽样变异性

前几节通过展示如何从已知潜在结果一览表中计算标准误，阐明了抽样变异性概念。这种练习非常重要，能够为通过实验设计解决统计不确定性的问题提供思路。我们已经能够理解什么是标准误，现在我们开始解决估计一个特定被试集合的 ATE 时会出现的问题。[1] 假定研究者想知道标准误以便校正这一估计值的不确定性。但是研究者对潜在结果完整一览表一无所知，也不知道将该观测值集合分配到干预组和控制组的所有假想随机分配的结果。研究者只有单个随机化的结果。

评价不确定性是一个估计问题。真正的标准误是未知的。我们希望能够从单个实验的数据来估计这项未知量。单个实验能够为其他实验的可能分配结果提供什么线索？回到式（3.4），我们可以看到，实验提供了产生标准误的 5 个输入值中的 4 个。被分配到干预组和控制组的观测值数量已知。未干预潜在结果 $Y_i(0)$ 的结果方差可以用控制组可观测结果来估计。由于控制组也是随机分配的，因此控制组中观测到的方差是 $Y_i(0)$ 方差的无偏估计值。同样的方法可以用于估计 $Y_i(1)$ 的方差，$Y_i(1)$ 是基于分配到干预组的可观测方差。

在这个式子中不能进行实证估计的部分是 $Y_i(0)$ 和 $Y_i(1)$ 间的协方差。因为永远无法观测到相同被试的 2 个潜在结果。标准方法是使用至少和式（3.4）一样保守的估计公式，而不管 $Y_i(0)$ 和 $Y_i(1)$ 间的协方差。[2] 这种保守公式假定干预效应对所有被试是相同的，意味着 $Y_i(0)$ 和 $Y_i(1)$ 间的相关系数为 1.0。[3]

估计平均干预效应标准误的公式是：

$$\widehat{SE} = \sqrt{\frac{\widehat{\mathrm{Var}}\,[Y_i(0)]}{N-m} + \frac{\widehat{\mathrm{Var}}\,[Y_i(1)]}{m}} \tag{3.6}$$

---

[1] 一项实验中的平均干预效应是对"有限总体"的被试而言的。如果实验被试是从更大总体中抽取的样本，就可以区分样本 ATE 和总体 ATE。在第 11 章中，我们会讨论如何通过样本去推断总体 ATE 的问题。

[2] 更精确地说，保守估计方法倾向于过高估计真实抽样方差，即式（3.4）中标准误的平方。注意：尽管平均来说保守估计公式会过高估计抽样方差，这种估计仍然服从抽样变异性。使用保守公式得到的抽样方差仍然可能小于真实抽样方差。

[3] 参见 Samii and Aronow（2012，pp. 366-367）对式（3.6）的证明，当平方以后，则是式（3.4）平方以后的一个保守估计量。在两种情况下，保守公式都可以得到抽样方差的无偏估计值。第一种情况是所有被试的干预效应 $\tau_i$ 相同。第二种情况是在随机分配前，被试是从一个大的总体中随机抽取出的，并且研究目标是估计总体平均干预效应。当被试是从一个大的总体中随机抽取时，选择某个被试进入干预组，对被选入控制组的可用被试并没有实质影响，使 $Y_i(0)$ 和 $Y_i(1)$ 间的协方差无关。

这里使用干预组中的 $m$ 个潜在结果观测值来估计方差:

$$\widehat{\text{Var}}\left[Y_i(1)\right] = \frac{1}{m-1}\sum_{1}^{m}\left[Y_i(1)\mid d_i = 1 - \frac{\sum_{1}^{m}Y_i(1)\mid d_i = 1}{m}\right]^2$$

(3.7)

以及控制组中潜在结果的 $N-m$ 个观测值:

$$\widehat{\text{Var}}\left[Y_i(0)\right] = \frac{1}{N-m-1}\sum_{m+1}^{N}\left[Y_i(0)\mid d_i = 0 - \frac{\sum_{m+1}^{N}Y_i(0)\mid d_i = 0}{N-m}\right]^2$$

(3.8)

需要注意的是,在计算式(3.7)和式(3.8)中的样本方差时,我们除以的值是真正观测值的数量减去 1,因为考虑到在计算样本均值时已经计算过一个观测值了。[①] 为了避免在估计标准误时除以 0,必须在每个实验组中至少保留 2 个被试。

标准误的经验估计值与真实标准误之间的接近程度如何?[②] 使用保守公式,样本的平均标准误是 4.65,与真实标准误 4.60 差距不大。尽管每次随机分配与另外一次的估计值并不相同,但平均来说,式(3.6)中描述的估计量在估计真实抽样变异性时做得相当不错。

## 3.4 假设检验

前几节阐明了在估计单个实验 ATE 估计值的抽样不确定性时所面临的挑战。精确估计标准误要求对潜在结果的方差与协方差有精确的猜测。如果关于这些方差没有足够数据,或者对不可观测协方差的简化假定是错的,我们得到的标准误估计值就不精确。

更容易的任务是检验精确零假设(sharp null hypothesis):所有观测值的干预效应为零。之所以说容易是因为如果零假设为真,$Y_i(0) = Y_i(1)$。在这种特殊情况下,对每个观测值我们都能观测到两种潜在结果。因此可以获得观测结果的数据集并且模拟所有可能的随机选择,仿佛在使用潜在结果的一个完整一览表。这些模拟的随机化提供了在精确零假设情况下,平均干预效应估计值的一种精确抽样分布。通过观测假设结果的这种分布,如果每个被试的真实干预效应均为零,我们可以计算得到和真正实验至少一样大的某个 ATE 估计值的概率。

例如,在表 2-2 中描绘的随机化产生了一个 ATE 的估计值 6.5。如果所有观测值的真实效应为零,我们有多大可能得到与 6.5 一样甚至更大的估计值?在这种情况下我们感兴趣的概率或 $p$ 值($p$-value)是一个单尾假设(one-tailed

---

① 如果我们知道除一个被试外所有被试的均值和结果,我们可以推论出剩下这个被试的结果。按照统计学术语,计算均值消耗了一个自由度(degree of freedom)。

② 这 21 个标准误估计值是〈1.581, 1.871, 1.871, 1.871, 1.871, 1.871, 2.236, 2.784, 2.958, 3.122, 3.122, 5.244, 5.339, 7.599, 7.665, 7.730, 7.730, 7.730, 7.730, 7.826, 7.826〉。

hypothesis），即女性村庄负责人增加了饮水卫生方面的预算。如果我们希望评估双尾假设（two-tailed hypothesis）——女性村庄负责人是增加还是减少了饮水卫生方面的预算——我们可以计算得到一个大于等于 6.5 或者小于等于 $-6.5$ 时的 $p$ 值。

基于在表 2-2 中观测到的结果，我们可以计算在零假设为真的情况下 21 个可能的 ATE 估计值：$\{-7.5, -7.5, -7.5, -4.0, -4.0, -4.0, -4.0, -4.0, -0.5, -0.5, -0.5, -0.5, -0.5, 3.0, 3.0, 6.5, 6.5, 6.5, 10.0, 10.0\}$。这些估计值中有 5 个大于等于 6.5。如果评估女性村庄负责人增加饮水卫生预算的单尾假设，在零假设为真的情况下，获得大于等于 6.5 估计值的概率是 $5/21=24\%$。双尾假设检验需要计算所有估计值的绝对值大于等于 6.5 的情况。8 个估计值符合要求，所以双尾假设的 $p$ 值是 $8/21=38\%$。

---

**专栏 3.5**

### 定义：没有效应的精确零假设

所有被试的干预效应为零。形式上，对于所有 $i$，$Y_i(1)=Y_i(0)$。

### 定义：没有平均效应的零假设

平均干预效应为零。形式上，$\mu_{Y(1)}=\mu_{Y(0)}$。

---

理论上，这种类型的计算可以用于任何规模的实验，但在实践中当 $N$ 不断增加时，可能随机分配的数量会变成天文数字。例如，在一个 $N=50$ 的实验中，如果半数观测值被分配到干预组，就会产生超过 126 万亿种随机方式。

$$\frac{50!}{25! \; 25!}=126\ 410\ 606\ 437\ 752 \tag{3.9}$$

如果可能的随机数量很大，就可以从所有可能随机分配集合中进行随机抽样，来近似抽样分布。无论使用所有可能的随机化还是其中的一个大样本，通过可能随机化清单进行的 $p$ 值计算都被称为随机化推断（randomization inference）。

---

**专栏 3.6**

### 定义：单尾与双尾假设检验

一个指定干预效应为零的零假设可以基于较大或较小的检验统计量被拒绝。这种检验被称为双尾检验。例如，可以使用双尾检验来评估一项被认为会改变结果（正向或负向）的干预。一项指定干预效应为零或为负的零假设可以通过较大的正检验统计量被拒绝（类似地，一个零假设指定效应为零或为正可以通过较大的负检验统计量被拒绝），这种检验被称为单尾检验。治疗性干预一般提前预期会找到正的效应，这种情况下的零假设是效应为零或为负，合适的检验是单尾检验。

---

实地实验：设计、分析与解释

## 定义：p 值

对于双尾检验，p 值是在给定零假设为真的条件下，得到一项检验统计量在绝对值上至少和观测到的检验统计量一样大的概率。例如，假如零假设是干预无效应，检验统计量是 ATE 的估计值。如果 ATE 的估计值是 5 而 p 值是 0.20，那么有 20% 的概率获得一个和 5 一样大的估计值（或者和−5 一样小的估计值），而且仅仅出于偶然。如果备择假定是正效应（或者负效应），应当使用单尾检验。

## 随机化推断

零假设条件下检验统计量的抽样分布是通过模拟所有可能随机分配来计算的。当随机分配的数量太大而不能进行模拟时，抽样分布可以通过一个可能分配的大随机样本来近似。通过比较观测到的检验统计量与零假设下检验统计量的分布来计算 p 值。

这种假设检验途径具有两个吸引人的特点。第一，用来计算 p 值的这套程序也可以适用于一大类的假设和应用。这种方法不限制于大样本或者正态分布结果。任何大小的样本都可以，同时可以用于各种结果类型，包括计数变量、持续时期或等级。第二，这种方法是一种精确方法，即所有可能随机分配集合在零假设条件下可以完全描述抽样分布。相比之下，统计学基础课程中讨论的假设检验方法，依靠的是一种从抽样分布形态中得到的近似（参见专栏 3.7）。尽管精确与近似方法在大样本情况下可以得到非常相似的答案，但我们在全书中将使用随机化推断方法，以便在一大批应用中均使用同一种统计方法，不需要近似或者额外的假设。

### 专栏 3.7

### 比较随机化推断与 t 检验

检验无效应的精确零假设在其使用的近似方法中假定均值差估计量的抽样分布具有特别形态。例如，t 检验，对于选修过基础统计课程的人来说很熟悉，假定均值差的估计值的抽样分布服从 t 分布，类似于正态分布。当每个实验组的结果都是正态分布的时，t 检验可以得到精确的 p 值。当结果分布不是正态的时，随着每种实验条件下被试数量的增加，这种近似方法也会越来越精确。

为了说明 t 检验和随机化推断的差异，我们生成一个如下的假想数据集。干预组和控制组均包括 10 个被试。干预是鼓励慈善捐赠，结果是捐献的金额。因为有大额捐赠，因此这种结果是右偏的。干预组平均值是 80，控制组平均值是 10。在精确零假设条件下的抽样分布呈现出双峰（bimodal）特征（由于一些大额捐款的影响），但传统方法假定抽样分布是钟形的。按照无效应的精确零假设重复随机分配 100 000 次，我们观测到的平均干预效应是 70，单尾 $p$ 值是 0.032。而一个假定方差相等的 $t$ 检验将 $p$ 值设为 0.082；另一个允许方差不等的 $t$ 检验宣称 $p$ 值是 0.091。由于结果呈现偏态且观测值数量太小，在这种情况下 $t$ 检验并不精确。我们鼓励读者使用网址 http：//isps.yale.edu/FEDAI 上的模拟代码，观测当增加更多被试到数据集时，抽样分布形态的变化。

| 干预 | 捐款 | 干预 | 捐款 | 干预 | 捐款 |
|---|---|---|---|---|---|
| 1 | 500 | 1 | 0 | 0 | 10 |
| 1 | 100 | 1 | 0 | 0 | 5 |
| 1 | 100 | 0 | 25 | 0 | 5 |
| 1 | 50 | 0 | 20 | 0 | 5 |
| 1 | 25 | 0 | 15 | 0 | 0 |
| 1 | 25 | 0 | 15 | | |
| 1 | 0 | | | | |

从 20 世纪 30 年代开始，将 $p$ 值小于 0.05 视为统计显著（statistically significant）就成为了惯例，在零假设条件下，研究者有小于 1/20 的概率得到某种偶然结果。村委会实验中的 $p$ 值是 0.24 和 0.38，没有满足这个标准。按照 0.05 的统计显著性标准，估计值 6.5 对无任何效果的零假设不能提供可信的反驳证据。然而 0.05 的标准仅仅是一种习惯，而非统计学理论，但它是如此根深蒂固，导致研究者不得不说明他们的实验结果是否在 0.05 的水平下显著。

预计到这种问题，研究者常常试图预测他们的实验在实施时的概率，即在给定的显著性水平下，如 0.05，能否拒绝零假设。这种概率被称为实验的"统计效力"（statistical power）。说一项实验设计具有 80% 的效力，意思是所有可能随机分配中的 80% 会产生能够拒绝零假设的可观测结果，即假设的干预效应会出现。预测一项实验的效力需要某种猜测。本章附录对如何使用假定来计算计划实验的效力进行了说明。

注意，不要把统计显著性与实质显著性混淆。一项参数的估计值低于 0.05 的阈值可能是重要而有趣的。如果女性村庄负责人使得饮水卫生方面的预算实际有 6.5% 的增长，那么在印度农村地区增加地方政府中女性的角色对于健康的影响是深远的。虽然存在统计不确定性，数据仍然能够告诉我们一些有用的潜在信息。如果这是这类实验的第一项，而且没有这种干预效应的先验知识，6.5 的估计值仍然是我们对真实 ATE 的最佳估测，尽管不能排除 ATE 实际等于 0 的假设。一项统计上不显著但实质上显著的实验结果的正确思考方式，是必须进一步探索。如果我们进一步开展实验，不确定性就会逐渐消失，我们就能对 ATE 的真实值有更精确的测定（参见第 11 章对重复一系列实验后，抽样变异性减少的讨论）。

反过来，不要过度关注结果的统计显著性而不去思考实质显著性。在其他条件相同的情况下，标准误与 $N$ 的平方根成比例递减。想象观测值数量从 7 个增加到 70 000 个村庄。这种 $N$ 的 10 000 倍增长意味着标准误有 100 倍的递减，从 4.6 个百分点降低到 0.046 个百分点。如果这项巨大的实验显示女性村庄负责人在卫生预算方面平均增加了 0.1 个百分点，那么这个发现在 0.05 的水平上有统计显著性但实质意义微不足道。

检验 $Y_i(0) = Y_i(1)$ 的零假设，需要注意的是：这个等式表示任何观测值均没有干预效应（no treatment effect for any observation）的精确零假设，不要与没有平均效应（no average effect）的零假设混淆。假设观测值中有一半的干预效应是 5，另外一半是 -5。在这种情况下，平均效应为零，但精确零假设将会被否定。两种零假设在干预组平均结果与控制组平均结果相似的情况下，都有可检验的含义，但精确零假设具有更进一步的可检验含义，即两个组有相似的分布形态。

为了对精确零假设进行更准确的评估，我们可以思考除了 ATE 估计值以外的其他统计量。由于精确零假设提供了潜在结果的完整一览表，我们能够模拟任何检验统计量的抽样分布。例如，可以比较干预组与控制组的方差。如果干预效应不同而且与 $Y_i(0)$ 不相关或者正相关，$Y_i(1)$ 的可观测方差趋向于大于 $Y_i(0)$ 的方差。精确零假设条件下的抽样分布显示，观测到两个方差之差的概率与我们在样本中实际观测到的一样大。我们简单计算所有可能的差值并计算从实验中得到差值的 $p$ 值。在第 9 章中我们将继续讨论异质性干预效应的诊断与检验方法。

## 3.5　置信区间

当面临决策时，政策制定者可能会通过实验获得某种干预的平均效应。他们通常想知道平均干预效应有多大，而不仅是这种效应在统计上是否不为零。检验零假设其实并不重要；他们的主要目的是使用结果去估测 ATE 的值。

区间估计是一种统计程序，使用数据产生一个参数位于某个取值范围的概率陈述。例如，假设研究者进行一项实验试图找到 ATE 的值。使用刚描述过的公式，研究者得到范围为（2，10）的 95％ 置信区间。这个区间包括 ATE 的真实值的概率为 0.95。换句话说，想象如果在同样条件下重复一系列假想实验，100 个随机分配有 95 个会产生包含真实 ATE 的区间。在解释置信区间时，记住不同实验的置信区间位置是不同的，尽管真实 ATE 是不变的。

习惯上，社会科学家一般建立的是 95％ 的置信区间，但基于单个实验结果来形成 95％ 置信区间需要进行某种程度上的估测。回忆一下单次实验揭示的是接受干预被试的 $Y_i(1)$ 结果和未接受干预被试的 $Y_i(0)$ 结果。我们并没有观测到潜在结果的完整一览表。没有潜在结果的完整一览表，我们就不能模拟 ATE 估计值的抽样分布。最好的办法是合理猜测干预被试不能观测的 $Y_i(0)$ 结果和未干预被试的 $Y_i(1)$ 结果，建立近似的潜在结果的完整一览表。

填补缺失潜在结果最简单的方法是，假定所有被试的干预效应 $\tau_i$ 均相同。对于控制条件下的被试，将观测到的 $Y_i(0)$ 值加上 ATE 估计值来填补缺失的 $Y_i(1)$ 值。类似地，干预条件下的被试则将观测到的 $Y_i(1)$ 值减去 ATE 估计值来填补缺失的 $Y_i(0)$ 值。这种方式产生一个潜在结果的完整一览表，之后可以用于模拟所有可能的随机分配。为了构建一个 95% 的置信区间，我们按照升序列出每个随机分配下得到的 ATE 估计值。位于最开始 2.5% 位置的估计值作为区间下限，而位于百分之 97.5 位置的估计值作为区间上限。[1]

当干预组与控制组拥有相同数量的被试（$m=N-m$）时，这种建立置信区间的方法就相对保守，比如果我们能够真正观测到所有被试的 $Y_i(0)$ 和 $Y_i(1)$ 时的区间更宽。[2] 当干预组与控制组被试的数量不等时，这种方法产生的置信区间要么太宽要么太窄，这取决于 $\text{Var}[Y_i(0)]$ 比 $\text{Var}[Y_i(1)]$ 更大还是更小。当控制组更大且 $\text{Var}[Y_i(0)] > \text{Var}[Y_i(1)]$ 或者干预组更大且 $\text{Var}[Y_i(1)] > \text{Var}[Y_i(0)]$ 时，这种方法比较保守。在实验干预组与控制组规模有明显差异时，如果较小组的结果有更多实质性变异，使用这种方法估计置信区间就要小心。这里有一种谨慎的经验规则，如果较小组少于较大组规模的一半，较小组的标准差至少是较大组的标准差的两倍。之所以分配相同数量被试进入干预组和控制组就是这样一种"平衡"实验设计，即消除复杂问题来帮助区间估计。

为了说明区间估计，我们来分析克林史密斯（Clingingsmith）、赫瓦贾（Khwaja）和克雷默（Kremer）对巴基斯坦穆斯林抽奖获得麦加朝圣签证的研究数据。[3] 通过比较抽签的赢家与输家，研究者可以估计朝圣对参与者社会、宗教和政治观点的影响。这里让我们思考赢得签证抽签是否会影响参与者对其他国家民众的态度。[4] 赢家和输家被要求对沙特阿拉伯、印度尼西亚、土耳其、非洲、欧洲及中国民众在一个"五分表"上评分，从非常负面（−2）到非常正面（+2）。将所有 6 道题的回答加总后生成一个从 −12 到 +12 的指数。

干预组（$N=510$）与控制组（$N=448$）回答的分布见表 3-2。干预组的平均值是 2.34，控制组的平均值是 1.87。因此 ATE 的估计值是 0.47。干预组和控制组中标准误的估计值分别是 2.63 和 2.41。在这个研究中，干预与控制条件具有

---

[1] 一种更加复杂并需要大量计算的方法是"反转"假设检验（Rosenbaum，2002）。这种方法假定了一个被称为 ATE* 的 ATE，将其从干预组观测到的结果中减去，以接近 $Y_i(0)$，然后检验零假设即干预组的平均 $Y_i(0)$（调整后）等于控制组的平均 $Y_i(0)$。在这个过程中，逐渐尝试增加 ATE* 值，直到找到一个值对应 0.025 的 $p$ 值和另一个值对应 0.975 的 $p$ 值；这两个值标明了 95% 置信区间。这种方法比我们描述的简单方法更准确，但是结果类似，尤其是在大样本中。

[2] 在小样本中，ATE 估计值与置信区间估计值上限（或下限）的距离应该扩大，可通过一个因子 $\sqrt{(N-1)/(N-2)}$ 来调整，因为用来填补潜在结果完整的一览表的 ATE 本身就是来自数据。例如，假定某项包括 10 个被试的研究产生了从 8 到 12 的一个估值区间。这种修正应该用一个大小为 1.061 的因子来加宽，产生一个范围从 7.88 到 12.12 的调整后区间。参见 Samii and Aronow (2011)。随着 $N$ 的增加，这种修正可以忽略不计。

[3] Clingingsmith, Khwaja and Kremer, 2009.

[4] 第 5 章与第 6 章将讨论这种不遵从问题，并估计意向干预效应（intent-to-treat effect），即赢得抽签的影响。为了简化分析，从每类中随机选择一个人，我们还忽略了聚类问题（多人一起申请抽签）。为了表述方便，我们也忽略了不同区块干预概率的细微差异，这种区块由申请签证群体所在地点和规模定义。控制区块后对结果的影响可以忽略。

实地实验：设计、分析与解释

相似数量的被试，两组中较小的并没有更多结果变异性。所以我们计算置信区间的方法预期相当精确。为了估计 95％区间，我们必须构建出一个潜在结果完整的一览表。将控制组观测到的结果 $Y_i(0)$ 加上 0.47，以便近似出控制组不可观测的 $Y_i(1)$ 值；将干预组观测到的 $Y_i(1)$ 结果减去 0.47，以便近似出不可观测的干预组 $Y_i(0)$ 值；使用这个潜在结果一览表模拟 100 000 次随机分配，并将 ATE 估计值进行升序排列，我们发现第 2 500 个估计值是 0.16 而第 97 501 个估计值是 0.79，因此 95％区间就是 [0.16，0.79]。

**表 3 - 2　　　　　签证抽签中不同组别巴基斯坦穆斯林对外国人的评分**

| 对外国人的评分 | 回答的分布 | |
| --- | --- | --- |
| | 控制组（％） | 干预组（％） |
| −12 | 0.00 | 0.20 |
| −9 | 0.22 | 0.00 |
| −8 | 0.00 | 0.20 |
| −6 | 0.45 | 0.20 |
| −5 | 0.00 | 0.20 |
| −4 | 0.45 | 0.59 |
| −3 | 0.00 | 0.20 |
| −2 | 1.12 | 0.98 |
| −1 | 1.56 | 2.75 |
| 0 | 27.23 | 18.63 |
| 1 | 18.30 | 13.14 |
| 2 | 24.33 | 25.29 |
| 3 | 8.48 | 10.98 |
| 4 | 5.80 | 9.61 |
| 5 | 3.35 | 3.92 |
| 6 | 3.79 | 7.25 |
| 7 | 2.23 | 2.55 |
| 8 | 0.89 | 1.37 |
| 9 | 0.22 | 0.78 |
| 10 | 0.45 | 0.00 |
| 11 | 0.67 | 0.20 |
| 12 | 0.45 | 0.98 |
| 总和 | 100 | 100 |
| N | (448) | (510) |

资料来源：Clingingsmith, Khwaja and Kremer, 2009.

对这个区间的统计解释如下：通过假想的重复实验，这个区间有 95％的概率

第 3 章　抽样分布、统计推断与假设检验

将真实的 ATE 包括在内。在没有其他关于真实 ATE 信息的条件下，我们得出结论：0.16 到 0.79 的区间包含真实 ATE 的概率有 95%。

实际上，我们推断赢得签证抽奖会导致对外国人正面感受的增加。不幸的是，基于现有数据，没有简单方法可以将 ATE 估计值 0.47 解释为其他更具有现实意义的社会后果或对个人行为的度量。例如，我们不知道如何将这个区间的正面反馈解释为外交合作关系、国际贸易增长或对于外国访问者的友好行为。由于这个研究的结果测量是特定的，我们也没办法将 0.47 的干预效应与其他干预效应进行比较。这种理解上的差距为进一步研究奠定了基础。这个签证抽签实验揭示了一种因果效应，下一步是使用其他结果测量更深入地进行签证抽签研究，以及使用这种调查工具来测量其他类型干预的效应。

在面对某些没有按照可解释度量（metric）或其他干预的效应进行比例调整的实验结果时，研究者往往求助于一种被称为"标准效应规模"（standardized effect size）的计算。这种方法将效应估计值与自然发生的结果变异程度进行比较，将 ATE 估计值除以控制组的标准差。[1] 使用这个公式，这项研究的 ATE 将人们的态度改变了 1/5 个标准差。我们再次遇到了解释问题。标准差移动 0.2 是大还是小？研究者有时会采用经验规则：效应小于 0.3 被认为是小，0.3 到 0.8 是中，高于 0.8 是大。[2] 应用这些标准需要注意三个问题。第一，标准差是一个样本特异性（sample-specific）统计量；如果某项实验被试是在干预前恰好就对外国人有类似观点的巴基斯坦人，标准差就会比较小，标准效应看起来就偏大。第二，当结果测量有误差的时候，标准差就会增加，这种情况在关于态度的调查测量中常常出现。第三，即使是较小的标准化效应也具有实质重要性，因为它们改变了一种难以变化的因变量。男性身高的标准差是 2.8 英寸，如果一种膳食补充导致身高增加半英寸，则这个效果也是非常显著的。同样地，一项导致改变对外国人态度的干预是值得注意的，因为态度改变本身难度很大。

## ■ 3.6  使用区块或整群随机分配实验的抽样分布_____

之前介绍的概念与估计技术可以被应用到简单与完全随机抽样产生被试的实验中。在这一节，我们将讨论两类实验设计：区块随机化与整群（cluster）随机化。

### □ 3.6.1  区块随机分配

区块随机分配指的是一种程序，这个程序中被试被划分为亚组（被称为区块或层），在每一区块内采用完全随机分配。例如，假设在一项实验中我们有 20 个被试，10 个男性和 10 个女性。假如实验设计要求将 10 个被试分配到干预条件中，如果使用完全随机分配，偶然概率会导致干预组中的男性与女性数量不同。区块

---

① 这种标准化统计量被称为"Glass 的 Δ"，参见 Glass（1976）。

② Cohen，1988.

随机化，则可以保证被分配到每一实验条件中的男性与女性数量相同。第一，我们将被试群体划分为男性和女性。从男性被试群中随机分配 5 个到干预组，从女性被试群中随机分配 5 个到干预组。实际上，区块随机化生成了一系列微型实验，一个区块就是一个实验。

---

**专栏3.8**

### 完全随机分配与区块随机分配下可能的分配数量

令 $0 < m < N$。有 $N$ 个观测值，其中 $m$ 个被分配到干预组，$N-m$ 个被分配到控制组。完全随机分配条件下可能的分配数量是：

$$\frac{N!}{m!\,(N-m)!}$$

例如，当 $N=20$ 和 $m=10$ 时，完全随机分配下随机化数量是：

$$\frac{20!}{10!\,10!} = 184\ 756$$

为了计算有 $B$ 个区块的设计下可能的随机分配数量，先计算每一区块中随机分配的数量：$r_1$，$r_2$，$\cdots$，$r_B$。随机分配的总数是 $r_1 \times r_2 \cdots \times r_B$。例如，当我们随机分配 10 个男性的一半与 10 个女性的一半到干预组，可能的随机分配数量是

$$\frac{10!}{5!\,5!} \times \frac{10!}{5!\,5!} = 63\ 504$$

---

区块随机化设计能够解决各种各样的实践与统计问题。有时候项目会强制规定干预组中每种类型被试的数量。例如，想象一下，小学生的暑期阅读项目希望评估其对下一学年学校表现和升学率的影响。但是学校只能招收申请人数的一小部分，学校管理者担心如果有太多准备不足的儿童被招收进入项目，教师将难以有效管理他们的班级。管理者坚持要求项目招收的儿童中必须有 60% 通过基本技能初试。解决这个问题的方法是，按照初试成绩划分区块，将学生按每一区块进行分配，那么随机招收的学生中总有 60% 是通过基本技能考试的。例如，假如学校从 100 个申请者中招收 50 个，40 个申请者在初试中被淘汰，剩下的 60 个通过。研究者可以建立 2 个区块：一个是通过基本技能考试的学生，一个是没有通过的。对每个区块进行随机排序，研究者选择未通过区块的前 20 个学生和通过区块的前 30 个学生。这个过程将确保 60% 的要求得到满足。这种设计方法很有用，尤其是当资源约束使研究者只能对某个数量的被试进行干预时，或需要在不同人口群体中平均分配干预资格时。区块随机化同样能够解决两个重要的统计问题。第一，区块可以减少抽样变异性。有时研究者将被试划分为不同区块，使每个区块的被试有相似的潜在结果。例如，考试失利的学生可能拥有相似的潜在结果；而通过考试的学生也同样成立。在每个区块中进行随机化，研究者就消除了有缺陷随机

化（rogue randomization）出现的可能性，即因为偶然概率导致将所有未通过考试的学生分配到干预组。在简单和完全随机分配下，这些奇怪的分配很少见。在区块随机分配下，缺陷随机化出现的可能性则会被完全消除。第二，划分区块能够确保特定亚组能够分别进行分析，在分析一个由 10 个男性和 10 个女性构成的研究时，研究者可能对比较男性 ATE 和女性 ATE 感兴趣，但如果使用完全随机分配将 10 个男性中的 9 个分配到干预组，10 个女性中的 9 个分配到控制组，将会发生什么？在这种情况下，男性的干预效应和女性的干预效应都难以被非常精确地估计。区块随机化保证了每个亚组都有一个特定比例的被试被分配到干预状态。

为了说明区块划分如何进行，让我们思考一个典型的例子，这个例子受到奥尔肯（Olken）对印度尼西亚的腐败研究的启发。[1] 该实验中的被试是公共工程项目，干预是提高对政府官员的财政监管。结果测量是工程账务结束时下落不明的经费（可能被贪污了）。为了便于说明，我们将 14 个工程的完整潜在结果一览表放在在表 3-3 中。其中 8 个在 A 地区，6 个在 B 地区。由于资源约束，每个地区只能对其中 2 个工程进行审计。在我们的案例中，A 地区的 ATE 是−3，B 地区的 ATE 是−5。将 2 个地区合并后，ATE 是−3×(8/14) + (−5)×(6/14) = −3.9。总体的 ATE 和每个区块 $j$ 的 ATE 之间的关系是：

$$\text{ATE} = \sum_{j=1}^{J} \frac{N_j}{N} ATE_j \tag{3.10}$$

这里 $J$ 是区块的数量，区块按照 $j$ 进行索引，权数 $N_j > N$ 表示所有属于区块 $j$ 的被试所占的份额。

在研究区块设计的统计精度之前，思考一下与采用完全随机分配设计的精度的比较很有必要。假设采用完全随机分配对 14 个项目中的 4 个进行干预。式（3.4）显示了真实的标准误。

表 3-3　当对 [Y(1)] 审计而 [Y(0)] 不审计时，公共工程项目的潜在结果一览表

| 村庄 | 区块 | 所有被试 | | 区块 A 被试 | | 区块 B 被试 | |
|---|---|---|---|---|---|---|---|
| | | Y(0) | Y(1) | Y(0) | Y(1) | Y(0) | Y(1) |
| 1 | A | 0 | 0 | 0 | 0 | | |
| 2 | A | 1 | 0 | 1 | 0 | | |
| 3 | A | 2 | 1 | 2 | 1 | | |
| 4 | A | 4 | 2 | 4 | 2 | | |
| 5 | A | 4 | 0 | 4 | 0 | | |
| 6 | A | 6 | 0 | 6 | 0 | | |
| 7 | A | 6 | 2 | 6 | 2 | | |

① Olken，2007.

续前表

| 村庄 | 区块 | 所有被试 | | 区块 A 被试 | | 区块 B 被试 | |
|---|---|---|---|---|---|---|---|
| | | $Y(0)$ | $Y(1)$ | $Y(0)$ | $Y(1)$ | $Y(0)$ | $Y(1)$ |
| 8 | A | 9 | 3 | 9 | 3 | | |
| 9 | B | 14 | 12 | | | 14 | 12 |
| 10 | B | 15 | 9 | | | 15 | 9 |
| 11 | B | 16 | 8 | | | 16 | 8 |
| 12 | B | 16 | 15 | | | 16 | 15 |
| 13 | B | 17 | 5 | | | 17 | 5 |
| 14 | B | 18 | 17 | | | 18 | 17 |
| | 均值 | 9.14 | 5.29 | 4.00 | 1.00 | 16.0 | 11.0 |
| | 方差 | 40.41 | 32.49 | 7.75 | 1.25 | 1.67 | 17.0 |
| | Cov $[Y(0), Y(1)]$ | 31.03 | | 2.13 | | 1.00 | |

$$SE(\widehat{ATE}) = \sqrt{\frac{1}{14-1} \times \left( \frac{4 \times 40.41}{10} + \frac{10 \times 32.49}{4} + 2 \times 31.03 \right)} = 3.50$$

(3.11)

为了计算某个区块设计的标准误，我们必须首先计算每一区块的标准误。在我们的例子中，每个地区的工程具有相似的潜在结果。每个地区 $Y_i(0)$ 和 $Y_i(1)$ 的方差比 2 个地区合并后的方差要小得多。当我们单独分析每个地区时，则标准误的降低很明显。对于 A 地区，标准误是 1.23；对于 B 地区，标准误是 2.71。剩下的工作是使用特定区块的标准误来估计 2 个地区合并后被试 ATE 估计值的不确定性。公式非常简单并且很容易扩展到有任何区块数量的实验中。[①] 2 个区块的标准误是：

$$SE(\widehat{ATE}) = \sqrt{(SE_1)^2 \left( \frac{N_1}{N} \right)^2 + (SE_2)^2 \left( \frac{N_2}{N} \right)^2}$$

(3.12)

这里的 $SE_j$ 指的是区块 $j$ 中 ATE 估计值的标准误，$N_j$ 指的是区块 $j$ 中的观测值数量。将例子中的数值代入公式得到标准误：

$$SE(\widehat{ATE}) = \sqrt{1.23^2 \times \left( \frac{8}{14} \right)^2 + 2.71^2 \times \left( \frac{6}{14} \right)^2} = 1.36$$

(3.13)

这个例子说明了划分区块的潜在好处。通过对设计进行一个较小的改变，我们大

---

① 任意数量区块的公式是：

$$SE(\widehat{ATE}) = \sqrt{\sum_1^J \left( \frac{N_j}{N} \right)^2 SE^2(\widehat{ATE_j})}。$$

这个公式来自独立随机变量和的方差计算通则：$Var(\alpha A + \beta B) = \alpha^2 Var(A) + \beta^2 Var(B)$。

幅改善了 ATE 的估计精度，标准误从 3.50 下降到 1.36。抽样分布的明显差异显示在图 3-1 中。在完全随机分配下，有 141/1 001＝14.1％ 的 ATE 估计值大于零。这意味着实验有 14.1％ 的概率显示审计无效，或者尽管干预有效但实际上加剧了小偷小摸的行为（从表 3-3 可以知道）。在区块分配下，只有 1/420＝0.2％ 的 ATE 估计值大于零。

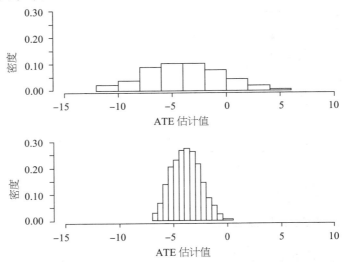

**图 3-1  完全随机化下的抽样分布（上图）；区块随机化下的抽样分布（下图）**

让我们思考如何分析区块随机化实验，如表 3-4 中报告的数据，显示了基于表 3-3 潜在结果一览表中的一个实验观测到的结果。估计整体 ATE 非常简单：首先估计每一区块的 ATE（表示为 $\widehat{\text{ATE}}_j$，对每一个区块 $j$），然后基于 $N_j$ 和 $N$ 的比率来计算一个加权平均值。

$$\widehat{\text{ATE}} = (\widehat{\text{ATE}}_1)\left(\frac{N_1}{N}\right) = (\widehat{\text{ATE}}_2)\left(\frac{N_2}{N}\right) = (-1.5) \times \frac{8}{14} + (-2.75) \times \frac{6}{14}$$
$$= -2.04 \tag{3.14}$$

注意：权数 $(N_1/N)$ 和 $(N_2/N)$ 之和等于 1。

需要强调的是这个估计量总体上不等价于干预组和控制组所有被试平均结果的比较。当不同区块中被试分配到干预组的概率不同时，如本例中，比较所有被试的均值会产生一个有偏的 ATE 估计值。在表 3-4 中，B 地区中被分配到干预组的概率高于 A 地区。与 A 地区相比，B 地区有更高的潜在结果平均值。即使没有干预效应，如果我们将 2 个地区合在一起，干预组的潜在结果也会比控制组的更高。除非每个区块被分配到干预组的概率相等，将不同区块的观测值混合在一起将产生整体 ATE 的有偏估计值。

为了估计 $\widehat{\text{ATE}}$ 的标准误，使用式（3.6）去估计每个 $\widehat{\text{ATE}}_j$ 的标准误，然后将区块层次的标准误估计值代入上面的式（3.12）：

$$\widehat{SE}(\widehat{\text{ATE}}) = \sqrt{1.43^2 \times \left(\frac{8}{14}\right)^2 + 4.05^2 \times \left(\frac{6}{14}\right)^2} = 1.92 \tag{3.15}$$

实地实验：设计、分析与解释

表 3 - 4　　　　　　　　　从一个区块随机化实验中观测到的结果

| 区块 | Y(0) | Y(1) |
|------|------|------|
| 所有被试 | | |
| A | 0 | ? |
| A | 1 | ? |
| A | ? | 1 |
| A | 4 | ? |
| A | 4 | ? |
| A | 6 | ? |
| A | 6 | ? |
| A | ? | 3 |
| B | 14 | ? |
| B | ? | 9 |
| B | 16 | ? |
| B | 16 | ? |
| B | 17 | ? |
| B | ? | 17 |

假设检验和置信区间可以直接适用于区块设计。当模拟抽样分布时，记住随机化是发生在每个区块内的。我们首先检验无干预效应的精确零假设。在本例中，有420种可能的随机分配，其中46种小于或者等于观测到的估计值$-2.04$，意味着单尾$p$值是0.11。置信区间可以通过在每个区块内模拟潜在结果的完整一览表来近似得到，即控制组的结果加上$\widehat{ATE}_j$以及干预组的结果减去$\widehat{ATE}_j$。当假定干预效应不变的时候，95%区间变成从$-4.82$到0.62。可能有人对这种估计95%置信区间的精确性表示怀疑，因为从表3-3的潜在结果中，我们已经知道不变效应假定并不正确。结果显示，如果将这种估计程序用于420种可能随机分配中的每一种，94.8%的随机分配都能形成包括真实ATE在内的估计置信区间。在本例中，的确有95%的置信区间以约0.95的概率包含了ATE值。

#### 3.6.1.1　配对设计

注意，为了计算每一区块的$\widehat{SE}$（$\widehat{ATE}_j$），每个区块必须包含至少2个干预组观测值和2个控制组观测值。在配对设计中这种要求不能被满足，这种设计的实验中每个区块只有2个被试，其中一个被分配到干预组。幸运的是，配对实验的分析很简单。ATE的估计是通过在每个区块中干预结果减去控制结果，然后对所有区块取平均值（因为所有区块中被分配到干预组的概率是0.5，将干预条件下$N/2$个被试的结果平均值减去控制条件下$N/2$个被试的结果平均值，就能够得到相同的估计值）。这些区块层次的差值稍后可以用来估计标准误：

$$\widehat{SE}(\widehat{ATE}) = \sqrt{\frac{1}{\frac{N}{2}\left(\frac{N}{2}-1\right)}\sum_{j=1}^{J}(\widehat{ATE}_j - \widehat{ATE})^2}$$

$$= \sqrt{\frac{1}{J(J-1)}\sum_{j=1}^{J}(\widehat{ATE}_j - \widehat{ATE})^2} \tag{3.16}$$

　　配对分析很容易被整合到具有不同规模区块的实验当中。例如，假设如表3-5所示，公共工程审计实验的分配在2个配对（区块B和C）中进行，一个较大的区块包括10个被试（区块A）。在每一个配对中，其中有一个被试被分配到干预条件。

表3-5　　　　　　　　　　区块随机实验中不同规模区块的观测结果

| | 所有被试 | |
| --- | --- | --- |
| 区块 | Y(0) | Y(1) |
| A | 0 | ? |
| A | 1 | ? |
| A | ? | 1 |
| A | 4 | ? |
| A | 4 | ? |
| A | 6 | ? |
| B | 6 | ? |
| B | ? | 3 |
| A | 14 | ? |
| A | ? | 9 |
| A | 16 | ? |
| A | 16 | ? |
| C | 17 | ? |
| C | ? | 17 |

实地实验：设计、分析与解释

　　配对分别产生了2个$\widehat{ATE}_j$值：−3和0。较大区块产生的$\widehat{ATE}_j$值为−2.6。整体ATE的估计值是：

$$\widehat{ATE} = \frac{2}{14}\times(-3)+\frac{2}{14}\times 0+\frac{10}{14}\times(-2.6) = -2.3 \tag{3.17}$$

　　为了计算标准误，我们首先计算实验中配对部分的标准误，使用式（3.16）：

$$\widehat{SE}(\widehat{ATE}) = \sqrt{\frac{1}{\frac{4}{2}\times\left(\frac{4}{2}-1\right)}\{[-3-(-1.5)]^2+[0-(-1.5)]^2\}} = 1.5 \tag{3.18}$$

然后使用式（3.12）将配对部分的标准误与其他区块的标准误合并：

$$\widehat{SE}(\widehat{ATE}) = \sqrt{1.5^2 \times \left(\frac{4}{14}\right)^2 + 4.64^2 \times \left(\frac{10}{14}\right)^2} = 3.3 \tag{3.19}$$

### 3.6.1.2 区块划分的优点与缺点总结

区块划分提供了一种方式来解决两类设计目标。第一类是出于实用或者伦理的考虑，必须按照规定数量将特定被试群体分配到干预组。区块划分允许研究者基于这些约束构建一个随机实验。第二类是统计精度，当区块由具有类似潜在结果的被试构成时，可能对精度有实质性的改善，尤其是在小样本中。第 4 章将讨论如何依据在进行随机化时可获得的背景信息来建立区块。

那么区块方法有缺点吗？尽管可能有在某些例子中区块对精度的损害问题，但在实践中区块划分极少有负面影响。[1] 甚至在将被试划分为随机子集（这种将被试分组的方法并没有基于潜在结果）的实验设计中，按照计算 ATE 的精度来看，也并不比完全随机分配更差。在实践中，区块划分最大的缺点是错误分析数据的风险。当区块间干预分配的概率不同时，ATE 必须按照区块与区块分别进行估计，而且在进行假设检验时，必须注意按随机分配时的准确程序进行。

有时区块随机化并不可行。实地实验常常在严格的时间约束下进行，在随机分配时可能无法获得构建区块必需的背景信息。类似地，在实地环境下，按照区块进行随机化可能超出了实施者的技术能力。区块随机分配的失败并不意味着严重设计缺陷，尤其是在干预组与控制组有超过 100 名被试时。[2] 正如在下一章中我们将会看到的，如果不使用区块，通过统计调整你也可以获得几乎同样的精度。

## 3.6.2 整群随机分配

到目前为止，在我们已经考虑的实验中，每个被试都以个体为单位被分配到干预组与控制组中。为了将个体层次与群体层次分配之间的差异形象化，想象一个研究电视广告影响的实验，假设一个信用卡公司购买了 5 个城市中每个城市200 000人的记录。研究者建议向 5 个城市中的 2 个随机分配投放广告，然后评估数据库中1 000 000人的购买行为。个体数量 N 是 1 000 000，但只有 5 个整群。如果使用简单随机分配将个体分配到干预组和控制组，抽样分布就会很窄，因为实验组之间的偶然差异倾向于平衡，因为每个组的被试数量非常大。但是在整群分配条件下，同一个群的所有被试被分配到一个组，要么是干预组，要么是控制组：实际上，整群分配消除了被试在同一个群里但却被分配到不同实验条件的所有可能性。由于某个城市的所有居民被作为一个群体分配到干预和控制条件，他们共同拥有的属性被置于同一个实验组中。如果这些城市的潜在结果有明显差异，对 5 个群的随机分配将产生无偏但不精确的估计值。

出于实际原因，整群分配有时不可避免。在电视广告的例子中，不可能对特

---

① Imai，2008.

② Rosenberger and Lachin，2002.

定个体实施干预；只能购买针对地理区域群体的广告。这同样也适用于游说者或选举监督员实施的干预，因为他们只能去少数几个地点。

当采用整群而非个体作为实验分配单位时，抽样分布可能有明显变化。对此，我们考虑一种最简单的情况：每一个群包含了相同数量的被试。当群的规模相同时，常用的均值差估计量仍然是无偏的。然而，如果在同一群中的被试具有类似的潜在结果。整群分配比起完全随机分配，会产生更多的抽样变异性。

为了说明群内相似性的后果，表3-6呈现了12个具有不同学业成绩的学校班级的潜在结果一览表。在本例中标准化测试的平均干预效应是4。每个学校包括3个班级。使用整群设计，实验者随机分配4所学校中的2所进入干预组。所有可能的随机分配总数是：

$$\frac{4!}{2!2!} = 6 \tag{3.20}$$

基于整群分配的均值差产生了干预效应的无偏估计值：平均估计值是4。为了得到标准误，我们计算了所有可能分配的标准差，其结果是2.9。然而，假设使用完全随机分配来分配12个班级，一半是干预组，一半是控制组。标准误实质上会更小。可能随机分配的数量是

$$\frac{12!}{6!6!} = 924 \tag{3.21}$$

相应的标准误是1.6。换句话说，采用整群分配导致标准误增大了81%，这与将样本规模从12降低到4产生的结果差不多。

为什么整群分配带来的后果如此严重？在前面学校的例子中，班级的平均潜在结果差异明显，与此同时，每个学校内的班级差异则相对较小。如果重新安排这个例子使各学校在平均班级成绩方面更为相似，将产生什么后果？如表3-7所示，这个例子中包括4个学校，每个学校有3个班级。班级与表3-6中显示的相同，但是它们被安排在不同的学校中。一个整群分配有6种可能的随机化，干预效应的平均估计值是4，标准误是0.57，这比完全随机分配下的要小得多。

本质上，划分整群产生的损失取决于整群层次均值的变异性。这一点可以通过计算真实标准误的公式来理解，公式基于一个假定的等规模整群设计。式(3.22)用与式(3.4)对应的形式说明了这种标准误的计算方法：

$$SE(\widehat{ATE})$$
$$= \sqrt{\frac{1}{k-1}\left\{\frac{m\mathrm{Var}[\overline{Y}_j(0)]}{N-m} + \frac{(N-m)\mathrm{Var}[\overline{Y}_j(1)]}{m} + 2\mathrm{Cov}[\overline{Y}_j(0), \overline{Y}_j(1)]\right\}} \tag{3.22}$$

这里 $\overline{Y}_j(0)$ 是第 $j$ 个整群的未干预潜在结果的平均值，$\overline{Y}_j(1)$ 是第 $j$ 个整群的干预潜在结果的平均值，$k$ 是群的数量。如果能够以某种方法建立具有几乎相同平均潜在结果的整群，$\mathrm{Var}[\overline{Y}_j(0)]$ 和 $\mathrm{Var}[\overline{Y}_j(1)]$ 就会很小，而且 ATE 的估计精度会很高。不幸的是，研究者通常面临高度变异的整群均值和随之而来的较大的标准误。整群的均值趋向于不同，因为整群往往由地理、制度、年龄群体等因素构成，

相同整群中的被试往往具有相似的潜在结果。比较式(3.4)和式(3.22)可以发现为什么整群随机化设计常常比完全随机化设计的统计效力更低。与式（3.4）将大括号内的部分除以$N-1$不同，式（3.22）除以的是$k-1$。

表 3-6　　　　4 个学校中 12 个班级的潜在结果假想一览表——高抽样变异性

| 学校 | 班级 | 班级层次潜在结果 | | 整群层次平均潜在结果 | |
|---|---|---|---|---|---|
| | | $Y_i(0)$ | $Y_i(1)$ | $Y_j(0)$ | $Y_j(1)$ |
| A | A-1 | 0 | 4 | 1 | 5 |
| A | A-2 | 1 | 5 | | |
| A | A-3 | 2 | 6 | | |
| B | B-1 | 2 | 6 | 3 | 7 |
| B | B-2 | 3 | 7 | | |
| B | B-3 | 4 | 8 | | |
| C | C-1 | 3 | 7 | 4 | 8 |
| C | C-2 | 4 | 8 | | |
| C | C-3 | 5 | 9 | | |
| D | D-1 | 7 | 11 | 8 | 12 |
| D | D-2 | 8 | 12 | | |
| D | D-3 | 9 | 13 | | |

表 3-7　　4 个学校中 12 个班级的潜在结果假想一览表——低抽样变异性

| 学校 | 班级 | 班级层次潜在结果 | | 整群层次平均潜在结果 | |
|---|---|---|---|---|---|
| | | $Y_i(0)$ | $Y_i(1)$ | $Y_j(0)$ | $Y_j(1)$ |
| A | A-1 | 0 | 4 | 4 | 8 |
| A | A-2 | 3 | 7 | | |
| A | A-3 | 9 | 13 | | |
| B | B-1 | 2 | 6 | 4 | 8 |
| B | B-2 | 3 | 7 | | |
| B | B-3 | 7 | 11 | | |
| C | C-1 | 1 | 5 | 3.3 | 7.3 |
| C | C-2 | 4 | 8 | | |
| C | C-3 | 5 | 9 | | |
| D | D-1 | 4 | 8 | 4.7 | 8.7 |
| D | D-2 | 8 | 12 | | |
| D | D-3 | 2 | 6 | | |

　　　　按照数据分析的术语，在我们分析整群随机实验时，进行检验假设和建立置信区间的方法必须是可校正的。整群实验中采用假设检验是很简单的。在精确零假设条件下，干预和未干预潜在结果值相同，因此研究者可以观测到潜在结果的完整一览表。为了检验精确零假设，需要模拟被分配到干预组的整群的所有可能分配。在精确零假设下，整群分配中 ATE 估计值的抽样分布常常比完全随机分配要宽得多。置信区间可以通过在不变干预效应的假定下建立潜在结果的完整一览表获得。再次模拟整群的所有可能随机分配来得到抽样分布。[①] 获得标准误往往过于保守，因此使用整群数量为 $k$ 的公式。

$$\widehat{SE}\,(\widehat{ATE}) = \sqrt{\frac{N\,\widehat{Var}\,[\overline{Y}_j(0)]}{k(N-m)} + \frac{N\,\widehat{Var}\,[\overline{Y}_j(1)]}{km}} \qquad (3.23)$$

如果试图改善一项整群随机设计的精度，研究者应该寻求增加整群数量的方式；增加每个群中的被试数量通常对标准误影响很小，因为这对降低整群层次潜在结果的方差作用很小。

　　　　到此为止，我们已经考虑了整群中被试数量相同的简单例子。当整群规模不同时，分析就变得更加复杂。如果整群规模与潜在结果有共变关系，通常使用的均值差就是有偏估计量。[②] 这种偏差随着整群数量的增加而消失。因为潜在结果的完整集合是无法观测的，偏差带来的威胁只能通过间接方式进行评估。一个简单的诊断方法是将关注限制在大或小的整群时，检查 ATE 估计值是否会发生变化。[③] 如果怀疑有偏差，可以使用基于总结果差异的另外一种估计量：

$$\widehat{ATE} = \frac{k_C + k_T}{N}\left[\frac{\sum Y_i(1)\mid d_i = 1}{k_T} - \frac{\sum Y_i(0)\mid d_i = 0}{k_c}\right] \qquad (3.24)$$

　　这里 $k_C$ 是被分配到控制组的整群数量，$k_T$ 是被分配到干预组的整群数量。与均值差估计量不同，式（3.24）中的估计量除以一些不受所分配到的干预单位影响的数量（$k_T$、$k_C$ 和 $N$）。当所有整群的规模相同时，式（3.24）中的估计量与均值差等价，并且对任何群的数量和规模安排都是无偏的；其主要的缺陷是与传统均值差估计量相比，产生估计值的抽样变异性较高，因为其忽略了每个群中个体被试的数量。[④] 如果有少数群拥有数量很大的被试以及独特的潜在结果，估计值间可能差异较大，这取决于被分配到的实验条件。

　　　　为了说明这些统计技术，让我们以堪萨斯城（Kansas City）2003 年地方选举前进行的一个整群随机投票动员实验为例。[⑤] 一个名为 ACORN 的组织针对 28 个

---

　　① 由于估计 ATE 消耗了一个自由度，因此在建立置信区间的上（或者下）界时需要修正。区间宽度通过公式 $\sqrt{(k-1)/(k-2)}$ 进行扩大，这里的 $k$ 是群的数量。

　　② Middleton and Aronow, 2011. 这个偏差背后的直觉是，不等规模整群的随机分配使得 $m$ 在不同的随机分配中也不同，当群的规模与潜在结果相关时就产生了偏差。参见练习题 12。

　　③ 回忆一下，当群的规模不变时，均值差估计量是无偏的，因此按照群规模对数据进行分区会产生近似无偏的估计值。然而这种方法的缺点是，数据的子集缺乏统计效力来检测整群规模与潜在结果之间的关系。

　　④ Middleton and Aronow, 2011. 总量差估计量往往较大，因为总量（与均值对照）的方差较大。

　　⑤ Arceneaux, 2005.

低收入区域进行投票动员，投票目的是为市政公交服务提供资金。ACORN 希望在被选中的区域里开展工作，以便更易培训和监督游说者。28 个样本区域中的 14 个被随机分配到干预组。不断重复进行投票游说并且给这些区域目标名单中的投票者打电话。28 个区域包括了总数为 9 712 的投票者，每个区域中的目标投票者人数从 31 到 655 不等；如果拥有大量潜在 ACORN 支持者的区域与支持者很少的区域在潜在结果上不同，整群规模上的显著差异可能会导致偏差。

我们首先使用均值差方法估计效应。干预组的投票率是 33.5%（$N = 4\,933$），而控制组是 29.1%（$N = 4\,779$），这意味着 ATE 是 4.4%。为了检验精确零假设，我们生成了一个随机子集，包含 28 个区域的 40 116 600 种可能随机分配中的 100 000 种。发现 5.0% 的随机分配出现大于或等于 4.4% 的 ATE 估计值。因此，估计得到的单尾 $p$ 值是 0.05。我们使用不变干预效应假定对潜在结果一览表进行了填补，然后估计了包括估计值 4.4 的 95% 置信区间：（−0.5，9.3）。区间下限说明，动员活动并没有提高投票率；而区间上限则说明动员对投票率的影响是复杂的。这正是整群设计必须付出的代价。这个将区域进行分配得到的区间是研究者将个体投票者随机分配得到区间宽度的 2.7 倍。幸运的是，正如在下一章我们将要看到的，如果我们控制这些被试在之前选举中的投票率，置信区间将大大地变窄。

接下来，我们使用总和差（difference-in-total）方法再次进行分析。将式 85（3.24）用于这些数据后产生的 ATE 估计值是：

$$\frac{14 + 14}{9\,712} \times \left( \frac{1\,654}{14} - \frac{1\,392}{14} \right) = 0.054 \tag{3.25}$$

即 5.4%，比用均值差方法得到的估计值稍微大一点。然而这个估计值具有更大的抽样变异性。在精确零假设条件下，计算发现在 40 116 600 种可能随机分配中的一个大小为 100 000 的随机子集里，有 20% 的估计值比 5.4 个百分点更大，意味着 $p$ 值是 0.20。假定不变干预效应即为 5.4%，我们就得到从 −6 到 17 的 95% 置信区间。与总和差估计量相关的精度损失为我们提供了有用的教训：在进行一个整群随机化实验时，尽量使用类似大小的群。如果不行，也要基于群规模划分区块，这样就可以在区块内使用常规的均值差估计量，以避免偏差风险。

## ▨ 小　结

抽样变异性一直是实验研究者所担心的问题。在设计阶段，如何选择被试、如何将他们分配到实验条件、如何测量结果都可能影响实验估计值的精度。本章考虑了实验设计的一些基本原则，在此框架的基础上，之后各章将致力于解决不遵从和样本缩减导致的一系列复杂问题。

标准误是对统计不确定性的衡量。仔细审视标准误公式可以提供一些有用的设计洞察力。相对于其他来源的标准误无偏估计量，本章讨论的这些设计理念具有潜在优点，即可以分配相似数量被试到干预与实验条件，同时可以消除结果变异性的外部来源。比较不同无偏估计量的标准误是另外一种洞察力的来源。当区块划分变量能够较强地预测结果变量时，区块随机分配可以改善精度；但当具有相似潜在结果的单位处于同一个群时，整群分配就可能降低精度。

在数据搜集完成后，抽样变异性就成为解释统计结果中让人最为关心的问题。原则上，随机实验产生的实证结果有两种解释：一种是干预产生了因果效应，一种是抽样变异性导致的结果。随机推断是评价估计值抽样变异性的宝贵方法。在精确零假设条件下，观测到的数据可以揭示所有潜在结果，为研究者提供了完整抽样分布的脉络。通过模拟所有可能的随机化，研究者能够对任何检验统计量的抽样分布进行检查。尤其是平均干预效应估计值的抽样分布，以及可能显示异质性干预效应的其他检验统计量。第9章将会对后者进行详细讨论。

使用模拟方法进行假设检验是一种灵活的方式，可以经过调整以适用于任何随机分配的细节。例如，研究者将被试划分区块，然后将这些被试区块随机分配到干预与控制条件中。研究者也可以把被试合并成为整群，然后将一个整群的所有成员分配到干预或者实验中。这些实验设计的微妙差异有时可以深刻影响抽样分布结果，但用的却是同样的基本假设检验工具。在任何被试都无干预效应的精确零假设下，可以观测到潜在结果的完整一览表，从而允许研究者按照准确程序将被试分配到实验条件中来模拟抽样分布。

置信区间的估计则更具有挑战性，因为其取决于每个被试干预效应的假定。本章描述的方法需要假定干预效应是一个常量，ATE的值等于自身的估计值。当某个实验设计中干预组与控制组的被试数量相等时，这种假定非常有效。在大多数情况下，保守来说，95%置信区间的估计值有大于95%的机会包含真实的ATE。当实验设计中的一个组比另一个组规模大得多时，置信区间的估计值可能过宽也可能过窄，取决于2个组结果的方差是否不同。在模棱两可的情况下，研究者可能希望将这种估计得到的区间与其他估计程序得到的区间进行比较。

## ☐ 建议阅读材料

Freedman，Pisani and Purves（2007）对观测性和实验性研究之间的差异进行了很好的讨论。参见其附录中对式（3.4）的一个扩展。参见 Imai（2008）对配对实验抽样分布的讨论（Murray，1998；Boruch，2005），其中讨论了整群随机化实验。

## ☐ 练习题：第3章

参见 http：//isps.yale.edu/FEDAI 上实施随机化推断采用的数据集和统计程序。

1. 重要概念：

（a）什么是标准误？标准误与标准差之间的差异是什么？

（b）随机化推断是如何用来检验任何被试均无效应的精确零假设的？

（c）什么是95%置信区间？

（d）完全随机分配与区块随机分配以及整群随机分配之间的差异是什么？

（e）将同样数量被试分配到干预组和控制组的实验宣称采用了"平衡设计"

（balanced design），平衡设计具有哪些合意的统计特性？

2. 使用式子 $Y_i(1)=Y_i(0)+\tau_i$ 代替式（3.4）中的 $Y_i(1)$。假定 $N=2m$，解释结果公式对于实验设计的含义。

3. 使用式子 $Y_i(1)=Y_i(0)+\tau_i$ 来展示当我们假定干预效应对所有被试均相同时，$\mathrm{Var}[Y_i(0)]=\mathrm{Var}[Y_i(1)]$，并且 $Y_i(0)$ 和 $Y_i(1)$ 之间的相关系数为 1.0。

4. 考虑下面的潜在结果一览表。如果实施了干预 A，潜在结果是 $Y_i(A)$；如果实施了干预 B，潜在结果是 $Y_i(B)$；如果没有实施任何干预，潜在结果是 $Y_i(0)$。干预效应被定义为 $Y_i(A)-Y_i(0)$ 或 $Y_i(B)-Y_i(0)$。

| 被试 | $Y_i(0)$ | $Y_i(A)$ | $Y_i(B)$ |
|---|---|---|---|
| 米里亚姆 | 1 | 2 | 3 |
| 本杰明 | 2 | 3 | 3 |
| 海伦 | 3 | 4 | 3 |
| 伊娃 | 4 | 5 | 3 |
| 比利 | 5 | 6 | 3 |

假设一位研究者计划将 2 个观测值分配到控制组，将剩下的 3 个观测值分配到 2 个干预组中的一组。研究者不确定将使用哪一个干预。

（a）使用式（3.4），决定应该采用哪个干预，A 或 B，才能产生一个具有较小标准误的抽样分布。

（b）这里（a）部分的结果对所研究的干预，即试图缩小现存成绩差距有什么可行性方面的含义？

5. 使用表 2-1，假设你的实验是将一个村庄分配到干预组。

（a）对于所有 7 个可能的随机化计算其均值差的估计值。

（b）说明这些估计值的平均值就是真实的 ATE。

（c）说明这 7 个估计值的标准差与式（3.4）中表示的标准误相等。

（d）关于式（3.4），解释与将 7 个村庄中的 2 个分配到干预组的实验设计相比，为什么这种实验设计有更多的抽样变异性。

（e）解释为什么在本例中，将 7 个村庄的 1 个分配到干预组的设计比将 7 个村庄中的 6 个分配到干预组的设计，抽样变异性更大。

6. 我们在 3.5 节中讨论过的克林史密斯、赫瓦贾和克雷默的研究，可以用来检验精确零假设，即赢得去麦加朝圣签证的抽签不会影响巴基斯坦穆斯林对外国人的态度。假定巴基斯坦当局使用完全随机分配进行签证分配。在精确零假设下进行 10 000 次模拟随机分配。有多少次模拟随机分配会产生和 ATE 的真正估计值至少一样大的 ATE 估计值？隐含的（implied）单尾 $p$ 值是什么？有多少次模拟随机分配会产生和 ATE 的真正估计值的绝对值至少一样大的 ATE 估计值？隐含的双尾 $p$ 值是什么？

7. 一个节食与健身项目宣称，它可以使任何从现在开始节食的人在最初 2 周内减少 7 磅体重。使用随机推断（3.4 节介绍的程序）来检验假设，即对所有 $i, \tau_i=7$。

2 周后干预组的体重降低情况是 $\{2, 11, 14, 0, 3\}$，而控制组的体重降低情况是 $\{1, 0, 0, 4, 3\}$。为了检验假设 $\tau_i = 7$ 对于所有 $i$ 都成立，使用本章讨论的随机推断方法，从干预组的每个结果中减去 7 以便将练习题转换为更熟悉的精确零假设检验，即对于所有 $i$，$\tau_i = 0$。在描述你的结果时，记住要清楚地陈述零假设，并解释为什么你选择单尾或双尾检验。

8. 自然发生的实验有时涉及区块随机分配。例如，Titiunik 研究每隔 10 年重划选区之后，抽签确定得克萨斯州和阿肯色州参议员是 2 年还是 4 年任期的各种影响。[1] 这种抽签在每个州内实施，因此实际上存在 2 种不同的任期长度影响实验。一个有趣的结果变量是每个参议员在立法周期中提出的法案（立法建议）数量。下面的表格列出了 2 个州参议员在 2003 年提出的法案数量。

(a) 估计每个州中 2 年任期对提出法案数量的影响。

(b) 估计每个州 ATE 估计值的标准误。

(c) 使用式（3.10）估计 2 个州合并后的整体 ATE。

(d) 解释为什么在研究中，简单地将 2 个州的数据混合，再比较 2 年制参议员提出的平均法案数与 4 年制参议员提出的平均法案数，会导致产生整体 ATE 的有偏估计值。

(e) 将标准误估计值代入式（3.12），来估计整体 ATE 的标准误。

(f) 使用随机推断来检验精确零假设，即 2 个州参议员的干预效应为零。

| 得克萨斯州 | | 阿肯色州 | |
|---|---|---|---|
| 任期长度：0＝4 年制；1＝2 年制 | 提出法案数 | 任期长度：0＝4 年制；1＝2 年制 | 提出法案数 |
| 0 | 18 | 0 | 11 |
| 0 | 29 | 0 | 15 |
| 0 | 41 | 0 | 17 |
| 0 | 53 | 0 | 23 |
| 0 | 60 | 0 | 24 |
| 0 | 67 | 0 | 25 |
| 0 | 75 | 0 | 26 |
| 0 | 79 | 0 | 28 |
| 0 | 79 | 0 | 31 |
| 0 | 88 | 0 | 33 |
| 0 | 93 | 0 | 34 |
| 0 | 101 | 0 | 35 |
| 0 | 103 | 0 | 35 |
| 0 | 106 | 0 | 36 |
| 0 | 107 | 0 | 38 |

[1] Titiunk，2010.

| 得克萨斯州 | | 阿肯色州 | |
|---|---|---|---|
| 任期长度:<br>0＝4 年制;<br>1＝2 年制 | 提出法案数 | 任期长度:<br>0＝4 年制;1＝2 年制 | 提出法案数 |
| 0 | 131 | 0 | 52 |
| 1 | 29 | 0 | 59 |
| 1 | 37 | 1 | 9 |
| 1 | 42 | 1 | 10 |
| 1 | 45 | 1 | 14 |
| 1 | 45 | 1 | 15 |
| 1 | 54 | 1 | 15 |
| 1 | 54 | 1 | 17 |
| 1 | 58 | 1 | 18 |
| 1 | 61 | 1 | 19 |
| 1 | 64 | 1 | 19 |
| 1 | 69 | 1 | 20 |
| 1 | 73 | 1 | 21 |
| 1 | 75 | 1 | 23 |
| 1 | 92 | 1 | 23 |
| 1 | 104 | 1 | 24 |
| | | 1 | 28 |
| | | 1 | 30 |
| | | 1 | 32 |
| | | 1 | 34 |

9. 凯莫勒（Camerer）报告了一项实验结果，实验检验了大额和较早的赛马投注是否影响其他赌徒的赌博行为。[①] 在投注开始时，选择同一比赛中赔率相近的多对长距离赛马，比赛开始前大约 15 分钟时，他将 2 笔 500 美元赌注投在 2 匹马中的一匹身上。因为赔率是按照每匹马身上的投注占总投注的比例来确定的，这种干预导致被干预的赛马赔率下降，而作为控制的马赔率上升。由于他下注较早，这时总投注规模较小，他的投注导致其他赌徒看到的赔率出现显著变化。（每场比赛开始前几分钟时，凯莫勒会取消投注。）尽管实验用的赌注还是"有效"的，其他赌徒会被这匹干预赛马所吸引（因为其他赌徒似乎相信这匹马会赢），还是会讨厌这匹马（因为被降低的赔率意味着每次投注回报率下降）？下面列举了研究中的17 对马。结果的测量使用测试期间每匹马身上被投注的美元数量（不包括凯莫勒自己投在干预赛马身上的赌注），测试期从每场比赛前 16 分钟开始（大概是凯莫勒投注前 2 分钟）到每场比赛前 5 分钟结束（大概是凯莫勒取消投注前 2 分钟）。

*90*

---

① Camerer, 1998. 这个例子采用了凯莫勒的第二项研究，并且将样本限定在一匹干预赛马与一匹控制赛马相比较的情况。

单位：美元

| | 比赛前16分钟干预组赛马总投注 | 比赛前5分钟干预赛马的总投注(排除实验投注) | 干预变化 | 比赛前16分钟控制组赛马总投注 | 比赛前5分钟控制组赛马总投注 | 控制变化 | 变化的差值 |
|---|---|---|---|---|---|---|---|
| 第1对 | 533 | 1 503 | 970 | 587 | 2 617 | 2 030 | −1 060 |
| 第2对 | 376 | 1 186 | 810 | 345 | 1 106 | 761 | 49 |
| 第3对 | 576 | 1 366 | 790 | 653 | 2 413 | 1 760 | −970 |
| 第4对 | 1 135 | 1 666 | 531 | 1 296 | 2 260 | 964 | −433 |
| 第5对 | 158 | 367 | 209 | 201 | 574 | 373 | −164 |
| 第6对 | 282 | 542 | 260 | 269 | 489 | 220 | 40 |
| 第7对 | 909 | 1 597 | 688 | 775 | 1 825 | 1 050 | −362 |
| 第8对 | 566 | 933 | 367 | 629 | 1 178 | 549 | −182 |
| 第9对 | 0 | 555 | 555 | 0 | 355 | 355 | 200 |
| 第10对 | 330 | 786 | 456 | 233 | 842 | 609 | −153 |
| 第11对 | 74 | 959 | 885 | 130 | 256 | 126 | 759 |
| 第12对 | 138 | 319 | 181 | 179 | 356 | 177 | 4 |
| 第13对 | 347 | 812 | 465 | 382 | 604 | 222 | 243 |
| 第14对 | 169 | 329 | 160 | 165 | 355 | 190 | −30 |
| 第15对 | 41 | 297 | 256 | 33 | 75 | 42 | 214 |
| 第16对 | 37 | 71 | 34 | 33 | 121 | 88 | −54 |
| 第17对 | 261 | 485 | 224 | 282 | 480 | 198 | 26 |

（a）本研究的一个有趣的特征是每一对马都在同一场进行比赛。这种设计特征是否违背了无干扰性假定，或者说是否可以如此界定潜在结果以满足无干扰性假定？

（b）某位对随机化检查感兴趣的研究者可能会评价检查结果是否与预期一样，在实验干预前干预组与控制组赛马都获得相似的投注规模。使用随机推断来检验精确零假设，即下注之前的投注无效应。

（c）计算实验期间干预组赛马与控制组赛马投注额的平均增长。比较干预组与控制组的均值，解释 ATE 的估计值。

（d）说明用每对马的干预组结果减去控制组结果时，ATE 估计值相同，并计算 17 对马的平均差异。

（e）使用随机推断来检验任何被试均无干预效应的精确零假设。当设定测试时，记住在建立模拟时需要考虑随机分配是在每一对中进行的。解释你的假设检验结果，并说明在这个例子中为什么双尾检验是合适的。

10. 假设将 800 个学生随机分配到班级，每班 25 个学生，然后将这些班级按照整群分配到干预组与控制组。假定满足无干扰性假设。使用式（3.4）和式（3.22）说明为什么这种整群设计与完全随机分配的标准误大致相同，后者是将单个学生分到干预组与控制组。

11. 使用表3-3中的数据模拟整群随机分配。

（a）假设整群是通过将观测值按照 $\{1,2\}$，$\{3,4\}$，$\{5,6\}$，…，$\{13,14\}$ 分组后建立的。假定将7个整群中的4个分配到干预组，使用方程（3.22）计算标准误。

（b）假设整群是通过将观测值按照 $\{1,14\}$，$\{2,13\}$，$\{3,12\}$，…，$\{7,8\}$ 分组后建立的。假定一半的群被分配到干预组，使用式（3.22）计算标准误。

（c）为什么按照两种不同方法建立的整群会产生不同的标准误？这种情况对整群随机实验设计有什么意义？

12. 下面是6个班级潜在结果的一览表，这些班级位于3个学校。使用整群随机分配设计，研究者将3个学校中的一个（包含所有班级）分配到干预组。

（a）6个班级的平均干预效应是多少？

（b）这里有三种可能的随机化。均值差估计量是无偏的吗？

（c）总体上，整群随机分配会产生有偏的结果，当群的规模不同、整群间的潜在结果不同、整群的数量太小时，不能保证在每种随机化中都能在 $N$ 个单位中选择 $m$ 个分配到干预条件。说明在本例中如果将学校A和学校B合并后再进行随机分配会发生什么。因此学校C或者学校A和B均有0.5的概率被分配到干预状态。这种设计会产生无偏估计值吗？这种练习对整群随机实验的含义是什么？

| 学校 | 班级 | $Y_i(0)$ | $Y_i(1)$ |
|------|------|----------|----------|
| A | A-1 | 0 | 0 |
| B | B-1 | 0 | 1 |
| B | B-2 | 0 | 1 |
| C | C-1 | 0 | 2 |
| C | C-2 | 0 | 2 |
| C | C-3 | 0 | 2 |

## 附 录

### ☐ A3.1 统计效力

在进行实验前，研究者可能对计算实验的统计效力感兴趣。在实验研究的背景下，统计效力通常是指研究者能够拒绝无干预效应零假设的概率。然而，统计效力分析需要某种程度上的猜测：研究者必须提供一些未知参数的值，如真实ATE的大小。

为了说明统计效力分析，考虑一个完全随机实验，实验的 $N$ 个实验单位中有 $N/2$ 个被选择接受二元（binary）干预。研究者必须对干预单位和控制单位的结果分布做出假定。在本例中，研究者假定控制组的结果符合均值为 $\mu_c$ 的正态分布，干预组的结果同样符合均值为 $\mu_t$ 的正态分布，两个组结果的标准差均为 $\sigma$。研究者必须选择 $\alpha$，即统计显著性的合意水平（通常是 0.05）。

在这种情况下，对该实验的统计效力存在一个简单的渐近的近似值（假定显著性检验是双尾）：

$$\beta = \Phi\left[\frac{|\mu_t - \mu_c|\sqrt{N}}{2\sigma} - \Phi^{-1}\left(1 - \frac{\alpha}{2}\right)\right] \qquad (A3.1)$$

这里的 $\beta$ 就是实验的统计效力。$\Phi(\cdot)$ 是正态累积分布函数（cumulative distribution function，CDF）。$\Phi^{-1}(\cdot)$ 是正态 CDF 的反函数。这些函数很容易在 R 软件中实现，甚至在电子表格软件中也可以。在微软的 Excel 中，$\Phi(\cdot)$ 的表达式是 normsdist（），$\Phi^{-1}(\cdot)$ 的表达式是 normsinv（）。例如，如果 $N=500$，$\mu_c=60$，$\mu_t=65$，$\sigma=20$ 以及 $\alpha=0.05$，实验的统计效力 $\beta$ 大约为 0.80。这个计算值意味着，在真正干预效应存在的情况下，计划的实验结果有 80% 的概率拒绝零假设。

检查公式可以发现，随着样本规模 $N$ 的增加，统计效力也将增大。缺乏统计效力的一个解决方法就是增加样本量。统计效力同样随着效应 $|\mu_t - \mu_c|$ 变大而增加；增加干预强度是另外一种解决统计效力不足的途径。效力也会随着 $\sigma$ 的减少而增加，因此研究者可以减少噪声，获得预后协变量（参见第 4 章），并且最小化被试的异质性。

在评估实验设计时，如果统计效力分析不可行，研究者可以使用计算机模拟来估计效力。研究者可以列出所有实验单位的潜在结果一览表，然后进行 $M$ 个模拟实验，并将干预分配给这些单位，对每个模拟实验分别计算 $p$ 值。实验效力的估计值就是：所有 $M$ 个模拟干预分配中实验的 $p$ 值小于 $\alpha$ 的比例。

# 第4章

# 在实验设计与分析中
# 使用协变量

### 本章学习目标

(1) 如何使用协变量来得到更加精确的平均干预效应估计值。

(2) 如何使用协变量来检查随机分配程序的完整性。

(3) 区块随机实验如何改善精度，尤其在小样本中。

随机实验的一项有吸引力的特性，是可以产生平均干预效应的无偏估计值， 95
而无须考虑产生结果的其他原因。困扰非实验研究的遗漏变量（omitted variable）
问题就可以通过随机分配得到解决。随机分配的干预在统计上独立于所有可观测
和不可观测的变量。干预与其他影响结果因素之间的任何相关性纯粹是偶然的，
归结于观测值恰好被分配到干预组与控制组的方式。由于实验研究者控制了分配
过程，ATE 估计值的抽样分布可以通过严格方式进行研究，在评估无干预效应的
精确零假设时能够得出精确的推断。实验使得因果推断成为可能，即使研究者对
为什么某些观测值的潜在结果与其他不同了解得很少。

对于无偏估计来说，尽管能够预测结果的协变量（covariate），又被称为"补
充变量"（supplementary variable），并非必需，但仍可以较好地加以利用。本章
对协变量在实验设计与分析中的几个作用进行了分析。我们先讨论了实验数据分
析中使用协变量的三种方式。第一种方式是使用协变量对因变量进行重新调节
（rescale），从而使潜在结果的方差更小，反过来提高了干预效应的估计精度。第
二种方式是回归分析，使用协变量可以减少干预组与控制组之间的可观测差异，
并减少结果的变异性。通常，这也能够改善干预效应的估计精度。回归同样可以
用来检查数据处理错误，这种错误可能对将观测值分到干预组与控制组的随机分
配产生威胁。第三种方式是区块随机实验设计，我们在第 3 章已对此做过介绍。
基于哪些协变量有可能预测结果的直觉，研究者建立一些相对同质的小组或者区

块，每个具有不同的期望结果。分别在每个区块中进行随机分配，将被试分配到干预组与控制组。本章的最后对实验研究中引入协变量的利弊进行了分析。由于有很多使用协变量的方式，分析者拥有很多额外的自由裁量权，分析者可能自觉或不自觉地做出结果偏向某一方的决策。因此，协变量也可能是实验数据分析中常见的错误来源，要么是因为研究者将因果解释赋予协变量对结果的明显影响，要么是因为研究者在分析实验结果时没有考虑到区块随机分配。正确使用协变量最好在一项实验的设计阶段就开始进行，在得到结果以前，就要随时注意因为区块划分而导致的一系列复杂问题。

## 4.1 使用协变量重新调节结果

讨论协变量的最符合直觉的方式，是考虑实施一项在实验前搜集相关前测数据的优点。例如，这种前测可能是实施反贫困干预之前对于经济条件的一项评估，或者是研究一项干预是否会增加选民投票率时过去的选民参与度。所谓前测并非真的是一种测试，而是任何被用来预测潜在结果的可观测变量（$X_i$）或变量集合（$\boldsymbol{X}_i$）。

与前测或者更一般地说与协变量相关的一项关键假定是，它们不受干预分配的影响。我们在描述协变量时并不需要使用潜在结果符号；无论一个观测值是被分配到干预条件还是控制条件下，假定协变量的一览表都是固定的。这种 $X_i$ 是固定的假设，对所谓的干预后协变量就产生了怀疑。干预后协变量是干预后进行测量的，因此受到实验分配的潜在影响。当然，诸如性别、种族等特征很稳定，我们可以很安全地假定即使是事后测量的它们也不受干预影响。但这是一种实质性假定，需要进行逐一评估。为了方便阐述，我们只关注干预前协变量。假定在被试随机分配到干预组与控制组之前 $X_i$ 的值保持不变。

如果我们按照等概率将被试随机分配到干预组与控制组，干预组中 $X_i$ 的期望值与控制组中 $X_i$ 的期望值将是相同的。

$$E[X_i] = E[X_i \mid D_i = 1] = E[X_i \mid D_i = 0] \tag{4.1}$$

这里 $D_i$ 指的是一项假想分配是否会导致某个被试接受干预。这个等式有一些有用的启示。它是双重差分（difference-in-differences）估计方法的基础，我们接下来将对其进行讨论。它也是随机化检查（randomization checks）的基础，我们将在 4.3 节中对其进行讨论。

如果我们重新界定结果的测量为前测与后测之间的变化将发生什么？假设 $Y_i$ 代表后测，但是如果不将 $d_i = 1$ 时的 $Y_i$ 平均值与 $d_i = 0$ 时的 $Y_i$ 平均值进行比较，而用 $d_i = 1$ 时（$Y_i - X_i$）的平均值与 $d_i = 0$ 时（$Y_i - X_i$）的平均值进行比较，这种对变化得分（change score）的分析方法被称为双重差分估计量。当干预是随机分配的时，双重差分估计量产生的结果是无偏的吗？为了回答这个问题，让我们按照式（4.1）中的等式来考虑双重差分估计量的期望值。

$$E(\widehat{\text{ATE}}) = E[Y_i - X_i \mid D_i = 1] - E[Y_i - X_i \mid D_i = 0]$$

$$= E[Y_i \mid D_i = 1] - E[X_i \mid D_i = 1] - E[Y_i \mid D_i = 0] + E[X_i \mid D_i = 0]$$
$$= E[Y_i(1)] - E[Y_i(0)] \tag{4.2}$$

式子最后一行与第 2 章中讨论的常规的均值差估计量是相同的期望。因此使用变化值来估计 ATE 提供了另一种从实验数据中得到无偏估计值的方式。

这两种估计量，均值差与双重差分，都可以产生无偏估计值。在任何有限样本中，这两种方法由于偶然性可能会得到不同的估计值。为了确定哪一个估计值更值得信任，我们必须算出哪种估计方法具有更小的抽样变异性。

在前一章里，我们介绍了式（3.4），均值差估计量的标准误计算公式。为了说明的方便，让我们假定某项实验将一半观测值分配到干预组，因此有 $m = N / 2$。在这种实验设计下，式（3.4）可简化为：

$$SE(\widehat{ATE}) = \sqrt{\frac{\mathrm{Var}[Y_i(0)] + \mathrm{Var}[Y_i(1)] + 2\mathrm{Cov}[Y_i(0), Y_i(1)]}{N-1}} \tag{4.3}$$

我们可以改编这个公式来评估双重差分估计量的相对优势，简单将 $Y_i$ 替换为 $(Y_i - X_i)$。将 $\mathrm{Var}[Y_i(0)]$ 替换为 $\mathrm{Var}[Y_i(0) - X_i] = \mathrm{Var}[Y_i(0)] + \mathrm{Var}(X_i) - 2\mathrm{Cov}[Y_i(0), X_i]$，并将 $\mathrm{Var}[Y_i(1)]$ 替换为 $\mathrm{Var}[Y_i(1) - X_i] = \mathrm{Var}[Y_i(1)] + \mathrm{Var}(X_i) - 2\mathrm{Cov}[Y_i(1), X_i]$，得到：

$$SE(\widehat{ATE})$$
$$= \sqrt{\frac{\mathrm{Var}[Y_i(0) - X_i] + \mathrm{Var}[Y_i(1) - X_i] + 2\mathrm{Cov}[Y_i(0) - X_i, Y_i(1) - X_i]}{N-1}}$$
$$= \sqrt{\frac{\mathrm{Var}[Y_i(0)] + \mathrm{Var}[Y_i(1)] + 2\mathrm{Cov}[Y_i(0), Y_i(1)] + 4\{\mathrm{Var}(X_i) - \mathrm{Cov}[Y_i(0), X_i] - \mathrm{Cov}[Y_i(1), X_i]\}}{N-1}} \tag{4.4}$$

比较式（4.3）和式（4.4），我们看到双重差分估计量比均值差估计量的抽样方差更小，当：

$$\mathrm{Cov}[Y_i(0), X_i] + \mathrm{Cov}[Y_i(1), X_i] > \mathrm{Var}(X_i) \tag{4.5}$$

或者

$$\frac{\mathrm{Cov}[Y_i(0), X_i]}{\mathrm{Var}(X_i)} + \frac{\mathrm{Cov}[Y_i(1), X_i]}{\mathrm{Var}(X_i)} > 1 \tag{4.6}$$

换句话说，如果我们将 $Y_i(1)$ 对 $X_i$ 进行回归并将 $Y_i(0)$ 对 $X_i$ 进行回归，斜率系数的总和会超过 1，是因为重新调节方法可以产生更有效率的 ATE 估计值。[1] 我们不能正确地执行回归，因为缺乏所有观测值的完整潜在结果一览表。但是我们可以基于能观测到的 $Y_i$ 来近似。本质上，当一个协变量能较强预测潜在结果时，差异得分（difference score）可以产生精度的实质性收益。

在实践上，这个结果意味着研究者应当利用各种机会来搜集背景信息，以用

---

[1] 式（4.6）与回归的联系是：当 $Y$ 对 $X$ 回归时得到的回归系数为 $\mathrm{Cov}(Y, X)/\mathrm{Var}(X)$。

于预测潜在结果。实施一项前测或其他背景调查对进行无偏估计并非是必要的，但对于 ATE 估计值的精度来说却是有益的。研究者有时会有意地将干预聚集于背景信息已知的被试。

研究者在考虑是否搜集前测信息时，会面临一种权衡。预算约束可能限制了研究者在对被试实施干预前搜集信息的多少。例如，在很多情况下，研究者必须实施入户调查来获得协变量数据，在这种情况下，预算约束可能会强制在搜集更多被试的信息与对每个被试搜集更广泛的背景信息之间进行选择。

一个更加严重的问题是实施一项前测可能会改变参与者对干预以及随后结果测量的回应方式。假设结果测量采用一项在实验结束时对被试的意见调查的方式进行。实施前测可能会给参与者一种暗示，即应该按照一种使社会满意的方式（socially desirable）回应稍后的测量结果。尽管前测可以改善精度，但是精度应当让位于更重要的问题，如前测可能危及可排除性一类的核心假定。如果前测诱发了干预组与控制组的不同反应也将导致偏差。例如，控制组可能不愿意接受前测，因为接下来没有干预；此外，干预组则可能将前测视为一种信号，随着干预的发生预期某些结果会改变。如果这种预期影响了结果，实验实际上测量的是干预因果效应与前测因果效应的组合。如果前测对估计 ATE 的能力产生了危害，研究者就应当寻找其他具有更少介入性的预后协变量（prognostic covariate）。

为了说明协变量的潜在统计值，我们采用一个程式化的例子，这个例子借鉴了穆拉里哈兰（Muralidharan）和桑达尔阿拉曼（Sundararaman）在印度做的一项研究，研究者依据学生成绩向老师提供奖金，并观测其对于教育的各种影响。[①] 按照我们的目标，想象实验对象包括 40 个农村小学，其中 20 个被分配到实验条件；向老师发放奖金。每个学校的学业成绩由前测和后测的平均值来进行评价。前测在学年开始前进行，后测在学年结束后进行。为了简单起见，假定同一批学生都参加了两种测试。最后，为了说明不同估计量的抽样分布，假定我们知道每个学校的完整潜在结果一览表。

表 4-1 呈现了 40 个学校的潜在结果一览表。为了与穆拉里哈兰和桑达尔阿拉曼的实验一致，我们的数据中合并了大约四分之一个标准差的干预效应：干预效应是 4.0，$Y_i(0)$ 的标准差是 15.5。我们的模拟也预先假定一个学年期间的分数有较强

的持续性。前测（$X_i$）预测了 $Y_i(0)$ 分数中 87% 的方差［稍后我们将考虑实施一种可靠性较低的前测版本的影响，只能预测 $Y_i(0)$ 方差的 50%］。[②] 类似于结果测量，这里的前测也被调整了测量尺度：$Y_i(0)$、$Y_i(1)$ 以及 $X_i$ 的标准差均在 15 到 16 之间。

为了检验均值差估计量的抽样分布，我们模拟了 100 000 次实验，实验中将 40 个观测值中的 20 个分配到干预组。100 000 次实验得到 ATE 的平均估计值是 4.0，标准差是 4.768。这个通过实证得到的标准误非常接近于我们使用式（3.4）的精确标准误公式得到的值 4.733。图 4-1 中的上图显示了抽样分布是一个均值为 4 的正态分布，但分布非常分散，因此 20.4% 的模拟实验产生了负的 ATE 估计值。

---

① Muralidharan and Sundararaman，2011.
② 这个值是采用表 4-1 的数据将 $Y_i(0)$ 对 $X_i$ 进行回归得到的 $R^2$。

表 4-1　　模拟教师激励实验中的潜在结果、前测成绩以及实验组分配一览表

| 观测值 | $Y_i(1)$ | $Y_i(0)$ | $d_i$ | $X_i$ | $X\_weak_i$ |
|---|---|---|---|---|---|
| 1 | 5 | 5 | 0 | 6 | 25 |
| 2 | 15 | 5 | 1 | 8 | 12 |
| 3 | 12 | 6 | 1 | 5 | 25 |
| 4 | 19 | 9 | 0 | 13 | 27 |
| 5 | 17 | 10 | 0 | 9 | 10 |
| 6 | 18 | 11 | 0 | 15 | 24 |
| 7 | 24 | 12 | 0 | 16 | 21 |
| 8 | 11 | 13 | 0 | 17 | 25 |
| 9 | 16 | 14 | 0 | 19 | 35 |
| 10 | 25 | 19 | 1 | 23 | 28 |
| 11 | 18 | 20 | 1 | 28 | 41 |
| 12 | 21 | 20 | 0 | 28 | 38 |
| 13 | 17 | 20 | 0 | 9 | 30 |
| 14 | 24 | 21 | 1 | 16 | 20 |
| 15 | 27 | 24 | 1 | 23 | 24 |
| 16 | 26 | 25 | 0 | 15 | 26 |
| 17 | 30 | 27 | 1 | 23 | 22 |
| 18 | 37 | 27 | 0 | 33 | 34 |
| 19 | 43 | 30 | 1 | 42 | 37 |
| 20 | 39 | 32 | 0 | 31 | 21 |
| 21 | 36 | 32 | 0 | 29 | 40 |
| 22 | 27 | 32 | 0 | 28 | 34 |
| 23 | 33 | 32 | 1 | 35 | 36 |
| 24 | 37 | 35 | 1 | 28 | 37 |
| 25 | 48 | 35 | 0 | 41 | 48 |
| 26 | 39 | 37 | 1 | 37 | 46 |
| 27 | 42 | 38 | 1 | 32 | 25 |
| 28 | 37 | 38 | 1 | 37 | 21 |
| 29 | 53 | 41 | 0 | 36 | 19 |
| 30 | 50 | 42 | 1 | 44 | 44 |
| 31 | 51 | 43 | 1 | 48 | 50 |
| 32 | 43 | 44 | 1 | 43 | 48 |
| 33 | 55 | 45 | 1 | 55 | 46 |
| 34 | 49 | 47 | 0 | 53 | 47 |

| 观测值 | $Y_i(1)$ | $Y_i(0)$ | $d_i$ | $X_i$ | $X\_weak_i$ |
|---|---|---|---|---|---|
| 35 | 48 | 48 | 0 | 51 | 47 |
| 36 | 52 | 51 | 1 | 43 | 39 |
| 37 | 59 | 52 | 0 | 57 | 50 |
| 38 | 52 | 52 | 0 | 51 | 46 |
| 39 | 55 | 57 | 1 | 49 | 54 |
| 40 | 63 | 62 | 1 | 55 | 42 |

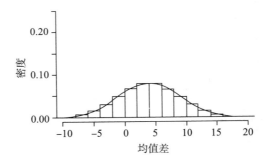

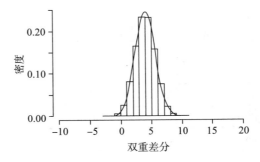

**图 4 - 1　两种估计量的抽样分布：均值差与双重差分**

*102*　　　相比之下，将结果重新调节反映从前测到后测的变化（即双重差分估计量）产生了无偏而且精确的 ATE 估计值。基于 100 000 次模拟实验，图 4 - 1 中的下图显示平均估计值是 4.0，标准差是 1.53。仅有 0.4% 的模拟实验产生了负的 ATE 估计值。为了更好地说明这种改善，考虑一种减少大约 $1-(1.53/4.77)=68\%$ 标准误需要增加的样本规模，需将样本增加 $1/(1-0.68)^2=9.8$ 倍，这意味着需要将实验学校从 40 个增加到 392 个。

　　　并非所有实验者都有条件采用高预测能力的前测。在穆拉里哈兰和桑达尔阿拉曼的真实研究中，前测只预测了控制组结果方差的一半。一个前测的预测精度可能受到几个因素的削弱：（1）前测可能存在测量误差；（2）希望测量的特征可能在前测实施和结果测量之间发生了变化，特别是被试变化的速率不同；（3）结果测量也可能有误差。这里我们详细说明这些可能性中的第一个，考虑一种可靠性较低的前测版本，能够预测 $Y_i(0)$ 方差的 50%，在表 4 - 1 中标记为 $X\_weak_i$。

尽管这种充满"杂音"的前测并不理想，但能够或多或少地改善精度。[1] 使用这种前测对结果重新调节，得到一个标准误为 3.48。与简单的均值差估计量比较，减少了 $1-(3.48/4.77)=27\%$ 的标准误，程度相当可观。即使这种充满"杂音"的前测对精度的改善，也相当于增加了 88% 的样本量。

## 4.2 使用回归调整协变量

回归是一种分析实验数据的灵活工具。回归允许研究者同时调整多个协变量。例如，如果研究者进行了前测而且对每个学校搜集了社会经济特征数据，回归可以在控制这些背景变量的同时得到 ATE 估计值。回归同样可用于估计几种不同干预的效应，或几种不同剂量（dosages）的干预（例如，100、200 或者 300 小时的指导），对此我们将在第 9 章和第 11 章分析。

为了理解回归与潜在结果框架之间的联系，可以将潜在结果式（2.2）作为线性回归方程重写，并忽略协变量：

$$Y_i = Y_i(0)(1-d_i) + Y_i(1)d_i = Y_i(0) + [Y_i(1) - Y_i(0)]d_i = \underbrace{\mu_{Y(0)}}_{\text{截距}}$$

$$+ \underbrace{[\mu_{Y(1)} - \mu_{Y(0)}]d_i}_{\text{ATE}} + \underbrace{Y_i(0) - \mu_{Y(0)} + \{[Y_i(1) - \mu_{Y(1)}] - [Y_i(0) - \mu_{Y(0)}]\}d_i}_{\text{扰动项}}$$

$$= a + bd_i + \mu_i \tag{4.7}$$

这里的截距 $a$ 等于 $\mu_{Y(0)}$，即所有 $N$ 个被试的未干预潜在结果平均值。斜率 $b$ 等于 $\mu_{Y(1)} - \mu_{Y(0)}$，表示平均潜在结果的移动，即 ATE。自变量是干预 $d_i$。回归模型不可观测的部分是扰动项 $u_i = Y_i(0) - \mu_{Y(0)} + \{[Y_i(1) - \mu_{Y(1)}] - [Y_i(0) - \mu_{Y(0)}]\}d_i$。扰动项由未干预响应中的特殊变化 $Y_i(0) - \mu_{Y(0)}$ 加上干预效应的特殊变化 $\{[Y_i(1) - \mu_{Y(1)}] - [Y_i(0) - \mu_{Y(0)}]\}d_i$ 得到。实际上扰动项比看起来简单得多。当一个观测值被分配到控制组时，$d_i=0$，而扰动项等于 $Y_i(0) - \mu_{Y(0)}$；当一个观测值被分配到干预组时，$d_i=1$，扰动项等于 $Y_i(1) - \mu_{Y(1)}$。

如果使用普通最小二乘法（ordinary least square，OLS）回归对式（4.7）这种回归模型进行参数估计，截距 $(\hat{a})$ 的估计值与斜率 $(\hat{b})$ 的估计值选取要使残差的平方和最小化，这里残差定义为 $Y_i - (\hat{a} + \hat{b}d_i)$。一个 $Y_i$ 对 $d_i$ 的回归恰好产生与简单均值差一样的 ATE 估计值。[2]

---

[1] 这种充满"杂音"的前测很容易满足式（4.6）的要求。将 $Y_i(1)$ 对前测进行回归得到系数为 0.87，将 $Y_i(0)$ 对前测进行回归后得到系数 0.95。系数的总和因此大于 1.0。

[2] 回归也可用于估计干预效应的标准误。当干预组与控制组具有同样数量的被试时，回归的标准误与式（3.6）中的估计量相同。当干预组与控制组规模不等时，具有"稳健"标准误的回归可以用来近似式（3.6）的估计量。参见 Samii and Aronow（2012）。当回归用于整群随机实验时，可以使用"稳健聚类"（robust cluster）标准误。这种标准误允许扰动项与整群相关，但假定不同整群的扰动项是独立的。当数据中群的数量少于 20 时这种估计标准误的方法不太可靠，但随着群的数量增加会越来越精确。参见 Angrist and Pischke（2009）中的 8.2.3 节。

在之前的部分中，我们重新调节了因变量，以便将结果定义为前测与后测之间的变化。为了解当表示为一个回归方程时，重新调节是如何进行的，我们将因变量重写为 $Y_i^* = Y_i - X_i$：

$$Y_i^* = Y_i - X_i = Y_i(0)(1-d_i) + Y_i(1)d_i - X_i$$
$$= a + bd_i + u_i - X_i = a + bd_i + u_i^* \qquad (4.8)$$

最后一行等式反映了一个事实：新的扰动项为 $u_i^* = u_i - X_i$。

另外一种重新调节结果的方法是扩展回归模型，将一个或多个协变量作为右手边预测变量（right-hand-side predictor），这种方法被称为回归调整（regression adjustment）或协变量调整（covariate adjustment）。之前的回归是 $Y_i$ 对 $d_i$ 进行的，现在变成了 $Y_i$ 对 $d_i$ 和 $X_i$ 进行。回归模型可以写成下面的形式：

$$Y_i = Y_i(0)(1-d_i) + Y_i(1)d_i = a + bd_i + cX_i + (u_i - cX_i) \qquad (4.9)$$

这里扰动项是最后一项，即括号中的那一项。这种回归调整模型与式（4.8）中呈现的重新调节回归模型非常相似，除了现在我们将参数 $c$ 包括在模型中而式（4.8）假定 $c=1$ 之外。如果 $c$ 的回归估计值接近于 1，回归调整与重新调节回归会产生非常相似的 $b$ 估计值。

需要强调的是，回归估计值 $\hat{c}$ 不具有因果解释。$Y_i$ 的值并不受 $X_i$ 影响；通过重申 $Y_i$ 仅仅是潜在结果和干预状态的一个函数。式（4.9）的中间部分强调了这一点。$X_i$ 在因果过程中没有起到任何作用——使用一个会计恒等式来说，我们在回归模型中加上它，但同时在扰动项中又减去了它。将 $X_i$ 包括在回归元（regressor）内的唯一理由是，这样做可以从扰动项中减去 $cX_i$。当 $X_i$ 可以预测结果时，这种减法降低了 $Y_i$ 中不能解释的变异的数量。反过来减少了 $\hat{b}$ 的标准误。换句话说，是否将 $X_i$ 包括在回归模型中的决定是基于它是否被认为能够预测结果；而 $X_i$ 是否能够影响结果我们仍然不清楚。

将协变量作为回归元的优点是什么？其实答案非常灵活。我们可以将几个协变量作为右手边变量纳入回归并使用 OLS 来确定其各自的调节参数（scaling parameter）。原则上，这种方法比重新调节回归更有效地减少了扰动项的变异性，使我们能够更加精确地估计 $b$。①

使用回归来控制协变量的缺点是什么？在小样本中（$N < 20$），控制协变量会导致偏误②，将结果重新调节则是比回归调整更安全的策略。而在更大的样本中（$N \geqslant 20$），将单个协变量包括在内，导致的偏误则可以忽略不计（negligible）。为了避免偏误，在包括多个协变量的回归模型中，观测值数应该比协变量数至少

---

① 在学校的例子中，使用回归对协变量进行调整与重新调节回归相比并没有精度上的收益，因为 $c$ 的值接近 1.0。模拟显示，使用重新调节结果估计量得到的 $\hat{b}$ 的标准误是 1.53，与此对照，将前测作为协变量使用回归调整得到的值是 1.54。

② 参见 Freedman（2008），随着样本量增加这种偏误急剧减小；参见 Green and Aronow（2011），在任何规模的样本中，只要干预组与控制组规模相等且干预效应不变，回归调整就不会产生偏误。因此，对于平衡设计，在对任何被试均无效的精确零假设下，回归调整是无偏的。

多 20 个。将协变量包括在模型内能否减少标准误要看具体应用。预后性协变量（prognostic covariate）可能会减少扰动项的变异性，并改善干预效应的估计精度。在对大样本使用回归分析时，研究者应当将任何之前研究（包括观测性研究）、预测试甚至理论直觉提示会影响结果的干预前协变量都包括在内。但将那些与结果相关性较弱的变量包括在内，对减少抽样变异性作用很小甚至没有作用。[①] 然而，即使研究者没有使用实验结果（观测到的 $Y_i$ 值）来决定包括哪些协变量，协变量调整在统计上的缺点也是相当小的，尤其是在涉及大量被试的实验中。

而在研究者根据实验结果决定在回归模型中包括哪些协变量时，更严重的问题就会出现。例如，当已经得到结果数据时，研究者可能会使用不同协变量组合构成不同回归模型来尝试预测 $Y_i$。这种类型的分析会产生一种自由裁量权，即选择报告什么结果。可能是在不自觉中，研究者可能会选择那些 ATE 估计值看起来给人印象深刻或有趣的回归模型，但这种决策规则可能损害估计量的无偏性。

为了抑制这种自由裁量权，研究者在实验开始前就应该确定协变量的调整程序。按照事先的计划进行，能够消除研究者使用观测到的结果来选择模型的诱惑。如果计划预先指定一系列预后协变量，ATE 的协变量调整估计值就应被视为真实 ATE 的最佳猜测值，因为这个值的预期将比均值差估计值更精确。无论这种分析是否为预先计划的，研究者都应在呈现协变量调整估计值的同时，也呈现均值差估计值，以便读者判断是否应该将协变量包括在内。

## ■ 4.3　协变量不平衡与实施误差的探测

任何有限数量观测值的随机分配都不可避免地会产生某种程度的不平衡性（imbalance），或者说分配的干预与一个或多个协变量之间的相关性。通过控制协变量，不管是通过重新调节因变量还是通过回归调整，研究者都可以重新建立平衡性。

例如，如果估计如式（4.9）那样的回归模型，回归可以消除任何分配的干预与前测之间的线性关系。如果想消除干预与协变量之间的线性与非线性关系，同时允许协变量与结果之间的某种非线性关系，可以通过控制前测的某个多项式（polynomial）函数（如 $X_i$、$X_i^2$ 和 $X_i^3$）或者通过将前测变量编码为一系列指示变量，来检查有同样前测分数被试的干预效应（参见专栏 4.1）。更深远的含义是，测量到指示变量间的不平衡性是一种容易处理的问题，可以使用诸如回归之类的方法来解决。

---

① 在有限样本中，可以构建例子来说明将协变量包括在内对于精度的益处或者害处。但是 Lin（2010）认为，当在干预与控制条件下被试数量相似，或者干预效应与协变量无关时，回归调整可以渐进（即随着样本规模增加）产生比简单均值差方法更精确的估计值。当 $N \neq 2m$ 并且干预效应与协变量相关时，如果协变量能较强地预测结果，回归调整也能改善精度。

## 定义：指示或"哑"变量

一个类别变量可以被重新编码为一系列指示变量，也被称为"哑变量"（dummy variable）。例如，考虑一个用于区分三个实验区块 {A，B，C} 的变量。可以将这三个区变成三个变量：如果区块变量等于A，变量1被编码为1，否则就被编码为0。如果区块变量等于B，变量2被编码为1，否则为0。如果区块变量等于C，变量3被编码为1，否则为0。在一个回归中使用指示变量作为协变量时，除了其中一个，可以包括所有其他变量。在本例中，可以使用三个哑变量中的任意两个。

不平衡之所以会引起关注，不仅是因为其会导致难以解决的估计问题，还因为其会导致我们对随机分配程序和数据管理的可靠性产生怀疑。假设在学校实验的例子中，随机分配将前测中所有最高成绩的 20 个学校分到了干预组。可以肯定，这样的随机分配仅仅是 137 846 528 820 种可能性中的一种，但从另一方面看，这也可能是某种记录错误问题的征兆。某人可能忘记将学校名单进行随机排序而按照前测得分进行了排序，或者对将哪些学校随机分配到干预组产生了错误理解。

当出现此类问题时，最先要做的事情是追溯随机分配观测值的步骤。数据集中包括了进行随机分配的随机数吗？如果有，干预分配看起来是否为按照某种特定随机一览表进行的？是否有计算机软件能够复制用于分配的随机数或过程？通过考虑随机过程本身或者其他管理中的问题，以及通过考虑是否随机过程本身或管理环节将某些观测值排除在外、是否重复计数或错误编码，这些内部审计可能会解决这些疑问。

因为无论原始数据何时产生，都有可能出现管理错误。与实验相关的名义标准误通常会潜在地低估实验结果不确定性的真实程度。由此，研究者应当仔细检查随机分配过程的可靠性，尤其是由政府等第三方实施的随机分配。在报告实验结果时，研究者应该对随机分配过程的每一个步骤进行介绍，尤其要仔细描述被试丢失或者被排除的那些实例（参见第 13 章）。

要提高对随机分配过程以及数据处理的信心，可以基于一系列可用的协变量，对干预组与控制组的平衡性进行统计描述。通常，研究论文或报告的第一个表格应该报告每一个实验组的前测分数和其他协变量分布。这张表使得读者能够评估两个事项。第一，预后变量，如前测分数，在干预组与控制组之间有明显差异吗？如果有，这一模式可以帮助读者理解为什么 ATE 估计值的变化取决于是否将协变量包括在内。第二，对于协变量的全集，这种不平衡是否比预期偶然因素导致的更大？这种问题可以通过统计检验以及模拟方法解决。对于二元干预变量，统计检验可以通过将分配的干预对所有协变量进行回归，并计算 $F$ 统计量（F-statistic）的方式进行。[1]

---

[1] 也可以使用统计回归计算对数似然统计量（log-likelihood statistic）。对有多种干预的实验来说，可以使用多项统计回归来执行同样的回归，多次计算对数似然统计量。

为了计算 $F$ 统计量的 $p$ 值，可以使用随机推断。[①] 如在 3.4 节中的解释，随机推断涉及对随机分配程序进行多次模拟，并计算每个样本的检验统计量。当对所有可能的随机分配都进行了模拟[②]，从随机分配的意义上来说，这些检验统计量的集合就可以代表没有协变量对分配干预这一零假设下的抽样分布有影响。可以通过从所有检验统计量抽样分布中找出真实实验样本的检验统计量位置来得到 $p$ 值。例如，如果有 43% 的检验统计量至少与观测到的检验统计量一样大，那么 $p$ 值就是 0.43。无论协变量数量有多少，这种程序都很有效，而传统的显著性检验在协变量数量很大时则会出错。[③] 这种程序的另一个优点是适用于任何随机设计，无论是简单的、区块的还是整群的。

假设发现这种检验方法的不平衡比纯粹偶然原因导致的更大——$p$ 值为 0.01。这种结果就提醒我们，要对随机分配程序或者数据处理失误进行全面评估。如果这些程序经过检查后没有问题，就可将这种不平衡归结于随机因素。如果进行足够多的实验，总会出现少见的结果，所以你总会遇到这种随机异常。需要报告不平衡检验，要同时呈现有或没有协变量调整时的估计结果。

测量到协变量随机产生的不平衡是否说明实验估计值是有偏的？有偏性是某种估计程序的属性，而不是指特定估计值。将观测值随机分配到干预组与控制组的程序能够产生 ATE 的无偏估计值，尽管某些估计值过高或者过低，甚至某些样本会出现协变量不平衡，但事前（即在我们实施随机分配之前）我们可以预期，平均来说实验程序能够产生出 ATE。

在进行随机化之后，如果观测到一个或多个预后性协变量出现不平衡（但必须是在观测结果前），这种预期也会发生改变。例如，假如我们注意到随机分配产生的某个干预组，其前测平均分比控制组的前测平均分更高，事后，我们可以预期，从抽样分布中得到的 ATE 估计值将比平均值更高。教师激励研究说明了如何用数值来表示这些预期。均值差方法能够提供真实 ATE 的无偏估计值，它在本例中为 4.0。然而，如果我们将注意力限制在某些随机分配上，这些分配中的干预组平均前测分数超过控制组的平均前测分数，均值差估计量产生的平均估计值是 7.7。观测到在一个偏向干预组的预后变量不平衡条件下，有 $E(\widehat{\text{ATE}}) > \text{ATE}$。

令人惊讶的是，我们甚至能够从这种有问题的实验子集中重新获得 ATE。尽管这些随机分配偏向于干预组，在我们使用回归来控制前测分数时，这种不平衡的实验仍然可以产生无偏估计值：ATE 的平均估计值是 4.0。实质上，如果一个

---

① $F$ 统计量可以用于评估一个回归模型的拟合优度（goodness of fit）。在这种情况下，这个统计量可以用于检验零假设，即协变量预测干预分配的效果并不比偶然因素更好。在零假设下，唯一的结果预测变量是截距。在备择假设下，协变量 $q$ 可以系统地预测干预分配。$SSR_1$ 是将干预分配对截距进行回归时，得到的残差的平方和，$SSR_2$ 是将干预分配对截距和协变量 $q$ 进行回归时，得到的残差的平方和。则 $F$ 统计量为：

$$\frac{SSR_1 - SSR_2}{q} \bigg/ \frac{SSR_2}{N - q - 1}$$

② 当可能随机分配的数量变得非常大，以至不可能在合理时间内计算时，可以模拟一个较大数量的随机分配（如 100 000 次），并将其看成可能分配集合的一个随机样本。

③ Hansen and Bowers，2008.

协变量因为随机分配而出现不平衡，控制这种不平衡仍获得无偏估计量。[①] 在实践中，如果你发现有一个连续协变量不平衡的证据，你可以使用某种灵活的函数形式来控制它。例如，如果你在一个前测分数中发现不平衡，你可以控制这个前测分数，如使用其分值的平方项。

有时，研究者会担心可观测的不平衡是一种征兆，即在其他不可观测的影响结果因素中存在更多的不平衡。只要不平衡仅仅由于偶然因素而导致（相对于管理错误），并且只要控制这种协变量不平衡，就没有理由预期其他协变量或者结果变量的未测量原因会出现不平衡。例如，可以想象更穷的村庄往往前测分数更低。假设干预组平均来说有更高的前测分数，通过控制前测分数，我们就使财富与测试得分间的关系变得不相干；实际上，我们比较的是具有相同前测得分学校中的干预与控制结果。当随机不平衡出现在被认为能预测结果的某个协变量中时，解决方法就是控制这个协变量。

## ■ 4.4　区块随机化与协变量调整

随机分配有时会让研究者左右为难。偶然的不平衡可能导致估计的干预效应忽大忽小，取决于是否以及如何控制协变量。有时引入协变量会导致精度的明显改善，但有时标准误估计值也会出现类似情况，对均值差估计量与使用协变量调整的估计量之间如何选择并不明确。如果在实验结果搜集之前缺乏研究者意图分析数据的计划文件，形势就变得更加不明朗。当结果取决于研究者的事后选择时，实验证据的说服力就会降低。

110　区块随机分配是克服这种难题的一种办法。与其一次将所有观测值进行随机分配，研究者可以先将观测值划分为同质性更高的区块，然后以区块为单位将观测值进行随机分配。区块划分确保用来分层的所有变量都是平衡的，并能够改善ATE估计值的精度。因此，实验者往往遵循这种格言："尽可能划分区块，直到不能分后再随机分配。"

如果有充分的准备时间，研究者可以同时基于几个变量来划分区块。例如，研究者可以按照宗教、平均贫困水平来划分学校。在每种类型中，将观测值随机分配到干预组与控制组，将每一种宗教/贫困类别都分配 $100 \times (m/N)\%$ 的观测值进入干预组。如果观测值的数量很小，数据集中有相同协变量配置（covariate profile）的观测值不会超过一个。在这种情况下，研究者可以基于有最强预后性的协变量，或将多个协变量转换为单一预后分值的指数来进行区块划分。

---

① 回归方法会受到 4.2 节中描述的小样本偏误影响，但是这种偏误在本例中可以忽略不计，因为 N 相当大。注意当这种不平衡是由系统因素导致时，如样本缩减问题不成比例地影响了某个实验组，控制不平衡并非一定会有好处。参见第 7 章。

### 自动划分区块的软件实现

多种软件包都允许研究者在随机分配前对观测值划分区块。其中一种软件包 blockTools（Moore，2010）是运行在 R 软件环境下的一种免费程序。blockTools 使用了一种匹配算法，可以自动按照相似的协变量特征对实验单位进行分组。它能够完成配对匹配（pair-matching）或者建立任何大小的区块，并保证所有区块都有同样数量的观测值。blockTools 还能实施更复杂的随机化设计。

一个在 R 软件中有注释的区块划分的例子，可以在 http://isps.yale.edu/FEDAI 中找到，参见本章练习题 6。

不幸的是，决定用哪些变量来构建区块涉及一些猜测。当形成区块的变量能够较强地预测结果时，区块可以极大地提高精度，但在实验实际开始之前，是观测不到结果的。因此研究者会关注其他研究，包括关注观测性研究来获得线索，以便了解哪些协变量是最强的预测变量。例如，在计划一项提高小学生考试成绩的实验时，可以查阅前期研究来了解宗教、族群、以前年度成绩等影响因素。本章练习题 6 说明了如何通过分析数据来获得形成区块的线索。

基于预后协变量进行区块划分可以改善干预效应的估计精度。在第 3 章中，我们比较了区块随机分配与完全随机分配下的抽样分布。可以发现，当使用预后变量进行区块划分时，区块随机分配可以提供更精确的 ATE 估计值。如果我们比较区块随机分配与完全随机分配，但使用回归来控制形成区块的变量，会发生什么？为了简单起见，假定所有区块中的被试都具有同样的被分配到干预组的概率。区块划分消除了分配干预与形成区块变量之间的相关性。回到 4.1 节中教师激励的那个例子，如果干预组与控制组均有 75% 的学校位于印度教主导的村庄，宗教与分配之间的相关性恰好为零。由于相关性为零，无论是否控制用于形成区块的变量，回归都可以得到同样的 ATE 估计值。[①] 换句话说，无论我们是将结果对 $d_i$ 进行回归，还是对 $d_i$ 和形成区块的协变量进行回归，得到的 ATE 估计值都是一样的。此外，如果使用完全随机分配，协变量与干预之间可能存在相关性；仅仅出于偶然，干预组中印度教主导村庄的比例就可能高于或者低于 75%。回归将消除这种相关性，但这样做的代价是众所周知的，即共线性惩罚（collinearity penalty）[②]。当 $d_i$ 被用于形成区块的协变量回归时，使用回归估计 ATE，$R^2$ 越大抽样的变异性就越大。

随着被试数量的增加，共线性惩罚将会降低。在大样本中，极少看到分配干

---

① 在小样本中，形成区块时几乎不可能保持协变量与干预分配的完全正交性（completely orthogonal）。在这种情况下，将形成区块的协变量包括在内可能会改变 ATE 估计值，尽管有无协变量调整对 ATE 估计值的影响差异可以忽略不计。

② 术语共线性指的是当 $d_i$ 对所有协变量进行回归时，如果 $R^2$ 是 1.0，回归将无法估计 ATE，因为在删除 $d_i$ 与协变量之间的协方差后，$d_i$ 的方差也不存在了。

预与形成区块协变量之间的明显相关性。例如，假设我们在 75 个印度教主导的村庄与 25 个非印度教主导的村庄中实施一项实验。如果 100 个村庄中有一半被随机选择进入干预组，那么干预组中有 66%～84% 是印度教主导村庄的可能性是 95%。当 $d_i$ 向一个指示村庄族群性的变量回归时得到 $R^2$ 的平均值是 0.01。假定现在样本比之前大得多，有 750 个印度教主导村庄以及 250 个非印度教主导村庄。如果将 1 000 个村庄中的一半分配到干预组，有 95% 的可能性在干预组中包含 72% 到 78% 的印度教主导村庄。当 $d_i$ 向一个指示村庄族群性的变量回归时，得到 $R^2$ 的平均值是 0.001。在大样本中，划分区块条件下的抽样分布与回归调整下的抽样分布非常相似。区块划分只是为了防止偶然概率导致协变量与 $d_i$ 相关的罕见情况出现。

区块划分是否有负面影响？当使用一个无法预测实验结果的协变量进行区块划分时会出现一种最糟糕的情况。幸运的是，即使在这种情况下，估计值仍然是无偏的，而且与完全随机分配相比，估计值的抽样变异性并没有增加。[①] 本质上，无论何时，研究者只要有理由相信某一协变量可以预测潜在结果，就应当划分区块。如果有第二或者第三个协变量可以帮助我们预测结果，那就建立更多精确的区块。

为了说明区块划分的潜在统计优点，让我们回到学校的例子中。在 4.1 节中，我们看到，在完全随机分配下，均值差估计量可以得到无偏估计值，估计值的标准误是 4.77。现在，让我们考虑使用第 3 章中的 3.6.1.1 小节描述的配对设计（matched pair design），它依据了前测分数对学校划分区块后的抽样分布。区块按前测分数将 40 个学校升序排列然后配对。最前面两个学校构成第一对，排第三和第四的学校构成第二对，依此类推。在每一对中，通过抛硬币决定两个中哪一个进入干预组。这种程序能够确保前测分数与干预分配间的相关性微不足道。

正如第 3 章所提出的，ATE 的估计涉及在每个区块中计算 $\widehat{\text{ATE}}_j$ 的加权平均值。如果每个区块被分配到干预组下的概率相同，如在配对例子中，回归得到了相同结果而且使估计更加方便。为了获得 ATE 的估计值以及标准误，将回归用在以下模型中：

$$Y_i = a + bd_i + c_1 X_{1i} + c_2 X_{2i} + \cdots + c_{19} X_{19i} + u_i \tag{4.10}$$

这里从 $X_{1i}$ 到 $X_{19i}$ 的 19 个指示变量标识了每一个区块对（blocking pair），如果观测值在排序列表中属于最开始两个学校，$X_{1i}$ 取值为 1，其他情况则取值 0。用来标识第二十对观测值的指示变量在模型中被省略了，因为这个省略的匹配对的截距使用常数项 $a$ 来表示。

区块划分带来的统计优势，取决于用来生成区块的协变量的预后质量（prognostic quality）。在这个例子中，区块划分结果对精度有实质性的改善，因为前测可以较好地预测结果。在使用均值差估计量分析区块随机数据时，ATE 的估计值是 4.0，标准误是 1.35。如果协变量是结果的弱预测变量，区块划分对精度的改善程度很小。例如，如果我们使用有"杂音"的前测作为构建区块的基础，并重

① 参见 Bruhn and McKenzie（2009）。另一个区块划分的潜在缺点是，使实施实验的人很容易预期干预分配并破坏它；参见 Hewitt and Torgerson（2006）。

实地实验：设计、分析与解释

复进行区块划分，精度的改善就不明显了：标准误是 3.18。

　　图 4-2 比较了在三个实验设计下均值差估计量的抽样分布：完全随机分配、使用强预后前测的区块随机分配、使用有"杂音"的前测的区块随机分配。图形 113 说明了区块划分的主要优点。通过排除产生古怪结果的许多随机分配，区块划分缩小了抽样分布。当使用较少预后性的协变量来形成区块时，区块划分的优势就减少了。尽管有"杂音"的前测可以预测 50% 的 $Y_i(0)$ 方差，但许多有同样"杂音"的前测得分的观测值其实具有非常不同的潜在结果。如果实施一个较弱的前测，其分值除了随机噪声以外什么信息都没有，区块随机化仍可产生与完全随机化一样的抽样变异性。

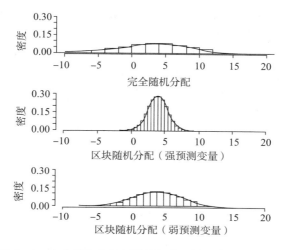

**图 4-2　完全随机化与区块随机化设计的抽样分布比较**

　　就精度来说，如果我们使用回归调整协变量作为替代选择，区块划分的优势并没有那么明显。与区块划分类似，协变量调整控制了前测分数的差异。与使用 114 回归来控制协变量相比，区块划分的优势在于，消除了干预与形成区块协变量之间随机发生的相关性。样本越小，区块的优势就越大。对干预组和控制组观测值均超过 100 的实验来说，区块随机化设计与使用回归控制协变量的完全随机化设计，在精度上并没有明显的差异。[①]

　　在我们正在用的这个例子中，每个实验组中只有 20 个观测值，因此区块划分的优势非常明显。假如不用区块划分，而是实施一项完全随机分配，用回归来控制每一对排序后的前测分值，干预效应估计值的均值为 4.00，标准误为 2.05。由于上述共线性惩罚，协变量调整无法取得与区块划分同样的精度，即估计值的标准误为 1.35。然而，相对于均值差估计量的标准误 4.77 来说，协变量调整对精度的改善还是明显的。

---

　　① 参见 Rosenberger and Lachin（2002）。某些计算使用二项分布（binomial distribution）来说明协变量不平衡和由此导致的共线性惩罚，将如何随着样本增加而减少。回忆一下，之前有 10 个男性被试和 10 个女性被试的例子，他们中有一半被随机分配到干预组，这里随机分配产生包括小于等于 8 个男性或者大于等于 12 个男性的干预组的概率是 0.503。如果我们的样本规模增加到 100 个男性和 100 个女性，那么产生包括小于等于 80 个男性或大于等于 120 个男性的干预组的概率仅为 0.006。

关于这部分讨论的实践意义总结如下：

（1）如果研究者找到了能够预测结果的协变量，那么划分区块是减少抽样变异性的有用的设计工具。如果使用均值差估计，区块随机化能够产生比完全随机化更精确的估计值。在观测值大于 100 的样本中，区块划分相对于基于协变量调整回归的优势并不明显。在小样本中，尤其是在 $N < 20$ 的样本中，区块划分比协变量调整多了两个优势：区块划分可以改善精度，均值差估计量可以保持无偏性，而回归可能是有偏的。

（2）区块划分的另一个优势是，使那些协变量最有可能预测结果的预先信念对研究者变得透明。这种区块划分的方式还可以为分析实验数据提供精确的模板。

（3）通过消除区块划分协变量与干预分配之间的相关性，区块划分可以回避调整或不调整估计值产生的解释问题。

（4）如果使用随机推断来检验基于区块随机化数据的精确零假设，模拟的随机化必须在区块中进行。在模拟随机化时，必须一直遵循最初的实施程序。

（5）当划分的各个区块在平均潜在结果上没有明显差异时，区块划分对于精度的改善有限。如果形成区块的协变量缺乏预测价值，区块随机分配下 ATE 估计值的抽样分布与完全随机分配下的相比，并没有什么差异。

---

**专栏 4.3**

### 基于随机化的推断与大样本近似

第 3 章与第 4 章提出了一套基于随机化的推断框架，用于假设检验以及建立置信区间。这种方法具有三个有吸引力的特征：（1）这种方法是直接从随机分配程序中产生的，很容易进行改造以适应区块或者整群设计；（2）可以适用于一系列估计问题；（3）当计算某些关键数值时，不依赖于抽样分布形态的假设。

尽管随机推断具有一些优点，但社会科学家很少使用基于随机化的方法，而更倾向于使用基于回归方法报告标准误的正态近似（normal approximation）来进行假设检验和建立置信区间。在简单和完全随机分配下，回归软件报告的数值与通过随机化方法得到的非常接近。当样本很大或者回归方程的扰动项服从正态分布时，通过回归方法得到的假设检验及置信区间与通过随机推断得到的基本一致。当这些条件均不满足时，回归方法对抽样分布形态的假定可能产生误导性结果。在同等条件下，如果对区块随机化设计使用加权最小二乘法，可以发现随机推断与回归得到的置信区间非常相近。在整群分配下，回归产生的假设检验及置信区间与随机推断的很相似，只要整群数量很大，并且用回归软件来计算"稳健聚类"标准误。这种标准误假定扰动项在整群之间是独立的，但在整群内则有可能相关。总之，在不变干预效应的假定下，回归是一种进行假设检验和建立置信区间的方便途径。但是回归对抽样分布形态的假定也有可能失效，尤其是在观测值数量（或者整群数量）非常小的时候。

## 4.5 区块间干预概率不同情况下的区块随机实验分析

在教师激励实验中进行区块划分时，我们采用了这样一种方案，将每一对学校中的其中一个分配到干预组。这种设计意味着被分配到干预组的概率在对与对之间是相等的。如果我们建立 4 个区块，每个区块包括 5 个学校，然后将每个区块的 3 个学校分配到干预组，情况也将一样。当不同区块之间的干预概率相等时，估计就变得非常简单：比较干预组的平均结果与控制组的平均结果。

正如在第 3 章中强调的那样，当区块与区块之间被分配到干预组的概率不同时，估计方法就变得更复杂。例如，假定我们需要按照前测分数将教师激励实验中的 40 个学校划分为 2 个区块。前测分数最低的 24 个学校被划分为一个区块，剩下的 16 个学校构成另一个区块。假定我们将低分数中的 16 个学校分配到干预组，剩下 8 个作为控制组。在高分数学校中，我们随机分配 4 个学校进入干预组，剩下的 12 个作为控制组。在第一个区块中，干预概率是 2/3，而在第二个区块中，概率变成了 1/4。如果在没有控制区块的情况下比较干预组与控制组，那么估计量就会是有偏的。干预组中的 20 个学校的期望结果是 29.2，控制组中的 20 个学校的期望结果是 35.3。尽管真实的 ATE 是 4.0，但由均值差比较得到的 ATE 估计值，平均来说竟然是 -6.1！在本例中，将不同区块的观测值进行混合会导致严重的偏误，因为干预分配与测试分数相关。由于这种设计，具有较高分数的学校接受干预的可能性较小。

由于被试的随机分配是在区块内部进行的，因此估计 ATE 的合适方法是在每个区块内进行被试比较，而不是跨区块进行比较。低分数区块中 24 个学校的 ATE 是 3.625。高分数区块中 16 个学校的 ATE 是 4.562 5。为了得到整体的 ATE，我们需要计算 2 个 ATE 的加权平均值，权重为每个区块在总样本中的比例。如果使用真实数据来估计样本平均干预效应，可以使用式（3.10）中的估计量。假定每个区块 ATE 的估计值分别是 3.625 和 4.562 5：

$$\left(\frac{N_{Low}}{N}\right)\widehat{ATE}_{Low} + \left(\frac{N_{High}}{N}\right)\widehat{ATE}_{High} = \frac{24}{40}\times 3.625 + \frac{16}{40}\times 4.562\ 5 = 4$$

$$(4.11)$$

式（3.10）的估计量可以使用回归实现，对每个观测值加权。每一个被干预观测值的权重为所在区块中被试被分配到干预条件下比例的倒数。对控制组被试来说，权重是所在区块中被试被分配到控制条件下比例的倒数。为了简洁地表示这些权重，将 $p_{ij} \equiv m_j/N_j$ 定义为区块 $j$ 中的被试 $i$ 被分配到干预状态的概率，对每个观测值加权：

$$w_{ij} \equiv \left(\frac{1}{p_{ij}}\right)d_i + \left(\frac{1}{1-p_{ij}}\right)(1-d_i) = \frac{d_i}{p_{ij}} + \frac{1-d_i}{1-p_{ij}}$$

$$(4.12)$$

在大多数回归软件中，用户很容易使用如 $w_{ij}$ 这样的权重。参见本章练习题 9 中的详细例子。

使用回归来实现式（3.10）中的估计量的一个理由是，我们很容易扩展模型来控制更多的协变量。例如，研究者可能基于随机分配时已拥有的信息对学校进行区块划分，然后再控制稍后得到的协变量。回到表 4-1 中呈现的典型例子。假设研究者基于学生主体是印度教徒、穆斯林还是锡克教徒对学校进行区块划分。在每个区块中随机分配的概率不同。稍后，研究者得到每个学校的前测分数。表 4-2 报告了每个学校的随机分配。在印度教学生占主体的区块中，干预分配的概率是 0.6，因此 10 个控制组学校的权重是 $1/(1-0.6)=2.5$，15 个干预组学校的权重是 $1/0.6=1.67$。在穆斯林占主体的区块中，干预分配的概率是 0.5，因此 5 个控制组学校的权重是 $1/(1-0.5)=2$，5 个干预组学校的权重也是 $1/(1-0.5)=2$。最后，在锡克教占主体的区块中，干预分配概率为 0.4，因此 3 个控制组学校的权重是 $1/(1-0.4)=1.67$，2 个干预组学校的权重是 $1/0.4=2.5$。注意：（1）在每个区块中，干预组加权后的 $N$ 等于控制组加权后的 $N$（因此干预的加权概率是 0.5）；（2）干预组权重之和为 $N$，控制组权重之和为 $N$。

这些加权后观测值的回归模型如下：

$$Y_i = a + bd_i + cX_i + u_i \tag{4.13}$$

这里的 $d_i$ 是干预指示变量，$X_i$ 是有"杂音"的前测（这个变量在表 4-2 中被标识为 $X\_weak_i$）。使用表 4-2 中观测到的结果，用加权最小二乘法回归产生的 ATE 估计值为 3.925。这种关系可以通过散点图来形象表示，如图 4-3 所示：$X$ 轴表示从 $d_i$ 对 $X_i$ 的加权回归得到的残差。$Y$ 轴表示从 $Y_i$ 对 $X_i$ 的加权回归得到的残差。这幅图使用不同大小的圆圈来表示每个被试的权重。回归线的斜率是 3.925，为了建立完整的潜在结果一览表，假定存在一个不变效应 3.935。在进行 100 000 次模拟随机分配后，我们得到 $\widehat{\text{ATE}}$ 的 95% 置信区间，从 -2.75 到 10.67。当我们生成潜在结果的完整一览表时，提出无干预效应的精确零假设，我们发现 13.3% 的模拟随机分配大于 3.925，意味着 $p$ 值是 0.13。

118　表 4-2　　　　　　　　　教师激励实验中的区块随机分配

| 观测值 | $Y_i$ | $d_i$ | $X\_weak_i$ | 区块 | 概率 | 权重* |
|---|---|---|---|---|---|---|
| 1 | 5 | 0 | 25 | 1：印度教徒占主体 | 0.6 | 2.5 |
| 2 | 15 | 1 | 12 | 1：印度教徒占主体 | 0.6 | 1.667 |
| 3 | 6 | 0 | 25 | 1：印度教徒占主体 | 0.6 | 2.5 |
| 4 | 19 | 1 | 27 | 1：印度教徒占主体 | 0.6 | 1.667 |
| 5 | 10 | 1 | 10 | 1：印度教徒占主体 | 0.6 | 2.5 |
| 6 | 11 | 0 | 24 | 3：锡克教徒占主体 | 0.4 | 1.667 |
| 7 | 24 | 1 | 21 | 1：印度教徒占主体 | 0.6 | 1.667 |
| 8 | 11 | 1 | 25 | 1：印度教徒占主体 | 0.6 | 1.667 |
| 9 | 16 | 1 | 35 | 1：印度教徒占主体 | 0.6 | 1.667 |

| 观测值 | $Y_i$ | $d_i$ | $X\_weak_i$ | 区块 | 概率 | 权重* |
|---|---|---|---|---|---|---|
| 10 | 25 | 1 | 28 | 1：印度教徒占主体 | 0.6 | 1.667 |
| 11 | 18 | 1 | 41 | 1：印度教徒占主体 | 0.6 | 1.667 |
| 12 | 20 | 0 | 38 | 3：锡克教徒占主体 | 0.4 | 1.667 |
| 13 | 20 | 0 | 30 | 1：印度教徒占主体 | 0.6 | 2.5 |
| 14 | 24 | 1 | 20 | 1：印度教徒占主体 | 0.6 | 1.667 |
| 15 | 24 | 0 | 24 | 1：印度教徒占主体 | 0.6 | 2.5 |
| 16 | 26 | 1 | 26 | 1：印度教徒占主体 | 0.6 | 1.667 |
| 17 | 30 | 1 | 22 | 1：印度教徒占主体 | 0.6 | 1.667 |
| 18 | 27 | 0 | 34 | 1：印度教徒占主体 | 0.6 | 2.5 |
| 19 | 43 | 1 | 37 | 3：锡克教徒占主体 | 0.4 | 2.5 |
| 20 | 32 | 0 | 21 | 3：锡克教徒占主体 | 0.4 | 1.667 |
| 21 | 32 | 0 | 40 | 1：印度教徒占主体 | 0.6 | 2.5 |
| 22 | 27 | 1 | 34 | 1：印度教徒占主体 | 0.6 | 1.667 |
| 23 | 32 | 0 | 36 | 1：印度教徒占主体 | 0.6 | 2.5 |
| 24 | 37 | 1 | 37 | 2：穆斯林占主体 | 0.5 | 2 |
| 25 | 35 | 0 | 48 | 2：穆斯林占主体 | 0.5 | 2 |
| 26 | 39 | 1 | 46 | 3：锡克教徒占主体 | 0.4 | 2.5 |
| 27 | 42 | 1 | 25 | 1：印度教徒占主体 | 0.6 | 1.667 |
| 28 | 37 | 1 | 21 | 1：印度教徒占主体 | 0.6 | 1.667 |
| 29 | 41 | 0 | 19 | 1：印度教徒占主体 | 0.6 | 2.5 |
| 30 | 42 | 0 | 44 | 2：穆斯林占主体 | 0.5 | 2 |
| 31 | 51 | 1 | 50 | 2：穆斯林占主体 | 0.5 | 2 |
| 32 | 44 | 0 | 48 | 2：穆斯林占主体 | 0.5 | 2 |
| 33 | 45 | 0 | 46 | 1：印度教徒占主体 | 0.6 | 2.5 |
| 34 | 49 | 1 | 47 | 1：印度教徒占主体 | 0.6 | 1.667 |
| 35 | 48 | 1 | 47 | 1：印度教徒占主体 | 0.6 | 1.667 |
| 36 | 52 | 1 | 39 | 2：穆斯林占主体 | 0.5 | 2 |
| 37 | 52 | 0 | 50 | 2：穆斯林占主体 | 0.5 | 2 |
| 38 | 52 | 1 | 46 | 2：穆斯林占主体 | 0.5 | 2 |
| 39 | 55 | 1 | 54 | 2：穆斯林占主体 | 0.5 | 2 |
| 40 | 62 | 0 | 42 | 2：穆斯林占主体 | 0.5 | 2 |

* 权重依据随机分配而不同。$\Pr(D=1 \mid Block=1)=15/25=0.6$；$\Pr(D=1 \mid Block=2)=5/10=0.5$；$\Pr(D=1 \mid Block=3)=2/5=0.4$。

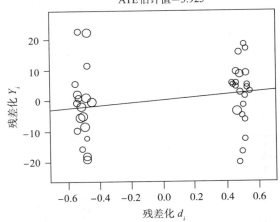

**图 4-3** $d_i$ 向 $X\_weak_i$ 以及 $Y_i$ 向 $X\_weak_i$ 加权回归的残差散点图

**估计值 ATE＝3.925；圆圈的大小反映每个观测值的权重**

　　当实验中采用区块划分时，这种加权方法会导致一种用回归估计 ATE 的微妙问题。一种常见的估计方法是使用未加权回归：研究者常常将结果对干预回归，并控制一系列表示每个区块的哑变量。在每个区块的 ATE 估计值使用 $(N_j/N)P_j$ $(1-P_j)$ 进行加权后，这种未加权回归等价于加权回归。这里的 $N_j/N$ 表示区块 $j$ 占总样本的份额。$P_j$ 指的是在区块 $j$ 中被分配到干预组的被试所占的比例。[1] 当被分配到干预组的概率 $P_j(1-P_j)$ 在区块间保持不变时。回归和式（3.10）中的加权平均估计量得到的结果相同。当这种条件不能满足时，这两种估计量会得到不同的结果。在我们的例子中，$P_j(1-P_j)$，对三个区块来说是相似的（区块 1 和 3 是 6/25，区块 2 是 1/4），因此，平均来说回归的估计量是 3.96，与 ATE 接近。如果你准备假定所有被试干预效应相同，使用含有哑变量的回归就是合理的；在那种情况下，你要做的是使用估计干预效应的精度对每个区块加权。

　　不管是使用加权回归还是使用有区块指示变量的回归来控制区块，关键原则都是在区块内而不是区块间比较干预组和控制组。当不同区块中的干预分配概率不同时，同样的原则也适用于描述协变量平衡的统计量。干预组与控制组的平均值仅仅在每个区块内呈现时才有意义。换句话说，在呈现干预组与控制组的统计描述时，应当细分表格以便分别呈现每个区块的结果。[2] 这个原则也适用于说明干预组与控制组结果分布的图形。如果区块数量较小，这种图形应当分别描绘每个区块的相互关系。如果有大量的区块，使用式（4.12）对观测值加权，然后用较大的符号来表示权重较大的观测值。

---

　　① 每个权重通过除以所有权重之和进行了标准化：标准化权重之和等于 1。对这一点更详细的说明参见 Humphreys（2009）。

　　② 如果区块数量很多，按照区块逐个列表就会变得很烦琐。这时可使用式（4.12）中定义的 $w_{ij}$ 对干预组和控制组中的每个观测值加权，呈现每个协变量的加权平均值。

### 显示简单与完全随机分配下 ATE 的协变量调整估计值

为了描述回归模型包括协变量时 ATE 的回归估计值，执行以下步骤：

（1）将 $d_i$ 对所有协变量进行回归，然后计算每个观测值的残差。将这种残差命名为 $e_{di}$。

（2）将 $Y_i$ 对协变量进行回归（不包括 $d_i$），然后计算每个观测值的残差，将这种残差命名为 $e_{Yi}$。

（3）画出 $e_{di}$ 和 $e_{Yi}$ 的值，将 $e_{di}$ 放在 $X$ 轴而将 $e_{Yi}$ 放在 $Y$ 轴。

将 $e_{Yi}$ 对 $e_{di}$ 进行回归，并核实以保证采取了正确的步骤；这种回归产生的 ATE 估计值与将 $Y_i$ 对 $d_i$ 和协变量回归得到的值相同。

### 显示区块随机分配下 ATE 的协变量调整估计值

按照同样的三个步骤，但在执行步骤（1）和（2）时，使用式（4.12）中的权重进行加权回归。在步骤（3）使用圆圈描绘每个观测值时，圆圈的大小要反映每个观测值的权重。参见图 4-3 以及在线附录 http：//isps. yale. edu/FEDAI 中有注释的例子。

### 受限随机分配

有时由于时间限制，在开展实地实验时不能进行区块划分。如果使用完全随机分配，研究者可以快速地近似划分区块，先进行平衡测试，如果平衡准则不能满足（即在使用某个回归的 F 统计量去检验没有协变量能预测干预分配的零假设时，得到一个小于 0.05 的 $p$ 值），就重新进行随机化。这种"捉了又放"（catch-and-release）的规则能够产生具有相似协变量特征的随机分配组。

在使用这种受限随机分配时，记得在分析你的实验结果时要进行两种调整。第一，如果你的干预组与控制组大小不同，随机分配程序会导致不同被试被分配到干预组的概率也不同。例如，具有非常特殊的协变量特征的被试，被分配到两个实验组中较小一组的可能性也较小，因为他们在被分配组中出现，可能导致潜在结果分配不能通过平衡检验。为了得到 ATE 的无偏估计值，你必须用权重 $w_i$ 对观测值加权，即被分配到可观测实验组概率的倒数。这些权重是通过模拟大量随机分配，并列表显示每个被试被随机分配到干预或控制条件下的比例来估计的。第二，在进行随机推断时，你必须排除任何会导致平衡测试失败的随机分配。详细记录这种拒绝规则非常重要，以便随机化检验能精确复制可允许随机化的集合。参见本章练习题 5 如何估计 ATE 以及在受限随机化条件下进行假设检验的例子。

## 小　结

通过明智地使用协变量，实验研究者可以改善平均干预效应估计值的精度。有时这种改善很显著，相当于显著增加观测值数量。但挑战性在于使用协变量必须依据一定的原则，因为任何精度上的收益都可能被引入潜在偏误的程序所抵消。协变量应该从随机干预前的一系列变量中进行选择。在理想的情况下，研究者希望控制的特定协变量应该在看到实验结果之前就指定；否则，选择性使用协变量，会导致对研究者是否刻意将估计值导向某种特定结果的怀疑。在这方面，区块随机分配设计尤其具有吸引力。虽然与完全随机化实验下进行事后回归调整相比，区块划分产生的精度收益相对较小，但是区块划分的好处在于，它能够体现对预后性变量的事前预期以及某个可被用于估计干预效应的特定模型。如果区块之间的干预分配概率不同，确保分析数据时考虑到这一设计特征；此外，如果干预概率与潜在结果相关，比较干预组与控制组的未加权结果可能会导致严重偏误。

对受到严格预算约束的实验研究者来说，协变量具有特别的价值。充分提升一项实验的精度需要额外的努力加上独创性（ingenuity）。研究者应当注意寻找那些容易获取大量背景信息的目标总体。例如，瑞典政府给研究者提供了非常详细的公民信息，包括学校记录、工作历史以及健康记录。研究者在进行调查研究或者社会网分析时，能够拥有丰富的个体数据，这些个体以后可能成为某项实验干预的被试。发行信用卡或者打折卡的企业有时也拥有关于消费者购买行为的详细信息。基于这些数据库的实验一开始就拥有了丰富的预后协变量。①

协变量也可被用于发现管理中的错误。在搜集和处理原始数据时不可避免地会犯错，随机分配的一个优点就是它能够建立定义良好的统计模式，因此可以在协变量的帮助下发现这种模式。没有任何检测错误的方法是万无一失的，当协变量与干预分配强烈相关时，研究者应当对分配观测值到实验组的程序进行仔细的评估。

将协变量混入实验数据分析中的危险在于，要对协变量进行因果解释。研究论文的作者对其呈现的所有回归系数进行因果解释并不少见，包括前测分数、区块划分指示变量，以及其他并非随机分配因素的回归系数。对这些系数进行因果阐释与实验方法并不相符，实验方法使用随机分配来建立一系列可辩护的因果陈述。如果没有较强的实质性假定，与协变量相关的系数是难以解释的。某个实验分析中包括的协变量集并不能涵盖所有影响结果的因素；如果实验目标是测量随机干预的平均干预效应，那些被排除在外或测量不佳的因素就并非偏误的来源。然而，如果目标是对协变量效应做出因果推断，遗漏变量与测量不准都可能导致严重的偏误。对协变量进行因果解释，会遇到所有与观测性数据分析一样的威胁。

---

① 在探测异质性干预效应时，这些协变量是很有价值的，这个主题我们将在第9章中讨论。

实地实验：设计、分析与解释

对回归方法机理的简明介绍，参见 Freedman，Pisani and Purves（2007），更技术性的细节，参见 Angrist and Pischke（2009）。Freedman（2008）对使用回归调整协变量进行了批评，但 Schochet（2010）以及 Green and Aronow（2011）认为除非样本量非常小，否则回归也能产生近似无偏（approximately unbiased）的估计值。用来检查平衡性的随机推断在 Hansen and Bowers（2008）中进行了讨论。Lock（2011）讨论了受限随机化的性质与缺点。Humphreys（2009）讨论了如何使用未加权回归对区块分配概率不同的区块随机实验进行分析。Wooldridge（2002）讨论了聚类情况下的回归标准误的校正方法。

## ☐ 练习题：第4章

参见 http：//isps．yale．edu/FEDAI 中实现随机推断的数据和软件程序。

1. 重要概念：

（a）定义"协变量"。解释为什么协变量（至少在原则上）要在将被试随机分配到干预组与控制组之前进行测量。

（b）定义"扰动项"。

（c）在式（4.2）中，我们演示了通过减去一个前测来重新调节结果，可以得到 ATE 的无偏估计值。假如不是减去前测 $X_i$，而是减去一项重新调节的前测 $cX_i$，这里的 $c$ 是一些为正的常数。说明这种程序能够产生 ATE 的无偏估计值。

（d）说明式（4.7）中的参数 $b$ 等同于 ATE。

2. 某位研究者对以色列的小学生进行研究，希望改善学生解决逻辑难题的能力。[1] 干预组和控制组中的学生首先参加电脑测试，记录下正确解答的难题数量。*124* 几天以后，被分配到控制组的学生被要求在电脑上玩 30 分钟游戏来改善他们解决难题的技能。在同样的时间长度内，干预组学生接受某个教师的培训，来了解一些解决逻辑难题的经验规则。然后所有被试都参加电脑实施的后测，记录正确解决难题的数量。下面的表格显示了每个被试的结果。

| 被试 | $d_i$ | 前测 | 后测 | 改善 |
|------|-------|------|------|------|
| 1 | 1 | 10 | 10 | 0 |
| 2 | 1 | 9 | 11 | 2 |
| 3 | 1 | 5 | 6 | 1 |
| 4 | 1 | 3 | 6 | 3 |
| 5 | 1 | 3 | 6 | 3 |
| 6 | 1 | 6 | 7 | 1 |
| 7 | 1 | 6 | 7 | 1 |

---

[1] 丹·詹德勒曼（Dan Gendelman）2004 年进行了这项研究，并通过个人通信与我们分享了相关信息。

| 被试 | $d_i$ | 前测 | 后测 | 改善 |
|---|---|---|---|---|
| 8 | 1 | 5 | 6 | 1 |
| 9 | 1 | 6 | 7 | 1 |
| 10 | 0 | 9 | 9 | 0 |
| 11 | 0 | 6 | 7 | 1 |
| 12 | 0 | 11 | 10 | −1 |
| 13 | 0 | 4 | 5 | 1 |
| 14 | 0 | 3 | 3 | 0 |
| 15 | 0 | 10 | 10 | 0 |
| 16 | 0 | 7 | 8 | 1 |
| 17 | 0 | 7 | 7 | 0 |
| 18 | 0 | 8 | 10 | 2 |

（a）作为一种随机检查，使用随机推断来检验前测分数不受干预分配影响的零假设。

（b）使用均值差估计量来估计干预对后测分数的影响，并建立一个95%的置信区间。

（c）使用双重差分估计量来估计干预对后测分数的影响，建立一个95%的置信区间，并将其与（b）部分的区间进行比较。

3. 下表说明了当研究者自主决定报告哪些结果给读者时产生的问题。假设一个给定干预的真实ATE是1.0。表格报告了9个实验的ATE估计值，每个实验涉及大约200个被试。每个研究都产生2个估计值，一个基于均值差方法，另一个基于控制协变量的回归方法。原则上，2个估计量都能够产生无偏估计值，协变量调整在精度上要稍高一点。假设研究者使用以下决策规则来实施每项研究："使用两种估计量来估计ATE，并报告估计值更大的那一个。"在这种报告策略下，报告的估计值是无偏的吗？为什么？

| 研究 | 无协变量 | 有协变量 |
|---|---|---|
| 1 | 5 | 4 |
| 2 | 3 | 3 |
| 3 | 2 | 2 |
| 4 | 6 | 5 |
| 5 | 1 | 1 |
| 6 | 0 | 0 |
| 7 | −3 | −1 |

| 研究 | 无协变量 | 有协变量 |
|---|---|---|
| 8 | −5 | −4 |
| 9 | 0 | −1 |
| 平均值 | 1.00 | 1.00 |
| 标准差 | 3.54 | 2.83 |

4. 表 4-1 中包括表示干预分配 $d_i$ 的一列，即采用完全随机分配将 20 个学校分配到干预组，将 20 个学校分配到控制组。

（a）基于这些分配的干预，使用式（2.2）生成观测到的结果。将 $Y_i$ 对 $d_i$ 进行回归并解释斜率和截距的含义。斜率估计值与基于均值差方法得到的 ATE 估计值是一样的吗？

（b）将干预与未干预结果对 $X_i$ 进行回归，观测式（4.6）中的条件是否得到满足。你对将因变量重新调节，以使结果是一个变化得分（即 $Y_i - X_i$）的合理性怎么理解？

（c）将 $Y_i$ 对 $d_i$ 和 $X_i$ 回归。解释回归系数，把这些结果与 $Y_i$ 对 $d_i$ 单独回归得到的系数进行比较。

（d）对从（a）部分得到的估计值使用随机推断（如在第 3 章中描述的那样）评估任何学校都没有效应的精确零假设。进行 100 000 次模拟随机分配，以便获得精确零假设下的抽样分布，对每一个模拟得到的样本使用 $Y_i$ 对 $d_i$ 的回归来估计 ATE，并解释结果。

（e）对从（c）部分得到的估计值使用随机推断评估任何学校都无效应的精确零假设。进行 100 000 次模拟随机分配，以便在精确零假设下获得抽样分布，对每一个模拟得到的样本使用 $Y_i$ 对 $d_i$ 和 $X_i$ 回归估计 ATE，并解释结果。

（f）使用（a）部分中的 ATE 估计值建立所有学校的完整潜在结果一览表，假定每个学校干预效应相同。使用这个模拟潜在结果表，按照下面的方法，建立样本平均干预效应的 95％ 置信区间。首先，将每个被试随机分配到干预组或控制组；其次，通过一个 $Y_i$ 对 $d_i$ 的回归来估计 ATE。重复这个过程直到获得 100 000 个 ATE 估计值。将估计值从最小到最大排序。将第 2 500 个估计值标记为第 2.5 百分位，将第 97 501 个估计值标记为第 97.5 百分位。解释该结果。

（g）使用（c）部分中的 ATE 估计值建立所有学校的完整潜在结果一览表，假定每个学校干预效应相同。使用这个模拟潜在结果表，通过一个 $Y_i$ 对 $d_i$ 和 $X_i$ 的回归估计样本平均干预效应，并模拟这种效应的 95％ 置信区间。解释结果。这个置信区间比问题（f）中获得的区间更窄吗？

5. 把那些协变量平衡不足的分配从所有可能随机分配集合中排除，就得到所谓"受限"随机分配。例如，按照这种限制，把 $d_i$ 对 $X_i$（即前测）进行回归产生一个 $p$ 值大于 0.05 的 $F$ 统计量，来实施表格 4-1 中的干预分配（$d_i$）。换句话说，研究者发现分配 $d_i$ 可以被 $X_i$ 显著地预测，就可以再次实施随机分配直到 $d_i$ 符合这一准则。

*126*

（a）进行一系列随机分配来计算加权变量 $w_i$；对干预组单位来说，这个权重被定义为被分配到干预组概率的倒数，对控制组单位来说，这个权重被定义为被分配到控制组概率的倒数。参见表 4 - 2 中的例子。$w_i$ 在干预组内或控制组内是不同的吗？

（b）使用随机推断来检验精确零假设，即通过 $Y_i$ 向 $d_i$ 的回归发现 $d_i$ 对于 $Y_i$ 没有效应，并且比较零假设下的抽样分布估计值。确保你的抽样分布只包括满足上面限制的随机分配。如果干预概率在被试之间不同，可以将每个观测值用 $w_i$ 加权后再来估计 ATE。计算 $p$ 值并解释结果。

（c）使用随机推断检验精确零假设，即通过 $Y_i$ 向 $d_i$ 和 $X_i$ 的（如果有必要，用 $w_i$ 对观测值加权）回归发现 $d_i$ 对于 $Y_i$ 没有效应，并且比较零假设下抽样分布的估计值。计算 $p$ 值并解释结果。

（d）将（b）和（c）部分零假设下的抽样分布与练习题 4 的（d）和（e）部分中的抽样分布进行比较，后两者假定随机分配并未受限。

6. 一种练习实验设计技能的方式是，对现有非实验数据集进行模拟随机分配。在这种练习中，现有数据集被实验研究者当成准备进行随机干预前搜集的基线数据。这里分析的真实数据来自一项对俄罗斯村民的面板研究。[1] 1995 年，一些从俄罗斯农村地区被随机选择的村民接受了访问，随后在 1996 年和 1997 年再次接受了访问。我们关注的是在所有三次调查中都接受访问的 462 位受访者，他们回答了关于收入、教堂隶属以及对国家现状的评价。（例如，俄罗斯目前情况怎么样？）假想在 1996 年调查后进行了一项实验干预，1997 年调查中对国家的评价则被当成感兴趣的实验结果。数据集可以在 http：//isps. yale. edu/FEDAI 中找到，包括以下可用于划分区块的干预前协变量：性别、教堂隶属、社会阶层以及受访者对 1995 年和 1996 年国家状况的评价。如同设计你自己的实验那样，假想 1997 年"干预后"的国家状况评价是未知的。

（a）一种判断哪些变量最有可能预测 1997 年干预后国家状况评价的方法，是将 1996 年国家状况评价对性别、教堂隶属、社会阶层以及 1995 年的评价进行回归。这些变量中哪些最有可能预测 1996 年的国家状况评价？这个回归中的 $R^2$ 代表什么？

（b）假如你要设计一个区块随机分配来预测 1997 年的评价，使用 R 软件中的 blockTools 程序（代码实例，参见 http：//isps. yale. edu/FEDAI）基于性别、教堂隶属、社会阶层以及 1996 年的评价等协变量来实施区块随机分配，你自己决定每个区块中的被试数量。比较干预组与控制组来核实区块划分是否产生具有同样性别、教堂隶属、社会阶层以及 1996 年评价特征的实验组。

（c）假设你想评估你的区块划分是否能够提高干预效应估计的精度。当然，在这种情况下并没有真正实施干预，但假想在 1996 年调查之后不久，针对半数受访者随机实施了一项干预。（在这个例子中，无效应的精确零假设已知为真！）这个假想实验中的结果是 1997 年对国家状况的评价。比较完全随机分配下干预效应估

① O'Brien and Patsiorkovski，1999.

计值的抽样分布（应当以零为中心）与区块随机分配下干预效应估计值的抽样分布。

（d）计算完全随机分配下干预效应估计值的抽样分布，使用回归来控制形成区块的各种变量，并且将其与区块随机分配下干预效应估计值的分布结果比较。与协变量调整方法相比，区块划分在精度上产生了明显效果吗？

7. 使用区块随机分配时，研究者可能关心形成区块的变量是否真的能预测结果。考虑区块是随机形成的这样一种情形，换句话说，构成区块的变量并没有任何预后价值。下面是 4 个观测值的潜在结果一览表。

| 被试 | $Y(0)$ | $Y(1)$ |
| --- | --- | --- |
| A | 1 | 2 |
| B | 0 | 3 |
| C | 2 | 2 |
| D | 5 | 5 |

（a）假设你使用完全随机分配将 $m=2$ 个单位分配到干预状态。在所有 6 个可能的随机分配中，均值差估计量的抽样方差是多少？

（b）假设你把观测值进行随机配对来构成区块。在每一对中，随机将一个被试分配到干预组，将另一个分配到控制组，因此有 $m=2$ 个单位被分配到干预条件。这里有 3 种可能的划分区块方案；对每一种方案，有 4 种可能的随机分配。在所有 12 种可能随机分配中均值差估计量的抽样方差是多少？

（c）在以下例子中，你如何判断使用非预后协变量进行区块划分的风险？

8. 研究者有时会根据名单随机分配被试，随后发现这些名单有重复条目。假设某个筹款实验将 1 000 个名字中的 500 个随机分配到干预组，这些人将被邀请参加慈善捐款。然而，随后发现有 600 个名字只出现一次，有 200 个名字出现了两次。在邀请函被寄出之前，重复的邀请函被丢弃了，因此并没有人收到两份邀请函。

（a）在最初名单中，名字出现一次的人被分配到干预组的概率是多少？名字出现两次的人被分配到干预组的概率是多少？

（b）在最初名单中那 800 个只出现了一次的名字，预期将有多少被分配到干预组和控制组？

（c）为了获得 ATE 的无偏估计值，应该使用什么估计程序？

9. 格伯（Gerber）和格林（Green）进行了一项动员实验，实验利用一个大型商业电话呼叫中心拨打艾奥瓦州与密歇根州选民的电话，督促他们在 2002 年 11 月大选中参与投票。[①] 随机分配分为 4 个区块进行：艾奥瓦州无竞争性国会选区、艾奥瓦州竞争性国会选区、密歇根州无竞争性国会选区以及密歇根州竞争性国会选区。表 4-3 只展示了包含一个选民住户的结果，以避免整群分配导致的复杂问题。

（a）在 4 个区块的每个区块中，呼叫中心拨打电话对投票率有什么明显的效果？

---

① Gerber and Green，2005.

**表4-3  艾奥瓦与密歇根选民动员实验数据**

| | 区块1：艾奥瓦州无竞争性国会选区 | | 区块2：艾奥瓦州竞争性国会选区 | | 区块3：密歇根州无竞争性国会选区 | | 区块4：密歇根州竞争性国会选区 | | 合计 | |
|---|---|---|---|---|---|---|---|---|---|---|
| | 控制 | 干预 | 控制 | 干预 | 控制 | 干预 | 控制 | 干预 | 控制 | 干预 |
| 投票（%） | 48.34 | 49.30 | 56.57 | 55.79 | 43.62 | 42.26 | 48.24 | 49.07 | 46.54 | 48.97 |
| N | 39 618 | 6 935 | 136 074 | 7 007 | 581 919 | 7 548 | 154 385 | 7 229 | 911 996 | 28 719 |
| N 合计 | 46 553 | | 143 081 | | 589 467 | | 161 614 | | 940 715 | |
| 每个区块占 N 合计的份额（$W_j$） | 0.049 487 | | 0.152 098 1 | | 0.626 616 | | 0.171 799 | | | |
| ATE 估计值 | 0.009 64 | | −0.007 829 | | −0.013 62 | | 0.008 271 | | −0.007 828 | |
| SE 估计值 | 0.006 505 | | 0.006 072 5 | | 0.005 745 | | 0.006 013 | | | |
| ATE 估计值的加权平均，权数等于 $W_j$ | | | | | | | | | −0.007 828 | |
| 标准误（方差估计值加权平均的平方根，权数等于 $W_j^2 / \sum_j W_j^2$） | | | | | | | | | 0.003 870 71 | |
| 被分配到干预组被试的比例（$P_j$） | 0.148 97 | | 0.048 972 3 | | 0.012 805 | | 0.044 73 | | | |
| OLS 使用的权重：$W_j P_j (1-P_j) / \sum [W_j P_j (1-P_j)]$ | 0.219 216 | | 0.247 517 7 | | 0.276 768 | | 0.256 498 | | | |
| ATE 估计值的加权平均，权数等于 $W_j P_j (1-P_j) / \sum [W_j P_j (1-P_j)]$ | | | | | | | | | −0.001 472 823 | |
| OLS 估计值、控制区块（括号中为标准误） | | | | | | | | | −0.001 472 8 (0.003 027 3) | |

（b）如果将所有实验被试合并（参见表中的最右列），干预组的投票率似乎比控制组的高得多。解释为什么这种比较会导致 ATE 的有偏估计值。

（c）使用第 3 章中介绍的加权估计量，说明怎样才能计算出整体 ATE 的无偏估计值。

（d）在分析区块随机分配实验时，研究者常常使用回归来估计 ATE，即在每个区块中将结果对干预和指示变量回归（如果回归包括截距项，要省略一个指示变量）。这种回归估计量对分配约一半被试到干预条件的区块会赋予额外的权重（即 $P_j = 0.5$），因为这些区块内的 ATE 估计值抽样变异性较小。将 4 个 OLS 权重与（c）部分使用的权重 $w_j$ 进行比较。

（e）回归提供了一种简易方式来计算上面（c）部分中 ATE 的加权估计值。对每一个干预被试 $i$，计算同一区块中被分配到干预组的被试所占比例。对控制组被试，计算同一区块中被分配到控制组的被试所占比例。将这个变量命名为 $q_i$。将结果对干预进行回归，使用 $1/q_i$ 对每个观测值加权，并说明这种类型的加权回归与对每个区块 ATE 估计值进行加权得到的估计值一样。

10. 在第 3 章中介绍的 2003 年堪萨斯城选民动员实验是一种整群随机分配设计，分布在 28 个区域的 9 712 位选民被随机分配到干预组和控制组。[1] 这项研究包括了丰富的协变量：登记员会追溯每个选民是否参与了 1996 年选举。数据集可以从网址 http://isps.yale.edu/FEDAI 中获得。

（a）通过查看过去的投票率能否预测干预分配来评估干预组与控制组的平衡性。将干预分配对过去投票的整个集合进行回归，并记录相关的 $F$ 统计量。使用随机推断检验过去投票变量均无法预测干预分配的零假设。记住要模拟 $F$ 统计量的分布，你必须产生大量整群随机分配，并计算每个模拟分配的 $F$ 统计量。根据这项检验的 $p$ 值，判断 $F$ 统计量可否提供建议。关于干预组和控制组被试是否具有可比较的背景特征？

（b）将 2003 年的投票率（实施干预后）对实验分配和所有协变量进行回归。解释 ATE 的估计值。使用随机推断来检验精确零假设，即实验分配对任何被试的投票决策均无影响。

（c）在分析群规模不同的整群随机实验时，一种担心是均值差估计可能导致偏误。这种担心也适用于回归方法，为避免这种情况，研究者可以选择使用式（3.24）中的总和差来估计 ATE。使用这种估计量来估计 ATE。

（d）用随机推断来检验干预分配无效应的精确零假设，使用总和差估计量。

（e）总和差估计量可以产生不精确的估计值，但其精度可以通过整合协变量信息得到改善。建立一个新的结果变量，即某个被试的投票（1＝投票，0＝放弃投票）与过去所有选举平均投票率的差值。基于这个"差值"结果变量，使用总和差估计量来估计 ATE，并且检验无效应的精确零假设。

---

① Arceneaux, 2005.

## 第 5 章

# 单边不遵从

 **本章学习目标**

（1）潜在结果的扩展符号，用来区别分配的干预与实际的干预。

（2）新术语：意向干预效应（intent-to-treat effect）、遵从者（complier）与从不接受者（never-taker），以及遵从者平均因果效应（complier average causal effect）。

（3）给定实验设计时，一种用来确定能否建立和发现因果估计函数的建模方法。

（4）测量遵从者平均因果效应的估计方法，当且仅当被分配到干预组时，这些被试才接受干预。

（5）使用安慰剂（即有意使其无效的干预）的研究设计，来改善因果效应估计精度。

（6）当实验遇到单边不遵从时，发现因果效应的必要核心假定。

131　　　在前几章中，我们讨论了假定能按计划实施实验的情况下，如何设计、分析与解释实验结果。虽然有时研究者能实施这种纯粹的（pristine）实验，但经常面对的却是各种各样的实施问题：无法对分配的实验组实施干预，或无法测量所有被试的结果。实施问题对实验结果的分析和解释有着深远的影响。在接下来的几章中，我们将讨论几类最常见的实施问题。我们的目标是帮助读者理解每种问题的含义，并提供实验设计建议来避免出现实验失败或有问题的估计效应。

　　在第 5 章与第 6 章中，我们将讨论由于某些被试没有接受分配干预而产生的复杂问题。在第 5 章中，我们考虑一种被称为"单边不遵从"（one-sided noncompliance）或者"干预失败"（failure-to-treat）的情况，这种问题产生于某些被分配到干预组的被试并未实际接受干预的情形。在第 6 章，我们将考虑更复杂的情况，即"双边不遵从"（two-sided noncompliance），这种问题产生于某些被分配到干预组的被试没有接受干预，同时某些被分配到控制组的被试却接受了干预的情形。

在自然环境下进行实验，研究者有时无法对所有被分配到干预组的被试实施干预。干预失败由几种原因导致。后勤问题是一种常见的原因。对特定区域的计划干预可能因为沟通问题、人力短缺或者交通问题被中止。有时是因为很难接触到作为干预目标的被试。例如，选民动员实验中派遣游说者和登记选民讨论即将到来的选举时，常常到了之后才发现大部分被试都不在家。在其他实验中被试可能会拒绝干预。一种"鼓励设计"（encouragement design）会邀请被分配到干预组的被试参与一个研究者提供的项目。但只有一部分被邀请者会参与。例如，在一项学校选择实验中，为抽奖获胜者提供支付私立学校学费的教育券，但是只有部分获奖者真的使用了教育券。这种干预失败，简单来说意味着分配的干预组与实际的干预组不再是相同的了。

在实验的专业词汇中，术语"遵从"（compliance）被用来描述实际干预与分配干预之间是否一致。在完全遵从的情况下，所有被分配到干预组的被试都接受了干预，并且没有任何被分配到控制组的被试接受了干预。不遵从发生在被试被分配到干预组却没有接受干预，或者被试被分配到控制组却不小心接受了干预的情形。在日常语言中，术语"遵从"和"不遵从"一方面具有一致性（agreeableness）的含义，另一方面又具有不服从（disobedience）的意思。但是实验术语并没有规范性含义。正如面对面游说的例子所说明的那样，不遵从可能发生在被试并未表示拒绝的情况下。

在本章中，我们将集中关注单边不遵从问题，这种情况通常指只有一个实验分配组出现了不遵从。我们将关注限定于同社会科学应用关系最密切的情况，即被分配到控制组的被试未接受干预，但有些被分配到干预组的被试也未接受干预。一种常常出现单边不遵从的实验设计是，只能通过实验才能获得干预，即如果没有取得实验者的配合，控制组是无法被干预的。

为了理解单边不遵从带来的挑战，假设你对评估面对面游说是否影响投票率感兴趣，投票率使用每个被试的公共投票记录来测量。假设 2 000 个被试被随机分为 2 个相等规模的组（1 000 个在干预组和 1 000 个在控制组），派出游说者与干预组被试接触。在熟悉的完全遵从情况下，100％的被分配到干预组的被试接受了干预。回忆在第 2 章，我们分析的实验都属于完全遵从的情况，干预的平均因果效应的无偏估计值可以用干预组结果平均值减去控制组结果平均值来计算。然而，在面对面游说实验中，当游说者登门拜访时，并不能找到名单地址中的每一个人，通常只有 25％的干预组被试能被游说人员找到。剩下 75％的干预组被试并未接受干预。将这种比率用在假想的游说实验中，我们观测了 3 组被试的平均结果：250 个干预组被试实际接受了干预，750 个干预组被试未被干预，1 000 个是控制组（未干预）被试。现在假设你是这项研究的负责人。从 3 个组得到的这些数据应该如何分析？使用这些数据能估计什么因果效应？

让我们考虑 2 种可能的方法。一种是忽略不遵从问题，然后将整个干预组（所有1 000个观测值）的平均结果与控制组 1 000 个被试的平均结果比较。这种比较正是在完全遵从情况下分析实验时的做法：从干预组的均值中减去控制组的均值。

但回忆一下，这里只有25%的干预组成员接受了干预，如果将2个组平均结果之间的明显差异解释为整个被试组的平均干预效应，这种方法的隐含假设就是干预组未接受干预的那部分被试的平均干预效应为零。假定干预组未干预成员的 ATE 为零，相当于声称他们如果接受干预，平均结果也不会发生变化，这显然难以置信。

如果不对被试分配到那组的平均结果进行比较，而将干预组接受干预被试（250 个被试）的平均结果与控制组（1 000 个被试）的平均结果相比，结果又会怎样呢?[①] 尽管这种方法在直觉上很吸引人，但是将实际接受干预的人与未接受干预的人相比会导致严重问题。实际接受干预的被试是原来干预组的一个非随机子集。这一点怎么强调都不为过。与随机分配形成的组不同，一般来说，在随机分配之后形成的组不具有同样的预期潜在结果。对这些组进行比较会导致有偏推断。

将这一观点用在游说实验例子上，有许多理由认为，那些接受游说人员干预的人与没有接受的人是不同的。某些被分配到干预组的被试可能不再居住在正式的选民登记地址，游说者找不到这些被试，他们的投票率就会非常低。那些被成功游说的被试并不包括所有搬走的人，但控制组却可能包括某些搬走的人，因为没人试图联络控制组并记录谁已经搬走。将接受干预被试的子集（所有未搬走的人）与整个控制组（搬走的和没搬走的人）的投票率进行比较，会明显夸大游说的效应。即使没有干预效应，这种比较也会让游说看起来有效。在分析这种类型的实验时，考虑到研究者可能会犯很多错误。因此，花费精力来理解不遵从问题的细节以及找到解决问题的合适方法是值得的。

本章为分析有单边不遵从问题的实验提供了全面介绍。首先使用正式术语来描述这一问题，并介绍由两类实验组构成的被试群体：当且仅当被分配到干预组时才接受干预的被试，以及无论分配到哪一组都不会接受干预的被试。这种正式讨论的结果是：有单边不遵从问题的实验只能告诉我们那些被分配到干预组就接受干预的被试的平均干预效应。这种局限性迫使研究者在解释结果时分外小心。干预失败对实验设计具有重要意义，尤其是当研究者预期可能出现高比例的不遵从问题时。

## 5.1　新的定义和假定

在第 2 章中，我们介绍了定义因果效应的潜在结果框架。让我们简单地回顾一下这个基本设定。被试 $i$ 是否接受干预被表示为 $d_i$，这里 $d_i=1$ 说明被试 $i$ 接受干预，$d_i=0$ 说明被试 $i$ 没有接受干预。对每个被试，我们定义潜在结果，即可能发生的结果集合。研究者最感兴趣的结果测量通常被标记为 $Y_i$。潜在结果 $Y_i(d)$ 指的是当 $d_i=d$ 时，被试 $i$ 显示的结果。特别地，如果被试 $i$ 接受干预，$Y_i(1)$ 是

---

[①]　另外一个选项由于不浪费数据，因此在直觉上有吸引力，即将所有未干预被试合在一起（1 000 个控制组被试与 750 个干预组的未干预被试）形成一个更大的未干预组。然后将这 1 750 个未干预被试与 250 个干预被试进行比较。后面这种方法使人想起一种观测性研究，在这种研究中研究者将接受干预的人与未接受干预的人比较。

潜在结果，如果被试 $i$ 没有接受干预，$Y_i(0)$ 是潜在结果。如果我们把潜在结果写作 $Y_i(d)$ 而不是 $Y_i(\boldsymbol{d})$，说明援引的是无干扰性（non-interference）假定。潜在结果只依据被试 $i$ 接受的干预来表示；其他被试接受的干预假定为不相干。假设无干扰性假定成立，对被试 $i$ 干预的因果效应就是 $Y_i(1)-Y_i(0)$。回忆一下，估计因果效应的问题来源于一个事实，即我们永远不能同时观测到 $Y_i(1)$ 和 $Y_i(0)$；对每个被试，我们要么观测到其接受干预，要么观测到其未接受干预。

为了将不遵从纳入模型框架中，我们对符号进行了拓展，来说明被分配到干预组的可能性并不总是与实际干预一致。受到干预分配影响的变量集合现在不仅包括结果变量 $(Y_i)$，还包括个体是否被干预 $(d_i)$。

为了区分分配干预与实际干预，假设被试 $i$ 的实验分配表示为 $z_i$。当 $z_i=1$ 时，被试被分配到干预组，当 $z_i=0$，被试被分配到控制组。在之前几章中，$d_i=z_i$：被分配到干预组的所有被试都被干预，被分配到控制组的被试都没有被干预。现在我们放松这种限制，考虑某个潜在结果的实际干预。当干预分配为 $z$ 时，令 $d_i(z)$ 表示被试是否受到实际干预。为简洁起见，我们将 $d_i(z=1)$ 写成 $d_i(1)$，将 $d_i(z=0)$ 写成 $d_i(0)$。例如，如果某个被试被分配到干预组并接受干预，$d_i(1)=1$。如果某个被试被分配到干预组但未接受干预，$d_i(1)=0$。

每个被试都有一对潜在结果，$d_i(1)$ 和 $d_i(0)$，显示如果被分配到干预组或控制组，被试是否会接受干预。在单边不遵从情况下，对所有 $i$，$d_i(0)$ 被设定为 0：如果被试分配到控制组就永远不接受干预。然而，$d_i(1)$ 可能为 0 或为 1。

---

**专栏 5.1**

### 潜在结果

当提到潜在结果时，研究者通常想到的是在实验研究中响应干预的"因变量"。术语"潜在结果"实际上具有更广泛的含义。当任何变量对分配或实际干预做出响应时，就会产生潜在结果。例如，当某个被试被分配到干预组后是否实际接受干预就是一个潜在结果。

---

具有单边不遵从问题的实验，其被试可以划分为 2 组。一组被试称为遵从者，如果他们的潜在结果满足 2 个条件：如果被分配到干预组就接受干预 $[d_i(1)=1]$，如果被分配到控制组就不接受干预 $[d_i(0)=0]$。这些被试"遵从"了实验分配，因为被分配到干预组就接受干预，被分配到控制组就不接受干预。相比之下，那些 $d_i(1)=0$ 以及 $d_i(0)=0$ 的被试被称为从不接受者：无论被分配到干预组还是控制组，他们都不接受任何干预。因为所有被试 $d_i(0)=0$，在讨论单边不遵从时，研究者有时会用速记符号 $d_i(1)=0$ 来表示从不接受者，使用速记符号 $d_i(1)=1$ 表示遵从者。例如，表达式 $\text{ATE} \mid [d_i(1)=1]$ 应读作"遵从者的平均干预效应"。

**专栏 5.2**

### 实际干预与分配干预

要记住被分配到干预组与实际接受干预的被试组之间的区别。当干预分配是 $z$ 时，潜在结果 $d_i(z)$ 表明被试 $i$ 是否实际接受了干预。这里有 4 种可能组合：

- $d_i(1)=0$ 的意思是某个被分配到干预组的被试没有接受干预。
- $d_i(0)=0$ 的意思是某个被分配到控制组的被试没有接受干预。
- $d_i(1)=1$ 的意思是某个被分配到干预组的被试接受了干预。
- $d_i(0)=1$ 的意思是某个被分配到控制组的被试接受了干预。

最后一种潜在结果被排除在本章范围之外，这种假定也是单边不遵从，但将在第 6 章中被讨论。

在将被试划分为遵从者或从不接受者时，应当牢记三点。第一，这套术语与结果 $Y_i$ 毫无关系。术语"遵从者"和"从不接受者"只是用来表示如果被试被分配到干预组是否接受干预。

第二，上述 $d_i$ 的定义预先假定了一种抽象干预，这种干预要么实施要么没有实施。在进行一项实际的实验时，研究者必须定义一种标准，将每个被试划分为接受干预或未接受干预被试。在某些情况下，干预的定义是非常清楚的。如在一项测试疫苗功效的研究中，被试要么接种疫苗，要么不接种疫苗。在其他情况下，形成定义就没有那么简单了，例如，如果干预是为期一年的课程，但某些被试仅参加了几个月怎么办？在本章后面的部分中，我们将了解研究者如何定义干预对估计和解释有重要影响。对干预的定义会影响对遵从者的定义。

**专栏 5.3**

### 一项具有单边不遵从的实验的被试类型

被试会依据其潜在结果 $d_i(z)$ 被划分为 2 组。这种符号是指 $d_i$ 的潜在结果，当输入是一项分配干预 $z$（其要么是 0 要么是 1）时。Angrist, Imbens and Rubin（1996）建议使用下面的术语：

有 $d_i(1)=1$ 和 $d_i(0)=0$ 的被试被称为"遵从者"。这些被试在被分配到干预组时会接受干预，在被分配到控制组时就不接受干预。某些研究者将遵从者定义为有 $d_i(1)>d_i(0)$ 的被试。这两种定义是等价的。

有 $d_i(1)=0$ 和 $d_i(0)=0$ 的被试被称为"从不接受者"。他们无论被分配到干预组还是控制组都不会接受干预。

第三，将被试分为遵从者或从不接受者不仅反映了被试的背景属性，而且反映了实验的环境和设计。例如，如果一个面对面的游说努力仅在周末被实施，某个工作日晚上都在家但周末却不在家的被试将成为从不接受者。如果实验者反过来要求游说者在工作日晚上游说而不是周末，同样的被试现在就成为了遵从者。每个被试的潜在结果 $d_i(z)$ 取决于如何实施干预。为此，研究者清晰描述实验程序以及实验发生的环境是非常重要的。否则，在解释实验结果时，读者很难理解究竟谁是遵从者。

## 5.2　定义单边不遵从情况下的因果效应

新符号系统允许我们基于允许出现不遵从的方式重新表述两个核心假定：无干扰性与可排除性。

### □ 5.2.1　遇到不遵从实验的无干扰性假定

这一假定包括两个部分。A 部分规定某个被试是否接受干预只取决于被试自身的干预组分配。假定其他被试的分配与该被试是否接受干预无关。为了正式描绘这个假定，定义 $N$ 个被试中的每一个都有干预分配列表 $z$。被试 $i$ 的干预分配是这个列表的 $N$ 个元素中的一个。假设要改变某些或所有其他被试的干预分配，但保持被试 $i$ 的干预分配不变。将任何发生改变的分配列表称为 $z'$。无干扰性假定的 A 部分陈述如下：

$$d_i(z)=d_i(z')，如果 z=z' \tag{5.1}$$

这里的符号 $z_i=z_i'$ 的意思是即使其他被试的分配发生改变，被试 $i$ 也保持干预分配不变。

B 部分说明潜在结果受到的影响来自被试自身的分配，并且被试接受的干预是这个分配的后果。假定其他被试的分配和干预与某个被试的结果无关。

$$Y_i(z,d)=Y_i(z',d')，如果 z_i=z_i'且 d_i=d_i' \tag{5.2}$$

无干扰性假定的合理性取决于某个给定实验的细节。在第 8 章中将对其进行详细讨论，很多实验的环境可能会违反无干扰性假定。评估这一假定的有效性的经验规则是考虑潜在结果的差异究竟取决于如何分配被试到实验组，还是如何实施干预。假设有一个游说实验，其中有两个被试住在高山上。假设一个住在高海拔地点的被试被分配到干预组，游说者游说了该被试之后，可能因为太累而不再去另外一个高海拔地点被试的住所。无论第一个在高海拔地点居住的被试是否接受干预，无干扰性假定的 A 部分都已经被违反，因为一个被试的分配影响了其他被试是否接受干预。如果某个被试的潜在结果被其他被试的分配干预或实际干预影响，B 部分也可能被违反。如果作为被游说的后果，接受干预的被试和他们的邻居讨论即将到来的选举，从而改变了这些被试的投票倾向，也可能违反无干扰性假定。无干扰性假定极大地简化了潜在结果一览表，使我们只需要依据被试被分配或接受的干预来记录潜在结果。

接下来，我们将区分干预分配的因果效应与接受干预的因果效应。干预分配的因果效应被称为意向干预效应，因为其反映的是意向性分配，而非实际的干预。

意向干预效应可以被定义为任何可能受干预分配影响的潜在结果集合，如 $d_i(z)$，$Y_i[d(z)]$，或者 $Y_i[z, d(z)]$。

每个被试的 $z_i$ 对 $d_i$ 的意向干预效应皆可被定义为：

$$\text{ITT}_{i,D} \equiv d_i(1) - d_i(0) \tag{5.3}$$

在我们计算所有被试 $\text{ITT}_{i,D}$ 的平均值时，得到的是 $\text{ITT}_D$，即如果被分配到干预组就接受干预的被试比例，减去即便被分配到控制组也会接受干预的被试比例：

$$\text{ITT}_D \equiv E[\text{ITT}_{i,D}] = E[d_i(1)] - E[d_i(0)] \tag{5.4}$$

由于我们假定存在单边不遵从，$E[d_i(0)] = 0$，$\text{ITT}_D$ 的表达式简化为 $E[d_i(1)]$。

每个被试 $z_i$ 对 $Y_i$ 的意向干预效应被定义为：

$$\text{ITT}_{i,Y} \equiv Y_i(z=1) - Y_i(z=0) \tag{5.5}$$

$\text{ITT}_{i,Y}$ 的另外一种写法是：

$$\text{ITT}_{i,Y} \equiv Y_i[z=1, d(1)] - Y_i[z=0, d(0)] \tag{5.6}$$

后一种表示 $\text{ITT}_{i,Y}$ 的方式明确了一个事实：结果是对干预分配的响应或是对干预分配导致干预的响应。

$\text{ITT}_{i,Y}$ 的平均值是在被试从分配的控制组（$z=0$）移动到分配的干预组（$z=1$）时，潜在结果期望值产生的变化：

$$\text{ITT}_Y \equiv \frac{1}{N} \sum_{i=1}^{N} \{Y_i[z=1, d(1)] - Y_i[z=0, d(0)]\}$$
$$= E\{Y_i[z=1, d(1)]\} - E\{Y_i[z=0, d(0)]\} = E(\text{ITT}_{i,Y}) \tag{5.7}$$

对 100% 遵从的实验，干预分配与干预状态是一样的，因此 $\text{ITT}_Y$ 与平均干预效应（ATE）相同。在两种意向干预效应中，到目前为止对 $Y_i$ 的意向干预效应平均值更为重要，因此我们除去其下标，简称其为 ITT。ITT 是实验分配对结果的平均效应的一种测量，无论干预组中实际接受干预的被试比例是多少。如果主要关心的问题是项目对结果的改变程度，ITT 通常可以被用来描述某个项目的有效性。假如你关心的是该项目是否"有影响"，那么在某种意义上不遵从问题就是无关紧要的。因为无论项目是干预了意向目标的大部分还是小部分，关键是有没有改变结果平均值。

140　　然而，研究者常常希望估计平均干预效应，而非干预分配的平均效应。换句话说，他们想知道 $d_i$ 对 $Y_i$ 的平均效应，而不是 $z_i$ 对 $Y_i$ 的平均效应。潜在结果的扩展符号允许 $Y_i[z, d(z)]$ 响应两种输入：分配干预 $z$ 和分配导致的干预 $d_i(z)$。为了分离干预的效应（effect of treatment）与分配的效应（effect of assignment），我们对在第 2 章中介绍的可排除性假定进行了推广。

## □ 5.2.2　单边不遵从下的可排除性假定

可排除性假定规定了潜在结果对干预做出响应，而不是对干预分配做出响应。

如果我们假定无干扰性，那么可排除性假定可以参照被试 $i$ 被分配的或接受的干预来表述。对所有被试，$z$ 值以及 $d$ 值有

$$Y_i(z,d)=Y_i(d) \tag{5.8}$$

未接受干预被试具有同样的潜在结果，而不管其分配如何：$Y_i(z=0, d=0)=Y_i(z=1, d=0)$。对接受干预的被试也同样成立：$Y_i(z=0, d=1)=Y_i(z=1, d=1)$。在可排除性假定下，只有 $d$ 是重要的；因此我们按照被试是否接受干预来表示潜在结果，而不考虑分配的干预。

这种假定被称为"可排除性"或者"排除限制"（exclusion restriction），其含义是实验分配（$z$）被"排除"在 $Y_i$ 产生的原因之外，因为分配除了对干预 $d$ 有影响外，对潜在结果无影响。例如，如果排除限制成立，无论是被分配到干预组还是控制组，从不接受者的 $Y_i$ 都是一样的。对从不接受者，干预分配结果永远都是 $d=0$，即分配 $z$ 不可能影响结果。

在每个实验中，必须对排除限制的合理性进行仔细评估。研究者对什么构成干预的定义常常表明可能违反了排除限制。考虑某项只有干预组被试收到邀请参与新项目信函的实验，$d_i$ 表示被试实际是否参与了项目。排除限制说明除了通过被试参与项目以外，信函对潜在结果没有影响。在参与项目的人群中，假定 $Y_i(z=0,d=1)=Y_i(z=1, d=1)$。在没有参与项目的人群中，假定 $Y_i(z=0, d=0)=Y_i(z=1, d=0)$。这些假定是否可信取决于对招聘函的直觉——信函除了影响被试是否参与项目外，会不会直接影响结果？即使实施了实验，也不能说明这个问题，因为干预组中每个人都收到了信函。这种对排除限制可能的违反，对参与者本身影响结果的主张造成严峻挑战，因此，有必要进行一项用其他方式鼓励招聘的新实验。例如，同时发送招聘函给干预组和控制组，但只要求干预组尽早参与。

排除限制有时候会引起争议，尤其在研究者实施了多方面干预时，但解释实验时却只显示其中一个干预成分的效应。要了解这种解释如何导致违反排除限制，让我们考虑一项实验，实验中的合格选民被鼓励参与一个即将到来的选举。游说者被派到干预组选民的家里。如果目标选民打开门，游说者就会简短介绍投票的重要性并发放有投票时间和地点的传单。假如无人在家，传单就从门缝放进去。如果研究者把研究解释为对游说者口头信息的效果分析，那么开门的被试被认为是 $d_i(1)=1$。排除限制意味着有 $Y_i(z=0, d=0)=Y_i(z=1, d=0)$ 以及 $Y_i(z=0, d=1)=Y_i(z=1, d=1)$；假定被试受到的影响来自口头介绍而非传单（或干预分配的其他任何方面）。注意即使在所有被分配到干预组的被试都接受干预的情况下，也会产生这种复杂问题。这个例子的重要含义在于，当实验涉及复合干预时，研究者必须做出选择。要么必须调整干预定义以包含所有干预（发传单有时与口头介绍一起进行），要么必须明确界定特定干预成分的效应，如发传单。某个设计的含义是如果研究者希望估计每个干预成分的独特效应，他们可能需要实施更复杂的实验，以使不同的组接受不同的干预。某项实验条件可能同时提供游说和传单，而另外一项实验条件只提供游说。

## 5.3 平均干预效应、意向干预效应和遵从者平均因果效应

不遵从问题限制了研究者从实验中获得的发现。一般来说，研究者希望估计的是平均干预效应：

$$\text{ATE} \equiv \frac{1}{N}\sum_{i=1}^{N}[Y_i(1)-Y_i(0)] = E[Y_i(d=1)-Y_i(d=0)] \quad (5.9)$$

但是，我们立刻将会看到，遇到不遵从问题的实验无法产生用来识别 ATE 所需的信息。更为现实的目标是要估计遵从者平均因果效应（complier average causal effect，CACE），其定义为：

$$\text{CACE} \equiv \frac{\sum_{i=1}^{N}[Y_i(1)-Y_i(0)]d_i(1)}{\sum_{i=1}^{N}d_i(1)}$$

$$= \underbrace{E\{[Y_i(d=1)+Y_i(d=0)]}_{\text{平均干预效应}} \mid \underbrace{d_i(1)=1\}}_{\text{在遵从者中}} \quad (5.10)$$

CACE 是被试中的某个子集，即遵从者的平均干预效应。[1]

为了巩固我们对新定义的理解，表 5-1 提供了一个包括 9 个被试及其潜在结果 $Y_i[z, d\ (z)]$ 和 $d_i(z)$ 的例子。表 5-1 中描绘的潜在结果一览表旨在满足无干扰性假定的同时，也满足排除限制假定。换句话说，$Y_i(d=1)$ 和 $Y_i(d=0)$ 仅是被试是否接受干预的函数。使用表 5-1，我们可以计算 ITT、$\text{ITT}_D$、ATE 和 CACE。注意被试 1、3、4、5、7 和 8 是遵从者，而被试 2、6、9 是从不接受者。对所有被试，当某个被试被分配到控制组时，$Y_i$ 的观测值是 $Y_i[d(0)=0]$，而当某个被试被分配到干预组时，观测到的是 $Y_i[d(1)=1]$ 还是 $Y_i[d(1)=0]$ 取决于被试是一个遵从者还是一个从不接受者。

表 5-1 假定存在单边不遵从时的潜在结果假想一览表

| 观测值 | $Y_i(d=0)$ | $Y_i(d=1)$ | $d_i(z=0)$ | $d_i(z=1)$ | 类型 |
|---|---|---|---|---|---|
| 1 | 4 | 6 | 0 | 1 | 遵从者 |
| 2 | 2 | 8 | 0 | 0 | 从不接受者 |
| 3 | 1 | 5 | 0 | 1 | 遵从者 |
| 4 | 5 | 7 | 0 | 1 | 遵从者 |
| 5 | 6 | 10 | 0 | 1 | 遵从者 |
| 6 | 2 | 10 | 0 | 0 | 从不接受者 |
| 7 | 6 | 9 | 0 | 1 | 遵从者 |
| 8 | 2 | 5 | 0 | 1 | 遵从者 |
| 9 | 5 | 9 | 0 | 0 | 从不接受者 |

---

[1] Angrist，Imbens and Rubin（1996）将遵从者平均因果效应视为局部平均干预效应（local average treatment effect，LATE）。

首先，考虑这一被试集合的 ATE。ATE 的计算是通过求 $Y_i(d=1)-Y_i(d=0)$ 的平均值得到的。对于表 5-1 中的 9 个被试，ATE 等于：$(2+6+4+2+4+8+3+3+4)/9=4$。

接下来，如何计算 ITT？这个数量是对比被试被分配到干预组与被分配到控制组两种状态时，$Y_i[d(1)]-Y_i[d(0)]$ 之差的平均值。为了计算 ITT，需要分别计算每个被试被分配到干预组与被分配到控制组时 $Y_i$ 的差值，然后将差值加总，并除以被试数量。对第一个观测值，$Y_i[d(1)]$ 是 6，因为被试 1 在被分配到干预组时实际接受了干预。因此 $Y_i(d=1)$ 是相关联的列。当被分配到控制组时，$Y_i[d(0)]=4$，将这个观测值在被分配到干预组与被分配到控制组之间进行对比，差值是 2。被试 2 是一个从不接受者。对该被试有 $d(1)=0$，这意味着如果某个干预被分配，并不会实施。在这种情况下，$Y_i[d(1)]=Y_i(d=0)=2$，对这个被试，同样有 $Y_i[d(0)]=2$，因此将干预分配从控制组变成干预组的效应为零。将这个推论用在 9 个被试上显示为：$ITT=(2+0+4+2+4+0+3+3+0)/9=2$。

注意，从不接受者被试的干预效应不会影响 ITT 的计算。ITT 比较的结果，是被试被分配到干预组而不是控制组。无论被分配到什么干预条件下，从不接受者都不会接受干预，并永远展示他们未干预的潜在结果。 *143*

最后，什么是 CACE，即被试中遵从者子集的平均干预效应？对于这 6 个遵从者，ATE 是 $(2+4+2+4+3+3)/6=3$。

## 5.4　CACE 的识别

在实践中，我们无法得到被试的完整潜在结果一览表。作为替代，我们必须在执行有单边不遵从的实验之后来进行观测。这一节我们将关注 ITT、$ITT_D$ 和 CACE 之间的重要理论关系，反过来阐明如何使用实验数据来估计这些数量。

定理 5.1 显示，可以通过形成两个意向干预参数的比率来计算 CACE。回到表 5-1，我们可以将定理应用于这个特别的潜在结果集合。$ITT=2$，$ITT_D=2/3$。根据 CACE 定理，$CACE=ITT/ITT_D=3$。这个数字与之前逐行计算的遵从者平均干预效应相匹配。

**定理 5.1　单边不遵从情况下遵从者平均因果效应的识别** *144*

使用式 (5.4)、式 (5.7) 和式 (5.10) 中 $ITT_D$、ITT 与 CACE 的定义，假定其满足无干扰性：

$$ITT_D=E[d_i(z=1)-d_i(z=0)] \tag{5.11}$$

$$ITT =E[Y_i(z=1)]-E[Y_i(z=0)]$$

$$=E\{Y_i[z=1,d(1)]\}-E\{Y_i[z=0,d(0)]\} \tag{5.12}$$

$$CACE=E\{[Y_i(d=1)-Y_i(d=0)]|d_i(1)=1\} \tag{5.13}$$

**假定干预分配满足可排除性并且 $ITT_D>0$，$CACE=ITT/ITT_D$。**

**证明：** 如果将所有被试都分配到干预组，潜在结果期望值可以写成遵从者的干预潜在结果以及从不接受者的未干预潜在结果的加权平均值。

$$E\{Y_i[z=1,d(1)]\}=E[Y_i(z=1,d=1)|d_i(1)=1]\text{ITT}_D$$
$$+E[Y_i(z=1,d=0)|d_i(1)=0](1-\text{ITT}_D) \quad (5.14)$$

类似地，如果将所有被试都分配到控制组，结果期望值可以写成遵从者与从不接受者未干预潜在结果的加权平均值。

$$E\{Y_i[z=0,d(0)]\}=E[Y_i(z=0,d=0)|d_i(1)=1]\text{ITT}_D$$
$$+E[Y_i(z=0,d=0)|d_i(1)=0](1-\text{ITT}_D) \quad (5.15)$$

通过替换，ITT 也可以被表示为遵从者 ITT 与从不接受者 ITT 的一个加权平均值。

$$\text{ITT}=E\{[Y_i(z=1,d=1)-Y_i(z=0,d=0)]|d_i(1)=1\}\text{ITT}_D$$
$$+E\{[Y_i(z=1,d=0)-Y_i(z=0,d=0)]|d_i(1)=0\}(1-\text{ITT}_D)$$
$$(5.16)$$

排除限制意味着这个表达式的第二部分为零，因为干预分配对于从不接受者的未干预潜在结果没有影响。$\text{ITT}_D>0$ 的假定意味着这里至少有一个遵从者。将排除限制用于遵从者然后将 ITT 除以 $\text{ITT}_D$ 得到：

$$\frac{\text{ITT}}{\text{ITT}_D}=E\{[Y_i(d=1)-Y_i(d=0)]|d_i(1)=1\}=\text{CACE} \quad (5.17)$$

图 5-1 说明了定理背后的几何学含意。图 5-1 也提供了一些重要直觉，即关于 CACE 的属性，以及使用有不遵从的实验来估计 CACE 的挑战。图中还描绘了某个由遵从者与从不接受者构成的被试群。横轴显示了被试群中每种类型所占的比例。纵轴表示潜在结果的期望值。A 组描绘了当他们被分配到干预条件时被试的结果。B 组显示了当他们被分配到控制条件时被试的结果。每一栏的高度代表了每种被试类型的潜在结果平均值，栏的宽度表示每种被试类型在被试群中所占的比例。

该图阐明了 ITT、$\text{ITT}_D$ 与 CACE 之间的关系。首先，图（a）中（包括交叉线区域）的阴影部分总面积表示如果所有被试都被分配到干预组后被试群的结果平均值。图（b）的阴影面积表示，如果将所有被试都分配到控制组后结果的平均值。图（a）和（b）的阴影面积之差等于分配到干预组的平均效应，即 ITT。换句话说，使用几何图形类比被分配到干预条件下的结果改变，就是干预组与控制组矩形阴影总面积之差。ITT 可以表示为图（a）的交叉线区域。这个交叉线区域面积 $3\times(2/3)=2$ 表示当遵从者被干预时结果平均值的变化。

其次，每个遵从者矩形的宽度表示 $\text{ITT}_D$，$\text{ITT}_D$ 是被试中遵从者所占的比例。

最后，将干预组阴影面积（即 ITT）减去控制组阴影面积，再除以样本群中遵从者的比例（即 $\text{ITT}_D$）之差就能得到 CACE。如果使用代数表示，这种比率反映为等式 $\text{CACE}=\text{ITT}/\text{ITT}_D=2/(2/3)=3$。直觉上，这种操作等价于重画图形，以排除从不接受者。如果遵从者在横轴上的分布是从 0 到 1，干预组的阴影面积就是 7，控制组的阴影面积就是 4，差值为 3。

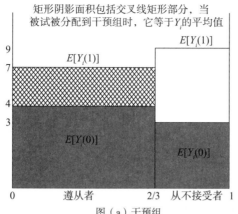

图（a）干预组

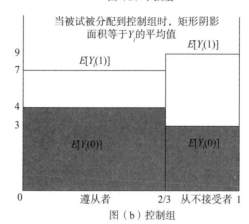

图（b）控制组

**图 5-1　估计具有单边不遵从实验的遵从者平均因果效应**

注：ITT＝(7－4)×(2/3)＝2，即为交叉线部分面积。$E[d_i(1)]$＝$\text{ITT}_D$＝2/3。CACE＝2/(2/3)＝3，交叉线部分的面积除以遵从者那一栏的宽度，就是交叉线部分的高度。

图 5-1 也显示，为什么在一项对某些干预组被试没有实施干预的实验中，无法估计 ATE。A 组中的空白代表从不接受者的平均干预效应。如果从不接受者（以某种方法）接受了干预，空白区域与交叉线区域加起来等于整个样本的 ATE。但空白区域永远不能被填充，因为我们的实验无法干预从不接受者。同样的观点也可以用代数方法呈现。整个被试群的平均干预效应可以被视为遵从者与从不接受者干预效应的加权平均值。

$$
\begin{aligned}
\text{ATE} &= E[Y_i(d=1)-Y_i(d=0) \mid d_i(1)=1]\text{ITT}_D \\
&\quad + E[Y_i(d=1)-Y_i(d=0) \mid d_i(1)=0](1-\text{ITT}_D) \\
&= 3 \times \frac{2}{3} + 6 \times \frac{1}{3} = 4
\end{aligned}
\tag{5.18}
$$

这个公式第一项是 ITT（交叉线区域的面积），通过比较干预组和控制组的结果平均值来估计得到。但第二项不能进行估计，因为实验无法提供任何从不接受者平均干预效应的信息。

在下一节中，我们将使用实验数据来估计遵从者的平均因果效应。定理 5.1 表明 CACE 等于 ITT 除以 $\text{ITT}_D$。我们没有观测到这些数值，但实验使得我们能够建立 ITT 和 $\text{ITT}_D$ 的无偏估计值，并且这两个估计值的比率提供了对 CACE 的一致性估计值。在进行估计之前，需要强调下面几点。

（1）具有单边不遵从的实验使研究者能够估计被分配到干预组状态下的平均效应（ITT），以及被试群某个子集的 ATE。这个子集由遵从者构成，即被分配到干预组就会接受干预的人。

（2）某个被试是遵从者还是从不接受者，在某种程度上是实验设计以及实验实施背景的函数。实验者可以提供激励来改变遵从者所占的份额，如使干预更有吸引力，或更努力地与被分配到干预组的被试进行联络。

（3）本章还没有讨论随机分配。在得到 ITT 与 CACE 之间的关系时，我们常常引用 $z$ 来表示干预组或者控制组的分配，但我们并未假定被试是"如何"分配的。$Z_i$ 与潜在结果（被试随机分组相随的性质）之间的独立性允许对 ITT 进行无偏"估计"（第 2 章）。无论 $Z_i$ 如何分配，将 ITT 和 CACE 联系起来的定理都是成立的。

（4）增加干预率（treatment rate，即增加 $\text{ITT}_D$）不一定会降低遵从者平均因果效应。因为 $\text{ITT}_D$ 位于方程式的分母中，有时会导致混淆。不管怎样，从图 5-1 中应该清楚的是，增加遵从者的份额可能也会改变分子（ITT，用交叉线矩形的面积表示），这取决于这些额外的遵从者对干预的响应。因此增加干预率可能会导致 CACE 的增加或者减少。

（5）整体的 ATE 是每种类型被试 ATE 的加权平均值，权重等于每种类型在被试群中的比例。遵从者的 ATE 可能大于、小于或者等于从不接受者的 ATE。当将 CACE 估计值进行推广时，需要记住，遵从者的平均效应可能会误导从不接受者的平均效应。在遵从者中执行得很好的项目，用于整个社会后可能得到令人失望的结果，因为社会中既有遵从者，也有从不接受者。

（6）在 CACE 定理中，排除限制发挥了关键作用，这个假定提出除了实际接受的干预以外，干预分配没有任何效应。其含义是干预分配对从不接受者无效。图 5-2 说明了违反排除限制的后果。在这种情境下，如果从不接受者被分配到干预组，他们的未干预潜在结果平均值会增加。基于 CACE 公式的估计策略将不再起作用。在图 5-2 所示的例子中，违反排除限制提高了干预组的结果平均值，但 $\text{ITT}_D$ 仍然不变。结果，$\text{ITT}/\text{ITT}_D$ 将过高估计真实的 CACE。违反排除限制可能有多种形式，并导致正向或负向的偏误。

（7）当 $\text{ITT}_D$ 接近于零时，对排除限制的轻微违反都可能导致对 CACE 的严重估计偏误。再次考虑图 5-2，假设其他条件不变的情况下，我们将遵从者那一栏变窄（减少 $\text{ITT}_D$）并将从不接受者的那一栏加宽。在从不接受者受干预分配影响的情况下，我们的 CACE 估计值的偏误会越来越大。这一点也可以用代数呈现。在违反排除限制的情况下，ITT 与 $\text{ITT}_D$ 的比率为：

$$\frac{\text{ITT}}{\text{ITT}_D} = \text{CACE} + \left(\frac{1-\text{ITT}_D}{\text{ITT}_D}\right)E\big[Y_i(z=1,d=0) - Y_i(z=0,d=0)\big]$$

$$(5.19)$$

在其他条件不变的情况下，随着 $ITT_D$ 的降低，违反排除限制将导致更严重的偏误。

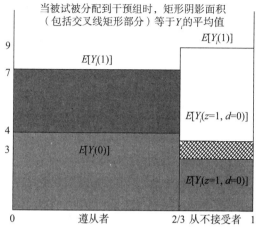

图（a）干预组

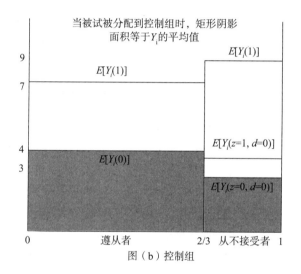

图（b）控制组

**图 5 - 2　违反排除限制的说明**

注：由于从不接受者的潜在结果受干预分配影响，这里违反了排除限制。图（a）中从不接受者那一栏的交叉线部分描绘了这种情况。

## 5.5　估计

在本节中，我们将介绍对有单边不遵从的实验如何估计遵从者平均因果效应。随机分配在这里扮演了重要角色。我们将第 2 章中的随机分配假定进行扩展以容纳不遵从的情况：

$$Z_i \perp\!\!\!\perp Y_i[z,d(z)] \text{和} Z_i \perp\!\!\!\perp D_i(z) \tag{5.20}$$

换句话说，分配独立于潜在结果。即使你在一项假定的随机分配之前就知道潜在结果的一览表，你也无法预测谁将会被分配到干预组。

为了说明单边不遵从情况下如何进行估计，我们介绍了在纽黑文（New Haven）进行的一项选民动员实验的结果。[1] 在 1998 年大选之前的几个星期中，30 000多名登记选民被随机分配到干预组与控制组。在本例中使用的样本限定为居住在单个选民户（one-voter household）的 7 090 位个人（我们将大于 1 个选民的户排除是为了避免整群随机分配导致的复杂问题）。这些个人要么被分配到控制组，不接触任何竞选活动；要么被分配到干预组，游说者会上门拜访并强调投票的重要性。选举之后，研究者利用公共记录来确定哪些登记选民在选举中进行了投票。表 5-2 显示了实验结果。

**表 5-2　　　　　　纽黑文选民动员实验中不同实验组的投票率**

|  | 干预组 | 控制组 |
| --- | --- | --- |
| 游说者接触过选民的投票率 | 54.43（395） |  |
| 游说者没有接触过选民的投票率 | 36.48（1 050） | 37.54（5 645） |
| 整体投票率 | 41.38（1 445） | 37.54（5 645） |

注：表中条目为投票百分比，括号中是观测值。样本限于只有一个登记选民的户。

在第 2 章中我们通过计算均值差，估计了被分配到干预组相对于被分配到控制组的平均效应。使用同样的方法，我们得到意向干预效应的无偏估计值：

$$\widehat{ITT} = 41.38 - 37.54 = 3.84 \tag{5.21}$$

被分配到干预组的被试的投票比例高出了 3.84%。ITT 的估计值是一个有用的数值。如果你正在进行一个项目的评估，可以使用 ITT 来评价项目产出与成本之间的关系。如果你希望预测相似的干预、使用相似的游说强度、在相似的环境下能够增加多少选民，你可以将 ITT 估计值乘以游说目标群体的规模来获得一个估计值。

有时候研究者对评估项目的整体效果不太感兴趣，而对估计遵从者的平均干预效应更感兴趣。估计 CACE 的第一步是写下一系列的式子，使例子中可观测的

数量与未知参数之间的关系更明确。在纽黑文的研究中，三个可观测的数据包括干预组的选民投票率、控制组的选民投票率以及被分配到干预组并实际接受干预的被试的投票率。这三个数据使得我们能够形成 ITT 与 $ITT_D$ 的无偏估计值。然

① Gerber and Green，2000.

而，两个无偏估计量的比率并非是两个被估计量比率的无偏估计量。[①] ITT 与 ITT$_D$ 的比率为 CACE 提供了一个"一致"估计量：随着样本的增加，比率估计值越来越接近于 CACE 的真实值。

在纽黑文实验中，被试群体中有多大比例是遵从者？如表 5-2 所示，游说者通常会发现很难与干预组被试谈话。为了估计 ITT$_D$，我们对干预组与控制组 $d_i$ 的平均值进行了比较：

$$\widehat{ITT}_D = \frac{395}{1\,445} - \frac{0}{1\,445} = 0.273 \tag{5.22}$$

该实验可以对干预组中 27.3% 的被试进行干预。没有任何控制组的被试接受干预。因此我们估计遵从者占被试群体的比例为 27.3%。

使用 CACE 定理，CACE 的估计值由项目的这两个估计值的比率构成：

$$CACE = \frac{ITT}{ITT_D} = 3.84/0.273 = 14.1 \tag{5.23}$$

从估计得出，游说干预对遵从者的平均干预效应，是增加投票概率 14.1 个百分点。

## 5.6 避免常见错误

现在我们回到本章开始时提出的某些议题。如表 5-2 所示，这项具有单边不 *152* 遵从的实验提供了三个被试组的结果平均值数据：控制组、干预组中接受干预的被试，以及干预组中未接受干预的被试。我们现在知道如何使用这些结果来估计遵从者的平均干预效应：比较被分配到干预组与控制组的被试，然后将这个 ITT

---

① 例如，假定抛一枚硬币 A 得到正面的概率是 0.5。抛硬币 B 独立得到正面的概率同样为 0.5。记录每枚硬币的结果，如果是正面，记为 2，如果是背面，记为 1。每枚硬币的期望值为 1.5。比率 A/B 的期望值是多少？答案并非 1 而是：

$$\frac{\left(\frac{1}{1} + \frac{1}{2} + \frac{2}{1} + \frac{2}{2}\right)}{4} = 1.125$$

某个比率的期望值一般公式为：

$$E\left(\frac{A}{B}\right) = \frac{E(A) - Cov\left(\frac{A}{B}, B\right)}{E(B)}$$

假定 $B>0$。在本例中，公式为：

$$E\left(\frac{A}{B}\right) = \frac{1.5 - \left(-\frac{0.75}{4}\right)}{1.5} = 1.125$$

同样的原则可以解释为什么 $\dfrac{\widehat{ITT}}{\widehat{ITT}_D}$ 得出一个 CACE 的有偏估计值，在大样本中这种偏误可以忽略不计，因为

$\dfrac{\widehat{ITT}}{\widehat{ITT}_D}$ 与 $\widehat{ITT}_D$ 的协方差随着 $\widehat{ITT}$ 与 $\widehat{ITT}_D$ 抽样变异性的减少而减少。

估计值除以遵从者的估计比例。本章开头描述的替代方法错在哪里？

如果分析者忽略干预失败，直接比较干预组与控制组会发生什么？这种比较估计的是 ITT，而不是 ATE。ITT 也是有信息量的，因为它概括了某些意向干预的净影响（net impact），但是研究者经常希望了解的是实施干预而不是分配干预的有效性。

将控制组与实际接受干预的被试进行比较会怎么样？这种期望的比较产生了下面的式子：

$$E[Y_i(d = 1) \mid D_i(1) = 1] - E[Y_i(z = 0)]$$
$$= E[Y_i(d = 1) \mid D_i(1) = 1] - E[Y_i(d = 0) \mid D_i(1) = 1]$$
$$+ E[Y_i(d = 0) \mid D_i(1) = 1] - E[Y_i(z = 0)]$$
$$= \text{CACE} + E[Y_i(d = 0) \mid D_i(1) = 1] - E[Y_i(z = 0)] \tag{5.24}$$

由于

$$E[Y_i(z = 0)]$$
$$= E[Y_i(z = 0) \mid D_i(1) = 1]\text{ITT}_D + E[Y_i(z = 0) \mid D_i(1) = 0](1 - \text{ITT}_D),$$

替换得到

$$\text{CACE} + E[Y_i(d = 0) \mid D_i(1) = 1]$$
$$- \{E[Y_i(z = 0) \mid D_i(1) = 1]\text{ITT}_D$$
$$+ E[Y_i(z = 0) \mid D_i(1) = 0](1 - \text{ITT}_D)\} \tag{5.25}$$

表达式可以进一步简化，注意到

$$E[Y_i(z = 0) \mid D_i(1) = 1] = E[Y_i(d = 0) \mid D_i(1) = 1]$$

以及

$$E[Y_i(z = 0) \mid D_i(1) = 0] = E[Y_i(d = 0) \mid D_i(1) = 0]$$

得出

$$\text{CACE} + \{E[Y_i(d = 0) \mid D_i(1) = 1] - E[Y_i(d = 0) \mid D_i(1) = 0]\}(1 - \text{ITT}_D) \tag{5.26}$$

153 将受干预被试与控制组比较来估计 CACE 可能导致严重偏误。这种估计量，按照预期，将显示为 CACE 加上了一个额外项。这个偏误项是用被试群中从不接受者的份额，乘以遵从者与从不接受者未干预潜在结果的平均值之差得到的乘积。当 $\text{ITT}_D = 1$（样本中只有遵从者）时，或未干预的从不接受者是未干预遵从者的完美代理（perfect proxy）时，偏误就消失了。式子说明了将实际干预被试与整个控制组比较会出现的问题。在实施一项具有单边不遵从的实验时，控制组既包括遵从者，也包括从不接受者。将受干预被试与控制组比较来计算干预效应的理由是可疑的，因为控制组可能提供了实际受干预被试如果没有被干预时的结果估计值。这种方法预先假定从不接受者与遵从者具有同样的未干预潜在结果平均值。这个假定与实验设计无关，应当被视为一种怀疑论。

回到游说的例子中，假定游说者可以成功接触的被试与不能接触的被试具有相同未干预潜在结果平均值，似乎难以置信。通过思考遵从者与从不接受者可能的差异，给这些类型被试为什么投票率不同提供了某些直觉。从不接受者可能住在城外。他们可能工作时间较长，因此很少在家。他们可能搬走了。他们可能不愿意给陌生人开门。任何或所有这些因素都可能改变某个被试的投票概率。事实上，我们看到控制组 37.5% 的被试投了票，而干预组没有被游说的人只有 36.5% 投了票。比较干预组与控制组可能会夸大游说的有效性：54.4% － 37.5% ＝ 16.9%，与式（5.23）得到的 14.1% 相对照。如果干预组的从不接受者都被归并到控制组，这一估计值会更大，这也是在分析有单边不遵从的实验时研究者偶尔会犯的一种错误。

当实验遇到较高的不遵从率时，有时会产生一个疑问，即这种结果是否"有偏"，因为接受干预的被试并不能代表被试群体。尽管这样使用术语"偏误"有些宽松，这种疑问仍然凸显了一个重要议题：对具有不遵从问题的实验，可行的被估计量是 CACE，而非 ATE。这里描述的方法可以产生 CACE 的一致性估计值，当这些被试群被分配到干预条件时，实验被试群特定子集的平均干预效应就从"未干预"变成了"干预"。在许多应用中，CACE 与 ATE 差异很大。有些实验使用鼓励设计来估计自愿参加项目被试的平均干预效应；没有主动参加的被试可能具有不同的平均干预效应——的确，被试之所以选择不参与可能是他们认为项目对他们没什么用。

由于推断从不接受者的 ATE 非常困难，研究者有时候会引用间接证据。一种策略是证明在干预组被试中，接受了干预的被试（遵从者）与不接受干预的被试（从不接受者）具有相同的背景属性。要表明 CACE 与平均干预效应相似，这个证据并不充分。相关的比较是干预效应，而非协变量或 $Y_i(d=0)$ 的水平。可以对图 5-1 进行调整，以使所有组具有相同的 $Y_i(d=0)$ 平均值，但是有不同的 $Y_i(d=1)-Y_i(d=0)$ 平均值。

一种更有启发性的方法是改变实验设计来提高遵从者的比例。如图 5-1 所示，如果总体中未干预的份额趋近于 0（从不接受者的那一栏变窄），这种类型被试的干预效应必须与其他被试非常不同，才能产生足够的"面积"以便 CACE 与 ATE 之间有较大差异。尽管增加干预组中成功干预的份额，通常会减少 CACE 与 ATE 之间的差异，但理论上什么事都可能发生。在某种病理情况下，一个边际干预的个体相比"容易"干预个体的平均值，具有更加非典型的干预效应。在这种情况下，随着对前几名额外的遵从者使用干预，ATE 与 CACE 之间的差距会增加。如练习题所示，CACE 和 ATE 之间的差距在接触被试的努力程度是随机变化的时，可以通过观测干预效应来进行实证检验。[1] 这种类型的探索有启发性，但除非遵从率接近 100%，否则实验是否可以提供 ATE 的无偏估计值仍然是不确定的。

---

[1] 这种方法与探测问卷调查无回应（non-response）的方法类似，即通过额外的努力访问那些无回应者，并评估低回应率样本与高回应率样本的差异（Flemming and Parker，1998）。

测量 CACE 而非 ATE 的含义，取决于研究目标和干预效应是否因人而异。有时接受干预者的干预效应恰好是研究者感兴趣的，因此干预失败也是实验的一个特色，而不是缺陷。例如，如果对一种席卷社区的特殊游说方式的回报率感兴趣，想知道这些研究努力去接触的人们的反应，而不是那些不愿意接待游说者或者已经搬走的人们的假设反应（hypothetical response）。

这种对被估计量的困惑有时比较明显，尤其是实地实验的批评者将不遵从当成一个重要问题，这个问题在实验室实验（laboratory experiment）中已经被克服，因为通常能对被分配到干预组的每个被试都实施干预。然而，这种比较有误导性，尽管在许多实地实验中，无法对每一个干预组被试进行干预是一个突出问题，但在实验室实验中同样常见，而且被伪装起来。典型的实验室实验在确保了遵从性后，才对被试进行随机分配，因此得到 100% 的干预率。这种研究设计并没有"解决"测量某个被试群的平均干预效应（ATE）的问题。相反只测量了被分配到干预组的遵从者的平均干预效应（CACE）。实验室实验中的被估计量其实是出现在实验中的一个特定人群的 ATE，这些人通过了筛选要求，签署了同意表格，诸如此类。这一组被试的 ATE 与从不接受者的 ATE 是不同的，后者无论被分配到干预组还是控制组都不会服服帖帖。尽管被分配到实验组的被试遵从率是100%，在被试招募和等待阶段也会发生干预失败。实验室实验与实地实验一样，也会遇到不遵从问题，估计的也是遵从者平均因果效应。

## 5.7 评估识别 CACE 需要的假定

ITT/ITT$_D$ 和 CACE 的等价性（equivalence）取决于实质性假定（substantive assumption）。基于实质性假定，我们可以推测被试是如何被他们自己的干预状态，以及实验背景下其他被试的干预状态所影响的。这些假定的合理性和可能被违反的程度（以及违反的后果）需要基于实验的具体特征来评价：干预的传递方式、被试的干预环境、被试属性、测量结果的程序，以及其他研究细节。让我们一起来考虑游说实验中关键的实质性假定的合理性。

### 5.7.1 无干扰性假定

这个假定认为，每个个体的潜在结果不受任何其他个体的分配或干预影响。如果被试 $i$ 的潜在结果变化取决于她的邻居 $j$ 是否被游说，那么就违反了这个假定。这有几种方式。例如，$j$ 可能告诉 $i$ 关于努力游说的事，或者她重新发现了参加即将到来的选举的热情。假如发生这种情况，被试 $i$ 就会更加倾向于去投票。在这种应用场景下，为了解感染性的投票热情如何产生向下的偏误（downward bias），假定所有未干预被试的未干预结果都提高一个固定的量。相比于干预组，由于控制组的未干预被试更多，感染性热情倾向于减少干预组与控制组投票率的明显差异（$\widehat{\text{ITT}}$）。此外，减少 CACE 并不影响 ITT$_D$ 的估计值。换句话说，实验干预对遵从者的平均效应会被低估，因此控制组投票的增加不会归因于干预。无干扰性假定的潜在违反常常会涉及传染（contagion）、转移（displacement）或者沟通（communication）。如果干预从接受干预者传播到未干预者，干预组与控制组之间的区分就可能变得模糊，会抑制干预的明显效应。干扰导致的偏误可能为正，也可能为负，取决于潜在结果被二手（second-hand）干预影响的方式。

实验可以被设计以减少相互干扰的弱点。当除一小部分人口以外，某个特定地点中的每个人都被游说时，某些游说效应很有可能被传递到这些没被游说的人当中。在这种情况下，可以通过保持低水平的干预强度来降低干扰。另外的方法是在干预实施之后迅速测量结果，赶在其有机会传播之前。

### □ 5.7.2 **排除限制**

排除限制认为，一旦我们说明某位被试是否被实际干预，这个被试的干预分配就不重要了。对排除限制的违反可能导致我们系统性地高估或低估游说干预的 CACE。先考虑一个违反假定导致低估 CACE 的例子。假设一个狂热的政治群体注意到某个实验的游说努力跳过了某些住宅。这些被分配到控制组的住宅，成了这个政治群体开展补充动员的焦点。如果这个政治群体的动员努力与实验动员活动一样成功，控制组的投票率就与干预组一样了。ITT 的估计值（CACE 估计值也因此）变成了零，即使实验的游说活动实际上非常有效。

现在考虑一个违反排除限制导致过高估计 CACE 的例子。假设试图干预某个被分配到干预组的被试，却对被试产生除了干预效应本身以外的其他效应。举例来说，游说者在所有目标被试不在家的住宅都留下了一张手写的劝说便条。由于只有被分配到干预组的被试收到手写便条，被分配到干预组的从不接受者，相比于被分配到控制组的从不接受者，在未干预状态下将具有不同的潜在结果。这种对排除限制的违反可能夸大了游说的明显效应。假设手写便条提高了投票率：$\widehat{ITT}$ 增加，而 $ITT_D$ 保持不变，因此 $\widehat{CACE}$ 也增加了。实际上，某些接受了干预的人并未被划分为被干预者。干预组整体结果的提高被归因于游说，从而夸大了其效果。

每个实验都会涉及某些对排除限制的威胁，因为研究者定义的干预不可避免地会偏离实际实施的干预。游说者提供干预——简短的鼓励人们投票的话——但他们也不可避免地说了和做了一些其他事。他们穿行在干预组被试所在的社区。他们携带了书写板、按门铃。他们躲避狂吠的宠物。当某个研究者援引排除限制时，不可避免地需要实质性的假定，实际上必须规定，与分配干预同时出现的无数因素对潜在结果的效应可以忽略不计。

## 5.8 **统计推断**

为了获得参数估计值，使用回归是一种方便的做法。在本节中将呈现两种回归模型。第一种是普通最小二乘法（ordinary least square）回归，用于估计 ITT 和 $ITT_D$。第二种是两阶段最小二乘法（two-stage least square）回归，用于估计 CACE。

为了估计 ITT，将结果变量（$Y_i$）对分配的干预（$z_i$）进行回归。纽黑文选民动员实验中的结果变量是投票（VOTED），如果被试投了票，取值为 1，否则为 0。分配干预被称为分配（ASSIGNED），如果被试被分配到干预组并接受了某个游说者的访问，取值为 1，否则为 0。专栏 5.4 呈现了这个精简形式回归的结果。[①]因为这个回归等价于均值差估计量，因此回归结果与我们用干预组投票率减去控制组投票率得到的结果相同。

---

**专栏 5.4**

### 使用 1998 年纽黑文选民动员实验数据估计 ITT

itt_fit<－lm（VOTED～ASSIGNED）
coeftest（itt_fit，vcovHC（itt_fit））

OLS Regression with Robust Standard Errors

| | Estimate | Std. Error | t value | Pr（＞\|t\|） |
|---|---|---|---|---|
| (Intercept) | 0.375 376 | 0.006 446 | 58.234 4 | ＜2.2e－16 |
| ASSIGNED | 0.038 464 | 0.014 479 | 2.656 5 | 0.007 914 |

在这个分析中（以上为程序运算过程。——译者注），将选民投票（VOTED）对干预分配进行回归。如果被试投了票，投票取值为 1，否则为 0。如果被试被分配到了干预组，干预分配（ASSIGNED）取值为 1，否则为 0。

资料来源：Gerber and Green，2000.

---

系数的估计值是 0.038 45，意味着"被分配"到游说条件，导致 3.845% 的投票率增长。为了获得 ITT 估计值的置信区间，我们使用第 3 章描述的方法。通过假定分配（$ASSIGNED_i$）具有不变效应，并进行 100 000 次随机分配，我们模拟了潜在结果的完整一览表，95% 置信区间从 1.04% 延伸到 6.66%。因为控制组的投票率是 37.54%，所以被分配到干预组导致投票率的增加在 2.8% 到 17.7% 之间。

为了检验精确零假设即所有被试的 ITT 为 0——这个零假设也意味着所有被试的 CACE 为 0——我们使用了随机化推断。程序与第 3 章描述的相同：对每个被试，我们假定 $Y_i(1)=Y_i(0)$。然后模拟大量的简单随机分配，并计算产生的 ITT 估计值，至少和我们实际观测的假想实验数量一样大。这里，我们使用单尾检验，因为游说实验预期将对投票产生正向影响。结果显示 100 000 个估计值中只有 416 个与 0.038 464（观测到的）系数一样大，意味着 $p$ 值为 0.004。这个 $p$ 值

---

① 术语"精简形式回归"（reduced form regression）指的是一种结果对分配干预和协变量的回归。这种类型的分析与"结构估计"相对，后者试图测量诸如 CACE 这样的参数。

使我们拒绝了任何被试没有效应的精确零假设。

遂从者的比例通过计算 $ITT_D$ 来估计。将实际干预（$d_i$）对分配干预（$z_i$）进行回归。在该实验的环境下，对于干预（TREATED），如果游说者和被试进行了谈话，其取值为 1，否则为 0，对分配干预进行回归。专栏 5.5 呈现了这种所谓"第一阶段"回归的结果。这种结果再次重现了基于表 5-2 的计算。截距为零说明控制组没有人被接触，与单边不遵从定义保持一致。系数 0.273 说明被分配到干预组导致 27.3% 的目标被试接受了干预。换句话说，被试群体中遵从者份额的估计值为 27.3%。95% 置信区间表明这个比例的范围从 25.0% 到 29.6%。

---

**专栏 5.5**

### 使用 1998 年纽黑文选民动员实验数据估计 $ITT_D$

```
itt_d_fit<－lm（TREATED~ASSIGNED）
coeftest（itt_d_fit，vcovHC（itt_d_fit））
```

OLS Regression with Robust Standard Errors

|  | Estimate | Std. Error | t value | Pr（>｜t｜） |
|---|---|---|---|---|
| (Intercept) | 5.812 0e－15 | 2.334 9e－16 | 24.892 | <2.2e－16 |
| ASSIGNED | 2.733 6e－01 | 1.173 3e－02 | 23.299 | <2.2e－16 |

在这个分析中，实际的干预（TREATED）对干预分配进行回归。如果被试与游说者进行谈话，干预取值为 1，否则为 0。如果被试被分配到干预组，干预分配（ASSIGNED）取值为 1，否则为 0。

资料来源：Gerber and Green，2000.

---

一种估计 CACE 的简便方式是估计两阶段最小二乘法（2SLS）回归。这种回归模型包括两个式子。第一个式子是结果变量的模型：

$$VOTED_i = \beta_0 + \beta_1 TREATED_i + u_i \tag{5.27}$$

这其中让人感兴趣的关键参数是 $\beta_1$，即 CACE。注意这个结果模型援引了排除限制假定；$ASSIGNED_i$ 在式（5.27）中并没有出现。因为假定除了实际干预的效应外，对结果没有效应。第二个模型说明了干预 $TREATED_i$ 是内生的可能性，或者与影响结果的不可观测因素（$u_i$）相关。在第二个式子中，$ASSIGNED_i$ 是一个工具变量（instrumental variable），作为一个统计术语，指的是可以预测 $TREATED_i$，但假定它是与 $u_i$ 独立的一个变量。当 $ASSIGNED_i$ 是随机分配的并且排除限制成立时，通过设计可以满足这个假定：

$$TREATED_i = \alpha_0 + \alpha_1 ASSIGNED_i + e_i \tag{5.28}$$

在这个应用中（以及大多数实验中），2SLS 回归等价于工具变量回归。只要被排除在结果式子外的变量数等于结果式子中内生自变量数，这两个估计量就是相同的。将 2SLS 用于纽黑文数据产生了一个系数估计值 0.140 7，证实了式（5.23）中我们手工计算 CACE 得到的 14.1% 的估计值。

为了形成置信区间，我们需要建立一个潜在结果的完整一览表，但这样的表是有问题的，因为潜在结果现在包括了 $Y_i[d(z)]$ 和 $d_i(z)$。在理想情况下，我们希望规定一个遵从者的 CACE 和从不接受者的某种平均干预效应；不幸的是，对于控制条件下的被试，我们没有办法区分这两种类型。因此我们转而采用传统方法来估计置信区间，假定是一个正态抽样分布。将标准误估计 0.052 434 乘以 1.96，然后从 CACE 的估计值中加上和减去这个乘积，得到 95% 置信区间，范围从 3.8 到 24.3 个百分点。尽管以上假设检验显示游说增加了投票，但是 CACE 的估计值面临可观的抽样不确定性。我们的最佳估测是游说将遵从者的投票率提高了 14.1%，但是真实 CACE 的合理范围应该是从最低的 3.8% 到最高的 24.3%。

---

**专栏 5.6**

### 使用 1998 年纽黑文选民动员实验数据估计 CACE

cace _ fit＜－ivreg（VOTED～TREATED，～ASSIGNED）
coeftest（cace _ fit, vcovHC（cace _ fit））

Instrumental Variables Regression with Robust Standard Errors

|  | Estimate | Std. Error | t value | Pr（>｜t｜） |
|---|---|---|---|---|
| (Intercept) | 0.375 376 | 0.006 446 | 58.234 4 | ＜2e－16 |
| TREATED | 0.140 711 | 0.052 434 | 2.683 6 | 0.007 3 |

在这个工具变量回归模型中，投票率对实际干预（TREATED）进行回归，使用干预分配（ASSIGNED）作为工具变量。结果显示，与游说者接触使遵从者的投票率提高了 14.1%。

资料来源：Gerber and Green，2000.

---

## 5.9  预期出现不遵从时的实验设计

不遵从不仅对研究者估计 ATE 造成了障碍，同样也对 CACE 的估计产生了挑战。尽管 2SLS 提供了对 CACE 的一致估计量，但是随着不遵从率的提高，这个估计量的精度也会恶化。当实验规模很大以及 CACE 接近于零时，2SLS 估计量的标准误近似等于 ITT 估计量的标准误除以遵从者的比例：

$$SE(\widehat{CACE}) \approx \frac{SE(\widehat{ITT})}{ITT_D} \qquad (5.29)$$

这种关系可以通过纽黑文实验中标准误的估计值来说明。$\widehat{ITT}$ 标准误的回归估计值为 0.014 5，CACE 标准误的估计值为 0.052 4。两个标准误估计值的比率大约为 0.273，即 $ITT_D$ 的估计值。[①]

计算 CACE 标准误的公式具有几个重要含义：CACE 估计值的置信区间近似等于按 $ITT_D$ 调节后的 ITT 的置信区间。当没有不遵从（$ITT_D = 1$）时，两个置信区间是相同的。在其他条件不变的情况下，随着遵从者比例的缩小，CACE 估计值的标准误会逐渐增加。如果 $ITT_D$ 从 1.00 下降到 0.10，标准误会以 10 倍增加。为了弥补变大 10 倍的标准误，需要增加大概 100 倍的实验样本。这一不幸的事实说明，需要规模巨大的实验来抵消较高的不遵从率。

另外一种减轻统计不确定性的方法是采用安慰剂设计（placebo design）。这种类型的实验通过两个步骤进行：第一，招募被试接受一项干预；第二，在给定的遵从率情况下，将被试随机分配到两个组。干预组按照通常方式接受干预。安慰剂组接受的是一种"非干预"（non-treatment），假定非干预对感兴趣的结果没有影响。例如，使用安慰剂设计，尼克森（Nickerson）实施了一个游说实验，应门的被试被随机分配到干预组（鼓励投票）或者安慰剂组（鼓励回收利用资源）。[②] CACE 可以通过比较给予游说干预和给予"非干预"两组的结果来估计。安慰剂组的功能是孤立出遵从者的一个随机样本，以便测量其未干预潜在结果。

探索安慰剂设计的潜在统计逻辑是有启发性的。回忆一下，在估计遵从者平均因果效应时面临的挑战之一是控制组其实是遵从者与从不接受者的混合。实际上，安慰剂设计过滤了从不接受者。因而干预状态下的遵从者可以直接与未干预状态下的遵从者进行比较，消除了由于干预组和控制组同时具有从不接受者导致的噪声。通过分离出遵从者，安慰剂设计将我们从具有不遵从的实验中带入熟悉的情况中，即具有两个"完全遵从"的分配组。从实用的角度看，这种设计的缺点是，并非所有遵从者都接受了一项实际干预；其中一半接受的是安慰剂干预，这意味着接触他们时消耗的资源被浪费了。[③]

无论使用传统设计还是安慰剂设计，被估计的量都是相等的。两种设计都可以得到 CACE。在二者中进行选择有时取决于给定预算下哪种设计能够得到更精确的 CACE 估计值。这种权衡可以通过数学计算来评估。考虑一种情况，一定百分比的被试（$ITT_D$）是遵从者。在传统设计中，$N$ 个被试以相等数量被随机分配

---

① 注意，这些标准误估计值是由统计软件包产生的所谓的稳健的标准误。一个二元干预的稳健标准误估计量近似等于式（3.6）中的估计量。

② Nickerson，2008.

③ 然而，安慰剂设计具有进一步的实用优点。两批研究不相关主题的研究者可以借此分摊成本。基于两种潜在结果都不会受到安慰剂影响的假定，一个研究者的干预可以作为另一位研究者的安慰剂。

到干预组和控制组。因此，干预组包含 $m$ 个被试，其中大约有（$m \cdot \text{ITT}_D$）个进行了实际干预。如果被试群中潜在结果的方差在干预和未干预状态下都用 $\sigma^2$ 来近似，2SLS 估计量的方差近似为：

$$\text{Var}\left[\frac{\widehat{\text{ITT}}}{\widehat{\text{ITT}}_D}\right] \approx \frac{2\sigma^2}{m \cdot (\text{ITT}_D)^2} \tag{5.30}$$

使用安慰剂设计，研究者可以将接受干预被试（$m \cdot \text{ITT}_D$）按相同数量分配到干预组与安慰剂组。通过比较接受干预被试的结果平均值与接受安慰剂被试的结果平均值，来估计 CACE。这个 CACE 估计量的方差近似等于：

$$\text{Var}\{\hat{E}[(Y_i \mid D_i(1)=1, D_i=1) - (Y_i \mid D_i(1)=1, D_i=0)]\}$$
$$\approx \frac{4\sigma^2}{m \cdot (\text{ITT}_D)} \tag{5.31}$$

比较这两个式子可以发现，当 $\text{ITT}_D > 1/2$ 时，传统设计更好，换句话说，在预算固定的条件下，如果遵从者占至少一半的样本，传统设计具有更小的抽样变异性。
*163* 记住，一个典型的游说研究遇到的遵从率远低于 50%。在尼克森的游说研究中，遵从率只有 19%。[①]

在实施安慰剂设计时，必须小心以避免两种偏误来源：第一，安慰剂信息可能影响结果，以及"安慰剂遵从者"与"干预遵从者"并不相同。这些问题通常可以通过仔细的实验设计来避免。例如，如果在一项游说实验中使用的安慰剂信息是讨论某些议题或者本地人会关心的问题，这种干预可能会鼓励增强政治意识和参与即将到来的选举。虽然很难想象一项干预可能会揭示遵从者身份和对被试绝对不会产生影响，避免自找麻烦的干预还是容易的。第二，安慰剂与干预信息必须形成一个等价的遵从者集合。从技术上来说，无偏估计的充分条件是，无论被试被分配到干预信息还是安慰剂信息，$Y_i[d(z)]$ 和 $D_i(z)$ 都是独立的。在一个游说实验中，可能违反独立性的情况包括在投票率较高的社区中，游说者倾向于动员选民而非鼓励资源循环使用，他们在去接触被试时已经知道被试干预的分
*164* 配。一个无精打采的游说者靠近安慰剂被试的家门，轻轻敲门后就离开。被试已经被分配到投票动员干预后，游说者大力敲门、按门铃、向上层窗户扔石头。这种不对称可以通过设计最小化来解决，如对实施被试实验干预的人保密，直到遵从身份确定之后才告知。这个问题也可以进行实证探测：研究者应该确保安慰剂组与干预组的信息传递成功率相同，背景属性在两个组中都同样可以预测遵从性。

① Nickerson，2008.

### 结合传统设计与安慰剂设计

本章讨论了估计 CACE 的两种设计。传统设计比较干预组和控制组的结果平均值（即 ITT），然后除以遵从者的估计比例（$ITT_D$）。安慰剂设计比较接受干预被试与接受安慰剂被试的结果平均值。有没有办法将两种设计结合起来，从而比单独使用效果更好？

有，可以考虑第三种实验设计。将被试随机分配到三个组：控制组、安慰剂组以及干预组。这种设计允许研究者用两种不同的方式来估计 CACE。两种估计量都可以产生 CACE 的一致性估计值，将二者结合产生了一个更精确的 CACE 估计值。如果搜集控制组观测值的结果没有额外成本，这种设计尤其有用。三组方法的另外一个优点是可以测量安慰剂对结果的效应，用于验证安慰剂并没有产生效应。有关三组设计进一步的细节参见 Gerber，Green，Kaplan and Kern（2010）。

## 5.10 估计某些被试接受"部分干预"的干预效应____

在本章开头，我们强调了清晰定义"干预"的重要性，以便将被试划分为接受干预被试或没有接受干预被试。然而，在许多实验中，被试可能被实施了部分干预。如果干预是观看由五个部分组成的电视剧，某些被试可能拒绝参加，其他被试有些观看了所有节目，有些观看了其中的部分剧集。如果干预是接收游说者的投票动员信息，被试可能听见部分信息后就关上门。部分干预如何改变我们对具有不遵从实验的分析及解释？

如果被试要么被分配到干预组要么被分配到控制组（没有被试被分配到部分干预组），就不可能从实证上区分部分干预的平均因果效应与完全干预的平均因果效应。想象一下，例如，我们将被试总体分为三个组：遵从者、部分遵从者以及从不接受者。我们可以通过查看对分配干预组的尝试干预结果，来估计被试群中不同类型被试的分布，然而问题在于，控制组结果是三种类型被试未干预潜在结果的加权平均值。只有随机分配的两个组，我们不能分离三种类型中每一种的贡献。正如练习题中所讨论的，要识别部分干预的效应，我们需要一种增强的实验设计，这种设计能够随着鼓励被试接受了部分干预还是完全干预而变化。

假设，我们的实验设计只是将被试分配到干预组和控制组。某些被分配到干预条件的被试接受了完全干预，其他接受了部分干预。一种办法是定义 $d=1$ 作为完全干预，但是会犯低估 CACE 的错误。为了实施这种方法，研究者仅需要考虑将所有部分干预被试当成完全干预被试。通常，需要假定部分干预效应小于完全干预效应。在这种干预定义下 CACE 的估计值会趋近于零：ITT 不会受到这种干预定义的影响，但是当遵从定义变得更宽泛时，$ITT_D$ 会增加。

　　一种类似的方法是通过对部分干预被试进行另外的分类来界定（bound）CACE。下限是通过将部分干预分类为干预得到的，上限是通过将部分干预划分为未干预得到的。如果我们假定部分干预的平均干预效应介于 0 和 CACE 之间，产生的估计值可以界定完全干预的真实 CACE 的范围。注意，如果部分干预会影响结果，那么将部分干预分类为未干预会导致违反排除限制。在这种情况下，部分干预会影响 ITT，但由于部分干预被分类为未干预，部分干预不会影响 $ITT_D$ 的估计值。如果我们假定部分干预的平均干预效应的符号与 CACE 一样，那么将部分干预分类为未干预将夸大干预效应的绝对大小。这种偏误的大小会随着部分干预的干预效应大小以及部分干预被试的份额增加而增加。

　　最后一种方法是根据递送干预的多少来度量干预，并分配"部分分值"给部分干预。一个参加了 3/4 的项目会议的人可以被分类为 $d_i = 0.75$。这种评分方法具有特别的感觉，因为其取决于对干预测量潜在尺度的实质性假定。使用这种方法的研究者应当评估他们的结论对不同分类方案是否敏感。在解释这些结果时，研究者应该记住，分类方案的选择会引入额外的不确定性，除了置信区间反映的统计不确定性之外。

## ■ 小　结

　　本章对一个被试分配的实验条件和被试实际接收的干预进行了区分。这种区分的实践重要性取决于你的研究目标。如果你希望评估一个有时会干预失败的项目，不遵从就是项目本来的一个特征，一个随机分配被试到项目的实验可能适合你的目标。意向干预效应就是被试被分配到干预的平均效应，而不管其是否实际接受了干预。可以用在之前章节中描述过的工具来估计 ITT。

　　当目标是估计干预而不是分配干预的平均因果效应时，得到有意义的估计值变得更加有挑战性。不遵从缩小了可被估计的范围，同时降低了这些估计值的精度。不再能够识别 ATE。通过引用可排除性假定，研究者可以识别某个遵从者亚组的平均因果效应。这个亚组由其潜在结果来定义；包括了当且仅当被分配到干预组时才接受干预的被试。对该亚组是否感兴趣，取决于你的研究目标。如果你的实验是为了检验那些主动接受干预者的干预效应，那么将注意力集中在遵从者上就是合理的，即被鼓励去寻求实验干预并坚持到底的人。然而，如果你的目标是检验某个强制每个人接受干预的效应，得出一般结论的能力就会受到限制，因为你的实验无法提供从不接受者 ATE 的信息。

　　一项实验获得有用 CACE 估计值的能力取决于其设计。低遵从率通常意味着令人失望的较大标准误。更加重要的是，当遵从率很低时，对可排除性假定相对轻微的违反就会导致实质性偏误。除非用大样本来抵消或者使用安慰剂设计来解决，不遵从引入的不确定性才能降低。部分遵从同样具有挑战性，因为将被试分配到干预组和控制组的设计，如果没有额外的假定，不允许研究者识别不同层级干预的效应。预期到部分遵从问题，研究者可以使用更细微的（nuanced）实验设

实地实验：设计、分析与解释

计，让干预组接受不同强度的鼓励。

当在具有潜在不遵从问题的背景中实施实验时，研究者应当考虑下面的这些设计建议：

（1）进行一项小型的初步研究（pilot study），了解是否出现了不遵从问题。如果有，能否通过调整干预或改变传递干预方式来克服。如果预期遵从率较低，考虑安慰剂设计的可行性。

（2）定义干预以及将被试分为干预或未干预（或部分干预）的准则。确保具备系统性程序来测量实际的干预接受。除非能确定被分配到干预组并实际接受干预的被试比例，否则无法计算 $ITT_D$ 或 CACE。

（3）避免对过多的被试进行干预。当与一个热衷实施干预的组织合作时，研究者有时候会被敦促分配更多被试到干预组，超过了该组织的现实干预能力。这种安排有时会导致干预失败，并不是因为被试不合作，而是因为组织不能提供分配的干预。

（4）在不能进行预先测试（pilot testing）的场合，或在合作方要求不切实际大小的干预组时，可以在不同阶段将被试随机分配到干预组。坚持要求被试按照分配顺序接受干预，以便 A 区域首先接受干预（随机选择），接着 B、C、D 区域接受干预，依此类推。只要按照随机分配顺序实施干预，时间或资源耗尽就停止干预（与此相反的是在研究者不想干预名单中的下一个区域停止，这种选择可能揭示该区域的某种潜在结果），这种方法将干预组划分为两个随机子集：名单上半部分是试图干预的对象；名单下半部分是控制组，正如期望的那样。[①]

这些方法中的每一个都要求仔细地进行管理、监督以及经常性协商。及时调整实验设计可以大大增加实验的信息量。

当计划一项实验并进行统计分析时，应当系统性地解决不遵从问题，从一个合理的模型出发。首先，定义不遵从。其次，写下每一个随机分配组的期望结果，明确每组被试的潜在类型。这种练习帮助澄清估计的是哪些被试的平均干预效应以及无干扰性、可排除性与独立性的核心假定如何发生作用。这种方法也有助于我们防止常见错误，如将干预组中的未干预被试与控制组结合在一起。

按照估计的概念，我们可以运用之前各章的许多原则。协变量可以帮助评估平衡性以及改善平均干预效应的估计精度。随机推断可以用于检验 ITT 及其扩展 CACE 是否不为零。本章还介绍了某些新的分析方法，包括工具变量回归。这种技术使研究者容易估计 CACE，可以控制也可以不控制协变量。这种技术的运用范围很广，第 6 章将对其进行进一步的分析。

## □ 建议阅读材料

Angrist，Imbens and Rubin（1996）提出了 CACE 定理的一个推导，Angrist and Pischke（2009）提供了关于工具变量回归和弱工具变量问题的一个简明的技

① 这种设计取决于停止规则与被试潜在结果无关的假定，而无论被试会出现在名单中的什么位置。参见 Nickerson（2005）讨论的解决不遵从问题的研究设计，这种不遵从是由后勤管理导致的，而不是由被试潜在结果的相关因素导致的。

术性讨论。参见 Gerber et al. (2010) 讨论的可以有效估计因果效应的设计，这种设计包括干预组、控制组与安慰剂组。

□ 练习题：第 5 章

1. 使用表 5-2 中的数据：

（a）估计下面的数量值：$E[d_i(1)]$、$E[Y_i(0) \mid d_i(1)=0]$、$E[Y_i(0) \mid d_i(1)=1]$ 以及 $E[Y_i(1) \mid d_i(1)=1]$。

（b）使用这些估计值并假定 $E[Y_i(1) \mid d_i(1)=0]=0.5$，按照图 5-1 的格式画一个图，以显示遵从者、ITT 以及 CACE 的明显比例。

2. 建立一个假想的潜在结果一览表，其中有 3 个遵从者和 3 个从不接受者，ATE 为正而 CACE 为负。假设某个实验在你的被试群中进行。按照什么方式，CACE 的估计值具有启发性或具有误导性？

3. 解释下面的每一个陈述是真还是假，在单边不遵从情况下，假定实验满足无干扰性和可排除性。

（a）如果 ITT 为负，CACE 一定为负。

（b）$ITT_D$ 越小，CACE 越大。

（c）如果在实验中没有人接受干预，就无法识别 CACE。

4. 解释下面每一个等式是否符合可排除性假定的后果。

（a）$E[Y_i(z=1)] = E[Y_i(z=1) \mid d_i(1)=1]$；

（b）$E[Y_i(z=0, d=0) \mid d_i(1)=0] = E[Y_i(z=1, d=0) \mid d_i(1)=0]$；

（c）$E\{Y_i[z=1, d(1)]\} = E\{Y_i[z=1, d(0)]\}$；

（d）$E\{Y_i[z=0, d(0)]\} = E\{Y_i[z=1, d(0)]\}$。

5. 对下面的陈述进行批判性评估："如果你进行的某个实验遇到单边不遵从问题，你永远不知道你的被试中哪些是遵从者，哪些是从不接受者。"

6. 假设某个研究者雇用一群游说者去接触随机分配到干预组的 1 000 位选民。在游说努力结束后，游说者报告说他们已经成功联系了 500 位干预组选民，但真相是他们仅接触了 250 位。对选民投票率按干预组和控制组列表，显示干预组的 1 000 位被试中有 400 位参加了投票，相比控制组的 2 000 位被试中有 700 位参加了投票（没有接触被试）。

（a）如果你相信实际上接触了 500 位被试，你的 CACE 估计值是多少？

（b）如果你知道实际上只干预了 250 位被试，你的 CACE 估计值是多少？

（c）游说者夸大的报告使他们的努力看上去或多或少有效吗？当阐述你的答案时，你可以用 ITT 或 CACE 来界定有效性。

7. 建立一个可以产生图 5-2 的潜在结果一览表，说明违反排除限制时的后果。提示：你需要允许潜在结果对 $d$ 和 $z$ 都产生响应。

8. 科特里尔（Cotterill）等报告了一项在英国某地进行的实验结果，只有一半当地居民进行垃圾回收利用。[1] 游说者拜访这些家庭并鼓励居民回收利用。结果

---

[1] Cotterill et al.，2009.

的测量是在拜访后 3 个星期内，观测该家庭是否至少有一次摆放出回收筒。我们将注意力集中在实验前的一段观测期没有回收垃圾的家庭。在实施干预时，研究者遇到单边不遵从问题：被分配到干预组的 1 849 个家庭中有 1 015 个被成功游说；控制组的 1 430 个家庭没有被游说。这些研究者发现干预组有 591 个家庭进行了回收利用，相比之下控制组有 377 个家庭。研究者也观测到 1 015 个被成功游说的家庭中有 429 个进行了回收利用，相比之下没有被游说的 2 264 个家庭中有 539 个进行了回收利用。

（a）估计 ITT，并解释结果。

（b）估计 $ITT_D$，并解释结果。

（c）用定理 5.1 中的式子作为指导，写出一个被分配到控制组的被试的期望回收利用率模型。被分配到干预组的被试的期望回收利用率也一样吗？说明在定理 5.1 的假定下，CACE 可以基于这个实验设计进行识别。

（d）估计 CACE，并解释结果。

（e）解释为什么比较干预被试和未干预被试的回收利用率将导致误导性的 CACE 与 ATE 估计值。

9. 探测亚组中异质性干预效应的一种方式是采用随机操纵遵从水平的设计。2002 年在密歇根州实施了一项这种研究。[1] 被试被随机分配到 3 个实验组。第一干预组通过电话鼓励被试在即将到来的 11 月选举中投票。第二干预组在同一天使用相同脚本打了相同电话，但进行了多次尝试来联系被试。对控制组则没有尝试进行任何联系。下表显示了 3 个组中每组的联系率和投票率。

| | 控制组 | 干预组 1（最小努力） | 干预组 2（最大努力） |
|---|---|---|---|
| 电话访问员联系到的百分比（%） | 0 | 29.97 | 47.31 |
| 投票百分比（%） | 55.89 | 55.91 | 56.53 |
| N | 317 182 | 7 500 | 7 500 |

（a）定义两种类型的遵从者：当对其使用最小（或者最大）努力打电话并响应者、使用最大努力打电话才会响应者。写出一个模型，来表示被分配到控制组的被试的期望投票率，当作最小遵从者、最大遵从者和从不接受者的潜在结果加权均值。两个干预组中每组被试的期望投票率相同吗？

（b）说明可以基于这个实验设计识别每一种干预的 CACE。

（c）估计最大遵从者在被试群中的份额。估计最小遵从者在被试群中的份额。

（d）估计每种类型遵从者的平均干预效应，并解释结果。

10. 关（Guan）和格林（Green）报告了一次地方选举前在北京进行的游说实验的结果。[2] 北京大学校园内的学生被随机分配到干预组或者控制组。游说者试图

---

① Gerber and Green，2005.

② Guan and Green，2006.

在他们的寝室与他们接触，并鼓励他们去投票。实验没有试图接触控制组。2 688个学生被分配到干预组，其中被接触的有 2 380 个。总共有 2 152 个干预组学生参加了投票，被分配到控制组的 1 334 个学生中有 892 个参与了投票。这个实验有一个方面可能违反了排除限制。在访问的每一间寝室中，即使没人应门，游说者也会留下传单来鼓励学生投票。

(a) 使用 http：//isps. yale. edu/FEDAI 中的数据集来估计 ITT。

(b) 使用随机推断来检验精确零假设，即所有观测对象的 ITT 值为 0，考虑随机分配基于寝室进行了聚类的事实。解释你的结果。

(c) 假定传单对投票率无效。估计 CACE。

(d) 假定传单提高的遵从者与从不接受者的投票概率均为 1 个百分点。换句话说，假如没有分发传单，干预组的投票率就会降低 1 个百分点。写下干预组和控制组期望投票率的模型，将传单的平均效应整合进去。

(e) 在给定这个假定的情况下，估计游说的 CACE。

(f) 相反，假设传单对遵从者没有影响（他们听到了游说者的谈话但忽略了传单）但将从不接受者的投票率提高了 3 个百分点。基于这种假定，估计游说的 CACE。

11. 尼克森描述了一项选民游说实验，实验被试被随机分配到三种条件之一：一种是基线组（不试图进行接触），一种是干预组（游说者试图传递投票鼓励），还有一种是安慰剂组（游说者试图传递回收利用的鼓励）。[①] 基于下面呈现的结果，计算：

(a) 基于被试对干预的响应估计遵从者的比例。基于被试对安慰剂的反应估计遵从者的比例。假定个体被随机分配到干预组和安慰剂组，这些遵从率与两个组遵从者比例相同的零假设是否一致？

(b) 数据显示了干预组与安慰剂组的从不接受者具有相同投票率吗？这种比较是否有启发性？

(c) 估计接受安慰剂的 CACE。这种估计值是否与安慰剂对于投票无影响的实质性假定一致？

171

(d) 使用两种不同方法估计接受干预的 CACE。第一，使用传统方法，即用 ITT 除以 $ITT_D$。第二，比较干预组和安慰剂组中的遵从者投票率的差异。解释这些结果。

| 干预分配 | 接受干预？ | N | 投票率（%） |
|---|---|---|---|
| 基线 | 否 | 2 572 | 31.22 |
| 干预 | 是 | 486 | 39.09 |
| | 否 | 2 086 | 32.74 |
| 安慰剂 | 是 | 470 | 29.79 |
| | 否 | 2 109 | 32.15 |

---

① Nickerson，2005，2008.

12. 假设有一个数学辅导项目，包括两天时间的指导教师辅导。考虑一种可能性，即某些被随机分配到项目的学生只参加了第一天的学习。假定管理者主要感兴趣的是发现两天的辅导是否改善了年终考试成绩，也对评估只参加一天辅导的有效性感兴趣。

（a）提出一种实验设计，解决某些学生可能只参加第一天课程的问题。

（b）说明你的实验设计可以识别完整项目以及缩减项目的因果效应。

（c）假设单边不遵从问题以下面的方式发生：干预组的每个人都接受了干预，某些控制组的被试也不小心接受了干预。说明通过修改 CACE 定理（如用永远接受者代替从不接受者）仍然可以识别这种情况下的 CACE。

第 6 章

# 双边不遵从

実地实验：设计、分析与解释

## 本章学习目标

（1）新术语：永远接受者、违抗者、单调性假定。

（2）双边不遵从情况下获得因果被估计量的建模方法。

（3）双边不遵从以及一组核心假定下的估计方法，测量遵从者的平均因果效应，当且仅当被分配到干预组时这些被试才会接受干预。

（4）追踪一项实验干预"下游"后果的想法，以及进行这种分析时发挥作用的假定。

173　　在第 5 章中，我们解释了如何分析未能干预所有被分配到干预组被试的实验。这种不遵从类型被称为"单边不遵从"，是因为分配干预与实际干预只在一个方向上不同：某些被分配到干预条件的被试没有接受干预，但所有被分配到控制条件的被试都未接受干预。我们描述了如何估计一个被称为遵从者的被试亚组的平均干预效应，这些遵从者如果被分配到干预组就接受干预，如果被分配到控制组则不接受干预。与此相反，从不接受者，无论被分配到干预组还是控制组都不会接受干预。因为干预分配只影响遵从者，所以当遵从者响应干预时，干预组和控制组的结果平均值具有系统性差异。将观测到的干预组和控制组结果之差除以被试中遵从者所占的比例，就可以估计这个亚组的平均干预效应，即 CACE。

　　我们对单边不遵从的讨论强调了几个要点。第一，具有单边不遵从的实验允许我们估计遵从者平均因果效应，而非整个被试群的平均因果效应。这种类型的实验不能估计从不接受者的平均干预效应，因为我们永远不能观测到他们接受干预的状态。第二，估计 CACE 的正确方式，是比较被分配到干预与控制条件下的被试；而不能比较实际接受干预的被试与未干预的被试。通过随机分配形成的实验组才具有潜在结果的可比性；而随机分配之后形成的组则没有。正如我们在第 5

134

章中所详细讨论的，一项直接对接受干预被试与未接受干预被试进行的比较，会将干预的效应与这些组已有的与干预效应无关的差异合并。进行实验的一个主要理由，就是避免去比较某些未知选择过程形成的组。

本章将我们对不遵从的讨论拓展到更加一般化的情形，即双边不遵从（two-sided noncompliance），这种现象发生在某些被分配到控制组的被试接受了干预时，以及某些被分配到干预组的被试没有接受干预时。这种不遵从类型非常常见。许多实地实验使用一种"鼓励"设计：被试被邀请参加一个项目或者从事一项活动，这种活动甚至不需要研究者邀请就能参加。被分配到干预组的被试收到一个参与鼓励，实际参加了项目的人被划分为接受干预者。被分配到控制组的被试没有收到鼓励（或被激励从事某种其他活动，而不是干预）；然而，某些控制组被试可能参与了项目，也被划分为接受干预者。例如，一项测量私立学校与公立学校培养效果的实验，随机选择学生奖励给他们支付私立学校学费的教育券。赢得教育券的学生构成了干预组，干预被定义为进入某个私立学校。某些获得教育券的学生仍然留在公立学校，而某些没有获得教育券的学生无论如何都会进入私立学校。

双边不遵从在涉及自然发生的随机化的实验中也很常见，如抽签决定奖金分配、刑事审判中的法官、大学室友以及军队征兵。在这种情况下的研究者是一个对获得干预没有控制的旁观者。例如，许多研究者将越南征兵抽签作为自然实验来研究服兵役对退伍军人的健康和工资的影响。具有服兵役资格的男性被随机分配到较小和较大的征兵编号，较小编号很有可能被征兵。由于某些有较大编号的男性实际上在军队服役，而某些有较小编号的男性反而没有，因此产生了双边不遵从问题。

具有单边不遵从的实验允许研究者计算三种结果平均值：被分配到控制组被试的结果平均值、被分配到干预组但未接受干预被试的结果平均值以及被分配到干预组并接受干预被试的结果平均值。在更一般化的双边不遵从情况下，由于某些控制组被试可能接受了干预，我们得到了 4 个组：①被分配到控制组但接受了干预的被试，②被分配到控制组但未接受干预的被试，③被分配到干预组但未接受干预的被试，④被分配到干预组并接受了干预的被试。如果目标是估计平均干预效应，研究者应当如何使用可用的信息？最初的直觉可能建议我们比较接受干预的被试与未接受干预的被试来估计干预效应。然而，在这一点上，你可能会怀疑这种建议。正如你可能注意到的，警告读者抵御这种比较方式的诱惑是本书反复强调的主题。正如在本章中我们再次说明的那样，将接受干预的被试与未接受干预的被试直接比较，会将干预效应与接受干预的被试和未接受干预的被试已有的差异混合。为了估计因果效应，实验研究者应当比较由随机分配形成的组。

为了给分析具有双边不遵从的实验奠定基础，本章将介绍一些新的术语和假定。新的术语体系是为了描述被试响应干预分配的所有可能形式：某些被试无论其分配状态如何都会接受干预，其他被试当且仅当被分配到控制组时才接受干预。之后我们将重新讨论第 5 章的 CACE 定理，说明将其用于双边不遵从实验的条件，并将用一个实证例子来说明 CACE 的估计和解释。本节提出的分析框架可以适用于一大批社会科学实例，如估计随机干预的"下游效应"（downstream effect）。结论部分将讨论实证案例以及解决估计与推断中的挑战性问题的实验设计建议。

## 6.1 双边不遵从：新定义与假定

在第 5 章中，基于他们的潜在结果 $d_i(z)$，我们定义了两种类型的被试，这里的 $z$ 指的是分配干预（如果被分配到干预组为 1，如果被分配到控制组为 0）。$d_i$ 显示这个被试是否实际接受了干预（如果接受了干预为 1，如果没有接受干预为 0）。从不接受者是那些无论干预分配如何，永远都不接受干预的被试，他们潜在结果的配置（configuration）是 $d_i(1)=0$ 和 $d_i(0)=0$。遵从者是当且仅当被分配到干预组才接受干预的被试：$d_i(1)=1$ 和 $d_i(0)=0$。

在双边不遵从情况下，潜在结果具有四种可能模式。除了遵从者与从不接受者之外，我们增加了两种新的组，即永远接受者（always-taker）、违抗者（defier）。永远接受者就像他们的标签一样：无论他们的干预分配如何都接受干预。他们的潜在结果是 $d_i(1)=1$ 以及 $d_i(0)=1$。违抗者的干预状态永远与他们的分配相反（opposite）。他们的潜在结果是 $d_i(1)=0$ 和 $d_i(0)=1$。注意干预分配对永远接受者和违抗者是否接受干预没有影响。此外，违抗者和遵从者都对干预分配做出响应，但却是以相反的方向进行的。

在讨论双边不遵从时，研究者有时使用速记法 $d_i(1)<d_i(0)$ 来表示违抗者，使用 $d_i(1)>d_i(0)$ 来表示遵从者。例如，表达式 ATE $\mid [d_i(1)>d_i(0)]$ 应该被读作"遵从者中的平均干预效应"。现在这种符号有点复杂了，因为我们考虑的是双边不遵从而非单边不遵从。在第 5 章中，使用 $d_i(1)=1$；$d_i(0)=0$ 足以表示遵从者，因为事实非常明显，控制组被试不会接受干预。而在双边不遵从情况下，$d_i(1)=1$ 对遵从者和永远接受者都是成立的。因此，在本章中，我们用有明显区别的特征 $d_i(1)>d_i(0)$ 来表示遵从者。

我们使用由穆莱纳桑（Mullainathan）、华盛顿（Washington）和阿扎里（Azari）实施的一项实验来说明这些定义，该实验研究的是观看候选人辩论的影响。[①] 竞选是民主代议制的核心部分，候选人辩论是竞选季节中最著名的事件，这些引人注目的（high profile）活动会影响观众的意见吗？这项研究试图探讨观看电视政治辩论是否影响被试对候选人的态度。在观看纽约市长候选人电视辩论之前，研究者和被试进行了电话沟通。鼓励干预组的被试观看辩论，而鼓励控制组的被试观看一个与辩论同时进行的非政治性节目。

---

### 专栏 6.1

#### 双边不遵从实验的被试类型分类

被试可以按照其潜在结果 $d_i(z)$ 进行分类。Balke and Pearl（1993）以及 Angrist，Imbens and Rubin（1996）建议使用下面的术语：

---

① Mullainathan，Washington and Azari，2010.

具有 $d_i(1)=1$ 和 $d_i(0)=0$ 的被试被称为"遵从者"（complier）。这些被试如果被分配到干预组就接受干预，如果被分配到控制组就不接受干预。遵从者也可以被描述为具有 $d_i(1)-d_i(0)=1$ 的被试。另外一种描述是 $d_i(1)>d_i(0)$。

具有 $d_i(1)=0$ 和 $d_i(0)=0$ 的被试被称为"从不接受者"（never-taker）。无论被分配到干预组还是实验组，他们都不接受干预。

具有 $d_i(1)=1$ 和 $d_i(0)=1$ 的被试被称为"永远接受者"（always-taker）。无论被分配到干预组还是实验组，他们都会接受干预。

具有 $d_i(1)=0$ 和 $d_i(0)=1$ 的被试被称为"违抗者"（defier）。这些被试被分配到控制组时就接受干预，被分配到干预组时就不接受干预。违抗者也可以被描述为具有 $d_i(1)-d_i(0)=-1$ 的被试。另外一种描述是 $d_i(1)<d_i(0)$。

定义遵从的第一步是定义被干预意味着什么。这里，如果一天或两天后被试接受访问时报告观看了辩论。就被认为接受了干预。[①] 基于这个定义，被试可以分为四种遵从类别。无论有没有鼓励，永远接受者都会报告观看了辩论。无论有没有鼓励，从不接受者都会报告没有观看辩论。遵从者和违抗者将针对鼓励改变他们的行为。遵从者会报告观看了辩论，当且仅当被鼓励这么做时。违抗者则刚好相反：他们会报告观看了辩论，当且仅当被鼓励观看非政治性节目时。

给定实验设计，某个被试的遵从类型是一种固定属性（fixed attribute）。当某个被试被分配到干预和控制条件时，我们可以假想一个潜在结果一览表，来决定哪些观测到的结果会被显示。这种固定的一览表可以机械地将输入（干预分配）转换为输出（观看电视和改变意见）。也就是说，在这个特定的研究中，将被试分为四种遵从类型，没有必要转移到相同被试的其他研究。在设计实验时，有时会用激励来增加遵从者所占比例。假设研究者在研究中不使用电话鼓励，而是提供一大笔金钱奖励来要求被试观看辩论或其他电视节目，被试中将有更大比例的遵从者。

因为被试是被随机分配到干预组和控制组的，我们可以估计从不接受者、永远接受者、遵从者和违抗者在被试群体中的份额。我们从介绍某些符号开始，使正式的描述更简洁。永远接受者在被试群中的份额表示为 $\pi_{AT}$。正式地， *178*

$$\pi_{AT} \equiv \frac{1}{N}\sum_{i=1}^{N} d_i(1)d_i(0) \tag{6.1}$$

这个式子将永远接受者的数量加在一起，然后除以总被试数。被试中从不接受者的比例定义为：

$$\pi_{NT} \equiv \frac{1}{N}\sum_{i=1}^{N} [1-d_i(1)][1-d_i(0)] \tag{6.2}$$

同样地，对遵从者有：

---

① 研究者同时实施了一个关于辩论主持人的小测验，来核实自我报告的观众是否真的观看了节目。

$$\pi_C \equiv \frac{1}{N}\sum_{i=1}^{N}d_i(1)[1-d_i(0)] \tag{6.3}$$

由于我们要求所有四个比例加起来等于 1，因此违抗者的比例表示为剩下的份额：

$$\pi_D \equiv \frac{1}{N}\sum_{i=1}^{N}[1-d_i(1)]d_i(0) = 1-\pi_{AT}-\pi_{NT}-\pi_C \tag{6.4}$$

让我们一起来看一个揭示被试类型分布的实验。在随机分配下，分配的干预组和分配的控制组中，永远接受者、从不接受者、遵从者与违抗者的期望份额相同。在控制组中，未干预被试要么是从不接受者要么是遵从者。对纽约市长辩论的研究发现 84％ 的控制组被试报告没有观看辩论，因此 $\hat{\pi}_{NT}+\hat{\pi}_C=0.84$。控制组中观看了辩论的被试要么是永远接受者要么是违抗者，$\hat{\pi}_{AT}+\hat{\pi}_D=0.16$。在干预组中，37％ 的被试报告观看了辩论。这些被试要么一定是永远接受者，要么一定是遵从者，因此 $\hat{\pi}_{AT}+\hat{\pi}_C=0.37$。剩下 63％ 在被鼓励这样做时没有观看辩论的被试要么是从不接受者，要么是违抗者，因此有 $\hat{\pi}_{NT}+\hat{\pi}_D=0.63$。不幸的是，这些等式并未提供充分信息来求解 $\hat{\pi}_{AT}$、$\hat{\pi}_{NT}$ 以及 $\hat{\pi}_C$。

这种不确定（indeterminacy）是有不遵从问题的实验的固有特征。为了规避这个问题，研究者通常援引一个额外假定：样本中没有违抗者。这种假定的合理性取决于具体应用，在大多数使用鼓励设计的情况下，将违抗者的潜在结果看作古怪的和罕见的是合理的。尽管可以虚构一个情景，即在辩论研究中存在违抗者（参见我们接下来试图做的），似乎不可能有多少被试会报告观看了辩论，当且仅当他们被分配到了控制组中。

"无违抗者假定"的正式名称为单调性（monotonicity）。这个假定的名称得自 $d_i(1)\geqslant d_i(0)$ 的要求；无论何时将某个被试从控制条件转移到干预条件，$d_i$ 要么保持不变，要么增加。

*179*

---

**专栏 6.2**

### 定义：单调性假定

潜在结果 $d_i(z)$ 表示在干预分配为 $z$ 时接受的干预。对于所有 $i$，$d_i(1)\geqslant d_i(0)$。

单调性假定排除了违抗者，他们的潜在结果有 $d_i(1)<d_i(0)$ 的特征。

---

当我们将违抗者排除在外，并且设定 $\pi_D=1-\pi_{AT}-\pi_{NT}-\pi_C=0$ 时，就可以估计出永远接受者、从不接受者和遵从者的比例。之前，我们注意到 $\hat{\pi}_{AT}+\hat{\pi}_D=0.16$，这个式子意味着 $\hat{\pi}_{AT}=0.16$。类似地，$\hat{\pi}_{NT}+\hat{\pi}_D=0.63$ 可以简化为 $\hat{\pi}_{NT}=0.63$。我们可以解出遵从者的比例，要么使用 $\hat{\pi}_{AT}+\hat{\pi}_C=0.37$，要么使用 $\hat{\pi}_{NT}+\hat{\pi}_C=0.84$，两个式子都能得到 $\hat{\pi}_C=0.20$。

实地实验：设计、分析与解释

138

## 6.2 双边不遵从下的 ITT、$\mathrm{ITT}_D$ 与 CACE

在第 5 章，我们介绍了单边不遵从情况下的 CACE 定理。定理 5.1 说明，在我们假定无干扰性和可排除性时，遵从者的平均干预效应（CACE）等于 ITT/$\mathrm{ITT}_D$。我们现在把这个定理扩展到双边不遵从的情形。

总之，一旦违抗者被清除，就可以用第 5 章介绍的方程得到 CACE。尽管双边不遵从会引入某些被试是永远接受者的可能，但并未导致识别问题。永远接受者对 ITT 没有影响，在我们计算 $\mathrm{ITT}_D$ 的时候，永远接受者的份额被减掉了。这个定理与第 5 章 CACE 定理的关键区别是加入了单调性假定。

**定理 6.1 双边不遵从下遵从者平均因果效应的识别**

使用式（5.4）和式（5.7）中 $\mathrm{ITT}_D$ 和 ITT 的定义，假定无干扰性：

$$\mathrm{ITT}_D = E[d_i(z=1) - d_i(z=0)] \tag{6.5}$$

$$\mathrm{ITT} = E[Y_i(z=1)] - E[Y_i(z=0)]$$
$$= E\{Y_i[z=1, d(1)]\} - E\{Y_i[z=0, d(0)]\} \tag{6.6}$$

式（5.10）中的 CACE 定义适用于双边不遵从的情况。现在遵从者被定义为 $d_i(1) - d_i(0) = 1$ 的被试。使用这个定义：

$$\mathrm{CACE} = E\{[Y_i(d=1) - Y_i(d=0)] | d_i(1) - d_i(0) = 1\} \tag{6.7}$$

**假定存在干预分配的可排除性、单调性与 $\mathrm{ITT}_D > 0$，遵从者平均因果效应 = $\mathrm{ITT}/\mathrm{ITT}_D$。**

**证明：** 在排除限制下，ITT 可以写成只对实际执行干预进行响应的潜在结果：

$$\mathrm{ITT} = E\{Y_i[z=1, d(1)]\} - E[Y_i(z=0), d(0)]$$
$$= E\{Y_i[d(1)]\} - E\{Y_i[d(0)]\} \tag{6.8}$$

ITT 可以表示为从不接受者、永远接受者、遵从者以及违抗者 ITT 的加权平均值，使用式（6.1）到式（6.4）的 $\pi_{NT}$、$\pi_{AT}$、$\pi_C$ 以及 $\pi_D$ 的定义：

$$\mathrm{ITT} = E\{[Y_i(d(1)) - Y_i(d(0))] | d_i(1) = d_i(0) = 0\} \pi_{NT}$$
$$+ E\{[Y_i(d(1)) - Y_i(d(0))] | d_i(1) = d_i(0) = 1\} \pi_{AT}$$
$$+ E\{[Y_i(d(1)) - Y_i(d(0))] | d_i(1) - d_i(0) = 1\} \pi_C$$
$$+ E\{[Y_i(d(1)) - Y_i(d(0))] | d_i(1) - d_i(0) = -1\} \pi_D \tag{6.9}$$

前两项为零是因为永远接受者和从不接受者在分配改变时也不会改变他们的干预状态。省去最后一项是因为单调性假定，意味着 $\pi_D = 0$。因此，ITT 精简为：

$$E\{[(Y_i(d(1)) - Y_i(d(0))] | d_i(1) - d_i(0) = 1\} \pi_C \tag{6.10}$$

$\mathrm{ITT}_D$ 可以类似地分解为 4 组中每一组的单独贡献。按照同样的步骤，并且将等于 0 的项删除。

$$ITT_D = E\{[d_i(1) - d_i(0)] \mid d_i(1) - d_i(0) = 1\}\pi_C = \pi_C \tag{6.11}$$

将 ITT 除以 $ITT_D$ 得到：

$$\frac{ITT}{ITT_D} = E\{[Y_i(1) - Y_i(0)] \mid d_i(1) - d_i(0) = 1\} = CACE \tag{6.12}$$

## 6.3 单调性作用的一个数值说明

181 为了理解双边不遵从背景下单调性的重要意义，考虑表 6-1 中描绘的假想潜在结果一览表。基于表 5-1 中呈现的例子，这一批被试不仅包括遵从者和从不接受者，还包括永远接受者和违抗者。继续用测量政治辩论影响的实验作为例子，假设 $Y_i$ 是意见改变的测量，$d_i$ 表示被试是否观看了候选人辩论，$z_i$ 表示被试是被鼓励观看辩论还是非政治性节目。

表 6-1            10 个被试的假想潜在结果一览表

| 观测值 | $Y_i(d=0)$ | $Y_i(d=1)$ | $d_i(z=0)$ | $d_i(z=i)$ | 被试类型 | $Y_i(z=0)$ | $Y_i(z=1)$ |
|---|---|---|---|---|---|---|---|
| 1 | 24 | 34 | 0 | 1 | 遵从者 | 24 | 34 |
| 2 | 18 | 28 | 0 | 1 | 遵从者 | 18 | 28 |
| 3 | 19 | 32 | 0 | 1 | 遵从者 | 19 | 32 |
| 4 | 19 | 26 | 0 | 1 | 遵从者 | 19 | 26 |
| 5 | 18 | 22 | 1 | 0 | 违抗者 | 22 | 18 |
| 6 | 22 | 28 | 1 | 0 | 违抗者 | 28 | 22 |
| 7 | 10 | 20 | 1 | 1 | 永远接受者 | 20 | 20 |
| 8 | 11 | 12 | 0 | 0 | 从不接受者 | 11 | 11 |
| 9 | 8 | 15 | 0 | 0 | 从不接受者 | 8 | 8 |
| 10 | 11 | 18 | 0 | 0 | 从不接受者 | 11 | 11 |

注：假定有排除限制，因此 $Y$ 的潜在结果仅仅是 $D$ 的函数。

在本例中，遵从者平均干预效应是前 4 个被试的 ATE：

$$\frac{10 + 10 + 13 + 7}{4} = 10 \tag{6.13}$$

问题是我们是否能够使用公式 $ITT/ITT_D$ 获得 CACE。$ITT_D$ 是 $d_i(1)$ 平均值与 $d_i(0)$ 平均值之差：$0.5 - 0.3 = 0.2$。ITT 是分配干预 $Y_i(z=1) - Y_i(z=0)$ 的平均效应，即：

$$\frac{10 + 10 + 13 + 7 - 4 - 6 + 0 + 0 + 0 + 0}{10} = 3 \tag{6.14}$$

182 不幸的是，对这些被试进行的实验并不能得到 CACE。公式 $ITT/ITT_D$ 得到的结果是 $3/0.2 = 15$。究竟哪里错了？

2 个违抗者的出现违反了单调性假定。样本的 ITT 在整体上是 4 种类型被试中每一种 ITT 的加权平均值。遵从者的 ITT 是 10。违抗者的 ITT 是 −5。对于永远接受者和从不接受者，ITT 当然永远是 0。将 ITT 写成加权平均值的形式，我们发现：

$$10 \times \frac{4}{10} + (-5) \times \frac{2}{10} + 0 \times \frac{1}{10} + 0 \times \frac{3}{10} = 3 \tag{6.15}$$

如果我们将 2 个违抗者排除，剩下 8 个被试的 ITT 将变成：

$$10 \times \frac{4}{8} + 0 \times \frac{1}{8} + 0 \times \frac{3}{8} = 5 \tag{6.16}$$

排除违抗者也会改变 $ITT_D$。如果被分配到干预组，8 个被试中有 5 个会接受干预，如果被分配到控制组，只有一个会接受干预。因此 $ITT_D=0.5$，如果我们将违抗者从样本中清除，常用的公式能够正确估计 CACE：$ITT/ITT_D=5/0.5=10$。

另一种说明单调性作用的方式是用几何图形来呈现潜在结果的平均值。图 6-1 提供了当一群被试被分配到干预组［图（a）］及控制组［图（b）］时结果平均值的几何描述。横轴从 0 延伸到 1，显示了 4 种遵从类型的分布。例如，遵从者的份额，通过 0 和 $\pi_C$ 之间的水平距离来表示，这里是 0.4。纵轴测量的是干预和未干预潜在结果平均值，$E[Y_i(d=1)]$ 和 $E[Y_i(d=0)]$，通过每个矩形的高度表示 4 种被试类型的每一种。$E[Y_i(d=1)]$ 和 $E[Y_i(d=0)]$ 之间的垂直距离表示每种被试类型的平均干预效应。

被试被分配到干预条件下的结果平均值由图（a）的阴影（以及交叉线）区域面积表示。例如，遵从者的矩形面积是宽度 $\pi_C$ 乘以高度，$E[Y_i(d=1) \mid d_i(1) > d_i(0)]$，或 $(4/10) \times 30 = 12$。将所有 4 个组的面积加起来得到 21。

被试被分配到控制条件下的结果平均值由图（b）的阴影（包括交叉线）区域面积表示。图（a）和图（b）中阴影和交叉线区域面积之差就是 ITT。例如，遵从者矩形的面积是宽度 $\pi_C$ 乘以高度 $E[Y_i(d=0) \mid d_i(1) > d_i(0)]$，或 $(4/10) \times 20 = 8$。将所有 4 组的面积加总得到 18。从图（a）的阴影面积中减去图（b）的阴影面积得到 $21-18=3$，即为 ITT。

另外一种将 ITT 形象化的方式是比较交叉线区域的面积，面积表示当某个被试被分配到一种特定实验条件下时，潜在结果平均值发生的变化。注意从不接受者没有交叉线区域，因为他们从不接受干预。永远接受者在图（a）和图（b）中的交叉线区域相同，因此在 2 个组中交叉线区域之差不受永远接受者影响。违抗者只在图（b）中有交叉线区域，因为他们仅在被分配到控制组时才接受干预。减去图（b）交叉线区域的总面积得：

$$\frac{1}{10} \times 10 + \frac{2}{10} \times 5 = 2 \tag{6.17}$$

从图（a）中阴影线区域总面积

$$\frac{1}{10} \times 10 + \frac{4}{10} \times 10 = 5 \tag{6.18}$$

中减去 2 得到 3，即为 ITT。

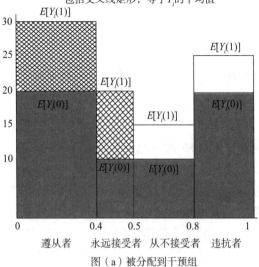

图（a）被分配到干预组

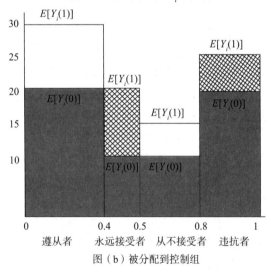

图（b）被分配到控制组

**图 6-1　无单调性条件下 CACE 估计的图示**

注：每一栏的上半部分标记为 $E[Y_i(1)]$，表示每种被试类型干预潜在结果的平均值。下半部分标记为 $E[Y_i(0)]$，表示每种被试类型未受干预潜在结果的平均值。

违抗者的出现违反了单调性假定，ITT 结合了遵从者的增量与违抗者的减量，按照图 6-1，即从遵从者的阴影面积中减去违抗者的阴影面积。违抗者的出现，歪曲了用来计算 CACE 的比率中的分子（numerator）。这种歪曲能否用分母（denominator）$ITT_D$ 修正？答案是只有在某些特殊条件下才可以。被分配到干预组并接受干预被试的比例，与被分配到控制组并接受干预被试的比例之差为：

$$ITT_D = (\pi_C + \pi_{AT}) - (\pi_D + \pi_{AT}) = \pi_C - \pi_D \tag{6.19}$$

如果用 ITT 去除以干预组和控制组接受干预被试的比例之差，我们不再能得到任何被试类型的干预效应估计值：

$$\frac{ITT}{ITT_D} = \frac{(\text{ATE}|\text{遵从者})\pi_C - (\text{ATE}|\text{违抗者})\pi_D}{\pi_C - \pi_D} \tag{6.20}$$

只有违抗者与遵从者具有相同的平均干预效应，或没有违抗者（$\pi_D = 0$）时，这个比值才等于 CACE。后一种情景正是在单调性下的假定。假设我们不用单调性假定。在什么条件下，违抗者的存在会导致 CACE 估计量出现严重偏误？这个式子表明有两个条件必须满足：违抗者和遵从者的 ATE 必须有明显差异，同时违抗者与遵从者的比率必须相当大。研究者很少能拥有关于两个 ATE 相对大小的任何信息。对偏误的直觉常常来自研究者对违抗者相对份额的感觉。占少数的违抗者很少会产生危害——除非样本中遵从者非常少。这一点有重要的设计意义。最大限度提高遵从的一个理由，是可以抑制违反单调性的后果。遵从者所占份额越大，在出现违抗者时，CACE 估计量就越具有弹性。

## 6.4 CACE 的估计：一个例子

为了使用实验数据来说明 CACE 的估计过程，我们回到纽约市长辩论的例子。在纽约市长竞选的候选人辩论之前，研究者通过电话与几天后将访谈的 1 000 个被试进行了接触。大约一半的被试被鼓励观看即将到来的辩论（干预组），另外一半被鼓励观看非政治性节目（控制组）。市长候选人辩论后，对调查对象进行了回访。所有的被试都被询问是否观看了辩论，以及对候选人的看法是否最近发生了改变。

表 6-2 显示了研究的结果。注意，495 个被试中有较大比例被分配到了控制组（80/495）并接受了干预。同样要注意，被分配到干预组的 505 个被试中出现了大量的不遵从：尽管被分配到干预组，只有 185/505 的人接受了干预。

表 6-2　由于观看纽约市长辩论对一个或多个候选人改变看法的百分比的报告

|  | 干预组 | 控制组 |
| --- | --- | --- |
| 报告改变百分比（受干预人数） | 59.5（185） | 50.0（80） |
| 报告改变百分比（未干预人数） | 40.6（320） | 40.2（415） |
| 报告改变百分比（总数） | 47.5（505） | 41.8（495） |

注：表中前一数字单位为"％"，后一数字即括号中数字单位为"个"。

资料来源：Mullainathan，Washington and Azari，2010.

使用双边不遵从的 CACE 定理，可以通过计算两个估计值，即 ITT 估计值和 $ITT_D$ 估计值的比率来得到 CACE 的一致性估计值：

$$\widehat{ITT} = 0.475 - 0.418 = 0.057 \tag{6.21}$$

185

$$\widehat{\text{ITT}}_D = 0.366 - 0.162 = 0.204 \tag{6.22}$$

干预组与控制组结果平均值之差，提供了 ITT 的一个无偏估计值。ITT 的估计
186 值显示被分配到干预组导致结果增长了 5.7%。为了估计 $\text{ITT}_D$，我们计算了干
预组观看辩论的比例（36.6%）并减去控制组的观看比例（16.2%）。这个差值
提供了 $\text{ITT}_D$ 的无偏估计值。假定存在单调性，$\widehat{\text{ITT}}_D$ 表明了遵从者被试的比
例，估计值是 20.5%。显然，辩论前打电话鼓励被试观看辩论的确提高了报告
观看了辩论的受访者份额。

为了估计 CACE，我们计算：

$$\frac{\widehat{\text{ITT}}}{\widehat{\text{ITT}}_D} = \frac{0.057}{0.205} = 0.279 \tag{6.23}$$

在无干扰性、可排除性以及单调性假定下，这个估计量可以提供遵从者 ATE 的一
致估计值。估计值显示，观看辩论使遵从者报告的态度改变率提高了 28%。这个
估计值意味着干预对遵从者有可观的效应。ITT 比 CACE 小得多，因为遵从者仅
仅占大约五分之一的样本。

我们现在来说明如何使用回归得到同样的估计值。为了估计 $\widehat{\text{ITT}}_D$，我们将
观看辩论（接受干预，如果被试报告观了辩论就取值为 1，否则为 0）对指示变
量即分配（如果被试被鼓励观看辩论就取值为 1）进行回归（参见专栏 6.3）。这
个回归估计值说明遵从者占被试群的比例为 20.5%。一个对没有效应的严格零假
设的检验得出小于 0.000 01 的 $p$ 值。因为我们已经假定具有单调性，所以我们非
常有把握地认为遵从者构成了被试群的较大比例，满足了 $\text{ITT}_D > 0$ 的要求。尽管
如此，遵从者占所有被试的比例似乎还是较小：95% 置信区间的范围从 15.1% 到
25.8%。由于 $\widehat{\text{ITT}}_D$ 位于 $\widehat{\text{CACE}}$ 估计量的分母上，这个区间说明这个 $\widehat{\text{ITT}}$ 应当
乘以一个 4 到 7 之间的数。

---

**专栏 6.3**

### 纽约辩论研究 $\text{ITT}_D$ 的回归估计值

lm(formula＝TREATED～ASSIGNED)

Residuals：

| Min | 1Q | Median | 3Q | Max |
|---|---|---|---|---|
| −0.366 3 | −0.366 3 | −0.161 6 | 0.633 7 | 0.838 4 |

Coefficients：

实地实验：设计、分析与解释

|  | Estimate | Std. Error | t value | Pr($>$\|t\|) |
| --- | --- | --- | --- | --- |
| (Intercept) | 0.161 62 | 0.019 31 | 8.367 | $<$2e$-$16 *** |
| ASSIGNED | 0.204 72 | 0.027 18 | 7.532 | 1.12e$-$13 *** |

Signif. codes： 0 `***'0.001 `**'0.01 `*'0.05 `.'0.1 `'1

Residual standard error：0.429 7 on 998 degrees of freedom
Multiple R-squared：0.053 79，Adjusted R-squared：0.052 84
F-statistic：56.73 on 1 and 998 DF，p-value：1.116e$-$13

资料来源：Mullainathan，Washington and Azari，2010.

187

下一个回归（参见专栏6.4）估计了ITT，即干预分配对看法改变的影响。这里我们发现系数为0.057，验证了我们基于干预组与控制组均值比较的手算结果。通过随机推断方法对无干预效应的精确零假设进行了严格检验。重复随机化100 000次后，我们发现其中3 911次模拟随机分配产生了至少等于0.057 07的ITT估计值。这意味着单尾 $p$ 值是0.039。因此我们拒绝了分配干预对于结果无影响的精确零假设。

**专栏6.4**

### 纽约辩论研究 ITT 的回归估计值

lm(formula＝Y～ASSIGNED)

Residuals：
| Min | 1Q | Median | 3Q | Max |
| --- | --- | --- | --- | --- |
| $-$0.475 3 | $-$0.475 3 | $-$0.418 2 | 0.524 8 | 0.581 8 |

Coefficients：

|  | Estimate | Std. Error | t value | Pr($>$\|t\|) |
| --- | --- | --- | --- | --- |
| (Intercept) | 0.418 18 | 0.022 33 | 18.725 | $<$2e$-$16 *** |
| ASSIGNED | 0.057 07 | 0.03143 | 1.816 | 0.069 7 |

Signif. codes： $0$ ` $*\;*\;*$ ` $0.001$ ` $*\;*$ ` $0.01$ ` $*$ ` $0.05$ ` $.$ ` $0.1$ ` ` $1$

Residual standard error：0.496 9 on 998 degrees of freedom
Multiple R-squared：0.003 293，Adjusted R-squared：0.002 294
F-statistic：3.297 on 1 and 998 DF, p-value：0.069 69

资料来源：Mullainathan，Washington and Azari，2010.

　　CACE 的估计值可以从 2SLS 回归获得，将看法改变对观看辩论进行回归，使用鼓励作为一个工具变量。估计值 0.279 验证了之前的计算，即干预将遵从者的意见改变率提高了 27.9%。置信区间使用 5.8 节中介绍的正态近似方法来估计。区间范围从 $0.278\ 7-1.96\times0.152\ 99=-0.02$ 到 $0.278\ 7+1.96\times0.152\ 99=0.58$。

**专栏6.5**

### 纽约辩论研究 CACE 的 2SLS 回归估计值

＞summary（tsls(Y～TREATED，～ASSIGNED)）
2SLS Estimates
Model Formula：Y～D

Instruments：～ASSIGNED

|  | Estimate | Std. Error | t value | $Pr(>\mid t\mid)$ |
|---|---|---|---|---|
| (Intercept) | 0.373 1 | 0.043 46 | 8.585 | 0.000 00 |
| TREATED | 0.278 7 | 0.152 99 | 1.822 | 0.068 76 |

Residual standard error：0.495 2 on 998 degrees of freedom

资料来源：Mullainathan，Washington and Azari，2010.

　　除了估计干预效应，我们也可以使用单调性假定来熟悉某些被试类型的潜在结果平均值。干预状态下的永远接受者，其潜在结果平均值的估计值是 50.0%；我们推断出的这个百分比来自以下事实，即在被分配到控制组时，只有永远接受者受到了干预。在被分配到干预组时接受干预的被试，其实是永远接受者和遵从者的混合。但由于我们拥有遵从者与永远接受者所占比例的估计值，以及永远接受者被干预的结果平均值，我们能够使用这些搜集的估计值，来估计遵从者接受干预的结果平均值。计算使用了以下事实：

$$E[Y_i(z=1,\ d=1)]$$

$$= \frac{E[Y_i(1) \mid D_i(1) > D_i(0)]\pi_C + E[Y_i(1) \mid D_i(1) = D_i(0) = 1]\pi_{AT}}{\pi_C + \pi_{AT}}$$

$$(6.24)$$

将遵从者与永远接受者所占比例的估计值代入公式，同时代入永远接受者受干预潜在结果的平均值，得到：

$$0.595 \approx \frac{\hat{E}[Y_i(1) \mid D_i(1) - D_i(0) = 1] \times 0.205 + 0.500 \times 0.162}{0.205 + 0.162}$$

$$(6.25)$$

对 $\hat{E}[Y_i(1) \mid D_i(1) - D_i(0) = 1]$ 求解得到 0.670。结果显示被干预的遵从者有 67% 的意见改变率。未接受干预的遵从者意见平均改变率的估计值为：

$$\hat{E}[Y_i(1) \mid D_i(1) - D_i(0) = 1] - \widehat{CACE} = 0.670 - 0.279 = 0.391$$

$$(6.26)$$

假设研究者不是开展一项实验，而只是简单进行了一项选举后问卷调查，询 189 问受访者是否观看了辩论，以及是否最近改变了对候选人的意见。我们可以通过将注意力限制在实验的控制组被试，来近似这种类型的观测性研究。将控制组接受干预的被试与没有接受干预的被试进行比较，相当于将被干预情况下 (50.0) 永远接受者的结果平均值，与未干预情况下 (40.2) 遵从者和从不接受者二者组合的结果平均值进行比较。这种方法得到一个大约为 10% 的 ATE 估计值。这个例子说明了非实验比较的危险性。这个比较将出现，观看辩论并没有产生较大的意见改变，但这种类型的比较，实际上是将不同的被试类型混在一起，其产生的估计值是一种无法解释的混杂，包括了干预效应和不同被试类型间的先前差异。

表 6-3 搜集了各种潜在结果平均值的估计值，显示出永远接受者和遵从者在接受干预时具有非常不同的结果平均值。人们很容易忘记 CACE 是一个特定亚组即遵从者的干预效应，而将其外推到整个被试群。我们没有关于永远接受者 ATE 的信息。我们所知道的是其可能与遵从者的 ATE 相同。然而，当遵从者的潜在结果平均值与永远接受者的不同时，将前者的结论外推到后者，尤其需要小心。

**表 6-3　　　　　　　纽约市长辩论实验中潜在结果平均值的估计值**

|  | 遵从者 | 永远接受者 | 从不接受者 | 违抗者 |
|---|---|---|---|---|
| $Y_i(1)$ 平均值 | 67.0% | 50.0% | 未知 | 未知 |
| $Y_i(0)$ 平均值 | 39.1% | 未知 | 40.6% | 未知 |
| 被试群的百分比 | 20.5% | 16.2% | 63.4% | 0%* |

\* 按照单调性假定，违抗者比例为 0%。

资料来源：Mullainathan，Washington and Azari，2010。

观看辩论导致报告的意见有明显改变，这种结论取决于一些重要的假定，主要是单调性、可排除性以及独立性。我们将回顾这些假定，考虑它们的合理性，并评估一旦违反时可能的影响。这种操作有两个目的：第一，如果我们看到假定如何起作用，就能够加深对假定的理解。第二，仔细地检查假定，是一种评估不确定性的非统计来源的重要方式。当然，这种讨论在很大程度上是吹毛求疵的，目的只是说明这些假定的含义，而不是某种创造性实验研究的缺陷。

### □ 6.5.1　单调性

单调性假定排除了违抗者，即如果鼓励观看其他节目就会观看辩论，但是如果鼓励观看辩论就会观看其他节目的被试。这种行为似乎完全违背常理，而且直觉告诉我们被试中符合这种描述的人比例不会很大。

然而，为了论证方便，假定某些被试最初被非辩论节目吸引而不是辩论节目。回想一下，针对控制组的非辩论节目与辩论是同时播放的。假设给这些被试打电话并鼓励他们观看辩论，他们并不会打开电视机。如果要求他们观看非辩论节目，他们会打开电视机看一看。假如这些被试觉得无聊并来回换台，最终停在这个出乎意料有趣的政治辩论节目，然后观看起来。注意这些假想的被试是违抗者：在被分配到干预组时，不会接受干预，但在被分配到控制组时，却反而会接受干预。

当被试群中包括违抗者时，ITT/ $ITT_D$ 的比率不再能得到 CACE。不如说，这个式子变成了遵从者和违抗者干预效应的一个加权平均值。干预效应的混合通常不会是研究者打算发现的量。例如，你希望估计 CACE 的理由是获得一个大概估计值，以测量鼓励人们收看辩论的公共服务公告的效果。那些被公告吸引来观看辩论的人很可能与实验中的遵从者相似。因为公共服务公告不会增加违抗者的收视率（根据上面描述的情景，这些违抗者会收看"安慰剂"节目并浏览）。为了近似得到公共服务公告对听众的效应，你希望估计出 CACE。

这个问题有多严重？视情况而定，如果违抗者对遵从者的比率很小，那么 CACE 估计值的扭曲就很小。即使在违抗者所占比例很大时，如果违抗者的 ATE 与遵从者的 ATE 相似，偏误也会较小。没有进一步的探究，很难判断这些并非有意收看辩论的人是否受到了一旦被调查员鼓励就收看者的强烈影响。

### □ 6.5.2　排除限制

排除限制假定认为，干预分配对潜在结果的影响是由干预本身导致的；这种影响不会通过任何其他渠道传递。基于这个假定，干预组结果与控制组结果之间观测到的差异都被记在干预头上。

至少有两种原因可能导致这个假定失效。第一，假设被鼓励观看政治辩论的被试，变得更关注纽约政治来回应这个要求，以便在第二次选举调查时看起来知识渊博。更加关注政治可能导致被试主动获取信息，导致意见的改变。第二，鼓励产生的微妙效应可能导致报告的意见发生改变。虽然被鼓励观看政治辩论的被试，与没有被鼓励却观看的被试具有相同的观看体验；然而，在被询问观看体验时，预先被鼓励的被试可能倾向于用一种更具公民责任观的方式回答，即报告更多与辩论相关的积极参与，相应地，更大的意见改变。

如果 $ITT_D$ 较小，即使轻微违反排除限制也可能对干预效应估计值产生较大影响。CACE 的估计值是被 $ITT_D$ 调整后的 ITT。在辩论实验中，观测到的 ITT 大约除以了 0.2，与将 ITT 乘以 5 得到的结果相同。假设被试对鼓励观看辩论的响应，是接下来的几天中更加关注地方政治，结果干预组中报告改变对候选人意见的数量增加了 3%。干预组的结果平均值增加 3%，将使 CACE 的估计值增加 15%。在这种情况下，上面估计的 27.9% 的效应中，有大约一半是由违反排除限制导致的。

如何检测对排除限制的违反？很难回答这个问题，但是更精心设计的实验可以帮助我们解决上面提出的问题。在辩论之前，你可以调查一个干预组与控制组的随机样本，探测除了辩论以外的其他因素是否会影响自我报告的意见改变。你也可以直接询问受访者对地方政治的注意程度，来评估是鼓励被试观看辩论还是将被试分配到控制组中。为了减轻被试报告意见改变的压力，可以引入一种额外实验条件，如使用其他借口鼓励一组被试观看辩论，又如评估主持人的公正性。如果主要关心的问题是鼓励本身的突兀性，可以从根本上改变实验设计，使用针对不同地域或住户的广告来吸引被试观看辩论。在这种情况下，这种挑战可以引起足够高的遵从率以便精确估计 CACE。

### □ 6.5.3  随机分配

在辩论研究中，被试被随机分配到干预条件下，但并非所有被分配到实验条件下的被试在辩论后都成功接受了重访（re-interview）。如果某些被试的结果缺失，一项实验就被认为遭遇了缩减（attrition）问题。如在第 7 章中将分析的，缩减会破坏随机分配。如果被试的潜在结果可以预测他们是否会退出研究，结果就可能是有偏的：仍然留在干预组和控制组的被试，其潜在结果平均值不再相同。在这个研究背景下，要担心的问题是缩减更有可能消除干预组的政治不关注问题，因为那些被鼓励观看辩论的人如果没有观看的话，在辩论后接受访问时会觉得尴尬。第 7 章讨论了各种各样用来评估缩减相关偏误的方法，并估计了出现缩减时的平均干预效应。

### □ 6.5.4  设计建议

穆莱纳桑、华盛顿和阿扎里的实验中富于想象力的鼓励设计，为解决实验遇到的双边不遵从问题提供了指导性例子。在批判性地评估这种类型的研究时，非常重要的事除了思考研究假定被破坏的方式之外，还有增进研究设计来经验性地解决这些问题的方式。如何增加遵从者所占比例？如果希望进行一系列实验，应当采用不同的实验方式来鼓励遵从。在辩论研究中，研究者随机分配某些被试进入实验条件，鼓励被试观看辩论并要求其承诺一定这么做。只要不同鼓励的数量没有增加到难以管理，或者不能得到合理的精确统计结果，鼓励形式就可以多样化，就有利于进一步研究的发现。如何排除违抗者？或许可以采用第三个干预组，鼓励该组被试做一些看电视以外的其他事，或许还可以不进行任何鼓励。为了支撑可排除性假定，或许可以隐藏研究的主要目的（研究观看辩论的效应），用不相关主题来掩饰，以便干预组被试无法感受报告意见改变的压力。最棘手的是样本缩减问题；下一章我们将提出一种研究设计理念，即为那些退出研究的人准备补充样本（supplementary sample）。更重要的是每个实验都会产生与假定相关的一些疑问，研究要充分发挥创造性，以找出解决这些持续问题的可行方式。

## ■ 6.6 下游实验

*193*     遇到双边不遵从问题的实验通常会假定存在某种缺陷。尽管某些研究因为不严谨的实验程序，即无意中对控制组进行了干预，导致产生双边不遵从问题，但在执行良好并采用鼓励设计的实验中，不遵从问题是一项预期特性（expected feature）。干预条件下的被试受到鼓励，但没有被要求必须接受干预；控制组被试既未受到鼓励也未被禁止接受干预。不遵从问题的发生，是因为随机干预仅是导致人们接受干预的多种鼓励之一。稍作思考就能够发现，整个世界充满了各种各样的鼓励设计。随机干预影响的是某个结果变量，这个结果变量反过来可能导致其他结果。

    上面讨论的用于分析鼓励设计的建模框架，同样适用于"下游实验"（downstream experiment）的研究，即追踪一个随机产生因果效应的间接后果（indirect consequence）。[1] 在大量社会科学领域中都可以发现下游实验的例子。克林（Kling）估计了监禁对随后收入的影响，通过利用这样的事实，法官的量刑理念不同，并且被告是被随机分配给法官的，因此能够预测被告的监禁结果。[2] 格林（Green）和温尼克（Winik）也使用随机分配法官作为干预来预测毒品罪犯的徒刑，并测量所服刑期对重新犯罪率（rate of recidivism）的影响。[3] 比曼（Beaman）、查托帕迪亚、迪弗洛、潘德（Pande）和托帕洛夫（Topalova）检验了在随机选择的印度村庄，任命妇女作为村庄领导人的一部选举法，如何影响村民对女性态度的下游效应。[4] 萧夏（Chauchard）使用类似设计研究了随机分配的低种姓政治代表，如何影响印度村民对低种姓人群的态度与行为。[5] 之前，我们提到过一些学术研究，使用抽签来测量服兵役对收入的影响[6]，对健康结果的长期影

---

① Green and Gerber，2002.

② Kling，2006.

③ Green and Winik，2010.

④ Beaman, Chattopadhyay, Duflo, Pande and Topalova，2009.

⑤ Chauchard，2010.

⑥ Angrist，1990.

响[1]，以及对刑事判决的影响[2]，虽然这些研究是在美国进行的，但是也可以扩展到其他国家。例如加利亚尼（Galiani）、罗西（Rossi）和沙格罗斯基（Schargrodsky）检验了阿根廷的征兵抽签对犯罪活动的影响。[3] 选举结果与政治行为同样吸引了大量的关注。巴格斯（Bagues）和艾斯迪夫沃拉特（Esteve-Volart）研究了 194西班牙圣诞节彩票中，随机产生的意外中奖收入对在任者选举支持的影响。[4] 格伯（Gerber）、格林（Green）和沙哈尔（Shachar）检验了随机诱发的投票率上升对选民随后投票概率的影响。[5] 以及桑德海姆（Sondheimer）和格林（Green）用实验诱发高中毕业率的变化，并检验对随后选民投票率的影响。[6]

为了了解双边不遵从与下游效应调查之间的联系，可以思考一个基于桑德海姆与格林研究的简化例子。假想一项实验，其中随机分配被试到某项干预（$Z_i$），干预反过来产生一种对结果（$Y_i$）的意向干预效应。具体来说，令 $z=1$ 表示将小学生分配到由 15 个学生组成的班级中，令 $z=0$ 表示将这些学生分配到典型的由 24 个学生构成的班级。并且假定 $Y_i$ 是对教育成就的一种测量，如某个学生能否从高中毕业。如果这项实验的确成功提高了高中毕业率，就能够调查随机提高的毕业率对其他结果的下游效应，如选举参与等。我们把这种下游结果称为 $\psi_i$。尽管重新安排了符号，但是分析框架仍然与上面的双边不遵从情况下相同。实验干预对高中毕业率进行激励，反过来影响了投票。为了将新符号与我们常用的符号对应，将 $z_i$ 称为小学班级规模的分配，将 $d_i$ 称为高中毕业，将 $Y_i$ 称为稍后日期的选民投票率。

按照这种方式来追踪干预效应是与鼓励设计同时进行的，本章稍早前提到的那些假定仍然照常使用。无干扰性假定被试的潜在结果，不受其他被试的分配或干预影响。在本例中，投票率被假定只响应每个被试自己的班级规模和教育成就，与其他人无关。可排除性要求分配的班级规模只能通过高中毕业率来影响投票。如果班级规模通过其他途径影响了选民投票率，就违反了这项假定。例如，班级规模可能影响自信，自信反过来可能影响投票，而不是通过教育成就传递影响。单调性预先假定小规模班级从来不会导致某些本来能毕业的人反而从高中辍学。完全随机分配意味着分配的干预与潜在结果无关。如果实验开始进行，这项假定将首先通过使用随机分配程序得到满足，但被试可能随着时间的推移而退出研究。 195如果较小的班级规模使学生留在学校，也会影响多年以后学生的结果可否测量。就选民投票而言，假设缺乏自信的学生也具有较低的潜在结果平均值。当被分配到干预组时，如果缺乏自信的学生更有可能留在研究中，CACE 的估计值就可能有一个向下的偏差（参见第 7 章）。这些担心的问题实际上是否会导致可观的偏

[1]　Dobkin and Shabani，2009.

[2]　Lindo and Stoecker，2010.

[3]　Galiani，Rossi and Schargrodsky，2010. 也参见 Davenport（2011）以及 Erikson and Stoker（2011）关于越南征兵抽签对政治态度与行为影响的研究。

[4]　Bagues and Esteve-Volart，2010.

[5]　Gerber，Green and Shachar，2003.

[6]　Sondheimer and Green，2010.

误，取决于某项特定实验的细节；回顾这些假定的一个目标，就是在提议和保卫下游分析的时候，唤起大家关注研究者必须面对的这种争论。

如果这些假定均得到满足，通常的 $\widehat{ITT}/\widehat{ITT}_D$ 估计值就能提供遵从者中毕业对投票的平均效应的一致性估计值。在该实验情景下，遵从者是当且仅当被分配到一个小班才会毕业的被试。与之相对照，从不接受者是不管怎么分配都会从高中辍学的被试，永远接受者是不管怎么分配都会毕业的被试。因此CACE能够评估高中毕业对被试投票的效应，这些被试基于分配干预被诱导毕业。但是这项研究不能回答这一问题：高中毕业能否增加分数较高的永远接受者的参与，或增加分数较低的从不接受者的参与？

现在我们考虑用一些模拟数据来说明下游分析的机理和关键假定起作用的方式。表6-4呈现了与分配干预、实际干预和结果相关的一个潜在结果一览表。再一次，我们可以假设 $z_i$ 是被分配到小班，$d_i$ 是从高中毕业，$Y_i$ 是随后选举中的投票率。无干扰性假定被内置于模拟中，尽可能保证被试 $i$ 的结果只取决于被试自身的分配和干预。同样假定了排除限制，至少就目前而言是如此，因为潜在结果只响应分配诱导的干预，而不是分配本身。标为"$N$"的列指的是，在特定潜在结果配置下，模拟数据集中的观测值数量。通过改变 $N$ 的值，读者可以采用这个潜在结果一览表来模拟大量不同的实验情景。

表6-4　　　　　　　　一项下游实验的假想潜在结果一览表与分配干预说明

| $Y_i(d=0)$ | $Y_i(d=1)$ | $d_i(z=0)$ | $d_i(z=1)$ | $z$ | $N$ | 被试类型 |
|:---:|:---:|:---:|:---:|:---:|:---:|:---:|
| 0 | 0 | 1 | 1 | 0 | 100 | 永远接受者 |
| 0 | 1 | 1 | 1 | 0 | 100 | 永远接受者 |
| 1 | 0 | 1 | 1 | 0 | 100 | 永远接受者 |
| 1 | 1 | 1 | 1 | 0 | 300 | 永远接受者 |
| 0 | 0 | 1 | 1 | 1 | 100 | 永远接受者 |
| 0 | 1 | 1 | 1 | 1 | 100 | 永远接受者 |
| 1 | 0 | 1 | 1 | 1 | 100 | 永远接受者 |
| 1 | 1 | 1 | 1 | 1 | 300 | 永远接受者 |
| 0 | 0 | 0 | 1 | 0 | 125 | 遵从者 |
| 0 | 1 | 0 | 1 | 0 | 55 | 遵从者 |
| 1 | 0 | 0 | 1 | 0 | 5 | 遵从者 |
| 1 | 1 | 0 | 1 | 0 | 65 | 遵从者 |
| 0 | 0 | 0 | 1 | 1 | 125 | 遵从者 |
| 0 | 1 | 0 | 1 | 1 | 55 | 遵从者 |
| 1 | 0 | 0 | 1 | 1 | 5 | 遵从者 |

续前表

| $Y_i(d=0)$ | $Y_i(d=1)$ | $d_i(z=0)$ | $d_i(z=1)$ | $z$ | $N$ | 被试类型 |
|---|---|---|---|---|---|---|
| 1 | 1 | 0 | 1 | 1 | 65 | 遵从者 |
| 0 | 0 | 1 | 0 | 0 | 0 | 违抗者 |
| 0 | 1 | 1 | 0 | 0 | 0 | 违抗者 |
| 1 | 0 | 1 | 0 | 0 | 0 | 违抗者 |
| 1 | 1 | 1 | 0 | 0 | 0 | 违抗者 |
| 0 | 0 | 1 | 0 | 1 | 0 | 违抗者 |
| 0 | 1 | 1 | 0 | 1 | 0 | 违抗者 |
| 1 | 0 | 1 | 0 | 1 | 0 | 违抗者 |
| 1 | 1 | 1 | 0 | 1 | 0 | 违抗者 |
| 0 | 0 | 0 | 0 | 0 | 100 | 从不接受者 |
| 0 | 1 | 0 | 0 | 0 | 25 | 从不接受者 |
| 1 | 0 | 0 | 0 | 0 | 0 | 从不接受者 |
| 1 | 1 | 0 | 0 | 0 | 25 | 从不接受者 |
| 0 | 0 | 0 | 0 | 1 | 100 | 从不接受者 |
| 0 | 1 | 0 | 0 | 1 | 25 | 从不接受者 |
| 1 | 0 | 0 | 0 | 1 | 0 | 从不接受者 |
| 1 | 1 | 0 | 0 | 1 | 25 | 从不接受者 |

　　表 6-4 中列出的多个 $N$ 产生了表 6-5 中第一列的 $\widehat{\text{ITT}}_D$ 和 $\widehat{\text{ITT}}$ 估计值。因为违抗者给定的权重为零，这个假想的说明规定了单调性假定。表 6-5 中模拟 1 显示当被试被分配到干预条件时，毕业率从 60% 增加到 85%，意味着有 $\widehat{\text{ITT}}_D$ 为 0.25。选民投票率也从被分配到控制组被试的 49.5% 增加到被分配到被干预组被试的 54.5%，意味着 $\widehat{\text{ITT}}$ 是 0.05。估计值 $\widehat{\text{ITT}} / \widehat{\text{ITT}}_D = 0.20$，正确地得到了遵从者的 ATE。可排除性假定下的解释是对当且仅当被分配到小的班级才会毕业的这些年轻被试来说，完成高中学业可以提高投票率 20%。使用工具变量回归估计的 95% 置信区间范围为从 0.03 到 0.37。

　　表 6-5 中的第二列显示了随着我们将更多的从不接受者与永远接受者添加到样本中，这些估计值的精度是如何降低的。相比之下，模拟 1 中遵从者占 2 000 个观测值的 25%，模拟 2 报告了一种遵从者占 3 500 个观测值的 14% 的情景（第二个情景是将表 6-4 中永远接受者和从不接受者每一行的 $N$ 简单加倍）。 $\widehat{\text{ITT}}_D$ 下降到 0.143，因为被分配到干预和控制条件下的被试毕业率现在从 68.6% 增加到了 82.9%。 $\widehat{\text{ITT}}$ 也下降到了 0.029，代表所有四种被试类型的一个加权平均值，

永远接受者与从不接受者对 ITT 没有任何贡献。估计值 $\widehat{ITT} / \widehat{ITT_D} = 0.20$，得到了正确的 CACE，但是现在抽样分布更加宽阔：95% 置信区间范围为从 $-0.02$ 到 $0.42$。更主要的教训是，为了从一项下游实验中得到精确估计值，应当关注那些强烈影响"直接"结果 $d_i$ 的干预，或包含高比例遵从者的样本。[①] 随着 $ITT_D$ 的增加，标准误往往会下降。

**表 6-5**             模拟下游实验的 $ITT_D$、ITT 和 CACE 估计值

| | 模拟 1 | 模拟 2 | 模拟 3 | 模拟 4 |
|---|---|---|---|---|
| | 假定单调性与排除限制 | 假定单调性与排除限制，增加额外的从不接受者与永远接受者 | 违反单调性但假定排除限制 | 假定单调性但违反排除限制 |
| 控制组从高中毕业比率 | 60.0% | 68.6% | 63.6% | 60.0% |
| 干预组从高中毕业比率 | 85.0% | 82.9% | 77.3% | 85.0% |
| $ITT_D^*$（标准误） | 0.250 (0.019) | 0.143 (0.014) | 0.136 (0.019) | 0.250 (0.019) |
| 控制组在随后选举中的投票率 | 49.5% | 52.6% | 49.6% | 49.5% |
| 干预组在随后选举中的投票率 | 54.5% | 55.4% | 54.1% | 56.5% |
| ITT（标准误）* | 0.050 (0.022) | 0.029 (0.017) | 0.045 (0.021) | 0.070 (0.022) |
| CACE（标准误）** | 0.200 (0.085) | 0.200 (0.112) | 0.333 (0.147) | 0.280 (0.084) |
| $N$ | 2 000 | 3 500 | 2 200 | 2 000 |
| ATE｜永远接受者（N） | 0 (1 200) | 0 (2 400) | 0 (1 200) | 0 (1 200) |
| ATE｜遵从者（N） | 0.20 (500) | 0.20 (500) | 0.20 (500) | 0.20 (500) |
| ATE｜违抗者（N） | N/A (0) | N/A (0) | 0 (200) | N/A (0) |
| ATE｜从不接受者（N） | 0.17 (300) | 0.17 (600) | 0.17 (300) | 0.17 (300) |

注：* 指从 OLS 回归中计算得到。** 指从 2SLS 回归中计算得到。

表 6-5 中的模拟 3 显示了当单调性假定被违反时会发生什么。为了保证代数简单性，我们考虑一种情况，其中违抗者的 ATE 是 0，遵从者与违抗者的比例为 5:2。回忆式（6.20），我们可以计算 $\widehat{CACE}$：

---

① 在寻找较强的 $\widehat{ITT_D}$ 效应来促进下游分析时，记住必须是"真实"的 $\widehat{ITT_D}$ 效应，而不仅是抽样导致的侥幸。如果依靠运气从抽样分布中得到一个较大的 $\widehat{ITT_D}$，$\widehat{CACE}$ 也可能是一种没有代表性的抽签而已。

$$\frac{\widehat{ITT}}{\widehat{ITT}_D} = \frac{(ATE|遵从者)\pi_C - (ATE|违抗者)\pi_D}{\pi_C - \pi_D}$$

$$= \frac{0.20 \times \dfrac{500}{2\,200} - 0 \times \dfrac{200}{2\,200}}{\dfrac{500}{2\,200} - \dfrac{200}{2\,200}} = \frac{1}{3} \tag{6.27}$$

在此情况下，违抗者的出现减小了分母但没有改变分子，产生了一个向上偏的 CACE。由于违抗者的 ATE 比遵从者的 ATE 更大，偏误会朝相反方向变化。

在表 6-5 中最后的模拟即模拟 4 说明了违反排除限制的后果。这个模拟假定 $z_i$ 直接影响结果，将分配到干预组的结果 $Y_i$ 提高了 2 个百分点。实质上，如果干预有增加投票率的效果，而不是提高高中毕业率，这种类型的偏误就可能悄悄产生。这个模拟说明，这种类型的违反会如何增加 $\widehat{ITT}$，因此导致过高估计 CACE 的值。在这种情况下，遵从者的份额是 25%，所以 CACE 的偏误需要乘以 4。很多下游分析在 $\widehat{ITT}_D$ 为 0.10 或更小的情况下进行，这将明显放大任何对排除限制的违反。不幸的是，排除限制不能被直接检验。不应当通过将 $Y_i$ 对 $z_i$ 和 $d_i$ 进行回归来评估 $Y_i$ 是否被 $z_i$ 直接影响。这种分析类型不能产生 $z_i$ 的效应的无偏估计值，因为 $d_i$ 不是随机分配的。如果我们将这种误导性的回归分析用于模拟 1 的数据，会发生什么？这里的排除限制是有效的吗？如专栏 6.6 所示，我们可能也严重错误地得出 $z_i$ 对 $Y_i$ 有一个统计显著负效应的结论。我们可能也严重错误地估计了 CACE，得到一个估计值 0.43，而真实的 CACE 是 0.20。

---

**专栏 6.6**

**将回归作为排除限制检验的错误应用例子，导致误导性结果**

coef（summary（lm(Y ～D+Z)))

|  | Estimate | Std. Error | t value | Pr($>$│t│) |
|---|---|---|---|---|
| (Intercept) | 0.234 183 67 | 0.020 610 00 | 11.362 621 | 4.898 133e−29 |
| D | 0.434 693 88 | 0.024 163 60 | 17.989 618 | 3.538 618e−67 |
| Z | −0.058 673 47 | 0.021 578 78 | −2.719 035 | 6.603 925e−03 |

---

在结束对下游分析方法的讨论之前，让我们考虑一个实证例子，来说明进一步的设计原理：多重干预的使用促进了下游效应的识别。最初的实验是格伯、格林和拉里默实施的，涉及 4 种不同邮件，用来鼓励选民在 2006 年 8 月初选前投票。[①] 这个例子将在第 10 章中详细描述，这些邮件采用了不同程度的"社会压力"

---

① Gerber，Green and Larimer，2008.

来鼓励对投票规范的遵从。第一种邮件鼓励收信人履行公民责任；第二种邮件除此之外还通知收信人他们是否参与投票将被研究者监控（测试所谓的霍桑效应，或被研究的效应）；第三种邮件指出选民投票是一种公共记录事项，将公开家庭中每个人过去的投票；第四种邮件不仅公开家庭中选民的投票，还将公开同一街区其他家庭的投票记录。研究者发现选民投票率随着社会压力的增强而提高。如表6-6所示，投票率在每种干预条件下都显著增加，尤其是最后2种公开选民投票记录的干预。[①] 最大的效应是8.75%，这表示与控制组的投票率相比，投票增加了28%。

表6-6　　　　　　　不同干预条件下，2006年8月投票
对2008年8月和2010年8月投票的下游效应估计值

| 2006年8月选举之前实施的干预 | | | | | |
|---|---|---|---|---|---|
| | 控制组 公民责任 | 霍桑效应 | 自我 | 邻里 | 整个样本 |
| 2006年8月投票率（%） | 31.67　33.63 | 34.44 | 36.85 | 40.41 | |
| ITT$_D$ | 1.96 | 2.77 | 5.18 | 8.75 | |
| （标准误） | (0.35) | (0.35) | (0.36) | (0.36) | |
| 2008年8月投票率（%） | 34.79　34.58 | 35.15 | 35.79 | 36.07 | |
| ITT | −0.21 | 0.36 | 1.00 | 1.28 | |
| （标准误） | (0.36) | (0.36) | (0.36) | (0.36) | |
| CACE | −10.81 | 12.98 | 19.37 | 14.67 | 15.69 |
| （标准误） | (18.82) | (12.54) | (6.68) | (3.97) | (3.63) |
| 2010年8月投票率（%） | 46.78　46.91 | 47.16 | 47.61 | 48.05 | |
| ITT | 0.14 | 0.39 | 0.83 | 1.28 | |
| （标准误） | (0.37) | (0.37) | (0.37) | (0.37) | |
| CACE | 6.94 | 14.00 | 16.06 | 14.60 | 14.91 |
| （标准误） | (18.45) | (12.85) | (6.87) | (4.09) | (3.74) |
| N | 165 297　32 992 | 33 047 | 33 037 | 32 983 | 297 356 |

注：标准误说明是按家庭进行整群分配。ITT、ITT$_D$和CACE的估计值基于OLS与IV回归计算，将单个干预组和控制组比较。整个样本的CACE的估计值基于一个过度识别的2SLS回归，将2008年（或2010年）投票对2006年投票回归；四个干预分配作为工具变量来预测2006年投票。

这个效应的下游后果是什么？一个假设是投票行为建立或者巩固了投票习惯，这种习惯在随后的选举中显示出来。例如，某人可能假定许多登记选民不习惯在8月的选举中投票。通过诱导2006年8月的投票，随机干预也提高了随后几次8月选举的投票率。这种假定意味着我们应当了解2008年8月的邮件对投票意向的干预效应。表6-6显示有一个显著的意向干预效应似乎存在于其中2种干预中，这2种干

---

[①]　这个表改编自Davenport et al. (2010)。我们将样本限制为2年以后仍然在同样地址登记投票的选民，基于干预分配对搬家和重新登记没有影响的假定。经验上，我们发现干预分配与改变地址之间没有关系。

预显示对 2006 年 8 月的投票有最强的效应。追踪一段时间的结果后，一个担心的问题是持久的干预效应可能只是抽样导致的意外或侥幸：随机分配可能选择了一个异常的选民参与组，以及 2 个看似有效的干预，这些被试在后来的每次选举中都有较高的投票率。在更小的样本中，这个推测有一些可信度：样本规模如此巨大，因此这种模式似乎不能归结于偶然。

ITT 估计值说明干预的效应是持久的。如果我们准备估计 CACE，需要评估这项应用是否满足核心假定。无干扰性和独立性在本例中似乎是成立的。研究者在分析这个和其他数据集时发现，社会压力邮件对附近的邻居产生了弱溢出效应（spillover effect）。独立性也得到满足，因为随机分配以及样本缩减明显与干预分配无关。单调性则有一点不确定，因为很难知道样本中是否包含违抗者，即那些当且仅当没有被寄送邮件，才会在 2006 年选举中投票的被试。如果违抗者存在，我们仍然不清楚他们的 ATE（即第一次选举中投票对第二次选举中投票的平均效应）与遵从者的 ATE 是否有实质性差异。

在这个应用中，最难以满足的假定是可排除性。主要问题在于 2 年以后选民可能仍然记得收到过邮件。[1] 如果邮件本身或未来接收邮件的前景促进了投票，CACE 的估计值可能错误地被归结于习惯效应，但事实上应归结于社会压力。如果没有额外数据来显示 2 年后被试是否记得邮件，这种假设就不能被排除。[2] 因此，这里留下三个解释来说明为什么最初干预可能产生明显不同的下游效应：估计值受到抽样变异性影响；每个干预中不同遵从者的集合有不同的下游效应平均值；违反可排除性导致某些或所有下游估计值出现偏误。

尽管不能直接检验排除限制，但有时对一种特定违反（particular violation）的主张仍然是可以检验的。在投票习惯的情况下，有人可能推论邮件的记忆会随着时间的推移逐渐消退，但习惯是持续的。如果我们再追踪这些被试 2 年，能够继续发现投票率的提升吗？表 6-6 最底下几行显示，在最初干预的 4 年后干预效应仍然高度显著。2010 年的 ITT 估计值似乎只比 2008 年稍微弱了一点。

因为这项实验采用了 4 种版本的干预，理论上，我们可以估计 4 种稍微不同的遵从者的平均干预效应。例如，我们可以比较公民责任组与控制组，来估计 $ITT_D$ 和 ITT。我们可以对霍桑效应、自我以及邻里组重复这种操作。这个分析的结果具有指导性意义。精确度最小的 $\widehat{CACE}$ 估计值出现在公民责任和控制组的比较当中。这个估计值是有"杂音"的（实际上为负，尽管在统计上无法与零区分），表明只有 1.96% 的微弱 $\widehat{ITT_D}$。注意，随着 $\widehat{ITT_D}$ 的值逐渐增大，$\widehat{CACE}$ 的标准误会逐渐减小。最精确的 $\widehat{CACE}$ 估计值说明，2006 年诱导遵从者投票导致他

---

① 对排除限制用于习惯形成研究的其他评论参见 Gerber，Green and Shachar（2003）。例如，投票之所以会增加，是因为在当前选举中投票的人，在随后选举中将会受到政治竞选活动的更多关注。

② 在面临这种不确定性时，有时研究者可以进行一种敏感性检验（sensitivity test），改变一部分违反排除限制的 ITT，并检查产生的 2SLS 估计值的 $p$ 值。这种敏感性检验提供了一种指示，即在不改变统计推断的前提下，研究者在多大程度上可以遵循某项假定。我们提供了这种类型敏感性分析的一个例子，参见 http://isps.yale.edu/FEDAI。

们的投票率在 2 年后增加了 14.7%。

可以采用 2 种方式之一来考虑 4 种 $\widehat{\text{CACE}}$ 估计值。第一种是考虑不同被估计量的估计值。每种干预诱导一个不同的遵从者集合参加 2006 年的投票，对不同类型的人来说，这种参与的下游效应不需要相同。另外一种考虑 4 种 $\widehat{\text{CACE}}$ 估计值的方式，是将它们视为同样参数的 4 种不同估计值。从这种视角来看，遵从者的 4 个组足够相似，因此可以合理规定所有被试应当显示出相同的"习惯形成"平均效应。可以证明，习惯形成是一种广泛的假设，可能普遍适用于不同的选民类型。如果习惯形成的假设为真，在某次选举中无论什么原因提高了投票率，这种投票的增加都会在将来的选举中持续下去。从这个角度来说，追踪这个用各种干预来增加 2006 年投票率的实验，在设计上是有优势的。

当相同因果参数可以用不止一种方法来估计时，这个参数就被认为是过度识别（overidentified）的。这种信息剩余反映在使用 2SLS 进行估计的二方程系统中。第二阶段方程是结果变量的常用模型：

$$Y_i = \beta_0 + \beta_1 \text{VOTED}_i + u_i \tag{6.28}$$

我们感兴趣的关键参数是 $\beta_1$，即 CACE，假定其在所有遵从者集合中都相同。在第一阶段方程中，$\text{CIVIC}_i$、$\text{HAWTHORNE}_i$、$\text{SELF}_i$ 和 $\text{NEIGHBORS}_i$ 都是哑变量（dummy variable），用来标识 4 种干预条件。

$$\begin{aligned} \text{VOTED}_i = \alpha_0 &+ \alpha_1 \text{CIVIC}_i + \alpha_2 \text{HAWTHORNE}_i \\ &+ \alpha_3 \text{SELF}_i + \alpha_4 \text{NEIGHBORS}_i + e_i \end{aligned} \tag{6.29}$$

这 4 个变量作为被假定独立于 $u_i$ 的工具变量，这种假定遵循了排除限制以及使用简单随机分配将被试分配到干预的事实。2SLS 回归估计量可以得到式（6.29）中各个系数的组合，即产生 $\text{VOTED}_i$ 的最佳拟合（best-fitting）预测。这些从第一阶段式（6.29）中得到的预测（$\widehat{\text{VOTED}}_i$），在第二阶段式（6.28）中代替 $\text{VOTED}_i$，并且用回归来估计 $\beta_1$。在表 6-6 中最右边的列，显示 $\widehat{\text{CACE}}$ 的估计值为 15.69，标准误为 3.63。有趣的是，当我们使用 2010 年的投票作为结果变量重复这个操作时，得到非常类似的结果。$\widehat{\text{CACE}}$ 的估计值为 14.91，标准误为 3.74。应当强调的是，2008 年观测到的投票结果对分析 2010 年的结果没有用。这两组结果之间的相似性反映了一个事实，即 2008 年的 ITT 估计值碰巧与 2010 年的值相似。

过度识别带来了两个优势。一个优势是额外的精度：混合（pooled）的估计值与将每个干预组和控制组比较得到的估计值相比，具有更小的抽样变异性。另一个优势是评估拟合优度（goodness-of-fit）的能力。零假设是所有干预组的结果都由单一 CACE 产生，抽样导致了估计值中观测到的变异。备择假设是干预导致了 CACE 的变化。不能拒绝零假设这一结果，与 4 个组普遍存在类似的习惯形成过程这个假设一致。如图 6-2 所示，每个干预的 CACE 对应的置信区间相互重叠（overlap），正如从抽样变异性中预期的一样，一个过度识别的统计检验不能拒绝

2008 年结果和 2010 年结果的零假设。[①] 这个发现并不能证明单一 CACE 有作用，但却说明从 4 个 CACE 估计值中观测到的变异不大于我们预期的特定抽样变异。

更普遍的设计原则是，使用几个干预来产生一个实验效应，其反过来提供了用多种方式检验相同的下游假设的一个机会。在理想情况下，可以在探测一个普遍现象如习惯形成的同时，还能够满足对排除限制的考虑，研究者应该使用不同方式努力提高投票率，这些方式中有些令人难忘，而其他则不会。相同的原理可用于任何怀疑违反了可排除性假定的实验。假定对所有遵循最初干预的被试，都能产生相同的干预效应。如果想努力分离产生明显效应的因素，设计解决方案是实施替代干预。干预的变化越大，就越容易探测出与具体干预相关的排除限制违反。

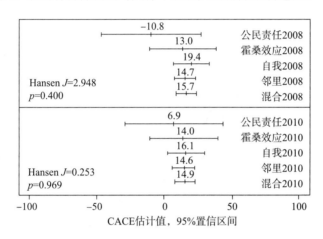

**图 6 - 2　使用多个干预作为工具变量来评估遵从者平均因果效应中的干预效应异质性**

注：水平线表示每个 CACE 估计值对应的 95％ 置信区间。Hansen $J$ 统计量提供了一种零假设检验，即单个 CACE 产生了所有 4 个 CACE 估计值。这个统计量不显著的事实，说明从所有 CACE 估计值中观测到的变异都不大于预期由抽样产生的变异。

## ▌ 小　结 _____

在控制组的某些被试接受了干预，以及干预组的某些被试没有接受干预时，双边不遵从就会发生。在被试能够获取干预，并有是否接受干预的自由裁量权时，双边不遵从是很普遍的。自然发生的随机化，如抽奖可以改变特定被试接受某种干预的概率（如上私立学校或应召入伍），常常会导致双边不遵从。双边不遵从也可能发生在使用鼓励设计的实验中，即诱导随机选择的被试接受干预，如观看电视节目。

_____

① Hansen $J$ 统计量提供了一种零假设检验，即单一 CACE 产生了所有 4 个 CACE 估计值。一个不显著的统计量说明，从所有 CACE 估计值中观测到的变异，不大于预期由抽样导致的变异。与本章计算置信区间使用的方法类似，为了近似这种检验统计量的抽样分布，这个检验需要依赖于式（6.28）和式（6.29）中关于误差项分布的假定。

双边不遵从涉及许多与单边不遵从相同的概念性挑战。在估计因果效应时，分析者必须对分配干预与实际干预进行区分，注意比较随机分配产生的组，而不是比较随机分配后形成的组。比较接受干预被试与没有接受干预被试的结果平均值，是一种非实验研究策略，往往导致偏误。

不遵从改变了对实验估计值的解释。不同于平均干预效应的估计，研究者估计的是意向干预效应或遵从者平均因果效应。意向干预效应是指干预分配对结果的效应，忽略了分配导致的实际干预率。遵从者平均因果效应指的是那些具有某个特别潜在结果配置的被试的 ATE：如果被分配到干预组就接受干预，如果被分配到控制组就不接受干预。在双边不遵从情景下，哪些被试属于遵从者仍然是未知的。对实验结果的解释有两种约束。第一，由于实验估计值指的是遵从者的因果效应，而不是整个样本的，因此实验结果的推广性有限。第二，由于遵从者是谁并不确定，这意味着将结果推广到其他干预、其他被试和其他设置时，研究者必须小心谨慎。

双边不遵从带来的主要复杂问题是被试群体中可能包含违抗者，即如果被分配到控制组就接受干预，如果被分配到干预组就不会接受干预的被试。在分析具有双边不遵从的实验结果时，研究者必须援引一个新的假定，即单调性假定。这个假定认为，被分配到干预条件不会接受干预的任何被试，在被分配到控制条件时也不会接受干预。[1] 正式地，对所有 $i$，有 $d_i(1) \geq d_i(0)$。单调性排除了违抗者。在核心假定如单调性、可排除性、无干扰性和独立性都满足时，遵从者平均因果效应可以从实验数据进行实证估计。估计量是随机分配对结果的意向干预效应估计值，除以随机分配对实际干预的意向干预效应估计值。这个估计量具有一致性，也就是说，随着样本规模的增加，其收敛于真实的 CACE。较高的遵从率将有助于估计；在其他条件一样的情况下，随着遵从者比例的提高，标准误将减少，由于违反可排除性假定，使估计量产生偏误的可能性也在降低。

产生双边不遵从的一类重要的应用是随机干预的下游分析。这里，某项随机干预对某个结果 $Y_i$ 产生了实验效应；随后研究者检验了这种外生变化反过来是否影响（我们）感兴趣的其他结果，也许是在非常不同的实质领域中。对下游效应进行探讨，不可避免地会提出对可排除性假定有效性的疑问。一种回应是通过设计实验来改变 $Y_i$ 被操纵的形式，以便实证性地解决这些问题。

### □ 建议阅读材料

Angrist（2006）提供了对明尼苏达州家庭暴力实验中双边不遵从的一个容易理解的讨论 。技术性更强的讨论可以参见 Angrist，Imbens and Rubin（1996）。对单调性假定的更多分析，可以参见 Bhattacharya，Shaikh and Vytlacil（2008）。参见 Green and Gerber（2002）对下游实验的介绍。

### □ 练习题：第 6 章

1. 下面 3 个数量值的形态相似但内容不同。描述这些差异。

---

[1] 另一个替代假定是违抗者与遵从者的 ATE 相同，在这种情况下违抗者的存在不会引入偏误。

$$E\{Y_i[d(1)]|D_i=1\}$$
$$E\{Y_i[d(1)]|d_i(1)=1\}$$
$$E\{Y_i[d(1)]|d_i(1)=d_i(0)=1\}$$

2. 下面的表达式出现在 CACE 定理的证明中。解释表达式中每一项的含义，并说明为什么表达式整体上等于零：

$$E\{Y_i[d(1)]|d_i(1)=d_i(0)=0\}-E\{Y_i[d(0)]|d_i(1)=d_i(0)=0\}$$

3. 假定满足可排除性和无干扰性假定，下列陈述是真还是假？解释你的理由。

（a）在遵从者中，ITT 等于 ATE。

（b）在违抗者中，ITT 等于 ATE。

（c）在永远接受者和从不接受者中，ITT 和 ATE 均为零。

4. 在分析具有双边不遵从的实验时，为什么将遵从者界定为"如果被分配到干预组就接受干预的人"是不正确的？

5. 假设一个样本中包含了 30％的永远接受者，40％的从不接受者，15％的遵从者以及 15％的违抗者。$ITT_D$ 是多少？

6. 假设违反了单调性假定，一个样本中同时包含遵从者和违抗者。用 $\pi_C$ 表示遵从者被试所占的比例，用 $\pi_D$ 表示违抗者被试所占的比例。说明如果（ⅰ）违抗者的 ATE 等于遵从者的 ATE，（ⅱ）$\pi_C \neq \pi_D$，CACE 仍然可以被识别。

7. 在具有单边不遵从的实验中，接受干预被试的 ATE（有时被称为接受干预者的平均干预效应或 ATT）与 CACE 相同，因为只有遵从者接受干预。解释为什么在双边不遵从情况下，ATT 与 CACE 不再是相同的。

8. 在密尔沃基家庭暴力实验中，研究者与警察进行了合作，在遇到涉及家庭暴力的案件时，会将警察分配到三种干预之一：指示警察逮捕犯罪者并约束一晚、逮捕犯罪者但在短期内将其释放，或者发布警告。[①] 表 6-7 呈现了分配干预和实际干预的完整分解结果，以及三种干预条件下观测到的随后的逮捕率。

表 6-7　　　密尔沃基家庭暴力实验中的分配干预、实际干预和结果

| | | 分配干预 | | |
|---|---|---|---|---|
| | | 完整逮捕 | 短暂逮捕 | 警告 |
| 实际干预 | 完整逮捕 | 400 | 13 | 1 |
| | 短暂逮捕 | 1 | 384 | 1 |
| | 警告 | 3 | 1 | 396 |
| | 总数 $N$ | 404 | 398 | 398 |
| 随后结果 | 举报犯罪者的热线电话 | 296 | 301 | 261 |
| | 犯罪者稍后被逮捕 | 146 | 157 | 151 |

① Sherman et al.，1992.

（a）考虑一种分配与实际干预的简化编码，将被试分为两类：逮捕与没逮捕。评估在这个应用例子中无干扰性、可排除性以及单调性假定的合理性。

（b）假设满足这些核心假定，在给定的简化干预分类下，计算 $\widehat{ITT_D}$、$\widehat{ITT}$ 和 $\widehat{CACE}$ 并解释结果。

（c）假设不满足单调性，对 $\pi_{NT}$、$\pi_{AT}$ 和 $\pi_C$ 的最大值与最小值，简化干预的结果能提供什么建议？

（d）当我们考虑三种干预分配和三种实际干预形式的全排列时，就会引入更多复杂性。在两种分配干预和两种实际干预的情况下，我们有四种被试类型（遵从者、违抗者、从不接受者与永远接受者）。如果有三种干预分配和三种实际干预形式，被试的类型又有多少种？

（e）如果你做出下面的"单调性"规定，会有多少种被试类型？（ⅰ）如果被分配到警告就被完整逮捕的任何人，在被分配到短暂逮捕或完整逮捕时，也将被完整逮捕；（ⅱ）如果被分配到短暂逮捕就被完全逮捕的任何人，在被分配到完全逮捕时，也将被完全逮捕；（ⅲ）如果被分配到警告就被短暂逮捕的任何人，在被分配到短暂逮捕时，也将被短暂逮捕；（ⅳ）如果被分配到逮捕就被警告的任何人，在被分配到警告时，也将被警告。

9. 在研究征兵对阿根廷犯罪活动的影响时，加利亚尼、罗西和沙格罗斯基使用了一个 1958 年到 1962 年间出生的男性的同期群的征兵抽签号、服兵役和官方起诉记录，如果某个人的征兵抽签号导致他被征召，征兵资格就取值为 1，否则为 0。[1] 征兵抽签号是通过从罐中取球来随机选择的。如果这个人在军队中实际完成了服役，服兵役取值为 1，否则为 0。如果这个人有严重犯罪的起诉司法记录，随后的犯罪活动取值为 1。对于一个有 5 000 个观测值的样本，作者报告的 $\widehat{ITT_D}$ 是 0.658 7（SE＝0.001 2），$\widehat{ITT}$ 是 0.001 8（SE＝0.000 6），$\widehat{CACE}$ 是 0.002 6（SE＝0.000 8）。作者注意到，这个 $\widehat{CACE}$ 意味着服过兵役后被犯罪起诉的概率增长了 3.75%。

（a）解释 $\widehat{ITT_D}$、$\widehat{ITT}$ 和 $\widehat{CACE}$，以及它们的标准误。

（b）作者注意到，4.21% 的被试不符合征兵要求却在军队中服役。基于这个信息以及上面显示的结果，计算在单调性假定下从不接受者、永远接受者以及遵从者的比例。

（c）讨论在这个例子中，单调性、无干扰性以及可排除性假定的合理性。如果某个假定在你看来是不合理的，指出你认为 $\widehat{CACE}$ 是朝上偏还是朝下偏。

10. 在对印度尼西亚选举监督的研究中，海德随机分配国际选举观测员去监督特定的投票站。[2] 这里，我们考虑她的实验中的一个子集，该子集中有大约 20% 的村庄被分配到干预组。由于道路崎岖以及时间限制，在 409 个被分配到干预组

实地实验：设计、分析与解释

---

① Galiani, Rossi and Schargrodsky, 2010.

② Hyde, 2010.

的投票站中，观测员只监督了 68 个。观测员也监督了 1 562 个控制组投票站中的 21 个。这里因变量是投票站官员宣布无效的选票数量。

（a）单调性在本例中是合理的假定吗？

（b）在单调性假定下，你估计被试（投票站）中有多大的比例是遵从者、从不接受者以及永远接受者？

（c）解释在这个实验情景下无干扰性假定的含义。

（d）在 http：//isps. yale. edu/FEDAI 中下载本例的样本数据集，并估计 ITT 和 CACE。解释这些结果。

（e）使用随机推断来检验精确零假设，即对任何投票地点都没有意向干预效应。解释这些结果。说明为什么检验所有被试的 ITT 为零的零假设，与检验所有遵从者的 ATE 为零的零假设，服务于同样的目的。

11. 在 2002 年到 2005 年之间进行的一项大规模实验，评估了 Head Start 项目的效果，该项目是一项学前强化项目（preschool enrichment program），用于改善儿童的入学准备度。[①] 实验分配的干预是鼓励一个合格（低收入）家长的全国代表性样本，录取他们 4 岁的孩子加入 Head Start 项目。总共有 1 253 名儿童被分配到 Head Start 干预中，其中 79.8% 的儿童实际参加了 Head Start 项目；855 名被分配到控制组（13.9%）的儿童同样参加了 Head Start 项目。一个感兴趣的结果是学前认知技能，它会在为期一年的干预结束时显示。研究负责人报告，被分配到干预组的学生的平均分为 365.0 分，而被分配到控制组的学生的平均分为 360.5 分，双尾检验的 $p$ 值为 0.041。2 年以后，学生们完成了一年级的学业，基于认知技能测试的一年级平均分数，干预组是 447.7 分，而控制组是 449.0 分，双尾检验的 $p$ 值为 0.380。

（a）估计这个实验的 CACE，使用学前认知技能测试得分作为结果变量。

（b）估计这个实验的 CACE，使用一年级认知技能得分作为结果变量。

（c）估计学前认知技能对一年级认知技能的下游效应平均值。提示：将 ITT（将一年级认知技能对分配干预进行回归）的估计值除以 $ITT_D$（将学前认知技能对分配干预进行回归）的估计值。[②] 解释你的结果。本例中识别这个下游效应要求的假定是合理的吗？如果不合理，你预期这个明显的下游效应是过高估计还是过低估计？

---

① 参见 Puma et al.（2010）。我们这里关注的只是研究的一部分，即 4 岁被试的样本。

② 当干预是连续的时（本例中加入学前技能），对 2SLS 估计量统计性质的讨论，参见 Angrist and Pischke（2009，pp. 181 - 186），尤其参见该书中的定理 4.5.3，以及在干预强度不同时，获取"平均因果响应"所需的增强假设集。

## 第 7 章

# 样本缩减

 **本章学习目标**

（1）用于划分不同缩减类型的术语。

（2）了解在什么统计条件下缩减会导致 ATE 估计量有偏。

（3）分析具有缺失数据实验的非参数方法。

（4）减轻缩减效应的研究设计。

211　　回忆第 2 章中，我们用简单随机分配将被试分配到干预组与控制组中，这意味着干预组的结果平均值是样本群 $Y_i(1)$ 平均值的一个无偏估计量。同样地，控制组的结果平均值是被试群的 $Y_i(0)$ 平均值的一个无偏估计值。因此，干预组平均值与控制组平均值之差，提供了一个平均干预效应的无偏估计量。这种描述隐含的意思是，无论如何，假定研究者观测了所有实验被试的结果，这些被试要么被分配到干预组，要么被分配到控制组。

当结果数据缺失时，就发生了样本缩减（attrition）。某些缩减形式对无偏推断产生了严重的威胁。当缩减与潜在结果系统相关时，从数据集中移除观测值，意味着剩下的被分配到干预组或控制组的被试不再是构成最初被试集合的随机样本，因此，对各组平均值的比较不再是平均干预效应的无偏估计量。

为什么某项实验在测量某些被试的结果时可能失败？缩减的来源差异很大：

● 被试可能拒绝与研究者合作。使用调查方法来测量结果时通常可以发现某些被试不愿意填写干预后问卷。

● 研究者失去与实验被试的联系。这种实质性缩减经常发生，例如，因为被试会改变住址或名字，研究者就使用行政管理数据（administrative data）来调查某项干预的长期效应。

● 企业、组织或者政府机构阻止研究者获取结果。这个问题在关注敏感主题

实地实验：设计、分析与解释

的实验当中尤其常见，如腐败或竞选暴力。

● 某些被试的结果变量在本质上不能获得。例如，对职业培训项目的评估可能计划测量被试 6 个月之后的工资，但是这个结果对没有工作的被试是无法测量的。

● 研究者故意丢弃观测值。可能是考虑欠妥，实验室研究者有时会将被试排除在分析之外，因为这些被试似乎不能理解实验指示或没有能够严肃对待实验情景。

当缩减发生时，研究者观测到某些被试的结果并缺失了其他被试的数据。在分析实验结果时，研究者可能会选择排除具有缺失结果的被试。这种方法是有风险的。如果缩减与某个被试的潜在结果有系统性的相关，只分析剩下的观测值可能产生平均干预效应的有偏估计值。

为了理解从实验结果进行因果推断时，缩减如何会导致问题复杂化，考虑一个 RAND 健康保险实验的例子。[①] 20 世纪 70 年代中期，位于 6 个地理区域中的大量美国家庭被征募到一项实验中，实验用一项随机分配的保险计划取代他们当前的健康保险或公共健康福利。这项实验分别承担各个家庭 5％、50％、75％ 或 100％ 共 4 种比例的健康支出；为了给前 3 种比例的实验组家庭提供保险来避免灾难性财务损失，实验性的保险计划将承担超过 1 000 美元（或者，对于低收入家庭超过年收入的特定比例）的医疗开支。[②] 为了鼓励每个组的被试参与研究，这些家庭得到了慷慨的财务激励，以便它们"不会由于参与项目而遭受财务损失"。[③] 折合为 1974 年的美元，这项实验大约花费了 8 000 万美元，基于通货膨胀因素对其进行调整后，折合为 2010 年的美元，超过了 3 亿美元。

这项实验的基本发现非常引人注目。研究进行了 3～5 年后，在这项保险计划中，被要求用现金（out-of-pocket）支付更大份额医疗开支的参与者，门诊（physician visit）次数明显更少，并且入院率（rate of hospital admission）明显更低。总的来说，保险计划支付 100％ 医疗开支的被试与保险计划仅支付 5％ 医疗开支的被试相比，多消费了 46％ 的医疗服务。更重要的是，基于大量不同的健康评估，平均来说这些接受免费医疗的人并没有更健康。政策分析者解释这种结果时认为，要求人们支付他们医疗支出相当大份额的保险安排，"对普通人来说并没有对健康结果产生不利影响"[④]。

然而，这些结论是基于统计分析的并排除了退出研究的人。纽豪斯（Newhouse）报告说，在完成基线调查之后，有 8％ 被分配到免费医疗组的人拒绝参与项目，与此相反，被分配到只覆盖 5％ 医疗支出的人中有 25％ 的拒绝率。[⑤] 实验招募结束后，3～5 年的研究期间发生了进一步缩减。纽豪斯报告称，在要求被试支付健康服务的实验组中退出实验更加常见。[⑥] 在被分配到免费计划的 1 294 位成年参与者中，有 0.4％ 的人自愿退出实验；在被分配到成本分摊计划之一的 2 664 位

---

[①] Newhouse, 1989.

[②] 考虑通货膨胀后，1974 年的 1 000 美元转换为 2010 年的美元大约是 4 300 美元。

[③] Newhouse, 1989, p. 35.

[④] Gruber, 2006, p. 4.

[⑤] Newhouse, 1993, p. 18.

[⑥] Newhouse, 1993, p. 24.

参与者中，有 6.7% 的人自愿退出实验。[1]

这种缩减模式引起了人们的关注，要求支付部分医疗支出的实验条件下的被试退出研究是为了保持他们现有的医疗保障，因为他们预期到会发生严重的健康问题。鉴于这种选择问题，在免费计划中对医疗服务利用的明显增加，可能部分反映了一个事实，即选择参加并留在共同支付（co-payment）计划中的人预期有更少的健康问题，而那些预期有严重健康问题的人则会退出要求共同支付的实验组。从另一方面看，这种推测可能是错误的。缩减可能是良性的：尽管对共同支付的担忧无疑会导致某些被试退出研究，但是退出研究的人的未被测量的健康结果和医疗消费平均来说与留下的人可能没有不同。对结果数据缺失问题有几种合理的解释，我们常常不能确定哪一种解释是正确的。

这项研究与缩减相关的议题对本章主题提供了一个预览。缩减迫使研究者做出缺失的统计属性假定。一个关键议题是具有结果缺失的被试，平均来说与结果数据可得的被试是否具有相同的潜在结果期望值。

214　　尽管缩减减少了有效样本规模并因此增加了标准误，当缺失状态与潜在结果独立时，忽略缺失数据并比较组间平均值仍然可以产生无偏推断。由于缺失结果按照定义是不可获得的，因此不能直接评估缺失与潜在结果是否存在系统性相关，尽管可能使用间接证据来评估。例如，纽豪斯报告称在 6 个地点中有 2 个拒绝参与研究，并且与上一年度分配到其中一个成本分摊计划的被试住院率正相关。但这种相关性很弱而且在统计上不显著。[2] 纽豪斯也指出干预前健康结果的平均值与医疗利用率在没有被试退出研究的实验组中是类似的。如果假定之前的健康结果预示了后来不能测量的潜在结果，就可以将这种证据解释为缺失状态与潜在结果独立，从而忽略缺失数据也不会导致偏误。

另外一种建模的方法是假设缩减与潜在结果独立，这里潜在结果属于由被试背景属性定义的亚组。例如，纽豪斯报告说拒绝加入分配的项目与年龄及教育存在相关性。[3] 如果缩减与潜在结果不相关，一旦我们关注特定年龄和教育水平的人，就可以获得平均干预效应的无偏估计值，通过对数据进行再加权（reweight）来"填补"由于缩减而耗尽的年龄/教育空格（cell）。再加权是本章我们讨论的第一种解决缩减问题的方法。

第二种解决缩减问题的方法是猜测退出研究者的缺失值。一种途径是探索最坏的情况，填入最极端的可能取值——实际上，即假定不同实验组中消失的人极端健康或者极端不健康。一种相关的方式是"修剪"（trim）免费医疗组的观测值，抛弃最健康的（或相反，最不健康的）被试，直到其缩减率与成本分摊组的缩减率一样高。

解决缩减问题的第三种方法是从缺失被试中搜集更多数据。在健康保险实验中，尽管对拒绝参与的人不能进行结果测量，最终仍然搜集到占 77% 开始参与但

---

　　① 非自愿退出实验也有发生，因为服兵役、制度化、残疾医疗保障或死亡等原因。未能完成数据搜集表格同样导致从研究中进行排除（Newhouse, 1993, p. 24）。

　　② Newhouse, 1993, p. 23.

　　③ Newhouse, 1993, p. 18.

稍后退出者的健康结果。因为追踪很大部分的缺失被试非常昂贵，尤其是在缺失率非常高时，我们将讨论一个研究设计的统计特性，这种设计集中对有缺失结果被试的一个随机样本增加测量强度。我们发现，在一定条件下，这种随机抽样策略是解决偏误威胁的一种符合成本效益的方法。

本章首先对缩减及其统计后果进行正式讨论。其次，在解释缩减导致偏误的 *215*条件之后，我们描述了解决缩减问题的各种统计方法。一些最常见的统计补救方法需要诉诸缺失与潜在结果间关系的较强假定，[①] 我们关注的是有较弱的假设但结果存在模棱两可的方法，仅对整个样本或特定实验组的平均干预效应设定界限。最后，我们提出了一种数据搜集策略，试图对一个随机选择的缺失观测值子集填补缺失值。我们总结了缩减造成困惑的常见来源以及解决这些问题的方式。总之，缩减导致的问题并没有完美的解决方法，可以尝试使用数据分析和补充数据搜集来抑制缩减相关问题，但是最好的解决方法是在设计或实施研究时最小化缩减甚至完全消除它。

## 7.1 缩减导致偏误的条件

为了帮助讨论缩减问题及其估计方面的后果，我们引入某些新的符号。这个符号系统背后的关键思想是"缺失"本身就是一种潜在结果——一个被试结果是否被报告取决于被试被分配到的实验组。为了陈述方便，这一节假定分配的干预（$z_i$）等于每个被试实际接受的干预（$d_i$）。

对每个被试 $i$，我们定义潜在结果 $Y_i(z)$，$z\in(0，1)$。因为本章我们假定干预分配与接受干预相同，因此当被试 $i$ 未被干预时 $z=0$，被干预时为 1。如果没有缩减，我们观测到 $Y_i=Y_i(0)(1-z_i)+Y_i(1)z_i$，即我们要么观测到 $Y_i(0)$，要么观测到 $Y_i(1)$，这取决于被试被分配到干预组还是被分配到控制组。缩减阻碍了我们测量某些被试的 $Y_i$。为了捕捉这种可能性，我们定义一个新的潜在结果为 $r_i(z)$，表示当干预分配是 $z$ 时，被试 $i$ 的结果数据是否被报告。当结果被报告时，令 $r_i=1$；当结果缺失时，令 $r_i=0$。某个被试的结果是被报告还是缺失，取决于被试被分配的组。注意无干扰性假定已经被应用于缩减：潜在结果 $r_i(1)$ 和 $r_i(0)$ 只取决于被试自身的干预分配。将符号汇集在一起，能观测到并报告的结果 $r_i$ 由每个被试的干预分配以及潜在结果决定：

$$r_i=r_i(0)(1-z_i)+r_i(1)z_i \tag{7.1}$$

当 $r_i$ 的某些取值为 0 时就会发生缩减。因为观测到的 $r_i$ 取决于干预分配，某些被 *216*试有潜在缩减的可能性，即使没有实际缩减发生。在讨论干预与干预分配时，按照我们使用符号的习惯，用小写的 $r_i$ 来描述被试 $i$ 是否在某个过去的实验中报告了结果，用大写的 $R_i$ 来表示被试 $i$ 是否在一个假想的实验中报告了结果。这里的

---

① 参见"建议阅读材料"部分。

$r_i$ 指的是一个固定数量，而 $R_i$ 指的是一个随机变量。

需要多解释一下观测到的结果 $Y_i$。这里介绍的缺失模型预先假定有一个潜在的 $Y_i(0)$ 或者 $Y_i(1)$，其取值要么是研究者已知要么是未知，取决于 $r_i$ 是否为 1。与其用复杂的符号 $Y_i[z, r(z)]$ 表示潜在结果，我们假定潜在结果 $Y_i(0)$ 或 $Y_i(1)$ 无论是否报告了结果都不受影响。正式地，这个简化的假定相当于一个排除限制假定：$Y_i(z) = Y_i[z, r(z)=1] = Y_i[z, r(z)=0]$。这些潜在结果基于以下规则被转换为观测到的结果：

$$Y_i = Y_i(0) + [Y_i(1) - Y_i(0)]z_i，如果 r_i = 1；$$
$$Y_i 缺失，如果 r_i = 0 \tag{7.2}$$

有了这种符号后，让我们看看缩减如何导致偏误。回忆一下平均干预效应（ATE）是整个被试集合的潜在结果 $Y_i(1)$ 和 $Y_i(0)$ 的平均值之差。在观测整个干预组和控制组的结果时，干预组的结果是被试群体 $Y_i(1)$ 的一个随机样本。控制组的结果是 $Y_i(0)$ 取值的一个随机样本。每个实验组的结果平均值提供了一个 $\mu_{Y(1)}$ 和 $\mu_{Y(0)}$ 的无偏估计值。在缩减发生时，我们记录了结果的那些被试不再是被试群的代表。因此，一般来说，$Y_i(1)$ 和 $Y_i(0)$ 观测值的平均值之差不能产生 ATE 的一个无偏估计值。

例如，在干预条件下潜在结果的期望值可以写成可观测被试的结果与缺失被试结果的加权平均值：

$$E[Y_i(1)] = E[R_i(1)]E[Y_i(1)|R_i(1)=1]$$
$$+ \{1 - E[R_i(1)]\}E[Y_i(1)|R_i(1)=0] \tag{7.3}$$

同样地，控制组的结果期望值为：

$$E[Y_i(0)] = E[R_i(0)]E[Y_i(0)|R_i(0)=1]$$
$$+ \{1 - E[R_i(0)]\}E[Y_i(0)|R_i(0)=0] \tag{7.4}$$

因此，ATE 可以表示为：

$$E[Y_i(1) - Y_i(0)] = E[R_i(1)]E[Y_i(1)|R_i(1)=1]$$
$$+ \{1 - E[R_i(1)]\}E[Y_i(1)|R_i(1)=0]$$
$$- E[R_i(0)]E[Y_i(0)|R_i(0)=1]$$
$$- \{1 - E[R_i(0)]\}E[Y_i(0)|R_i(0)=0] \tag{7.5}$$

217 通过比较，当我们将平均值限制在无缺失值的被试时，潜在结果之差的期望值为：

$$E[Y_i(1)|(R_i(1)=1)] - E[Y_i(0)|(R_i(0)=1)] \tag{7.6}$$

比较式（7.5）和式（7.6）我们看到，根据 $R_i(z)$ 与 $Y_i(z)$ 之间的关系，所有被试的 ATE 与无缺失被试的 ATE 可能相当不同。一种特殊情况是当随机变量 $R_i(z)$ 和 $Y_i(z)$ 相互独立时，两个值是相同的。那么：

$$E[Y_i(1)|R_i(1)=1] = E[Y_i(1)|R_i(1)=0] \tag{7.7}$$

以及

$$E[Y_i(0)|R_i(0)=1]=E[Y_i(0)|R_i(0)=0] \tag{7.8}$$

在这种特殊情况下，式（7.5）简化为式（7.6），说明当缺失与 $Y_i$ 的潜在结果无关时，被试群的 ATE 等于无缺失被试的 ATE。

为了感受当式（7.7）与式（7.8）的特殊条件不能满足时，偏误是如何产生的，考虑表 7-1 描述的假想潜在结果的一览表。表中显示了潜在结果 $R_i(z)$ 和 $Y_i(z)$ 如何显示为观测到的结果。所有 8 个被试的平均干预效应都可以通过比较干预 $Y_i(1)$ 与未干预状态 $Y_i(0)$ 的潜在结果平均值计算得到。将各列的数值进行平均后得到：$E[Y_i(0)]=44/8=5.5$ 以及 $E[Y_i(1)]=60/8=7.5$。这些数值之差就是 ATE，等于 2。

表 7-1               8 个被试的假想潜在结果

| 观测值 | $Y_i(0)$ | $Y_i(1)$ | $r_i(0)$ | $r_i(1)$ | $Y_i(0)|r_i(0)$ | $Y_i(1)|r_i(1)$ |
|---|---|---|---|---|---|---|
| 1 | 3 | 8 | 0 | 1 | 缺失 | 8 |
| 2 | 3 | 7 | 0 | 1 | 缺失 | 7 |
| 3 | 8 | 10 | 1 | 1 | 8 | 10 |
| 4 | 7 | 8 | 1 | 1 | 7 | 8 |
| 5 | 6 | 6 | 0 | 0 | 缺失 | 缺失 |
| 6 | 5 | 8 | 1 | 1 | 5 | 8 |
| 7 | 6 | 6 | 1 | 0 | 6 | 缺失 |
| 8 | 6 | 7 | 1 | 1 | 6 | 7 |

然而，当存在缩减时，我们不能再观测到所有被试的 $Y_i$ 值。在表 7-1 中，缩减通过最后两列的条目"缺失"来表示。对被试 5，$Y_i(0)$ 和 $Y_i(1)$ 都没有报告。对被试 1、2 和 7，结果是否缺失取决于被试是否接受干预。如果我们比较无缺失潜在结果的平均值，可以发现 $E[Y_i(0)|R_i(0)=1]=32/5=6.4$ 以及 $E[Y_i(1)|R_i(1)=1]=48/6=8$。干预与未干预状态下观测到的潜在结果平均值之差为 1.6。注意这个数值不等于真实的平均干预效应，后者的值为 2。如果我们将被试随机分配到干预组和控制组，并比较每组 $Y_i$ 观测值的平均值（忽略缺失观测值），平均来说我们会发现差值为 1.6，而不是 2。由于缩减，均值差估计量是有偏的。

在本例中，缩减导致了偏误，因为缺失与 $Y_i(z)$ 相关。检查表格可以发现一个趋势，$Y_i(z)$ 的值越低越容易缺失，当被试被分配到控制组而非干预组时，更多的被试会缺失。例如，被试 1 和 2 的 $Y_i(0)$ 的低值从来没有被观测到，其导致控制组中 $Y_i(0)$ 结果的平均值膨胀，反过来减少了干预组与控制组平均值中观测到的差值。这种模式解释了为什么只使用无缺失数据得到的 ATE 估计值低于真实的 ATE。另外一种追踪偏误的方法是用表 7-1 中的对应取值来填补式（7.5）：

$$E[Y_i(1)-Y_i(0)] = \frac{6}{8} \times \frac{48}{6} + \frac{2}{8} \times \frac{12}{2} - \frac{5}{8} \times \frac{32}{5} - \frac{3}{8} \times \frac{12}{3} = 2 \tag{7.9}$$

只比较干预组与控制组观测到的结果等价于只比较这个式子中 2 个阴影处的值。

218

在本例中，比较观测到的组均值是否揭示了任何感兴趣亚组的平均干预效应？回忆一下在第 5 章和第 6 章中我们根据他们被分配到干预组时的潜在遵从性将被试群分区后形成的亚组。我们发现有时候干预组和控制组结果的比较，可用于计算某个亚组干预的因果效应估计值。"遵从者"这个类比提出了一个问题：式（7.9）是否与某些亚组的 ATE 相关？式（7.6）可以重写成：

$$E\big[Y_i(1)\,|\,(R_i(1)=1)-Y_i(0)\,|\,(R_i(0)=1)\big]$$
$$=\underbrace{E\big[Y_i(1)\,|\,(R_i(0)=1)-Y_i(0)\,|\,(R_i(0)=1)\big]}_{\text{未干预时报告的被试 ATE}}$$

$$+\underbrace{E\big[Y_i(1)\,|\,(R_i(1)=1)-Y_i(1)\,|\,(R_i(0)=1)\big]}_{\text{异质性}} \tag{7.10}$$

式子的左边是无缺失被试结果的期望差值，右边包括两项。第一项是未干预时能 _219_ 观测到的被试 ATE。第二项表示的是"异质性"（heterogeneity）：两种被试接受干预结果的平均值之差，一种是如果被干预 $[R_i(1)=1]$ 就能观测到的被试，另一种是如果未干预 $[R_i(0)=1]$ 就能观测到的被试。在表 7-1 的例子中，异质性效应为正，因为具有较低潜在结果的被试往往会缺失，因此干预效应为正。因此，干预导致某些观测值能被观测到，而如果被分配到控制组则会缺失。

将式（7.10）用于表 7-1 来说明如何将观测到的差值 1.6 划分为两个部分：（1）如果被分配到控制组其结果就能被记录的被试 ATE；（2）异质性。

$$1.6=\frac{7}{5}+\left(8-\frac{39}{5}\right)=1.4+0.2 \tag{7.11}$$

这个重要的问题相当令人清醒。不仅均值差估计量无法获得整个被试群的 ATE，也无法获得任何有意义亚组的 ATE。总之，简单将缺失观测值排除的分析方法会产生误导性结果。注意，在计算汇总统计量或回归估计值时，大多数统计软件将排除有缺失结果的观测值作为缺省设置。

## 7.2 特殊形式的缩减

当数据的"缺失与潜在结果独立"（missing independent of potential outcomes，MIPO）时，就会发生一种相对无害（innocuous）的缩减。正式的表述是，数据缺失与潜在结果独立（MIPO），如果：

$$Y_i(z)\perp\!\!\!\perp R_i(z) \tag{7.12}$$

用语言表述，这种独立性条件意味着，知道某个被试的结果是否有潜在缺失不能给你任何关于 $Y_i(1)$ 或 $Y_i(0)$ 取值的线索。[①] 偶尔，这种条件可以由研究设计本身

---

[①] 这个假定在某种程度上不同于 Little and Rubin（1987）的"完全随机缺失"假定，后者指的是缺失和所有潜在结果值与协变量之间的独立性。

来满足。例如，调查实验（survey experiment）有时会将被试划分为随机亚组，并使用不同的题项测量每组的结果。[①] 在这种情况下，一个随机程序创建了缺失，随机缺失意味着 $R_i(z)$ 不仅独立于潜在结果，也独立于背景属性。通常，数据缺失与结果独立的主张并非源于随机程序而是某种关于未知过程的假定，在这个过程中某些观测值被记录，而其他的缺失。

当数据缺失与潜在结果独立时，就可以应用式（7.7）和式（7.8）的特殊条件。正如上面所看到的，这些条件意味着观测到结果中的 ATE 等于整个样本的 ATE：

$$E[Y_i(1)|R_i(1)=1]-E[Y_i(0)|R_i(0)=1]=E[Y_i(1)]-E[Y_i(0)] \quad (7.13)$$

直观地，如果缺失与潜在结果之间没有系统性关系，干预组中观测结果的平均值会期望等于 $Y_i(1)$ 潜在结果的平均值。同样的论点也适用于控制组。作为一个理想实验，假设你拥有 5 个观测值。如果你采用程序随机抛弃其中 2 个观测值，剩下 3 个观测值的期望值是否等于 5 个观测值的平均值？答案：是。这就是均值差估计量在出现随机缺失时，仍然是一种 ATE 的无偏估计量的原因。

尽管缺失与潜在结果独立不能直接被验证，但是可以搜集关于其合理性的某些环境证据。这种间接的方法开始于随机缺失模型，并评估了其经验充分性。如果缺失确实是由一个删除结果数据的随机程序带来的，我们预期 $r_i$ 和被试的背景属性或实验分配之间没有系统性关系。运用在第 4 章中描述的随机化检查的逻辑，我们可以将随机缺失假定转换为一种统计检验，并用随机推断来评估：将 $r_i$ 对预后协变量和使用分配回归，会产生一项 $F$ 检验统计量，当与 $F$ 统计量的抽样分布比较时，这项 $F$ 检验统计量不显著。这个分析有启发性，但仍然存在局限性。随机缺失被假定成立，除非统计证据显示不成立。无法拒绝随机缺失的零假设，并不能证明缺失与潜在结果是不相关的。自行支配的协变量中可能不包括缺失的系统来源，这种来源对潜在结果有预测性。相反，拒绝随机缺失的零假设并不一定意味着均值差估计量有偏。原则上，缩减可能产生具有相同偏误的 $E[Y_i(1)]$ 和 $E[Y_i(0)]$ 估计值，在这种情况下估计 ATE 并没有净偏差（net bias）。

由于实际的实验中获得的数据很少会根据某些随机程序来删除，MIPO 通常被当作一种类比。研究者在面对缩减时，往往依据他们对如何以及为什么会发生缺失的理解，来评价这个假定是否为一种合理的近似。例如，在选民动员实验中，有时某个小镇记票员未能及时记录谁投了票，导致住在小镇的被试的结果数据缺失。这种特殊行为不大可能与这些缺失被试的潜在结果大小相关，尽管永远不能肯定如此。作为经验规则，当被试对是否报告他们的结果没有自由裁量权时，这种 MIPO 的情况被加强了。例如，考虑一项实验测量学年开始为二年级学生提供额外数学辅导的效应。对结果的测量使用学年中期数学测试的成绩。某些二年级学生在测试当天可能不在学校，但不大可能有许多人为了避免参加考试而不来学校，经验规则不能保证解决偏误，然而，即使这个例子强调 MIPO 假定有多强：

---

① Allison and Hauser，1991.

缺课频率与学生的学习表现仍然可能相关，可能是受到了干预的影响。如果干预导致某些学习成绩较差的学生参加测试，平均干预分值将会下降。缩减可能因此导致研究者低估了干预效应。

另一种假定是，以干预前协变量为条件，缩减与潜在结果不相关，这些协变量用 $X_i$ 表示。这项假定被称为"假定 $X$ 条件下缺失独立于潜在结果"（missing independent of potential outcomes given X）或者 MIPO｜X。在之前的例子中，$X_i$（协变量 $X_i$ 集合中的一个变量）可能是"进行干预之前的出勤记录"。例如，假设出勤记录不良的学生，一方面更可能在测试当天缺席，另一方面也更可能从干预中受益。MIPO｜X 意味着，如果基于之前的出勤来划分实验样本，缺失在每个亚组中就是随机的。在出勤记录较差的学生中，在测试当天缺席与被试潜在结果无关，对良好出勤记录的学生也是一样。

正式的表示为，数据是 MIPO｜X，如果

$$\{Y_i(z) \perp\!\!\!\perp R_i(z)\}|X_i = x,对所有 x \tag{7.14}$$

在说明 MIPO｜X 假定如何指导数据分析之前，我们先回顾一下为补偿亚组之间不同的缺失率，如何对数据再加权的技巧。从一个涉及权重的简单例子开始。假设我们只是想计算一批观测值的平均值，我们可以将所有观测值加总，然后除以观测值数量。等价地，我们可以将观测值划分为不同组，对每个组计算平均值，然后基于该组占观测值总数的比例对每组均值进行加权，产生一个整体均值。对使用后一种方法计算整体均值的例子来说，假设有 40 个观测值。我们可以将这批被试分为 30 人（男性）一组和 10 人（女性）一组。整体均值是将（30/40）乘以男性均值加上（10/40）乘以女性均值得到的值。

222 将 MIPO｜X 用于这个男性和女性的例子，假设男性被试中有 15 个随机缺失。因为这些男性是随机缺失，剩下 15 个观测值提供了所有 30 个男性平均值的无偏估计值。30 个男性与 10 个女性构成被试群的整体均值，其估计值是 $\frac{3}{4}$（观测到 15 个男性的平均值）$+ \frac{1}{4}$（观测到 10 个女性的平均值）。由于男性有一半缺失，15 个观测到的男性中每人的观测值被算了 $1/(1-1/2)=2$ 次。通过将每个观测到的男性计算 2 次，这种加权调整了数据，相当于整体均值中按"30"个男性计算。

当 MIPO｜X 成立时，将这种推理用于估计平均干预效应，可以说明如何用观测到的值来计算 ATE 的估计值。为计算 ATE 估计值，我们需要估计 $E[Y_i(1)]$ 与 $E[Y_i(0)]$。当 MIPO｜X 成立时，$E[Y_i(1)]$ 可以被写成具有一种特定协变量属性被试的被干预潜在结果的某个加权平均值：

$$E[Y_i(1)] = \frac{1}{N}\sum_{i=1}^{N}\frac{Y_i(1)r_i(1)}{\pi_i(z=1,x)} \tag{7.15}$$

这里 $\pi_i(z=1,x)$ 是接受干预的无缺失被试的份额，这些被试具有一种协变量属性 $x$。具有缺失结果的被试对总数没有影响，然而具有报告结果的被试基于一个因子 $1/\pi_i(z=1,x)$ 进行了加权。实际上，这种加权操作中用几个没有缺失值被试的副

本取代了有缺失值的被试。当无缺失观测值其实是结果缺失观测值的良好替代品时，这种方法能够产生平均干预效应的精确估计值。因为对这些观测值进行了加权，采用具有一组特征 $X_i = x$ 的某个被试被观测到的逆概率，这种加权方案被称为"逆概率加权"（inverse probability weighting）。

为了说明逆概率加权，表7-2呈现了潜在结果一览表，潜在缺失以及8位假想被试的协变量 $X_i$。为了方便举例，假设表7-2中的干预是社区中心提供的一种教育项目；如果被试居住在社区中心附近，$x=1$；如果被试居住较远，则 $x=0$。在干预结束后，所有被试被召回社区中心进行后续评估（可能是对项目呈现材料的测试）。某些被试没有出现，在本例中，这些居住较远的人（$x=0$）在后续评估中出现的可能性较低。此外，与居住较远的人相比，居住在社区中心附近的人具有不同的潜在结果模式。为了让例子简单，我们设定居住较远的人与离社区中心较近的人相比，潜在结果明显更高。

**表7-2** 　　　　　　　　　**8个被试的协变量与潜在结果完整集合**

| 观测值 | $Y_i(0)$ | $Y_i(1)$ | $r_i(0)$ | $r_i(1)$ | $Y_i(0)\|r_i(0)$ | $Y_i(1)\|r_i(1)$ | $X_i$ |
|---|---|---|---|---|---|---|---|
| 1 | 3 | 4 | 1 | 1 | 3 | 4 | 1 |
| 2 | 4 | 7 | 1 | 1 | 4 | 7 | 1 |
| 3 | 3 | 4 | 1 | 1 | 3 | 4 | 1 |
| 4 | 4 | 7 | 1 | 1 | 4 | 7 | 1 |
| 5 | 10 | 14 | 0 | 0 | 缺失 | 缺失 | 0 |
| 6 | 12 | 18 | 0 | 0 | 缺失 | 缺失 | 0 |
| 7 | 10 | 14 | 1 | 1 | 10 | 14 | 0 |
| 8 | 12 | 18 | 1 | 1 | 12 | 18 | 0 |

因为在表7-2中，我们拥有了潜在结果的完整一览表，计算的平均干预效应等于3.5。考虑到缩减，我们能否得到这个 ATE？注意 MIPO 不能成立。知道某个被试缺失可以提供被试潜在结果的线索。具有缺失结果数据的被试与典型被试相比，其潜在结果分布非常不同。当 MIPO 不成立时，比较观测到的组的均值可能导致有偏估计值。从表7-2显示的结果一览表来看，潜在偏误是明显的。可以观测到结果的被试其 ATE 为3，比被试群整体的 ATE 值3.5要小。

然而，在本例中 MIPO | X 是成立的。依据协变量 $X_i$ 等于0还是1将样本划分为2个组，我们看到在这2个组中，数据缺失被试的潜在结果与结果可观测被试的潜在结果完全相似（perfectly parallel）。使用式（7.15），我们能够计算 $E[Y_i(1)]$、$E[Y_i(0)]$ 以及隐含的 ATE。无缺失的相关比例为 $\pi(z=0, x=1)=1$、$\pi(z=1, x=1)=1$、$\pi(z=1, x=0)=0.5$ 以及 $\pi(z=0, x=0)=0.5$。使用加权平均值式（7.15）：

$$E[Y_i(1)] = \frac{1}{8} \times \left( \frac{4}{1} + \frac{7}{1} + \frac{4}{1} + \frac{7}{1} + \frac{14}{0.5} + \frac{18}{0.5} \right) = 10.75,$$

$$E[Y_i(0)] = \frac{1}{8} \times \left( \frac{3}{1} + \frac{4}{1} + \frac{3}{1} + \frac{4}{1} + \frac{10}{0.5} + \frac{12}{0.5} \right) = 7.25,$$

$$E[Y_i(1)] - E[Y_i(0)] = 3.5 \tag{7.16}$$

总之，当 MIPO｜X 成立时，逆概率加权可以得到真实的 ATE。[①]

加权也有缺点。如果 MIPO｜X 假定不正确，应用逆概率加权可能产生误导性
的估计值。按照定义，逆概率权重将最大的权重分配给有最高缩减率的亚组。如
果缩减导致某个亚组 ATE 估计值出现偏误，之后这个有偏估计值在整体估计值中
可能被赋予更大权重。在某些情况下，逆概率加权后的平均值可能比未加权数据
分析的偏误更大。一个较小但仍然值得关注的问题是再加权方案如逆概率加权可
能会增加估计值的抽样变异性，因为赋予了有较大比例观测值缺失的子样本以额
外的权重。

迄今为止，我们对 MIPO｜X 的讨论集中于展示如何将加权方案用于潜在结果已
知的假想场景下。在实践中，研究者只能看到显示的结果，因此不得不对缩减做出
假设。对观测到的数据用加权来获得被试群的协变量比例，并不能解决我们最担心
的缩减问题：即使对可观测变量进行调节以后，缺失与潜在结果相关的可能性仍然
存在。例如，假设男性的缺失率大于女性；为了恢复被试群中的原始比例，研究者
对结果进行再加权，以便对男性赋予更大权重。但如果缩减的男性与没有缩减的男
性相比，有不同的潜在结果平均值，或者如果缩减的女性与没有缩减的女性相比，
有不同的潜在结果平均值，这种方法不能解决隐约出现的偏误威胁。不幸的是，$Y_i$
$(z, x)$ 与 $R_i(z, x)$ 之间的关系不能直接被观测到。评估 MIPO｜X 与评估 MIPO 一
样，涉及统计检测工作与理论推测的结合。

在实际数据的分析中实施逆概率值加权，一般使用二阶段程序。第一个阶段，
使用 logistic 回归（参见第 11 章）来估计 $\hat{\pi}(z,x)$，即在考虑到干预分配和协变量特
征的情况下，报告某个结果的预测概率。第二个阶段是一个加权的均值差计算或一
项加权回归。在这个阶段，我们关注有观测结果的样本，对每个观测值按照
$1/[\hat{\pi}(z, x)]$ 进行加权。加权后的结果与未加权结果是否不同，取决于控制组与干
预组的缩减率之间的关系。如果有不同协变量特征被试的缩减率相似，权重在不同
观测值间相对恒定（relatively constant）。

## 7.3　当缩减并非干预分配函数时重新定义被估计量

在某些条件下，对观测到的组的平均值进行简单比较可能具有较大信息量。
如果所有被试要么从不缺失结果要么永远缺失结果，将干预组和控制组的结果平
均值进行未加权比较，能够得到某个被试群子集的干预效应的无偏估计值，这个
子集被称为永远报告者（always-reporter）：无论被分配到什么组被试都会报告他
们的结果。这个亚组的平均干预效应一般不会与整个被试群的 ATE 相同。我们先
描述这一新的被估计量，介绍如何对其进行估计，然后讨论这种特殊缩减模式发

　当将这种方法用于某项实验（相对于某个潜在结果一览表）产生的实际数据时，逆概率加权产生的均值差
估计量有偏但却是一致的。偏误的产生，是因为随机分配使每个实验组加权的观测值数量不同。

生的条件。

当对所有 $i$ 有 $r_i(1)=r_i(0)$ 时就会发生这种特殊缩减形式。在这种情况下，缺失不受干预分配的影响。假定我们希望估计有 $r_i(0)=r_i(1)=1$ 的被试子集的 ATE。当被试被随机分配到干预组与控制组时，观测到结果的期望平均值分别为 $E[Y_i(0)\mid R_i(0)=1]$ 和 $E[Y_i(1)\mid R_i(1)=1]$。因为对所有 $i$ 有 $r_i(1)=r_i(0)$，观测到的干预组与控制组平均值的期望差异可以被重写为 $E\{[Y_i(1)-Y_i(0)]\mid R_i(0)=R_i(1)=1\}$。在特殊情况下，被试要么是永远报告者，要么是从不报告者（never-reporter）。对特殊被试组，即永远报告者来说，干预组与控制组平均值之差是干预效应的无偏估计量。一个 $r_i(1)=r_i(0)$ 的例子可以在表 7-2 中找到；永远报告者的 ATE 是 3。

在实践中，研究者经常遇到这样的情况，即缩减被认为与潜在结果相关，而非与被试分配到的实验组相关。当结果变量是某种行政记录（administrative record)时，被试的实验组分配对其结果缺失没有影响的这一假定常常是合理的。在选民动员实验中，某些行政区域选举后更新投票记录很慢。所有居住在受影响地域的人，无论是否受到干预，结果数据都是缺失的或将会缺失，而不管干预分配如何。将剩余被试的干预组与控制组平均值进行一种简单比较，能够提供永远有结果数据被试（这些被试来自行政记录可用的地点）的 ATE。注意，记录缺失地点的被试，其潜在结果可能是不寻常的，在这种情况下 MIPO 假定可能不再成立。例如，在管理者没有掌握选民投票记录的地区，政治参与度可能异乎寻常得低。而管理不善选区的选民，总体上对投票动员努力的回应较低（或较高）。因为缺失被试的潜在结果较为异常，无缺失结果被试的 ATE 与整体 ATE 可能有差异。

另外一种缩减与干预分配无关的情况，是干预与结果测量之间有延迟。有可能由于被试已经搬迁而导致结果缺失。例如，考虑一个小学阅读研究项目。假设研究者在干预一年后返回研究地点，只能对仍然居住在同一个州的学生进行测试。如果搬到州外与儿童的实验组分配独立，对有结果数据（即限于留下来的永远报告者）的被试，比较受干预与未受干预被试，能够提供永远报告者中干预效应的无偏估计值。这一点即使永远报告者有异常潜在结果和干预效应时也成立。

获得永远报告者 ATE 的无偏估计值是有价值的。首先，干预效应的估计值对评估干预的理论预测是有用的。这些预测可能用很笼统的术语来陈述，在这种情况下，任何实验组的 ATE 估计值，包括永远报告者的，都可以帮助阐明预测是否成立。其次，那些永远具有结果数据的被试，其干预效应可能是研究者评估干预时希望获得的。例如，如果阅读实验的目标之一是找出对社区长期居民最有效的措施，那么未搬迁者的干预效应就是研究者特别感兴趣的。

## 7.4 为平均干预效应定界

当缩减既不随机，不以 $X$ 为条件随机，也不局限于从不报告者时，研究者被迫求助于其他从可用结果中进行推断的方式。这里主要有两种策略。第一种，研究者可以为干预效应定界，即通过将极大或极小的结果填入缺失信息，来估计最

226

大和最小的 ATE。这种谨慎的方法具有强加最少假定的优点。第二种方法是在某个给定应用实例中，提出反映缺失来源的统计模型。由于这些模型往往援引较强的假定，即连接输入与输出的函数形式、不可观测变量的分布以及干预效应的同质性等，因此，后一种方法与实验研究的不可知论风格往往是冲突的。基于这个原因，我们只关注第一种方法。

极端值边界（extreme value bound）测量了缩减的潜在后果，通过填补缺失的潜在结果，来检验 ATE 估计值如何变化。[1] 为了了解这种方法是怎么起作用的，假定表 7－1 中 $Y(z)$ 的测量范围是从 0 到 10。假设 0 和 10 代表了所有被试结果可能的取值范围，无论结果是否缺失。假设我们将表 7－1 描述的被试群随机分配到干预组与控制组，例如，将被试 2、3、5 和 7 分配到干预组，而将被试 1、4、6 和 8 分配到控制组。假如没有缩减，干预组平均值将是 $(7＋10＋6＋6)/4＝29/4$

227 $＝7.25$，控制组平均值将是 $(3＋7＋5＋6)/4＝21/4＝5.25$。如果所有潜在结果都可被观测到，干预效应的估计值就是 2。然而，由于缩减问题，并非所有潜在结果都可被观测到。相反，对于干预组，我们有 $(7＋10＋?＋?)/4＝?$，对于控制组，我们有 $(?＋7＋5＋6)/4＝?$，这里的问号表示由于缩减而未知的数量。为了获得干预效应估计值的上界（upper bound），用 10 来替代干预组缺失值，用 0 来替代控制组缺失值。下界（lower bound）则通过用 0 来替代干预组缺失值、用 10 来替代控制组缺失值得到：

$$上界：\frac{37}{4} - \frac{18}{4} = \frac{19}{4} \tag{7.17}$$

$$下界：\frac{17}{4} - \frac{28}{4} = -\frac{11}{4} \tag{7.18}$$

首先，注意上界与下界包含了 ATE 的真实值 2。尽管这种情况下的极端值边界是一种样本估计值，因此受到抽样变异性影响，极端值边界往往仍然成功地包含了真实 ATE。其次，这种边界较宽。这种情况通常是由于采用无假定（assumption-free）方式来建立边界。对于观测值缺失比例适中和可行结果范围较窄的实验，这些边界是非常有用的。随着缩减率的增加或 $Y_i$ 可能取值范围的扩展，极端值边界变得越来越缺乏信息量。事实上，当 $Y_i$ 的取值范围是无限时，极端值边界将无法定义。然而，在这种情况下，边界可以通过转换 $Y_i$ 来建立；如果 $Y_i$ 大于某个特定值，将结果变量重新定义为 1，否则为 0。通过将数据"变粗糙"（coarsen），可以得到平均干预效应（现在被定义为"二元结果"）的极端值边界。

一种有更多限制性的方法，是强加一项关于缩减过程的假定，从而允许研究者通过修剪（trim）观测到的数据估计干预效应的边界。[2] 缩减被认为是单调的（monotonic），如果

$$r_i(1) \geqslant r_i(0) \text{ 或 } r_i(1) \leqslant r_i(0)，对所有 i \tag{7.19}$$

---

[1] Manski，1989.

[2] Lee，2005.

假设有 $r_i(1) \geqslant r_i(0)$。这种要求说明，任何被试如果被分配到控制组不会缺失，那么如果被分配到干预组也不会缺失。换句话说，不存在 $r_i(1) = 0$ 和 $r_i(0) = 1$ 的被试。

回忆一下在第 5 章和第 6 章中，我们根据接受干预的潜在结果模式将被试进行了分类，干预则是基于被试的实验组分配。类似地，我们可以依据特定实验组 分配下的潜在缺失来对被试进行分类。表 7 - 3 显示了当我们假定 $r_i(1) \geqslant r_i(0)$ 后可能性的完整集合。尽管这里有 4 种 $r_i(0)$ 和 $r_i(1)$ 的逻辑组合，但当我们假定缺失是单调的之后，只剩下 3 种。基于这项假定，未接受干预被试无可用观测结果，但接受干预被试可能有缺失结果。

表 7 - 3　　　　　　　单调性假定下，根据潜在可观测性定义的潜在亚组

| z=0 | z=1 | 被试类型 |
|---|---|---|
| $r_i(0)=1$ | $r_i(1)=1$ | 永远报告者 |
| $r_i(0)=0$ | $r_i(1)=1$ | 如果被干预就报告者 |
| $r_i(0)=0$ | $r_i(1)=0$ | 从不报告者 |

注：这里没有如果未被干预就报告者（if-untreated-reporter）的条目，对其有 $r_i(0)=1$ 和 $r_i(1)=0$，因为这一组已被单调性排除，在本例中意味着有 $r_i(1) \geqslant r_i(0)$。

在单调性假定下，我们可以对之前被分类为永远报告者的被试的平均干预效应定界。对于这种类型的被试，ATE 被定义为：

$$E[Y_i(1)|R_i(1)=1, R_i(0)=1] - E[Y_i(0)|R_i(1)=1, R_i(0)=1] \qquad (7.20)$$

尽管实验数据没有提供对式（7.20）的直接估计值，但使研究者能够估计式子的某些部分并且对其余部分划定界限。例如，对永远报告者估计未干预潜在结果平均值是很简单的，即 $E[Y_i(0)|R_i(1)=1, R_i(0)=1]$，因为当被试被分配到控制组时，我们只能观测到永远报告者（always-reporter）被试的 $Y_i(0)$；根据定义，如果被干预就报告者（if-treated-reporter）和从不报告者（never-reporter）只会产生缺失值，在单调性假定下，我们假设不存在如果未被干预就报告者（if-untreated-reporter）。估计表达式的第一部分，即永远报告者的受干预潜在结果平均值，是有挑战性的。当被试被分配到干预组时，对永远报告者和如果被干预就报告者，我们都可以观测 $Y_i(1)$。我们希望从这一混合值中提取永远报告者的 $Y_i(1)$ 平均值，但如果没有额外假定，是无法做到的。然而，我们可以估计被试群中永远报告者和如果被干预就报告者的相对份额。永远报告者占被试群的份额可以基于控制组的无缩减率来估计。干预组无缺失被试的份额较大，说明干预组既包括永远报告者也包括如果被干预就报告者。这意味着当我们对如果被干预就报告者的 $Y_i$ (1)值做出假定时，使用永远报告者和如果被干预就报告者的估计比率，就能通过计算永远报告者 $Y_i(1)$ 的平均值，为永远报告者的 $Y_i(1)$ 平均值定界。

为了更精确地描述这个程序，我们引入了一些符号。令 $Q$ 表示干预组与控制组无缺失被试份额之差除以干预组无缺失被试的份额：

$$Q = \frac{\pi[R(1)=1] - \pi[R(0)=1]}{\pi[R(1)=1]} \qquad (7.21)$$

$Q$ 是对干预组相对于控制组拥有的"额外"（extra）观测到的被试的一种测量。举例来说，如果干预组有 75％ 的被试无缺失，而控制组有 50％ 的被试无缺失，$Q$ 就等于 $(75-50)/75=1/3$。让 $\hat{Y}(1, q)$ 表示干预组观测值分布中位于 $100q$ 百分位处的 $Y_i$ 值。例如，$\hat{Y}(1, 0.33)$ 指的是干预组被试的结果分布中位于第 33 个百分位的值。

永远报告者 ATE 的上界可以使用以下公式估计：

$$\hat{E}[Y_i(1) \mid R_i(1) = 1, Y_i(1) > \hat{Y}(1,q)] - \hat{E}[Y_i(0) \mid R_i(0) = 1]$$

$$= \frac{\sum_{i=1}^{N} 1[Y_i > \hat{Y}(q)] \cdot Y_i \cdot z_i}{\sum_{i=1}^{N} 1[Y_i > \hat{Y}(q)] \cdot z_i} - \frac{\sum_{i=1}^{N} Y_i(1-z_i)}{\sum_{i=1}^{N}(1-z_i)} \tag{7.22}$$

如果方括号中的条件满足，这里的 1［•］运算符取值为 1，否则取值为 0。式 (7.22) 说明为了找到干预效应的上界，首先修剪 $Y_i(1)$ 值中最低的 $100q\%$，求剩余值的平均值，然后减去未干预结果的平均值。直觉上，永远报告者的上界的形成，是通过将干预组 $Y_i$ 的一些最低值归因于如果被干预就报告者，并修剪掉这些值。从干预组观测结果的分布中修剪掉 $Y_i$ 值的比例，由被试群中永远报告者和如果被干预就报告者的比率来确定。干预组中最低的值被修剪掉之后，干预组中有观测值被试的比例等于控制组中有观测值被试的比例。为了估计下界，重复执行将条件 $Y_i(1) > \hat{Y}(1, q)$ 用 $Y_i(1) < \hat{Y}(1, 1-q)$ 替代的程序，将 $Y_i(1)$ 的一些最高值归因于如果被干预就报告者，并修剪掉这些观测值。[①]

总之，极端值边界与修剪边界在几个重要方面存在差异。第一，这两种边界适用于不同的被估计量。极端值边界用于包含样本的 ATE。而修剪边界用于包含永远报告者的 ATE。第二，修剪边界要求一种额外的假定，即单调性，而极端值程序则不需要。第三，极端值边界填充所有的缺失结果，而修剪边界排除某些可观测值并忽略缺失结果。第四，如果 $Y_i$ 可能取值的范围较大，即使适度的缩减水平也会产生较大的极端值边界。通过比较，修剪边界不受潜在结果逻辑范围的影响。与极端值边界不同，即使面临实质性缩减，修剪往往也能产生较窄的边界。

## 7.5 解决缩减问题：一个实例

近年来，政府和非政府组织（NGO）一直在寻求通过教育补贴来鼓励学生入学或提高学业成绩。安格里斯特（Angrist）、贝廷格（Bettinger）和克雷默(Kremer)在哥伦比亚进行的一个私立学校教育券项目中，检验了这种努力的长期后果。[②] 这个哥伦比亚教育券实验（PACES）项目向全国范围内的低收入高中生提

---

[①] 如果控制组具有无缺失结果被试的比例高于干预组，可以应用相同程序。在这种情况下，观测值被从控制组中修剪掉。

[②] Angrist，Bettinger and Kremer，2006.

供教育券。这些教育券可以用来支付私立中等学校的学费。在某些地方，这些教育券通过抽签来发放，这种程序将学生随机分配到 2 个实验组之一：教育券"赢家"和"输家"。

安格里斯特等人希望测量这些补助对教育结果的长期效应。研究者利用高中毕业时的考试来评估教育券对成绩的影响。与大多数追踪长期结果的研究类似，这项研究同样面临缩减问题：许多被试离开了学校因而没有体现教育成果的考试分数。担心考试中潜在得分较低的学生的缺失尤其常见，研究者采用了多种统计模型来解决与缩减相关的偏误。在本节中，我们对数据进行了描述，并讨论了在存在缩减问题的情况下，几种估计干预效应的策略。

表 7-4 描述了抽签赢家与输家样本。在 3 542 个被试中，有 2 073 个是抽签赢家。协变量包括年龄、性别以及行政记录中是否包含被试的电话号码。正如预期的那样，考虑教育券的随机分配，3 个协变量在实验条件下平衡良好。[1]

表 7-4　　　　　在 PACES 教育券实验中干预组与控制组的协变量平衡　　　　　*231*

| 协变量 | 控制组均值 | 干预组均值 |
| --- | --- | --- |
| 年龄 | 12.72 | 12.63 |
| 男性 | 0.488 | 0.500 |
| 电话号码已知 | 0.882 | 0.890 |
| N | 1 469 | 2 073 |

资料来源：Angrist, Bettinger and Kremer, 2006.

结果使用两种不同的测量来评估：（1）大学入学考试登记，即 ICFES，90% 的高中毕业生都会参加；（2）大学入学考试的成绩。可靠的行政记录能够显示一位学生是否在 ICFES 登记，并且所有被试的登记数据都是可用的。估计第一种结果测量的 ATE 非常简单。均值差显示抽签赢家（779/2 073＝37.6%）比抽签输家（444/1 469＝30.2%）更有可能登记参加考试。这个 7.4% 的差值大到不能归结于抽样变异性。95% 置信区间范围为 4.2%～10.5%。

估计教育券对大学入学考试分数的平均效应非常复杂，因为样本中大约有三分之二没有参加考试。我们看到缺失受到了干预分配的影响（干预组中有 62.4%，而控制组中有 69.8%）。进一步调查缺失也能用 3 个协变量来预测。表 7-5 中的回归结果显示缩减与年龄强烈相关，男性缩减率显著较高。此外，干预组与控制组缺失的预测变量也有一点不对称。干预组学生电话号码的行政记录可以预测缺失而控制组则不行。然而，干预分配与 3 个协变量之一的交互作用显著性联合检验（joint test）显示，所有实验组系数的变异性并不比预期的抽样变异性更大（参见第 9 章）。

从表 7-5 的回归结果可以得出什么推断？回忆一下如果缩减与潜在结果是独立的，即使较大比例的结果数据缺失也不会导致干预效应估计值有偏误。缩减模式能说明 MIPO 假定是错的吗？干预组和控制组的缩减率明显不同，缩减看起来

---

[1] 干预分配对 3 个协变量的 logistic 回归显示，不能拒绝零假设，即 3 个协变量不能联合预测干预分配（$p＝0.19$）。

也与干预前变量相关，然而这些事实本身并不能说明 MIPO 假定无效。缺失可能与协变量和干预分配有关，但仍可能与潜在结果 $Y_i(1)$ 和 $Y_i(0)$ 无关。MIPO 说明 $Y_i(z \mid r=1)$ 和 $Y_i(z \mid r=0)$ 具有同样的分布；MIPO 并不要求例如 $R_i(0, x)=1$ 的被试比例等于 $R_i(1, x)=0$ 的被试比例。也就是说，在不同组之间缩减率显著不同或与协变量相关时，就会出现问题。某些原因导致缩减差异。现在，任何为 MIPO 辩护的主张都要解释为什么尽管从实验组之间观测到了差异，并且缺失与背景属性之间存在明显相关，但 MIPO 仍然成立。

表 7-5　　　回归估计值来预测作为协变量函数的缺失（按实验组分）

|  | 控制组 | 干预组 |
|---|---|---|
| 年龄 | 0.149 (0.008) | 0.167 (0.007) |
| 男性 | 0.052 (0.022) | 0.040 (0.019) |
| 电话号码已知 | 0.076 (0.033) | −0.003 (0.030) |
| 常数 | −1.286 | −1.502 |
| N | 1 469 | 2 073 |

注：括号中是标准误。

资料来源：Angrist, Bettinger and Kremer, 2006.

在 MIPO 似乎并不合理时，退路（fallback position）是在 $X$ 条件下，假定缺失独立于结果。在其他许多可能的协变量仍然无法被观测时，对一个具体协变量集合得出这一论点要小心。在这种情况下，主张学生的年龄、性别与电话号码正是导致无危害的条件缺失所需的 $X$ 尤其可疑。充其量，年龄、性别与电话号码只能是代理变量，代表与缺失和潜在结果相关的其他背景属性。推测起来，如果研究者有这 3 个协变量之外的其他协变量，如中学学习成绩等，他们就会将其包括在条件集合 $X_i$ 中。为了增加这种判断的可信度，即 3 个变量足以导致与结果独立的条件性缺失，在理想情况下，我们希望在检测根据年龄、性别和电话号码界定的亚组中，其他预后协变量能否预测缺失。

为了说明起见，假定缺失独立于结果。教育券效应的无偏估计量是干预组与控制组观测到平均考试分数之间的差值。平均考试分数显示，抽签赢家（47.6）与输家（46.9）之间的差值适度，并在统计上显著不为 0（单尾 $p=0.02$）。这个效应估计值大约为控制组标准差的八分之一。在缩减与潜在结果独立的假定下，尽管教育券似乎导致参加大学入学考试学生的比例有实质性增加，但使用入学考试分数测量，教育券在学习成绩上只有相对适度的改善。因为我们假定 MIPO，教育券的 ATE 估计值适用于所有被试，无论他们是否实际参加了考试。

**专栏 7.1**

### 考虑缺失的再加权回归分析说明

使用 Angrist, Bettinger and Kremer（2006）的数据，本例说明了在 MIPO | X 假定下对数据再加权的程序。

```
# Generate a variable ("observed") indicating whether the unit is observed
(r_i=1) observed <- 1 - (read ==0)


# Use logistic regression to predict probabilities of being observed
probobs<-glm (observed~ (vouch0 * sex) + (vouch0 * phone) +
(vouch0 * age), family=binomial (link=" logit"))
$ fitted
# Compare distributions of predicted probabilities across experimental conditions
# Check that there are no zero predicted probabilities in either condition
summary (probobs [vouch0==0])
```

|      | Min.      | 1st Qu.   | Median    | Mean      | 3rd Qu.   | Max.      |
|------|-----------|-----------|-----------|-----------|-----------|-----------|
|      | 0.005 258 | 0.090 590 | 0.295 300 | 0.302 200 | 0.413 700 | 0.887 600 |

```
summary (probobs [vouch0==1])
```

|      | Min.      | 1st Qu.   | Median    | Mean      | 3rd Qu.   | Max.      |
|------|-----------|-----------|-----------|-----------|-----------|-----------|
|      | 0.006 938 | 0.237 700 | 0.449 400 | 0.375 800 | 0.503 700 | 0.872 100 |

```
# Generate weights: inverse of predicted probability of being observed
wt <-1/probobs


# Restrict analysis to observed subjects.
sel_valid <- observed == 1
table (sel_valid)
sel_valid
FALSE     TRUE
2319      1223


# Coefficients for unweighted regression (restricting analysis to observed sub-
jects)
lm (read~vouch0, subset=sel_valid) $ coefficients
(Intercept)         vouch0
46. 920 814 8     0. 682 737 8


# Coefficients for IPW regression (restricting analysis to observed subjects)
lm (read~vouch0, weights=wt, subset=sel_valid) $ coefficients
(Intercept)         vouch0
46. 437 818 2     0. 723 030 3
```

资料来源：Angrist，Bettinger and Kremer，2006.

接下来，假设我们抛弃 MIPO 而倾向于采用 MIPO | X。为了说明 MIPO | X 假定如何被用于调整 ATE 估计值，我们将检验缩减与可用协变量之间的关系。为了简化计算，我们只关注单个协变量，即每位学生的性别。假设在考虑性别的情况下，缩减与潜在结果无关。我们使用可观测组的平均值来生成以下估计值：

$$\hat{E}[Y_i(1) \mid R_i(1) = 1, 女性] = 47.3$$
$$\hat{E}[Y_i(0) \mid R_i(0) = 1, 女性] = 46.6$$
$$\hat{E}[Y_i(1) \mid R_i(1) = 1, 男性] = 48.0$$
$$\hat{E}[Y_i(0) \mid R_i(0) = 1, 男性] = 47.3 \tag{7.23}$$

我们也使用这一数据来估计每种性别和实验分配中无缺失被试的份额：

$$\hat{\pi}(z = 1, 女性) = 40.4\%,$$
$$\hat{\pi}(z = 0, 女性) = 33.8\%,$$
$$\hat{\pi}(z = 1, 男性) = 34.8\%,$$
$$\hat{\pi}(z = 0, 男性) = 26.5\% \tag{7.24}$$

正如在前几节中所描述的，我们对被试群建立了 $E[Y_i(1)]$ 和 $E[Y_i(0)]$ 的估计值，通过估计每种性别的 $E[Y_i(1)]$ 和 $E[Y_i(0)]$，然后使用被试群的整体比例对数据再加权。被试群 $Y_i(1)$ 平均值的估计值为：

$$\frac{1}{2\,073} \times 361 \times \frac{48.0}{0.348} + 419 \times \frac{47.3}{0.404}$$
$$= \frac{1}{2\,073}(1\,036 \times 48.0 + 1\,037 \times 47.3) = 47.6 \tag{7.25}$$

第二个表达式说明了加权方案如何起作用：干预组的缺失结果用观测到的亚组结果平均值"填充"。尽管干预组观测到女性数量超过男性（419 比 361），加权的方案恢复了男性被试（$N = 1\,036$）与女性被试（$N = 1\,037$）对整体平均值的相对贡献。类似地，被试群 $Y_i(0)$ 平均值的估计值为：

$$\frac{1}{1\,469} \times \left(190 \times \frac{47.3}{0.265} + 254 \times \frac{46.6}{0.338}\right) = 46.9 \tag{7.26}$$

事实证明，尽管有实质性缩减，加权后的数据仍然产生了一个与使用均值差方法相同的 ATE 估计值。按性别的缩减率差异在统计上显著但相对较小，男性学生与女性学生在考试分数上的差异也相对较小。对小的差异进行较小再加权后，估计值的变化可以忽略不计。使用性别、年龄和电话号码对数据再加权，是否会产生有明显差异的估计值，这个问题留给大家作为练习。

另外一种再加权方法，是为 ATE 值确定边界。由于使用边界方法需要的假定更少，所以降低了偏误的风险——但是其提供的答案精度也较低。为了建立极端值边界，我们用最坏和最好的可能考试结果乘以缺失比例来填充缺失值，并将考试登记比例乘以观测到的平均值，然后将它们相加。假设最低的可能考试分数为 0，最高分数为 100。干预效应估计值的上界为：

$$(47.6×0.376+100×0.624)-(46.9×0.302+0×0.698)=66.1 \quad (7.27)$$

下界为：

$$(47.6×0.376+0×0.624)-(46.9×0.302+100×0.698)=-66.1$$
$$(7.28)$$

这些边界说明，教育券对考试分数的平均效应可能是非常正面或非常负面的。我们得到较宽的边界，说明缩减率较高和潜在考试分数范围较大。上面的计算说明了由此导致的不确定性：要么加上 62.4 点形成上界，要么减去 69.8 点形成下界。没有对潜在结果与缩减之间关系做较强的假定，就不可能从这些数据中得到平均干预效应的有意义的结论。

还有一种方法是使用修剪边界。干预组有测量结果的被试所占比例大约为 37.6%，而控制组有测量结果的占比为 30.2%。在单调性假定下，永远报告者干预效应估计值的上界，是通过移除干预组结果中最高的 $(37.6-30.2)/37.6=19.6\%$，然后计算剩下干预组被试与控制组被试的结果平均值之差来建立的。下界的建立，是移除干预组结果中最低的 19.6%，然后计算干预组与控制组结果平均值之差得到的。

回忆在可观测的情况下，干预组与控制组之差为：$47.6-46.9=0.7$。修剪干预组意味着将低于第 19.6 个百分位或高于第 80.4 个百分位的被试修剪掉。这些百分位对应的考试成绩为 43 和 52，修剪后剩余的观测值数量为 626。前 626 个被试的平均考试成绩为 49.6，后 626 个被试的平均考试成绩为 45.7。使用这些结果，可以计算上界与下界：

$$上界：49.6-46.9=2.7 \quad (7.29)$$
$$下界：45.7-46.9=-0.8 \quad (7.30)$$

这些边界比极端值边界有更多信息量，产生了 3.5 个单位宽的区间，而极端值边界为 132.2 个单位。然而，修剪回答的是一个更窄的问题：干预对永远报告者，即无论是否给予教育券都会参加入学考试的人的平均效应是什么？对这种学生类型，干预效应似乎介于较弱的负向效应与适度的正向效应之间。

总之，教育券实验说明在实验遇到实质性缩减时，实验分析中充满了不确定性。这项实验清晰地显示，教育券在诱导学生参加大学入学考试上有效果，而且这一结果有完整数据。但在教育券是否会改善大学入学考试成绩方面，证据则是模糊的。一项基于缺失与潜在结果独立假定的分析显示，教育券有较小的正面效应。考虑学生的性别，并假定缺失与潜在结果独立，对数据再加权后也得出同样的结论。极端值边界表明，数据基本上与几乎所有平均干预效应一致。修剪边界表明，对永远报告者，平均干预效应可能是弱阳性（weakly positive）的，但证据有点模棱两可。在本书的在线附录中考虑了几种有更强假定的模型，并进一步拓展了从这一数据集中进行推断的可能范围。更广泛的内容，我们将在第 11 章中讨论，即在面临两种不确定性时，分析有缩减问题的实验。第一种是与抽样变异性相关的统计的不确定性，第二种是建模的不确定性，这反映出没有人确切地知道

236

应该援引哪种假定。

## 7.6 用额外数据搜集解决缩减问题

本章描述了分析遭遇缩减问题实验的方法。没有任何一种分析方法具有特别优势。一种不同的方法是重新尝试从有缺失结果的被试那里得到结果数据。有时这种数据搜集的努力是为了修复遇到严重缩减问题的实验；在其他情况下，补充数据搜集在实施实验前就已确定了。本节将比较两种补充数据搜集计划，描述其统计属性，并且考虑在计划实验时，研究者如何在基本和补充数据搜集之间分配资源。

估计平均干预效应的关键挑战，是从被试群中获得 $Y_i(0)$ 和 $Y_i(1)$ 的随机样本，来估计 $E[Y_i(0)]$ 和 $E[Y_i(1)]$。为了保持简单性，假定缩减只发生在控制组。回忆式（7.4）中未干预结果的平均值为：

$$E[Y_i(0)] = E[R_i(0)]E[Y_i(0)|R_i(0)=1] \\ + \{1-E[R_i(0)]\}E[Y_i(0)|R_i(0)=0] \tag{7.31}$$

237 缩减导致的问题是，尽管我们能够估计 $E[R_i(0)]$ 和 $E[Y_i(0)|R_i(0)=1]$，但我们没有估计 $E[Y_i(0)|R_i(0)=0]$ 的数据，因此，不做出额外的假定就无法估计 $E[Y_i(0)]$。这里的挑战是获得估计 $E[Y_i(0)|R_i(0)=0]$ 的数据。

考虑两种可供选择的数据搜集策略。一种是从结果数据缺失的所有被试那里获得 $Y_i$。这种数据搜集工作包括寻找失去联系的被试，或安排另外日期追踪访问。在实践中，要搜集一开始结果就缺失的所有被试数据是非常困难和昂贵的。另外一种有吸引力的策略是，从有数据缺失的被试中，随机选择一个子集竭尽全力来获取测量结果。在我们的例子中，我们努力尝试从有缺失的控制组被试样本中获得结果数据。假定这种密集的数据搜集工作成功产生了结果测量数据，我们就能使用该样本的可观测结果平均值，来形成 $E[Y_i(0)|R_i(0)=0]$ 的无偏估计值。

将数据搜集努力限定在一个随机样本中，比试图从有缺失的全部被试中获得结果更有效率。想象一下，如果将 $N=10\,000$ 个被试划分为数量相等的干预组和控制组，潜在结果 $Y_i(0)$ 和 $Y_i(1)$ 是二元变量（观测到 $Y_i$ 的取值为 0 或 1）。为简单起见，再次假定干预组无缩减问题，但控制组有一半被试缺失。换句话说，我们能观测到干预组所有 5 000 个被试的结果，但控制组有 2 500 个被试的结果数据缺失。两种供选择的数据搜集策略如下。

**计划 1**：再次尝试从 2 500 个被试那里获得结果数据。假设你成功搜集到一半个案的数据，即得到 1 250 多个被试的结果测量。

**计划 2**：从 2 500 个缺失被试中随机抽取 100 个，并竭尽全力地去获得这些人的结果测量。假设成功地搜集到所有 100 个个案的数据。

按照计划 1，缩减率被大大降低了，但缺失数据被试仍然占控制组的 25%。即使有额外的 1 250 个观测值，ATE 的估计值仍然有严重偏误，极端值边界仍然较大。此外，计划 2 则提供了一种无偏估计量。缺失结果随机样本的平均值等于 $E[Y_i(0) \mid R_i(0)=0]$，即式 (7.31) 中 $E[Y_i(0)]$ 的缺失部分。

假设我们希望在估计 ATE 的同时，只增加最少的假定。在计划 1 中，我们构建 $E[Y_i(0)]$ 的上界是通过用极端值 1 来替代仍然缺失的 25% 结果，下界则用 0 来替代 25% 的缺失。很容易看出，极端值边界将非常宽，即使对一个较大的平均干预效应，也无法阐明。在计划 2 中，我们得到了平均干预效应的估计值，不再需要边界。不考虑抽样变异性问题，计划 2 明显优于计划 1。 *238*

这就是说，计划 2 中零缩减的情景似乎有点过于乐观。假如在第二轮数据搜集中，100 个随机选择被试中获得了 90 个的结果测量。为讨论这种情况，我们需要定义一个新的潜在结果，即 $s_i(z)$，如果第二轮搜集努力产生了结果，它取值为 1，否则为 0。在本例中，我们担心的是被分配到控制组被试的缺失，关注潜在结果 $s_i(0)$，其显示了在第二轮数据搜集中是否成功测量了被试 $i$ 的结果。我们也对随机变量 $S_i(0)$ 感兴趣，这个变量被用来显示某个被试是否会报告结果，以响应假想的第二轮数据搜集努力。回到我们使用的例子，将目标表达式 $E[Y_i(0) \mid R_i(0)=0]$ 改写为一个加权平均值：

$$E[S_i(0) \mid R_i(0)=0]E[Y_i(0) \mid R_i(0)=0, S_i(0)=1]$$
$$+\{1-E[S_i(0) \mid R_i(0)=0]\}E[Y_i(0) \mid R_i(0)=0, S_i(0)=0] \tag{7.32}$$

与之前对 $E[Y_i(0)]$ 的分解和讨论类似，新的数据可以用于估计 $E[S_i(0) \mid R_i(0)=0]$ 和 $E[Y_i(0) \mid R_i(0)=0, S_i(0)=1]$。然而，我们缺乏 $E[Y_i(0) \mid R_i(0)=0, S_i(0)=0]$ 的估计值，因为一些态度强硬的被试的结果平均值仍然无法测量。幸运的是，我们可以估计被划分为态度强硬被试所占的份额。在本例中，份额相对较小：$0.5 \times (10/100)=0.05$，为整个控制组的 5%。因此，为了计算 $E[Y_i(0)]$ 的上界和下界，我们只需要交换控制组 5% 的被试的最大和最小可能结果。

比较计划 1 和计划 2，突出了一种巨大的潜在优势，即在有缺失数据被试的一个随机样本中，进行更高强度的数据搜集以减少缩减。随机抽样方法的缺点是抽样变异性。一个包括 100 个被试的随机样本会产生有"杂音"的估计值。表 7-6 描述了在不同情景下，估计值精度和边界的大小会如何变化。一种情景是将第二轮样本规模从 100 变成 400。另一种情景是改变第二轮中结果数据的获得率。最后我们考虑了几种情景，以改变缩减问题的严重性。表格最前面的六行考虑的情景，是在每一轮数据搜集中都满足 MIPO。接下来六行考虑的情景，是在每一轮数据搜集中缺失都与潜在结果相关。最后六行呈现了一种中间情景，其中第一轮数据搜集中缺失与潜在结果相关，但第二轮不相关。对每种情景，表 7-6 都模拟了 100 000 次实验，并呈现 ATE 估计值的平均值，以及第一轮后与第二轮后的极端值边界。第一轮 ATE 估计值，是比较了 5 000 个干预组被试和可观测结果的控制组被试的最初轮数据得到的。第二轮 ATE 估计值，是比较了 5 000 个干预组被试和可观测每轮结果的控制组被试的加权平均值得到的。如果第一轮控制组被试的缺失比例为 $x$，就分别用 $1-x$ 和 $x$ 对控制组第一轮和第二轮的结果平均值加权。

表 7-6　　　　　　　　第二轮抽样中点估计值与边界的模拟抽样分布

（超过 10 000 次模拟的平均结果，真实 ATE＝0. 10）

| 情景* | 控制组后续调查的 N | 基于最初数据搜集的估计值 | | | | 基于两轮数据搜集的估计值 | | | |
|---|---|---|---|---|---|---|---|---|---|
| | | ATE 点估计值 | 标准误 | 极端值下界 | 极端值上界 | ATE 点估计值 | 标准误 | 极端值下界 | 极端值上界 |
| {50，5} | 100 | 0.100 | 0.013 | −0.175 | 0.325 | 0.100 | 0.027 | 0.086 | 0.111 |
| {50，5} | 400 | 0.100 | 0.012 | −0.175 | 0.325 | 0.100 | 0.015 | 0.086 | 0.111 |
| {50，25} | 100 | 0.100 | 0.012 | −0.175 | 0.325 | 0.099 | 0.026 | 0.031 | 0.156 |
| {50，25} | 400 | 0.100 | 0.012 | −0.175 | 0.325 | 0.100 | 0.015 | 0.031 | 0.156 |
| {50，50} | 100 | 0.100 | 0.012 | −0.175 | 0.325 | 0.101 | 0.026 | −0.037 | 0.213 |
| {50，50} | 400 | 0.100 | 0.012 | −0.175 | 0.325 | 0.100 | 0.015 | −0.037 | 0.213 |
| {A，B} | 100 | 0.001 | 0.012 | −0.224 | 0.276 | 0.091 | 0.026 | 0.075 | 0.105 |
| {A，B} | 400 | 0.001 | 0.012 | −0.224 | 0.276 | 0.091 | 0.015 | 0.075 | 0.105 |
| {A，C} | 100 | 0.001 | 0.012 | −0.224 | 0.276 | 0.083 | 0.026 | 0.041 | 0.120 |
| {A，C} | 400 | 0.001 | 0.012 | −0.224 | 0.276 | 0.083 | 0.015 | 0.041 | 0.120 |
| {A，D} | 100 | 0.001 | 0.012 | −0.225 | 0.276 | 0.071 | 0.026 | −0.003 | 0.139 |
| {A，D} | 400 | 0.001 | 0.012 | −0.225 | 0.275 | 0.071 | 0.015 | −0.003 | 0.139 |
| {A，5} | 100 | 0.001 | 0.012 | −0.225 | 0.275 | 0.098 | 0.025 | 0.084 | 0.109 |
| {A，5} | 400 | 0.001 | 0.012 | −0.224 | 0.276 | 0.097 | 0.015 | 0.084 | 0.109 |
| {A，25} | 100 | 0.001 | 0.012 | −0.225 | 0.275 | 0.085 | 0.025 | 0.018 | 0.143 |
| {A，25} | 400 | 0.001 | 0.012 | −0.225 | 0.275 | 0.086 | 0.015 | 0.019 | 0.144 |
| {A，50} | 100 | 0.001 | 0.012 | −0.224 | 0.276 | 0.067 | 0.024 | −0.062 | 0.188 |
| {A，50} | 400 | 0.001 | 0.012 | −0.225 | 0.276 | 0.067 | 0.015 | −0.062 | 0.188 |

　　*各情景表示如下含义：第一个数字或字母表示最初轮的缺失百分比。第二个数字或字母表示第二轮的缺失数量。情景 A 指的是缺失率 {0.5, 0.5, 0.7, 0.3}，分别在下面四个层次中：(1) $Y_i(1)=1$，$Y_i(0)=0$；(2) $Y_i(1)=0$，$Y_i(0)=1$；(3) $Y_i(1)=0$，$Y_i(0)=0$；(4) $Y_i(1)=1$，$Y_i(0)=1$。情景 B、C 和 D 指的是四个层次中的第二轮缺失率 {0.05, 0.05, 0.1, 0}、{0.25, 0.25, 0.3, 0} 和 {0.5, 0.5, 0.55, 0.45}。

　　正如直觉所显示的，如果第二轮的样本较大，并能以较高比例从目标样本中搜集结果数据，而且第二轮的成功率与潜在结果独立，第二轮的后续搜集策略就能够得到最好的效果。在缺失与潜在结果有较强相关性时，第二轮抽样策略的优势最为明显。考虑一个缺失与潜在结果相关的例子，其中第二轮搜集努力得到 100 个随机目标被试中 75 个的结果（表 7-6 中情景 {A，25}）。本例中真实 ATE 为 0.10。基于无缺失值的朴素的（naive）均值差计算，产生一个平均估计值 0.001（SE＝0.012）。通过比较，使用第二轮样本的估计量产生的平均估计值为 0.085（SE＝0.025），比真实参数 0.10 少一个标准误。第二轮抽样方法导致极端值边界显著缩小。只使用第一轮数据，边界为从 −0.225 到 0.275。有了第二轮数据，边界只有之前的四分之一宽：从 0.018 到 0.143。

当然，即使 MIPO 满足，由于研究者常常不能确保 MIPO 的合理性，第二轮抽样策略仍然扮演了重要角色。第二轮搜集数据缩小了极端值边界的预期范围，实际上也缩小了缩减导致的后果的不确定性范围。

考虑到第二轮抽样策略的吸引力，对于研究设计，剩下的问题是如何分配一项固定预算。在极端情况下，没有第二轮抽样预算，腾出来的资源都被用于增加干预组和控制组的被试数量。作为备选，可以减少干预组与控制组的规模以将经费用在第二轮数据搜集上。这种资源分配操作的细节有点复杂，因此放在第 7 章附录中介绍，但这种想法相当简单。假设研究目标是找到一种预算分配以便最小化 ATE 估计值的期望均方误差（expected mean square error），并且假定第二轮观测值的成本是最初样本观测值的 10 倍。将更多观测值分配到最初样本会减少方差，但却无法解决与缩减相关的偏误。将更多观测值分配到第二轮样本中会减少偏误但却比较昂贵。如果你相信实验具有严重的缩减偏误风险，那么即使成本较高，也应当进行第二轮抽样。

第二轮抽样的一个缺点，是除了有额外开支之外，还必须非常小心，以确保测量结果的搜集数据程序与第一轮数据搜集尽可能相似。如果在接下来的数据搜集中，使用不同标准来测量控制组，干预组与控制组的对称性就会受到威胁。实际上，改变测量标准意味着对排除限制的违反，因为与干预分配系统相关的这个因素（测量程序）与潜在结果也有关。在评估第二轮抽样的优势时，还必须考虑在两轮中使用相似标准测量结果是否可行。

## 7.7 两个常见的疑问

在结束对缩减的讨论之前，我们先解决实验研究者遇到缺失数据时常常提出的疑问。第一个问题是结果数据缺失与协变量数据缺失之间的区别。协变量数据缺失的后果是什么？如何解决这一问题？

与结果数据缺失相比，协变量数据缺失的严重性通常要小得多。当使用回归方法分析一项简单随机实验时，将干预前协变量包括在内是可选的（参见第 4 章）。无论是否选择控制协变量都能获得一致性估计值。如果选择将某些值缺失的协变量 $X_i$ 包括在内，最简单的解决方法是：

（1）将任意一个值，如 $x = 0$，赋予有缺失值的被试。

（2）为缺失被试建立一个新的哑变量并取值为 1，如果无缺失则为 0。

（3）将结果变量对干预变量、协变量 $X_i$ 以及新的哑变量进行回归。

这种方法类似于用 $\overline{X}$ 来替代 $X_i$ 的缺失值。如果 $X_i$ 是一个分类变量，在建立哑变量时，将缺失编码为一个独特类别。例如，当某些观测值在性别变量上缺失时，可以建立三个类别：男性、女性以及缺失。在回归时使用两个哑变量将性别表示为协变量。

当研究者试图在缩减出现后，设计解决包括缩减问题的方法时，就产生了第二个问题。有时候一个实验样本的缩减率在亚组之间是不同的。既然缩减是一个令人烦恼的问题，为什么不干脆将你的数据分析限定在样本中未遭受缩减的亚组？这种有吸引力但有缺陷的策略，会产生有偏的干预效应估计值。

考虑下面的例子。假设你希望评估一个帮助被试改善身体条件的项目。向干预组被试提供的干预包括一段时间的私人教练和一些阅读材料。控制组只获得阅读材料。要求被试在 6 个月以后返回参加耐力测试。在实验最初的招募活动中，被试 1 和 2 报告他们通常只进行最低限度训练。相比之下，被试 3 和 4 则报告他们非常积极地参与训练。实验者基于这个信息将被试群划分为不同区块，然后随机将每对中的一个被试分配到干预组，另外一个分配到控制组。结果测量是在逐渐加速的跑步机上的慢跑分钟数。表 7-7 显示了两对被试（这两对被试分别是被试 1 和 2、3 和 4）的潜在结果和缩减模式。

表 7-7 两对被试的潜在结果与缩减模式

| 观测值 | 对 | $Y_i(0)$ | $Y_i(1)$ | $r_i(0)$ | $r_i(1)$ | $Y_i(0) \mid r_i(0)$ | $Y_i(1) \mid r_i(1)$ |
|---|---|---|---|---|---|---|---|
| 1 | A | 4 | 6 | 1 | 1 | 4 | 6 |
| 2 | A | 4 | 2 | 1 | 0 | 4 | 缺失 |
| 3 | B | 8 | 8 | 1 | 1 | 8 | 8 |
| 4 | B | 9 | 9 | 1 | 1 | 9 | 9 |

表 7-7 显示，这项干预的平均干预效应为零，尽管干预帮助了某些被试，但是伤害了其他被试。某些人从一开始就严格锻炼并且身体越来越好，而其他人则因为太困难而完全放弃了锻炼。已经开始锻炼的被试的零干预效应与某种观点一致，即那些进入实验时身体形态良好的人，干预前已经充分得到锻炼的好处。表 7-7 显示在实验中某些随机分配模式产生了结果数据缺失。如果某个被试身材已经变形，他或她就不太愿意返回参加耐力测试了。假如某个被试预期自己在跑步机上坚持不了 3 分钟，该被试就不会出现在评估中。关注第一对，即被试 1 和 2，可以注意到如果被试 2 被分配到干预组就会产生缺失。

使用表 7-7 我们可以评估限制缩减的建议程序，如果某一对被试出现缩减，可以将该对被试从分析中删除，并关注样本中没有产生缩减的部分。使用剩下的观测结果数据，将干预组与控制组结果取平均值；二者的差值就是干预效应的估计值。这是一个无偏估计量吗？

不是。如表 7-8 所示，这个估计量的期望值是 0.5，不是 0。这个估计量是向上偏的（upwardly biased），因为缩减与潜在结果相关。无论何时，只要具有负干预效应的被试被分配到干预组，第一对被试 {1, 2} 都将被从数据分析中删除，无论何时只要有正干预效应的被试被分配到干预组，第一对被试 {1, 2} 都将被保留。这种不对称产生了偏误，因为从这一对被试中，我们只听到关于干预的"好消息"。对没有发生缩减的被试对（pair of subjects）来说，这一估计量通常不会产生干预效应的无偏估计量。如果从一开始研究者只关注第二对被试，干预效应估计值就会是无偏的。然而，由于研究者看不到表 7-7，当这一对被试中没有观测到缩减时，研究者选择抛弃第一对被试是没有理由的。更广泛的教训是，将遇到缩减的子集从数据中删除，这似乎是明智的程序，但当缩减是潜在结果的函数时将导致偏误。

表 7-8 　　发生缩减就删除某对被试的规则下，四种可能的干预组
　　　　　　与控制组分配以及每种分配的干预效应估计值

| 被分配到干预组的被试 | 被分配到控制组的被试 | 干预效应的估计值 | 有任何被试对被删除吗？ |
|---|---|---|---|
| $\{1, 3\}$ | $\{2, 4\}$ | $\dfrac{6+8}{2}-\dfrac{4+9}{2}=0.5$ | 无 |
| $\{1, 4\}$ | $\{2, 3\}$ | $\dfrac{6+9}{2}-\dfrac{4+8}{2}=1.5$ | 无 |
| $\{2, 3\}$ | $\{1, 4\}$ | $8-9=-1$ | 第一对被删除 |
| $\{2, 4\}$ | $\{1, 3\}$ | $9-8=1$ | 第一对被删除 |

注：真实 ATE 为 0，但是使用以上程序得到的 ATE 平均估计值为 $(0.5+1.5-1+1)/4=0.5$。

## 小　结

缩减对所有形式的社会研究来说都是一个严重的威胁，无论是否为随机分配干预，缩减对实验研究者来说最为痛苦。实验研究者进行随机实验是为了获得某个因果效应的无偏估计值，却发现缩减引入了偏误的威胁。由于缩减和不可观测结果有关，自然会招致争议。为了获得估计值，需要进行各种假定，因此不可避免地会基于理论或证据来选择哪些假定是必需的。

某些争议可以通过给平均干预效应定界的方法来回避。一种基于不可知论的方法是用极端值替代缺失值。但是，当与预期 ATE 相关的缩减率较高时，这些边界常常宽得令人不安。另一种方法是给某个亚组的平均干预效应定界，这些亚组被试无论被分配到干预组还是控制组，都将永远报告结果。这种方法涉及较低缺失率的实验组的修剪结果分布的顶部或底部结果，需要做出较强假定，并且往往产生信息量更大的边界。然而，这样做的代价是解释的不确定性。修剪依赖的单调性假定是否有效？如果有效，基于这一亚组 ATE 估计值的结论，能够推广到多大的范围？

由于分析有缩减问题的实验会面临很多障碍，研究者应当煞费苦心地设计研究，并随时关注缩减问题。本章讨论了一种设计思想——对第一轮后缺失的被试，使用后续抽样测量结果——但其他建议迅速出现在脑海中。在现实层面，保存良好的行政记录（或与发布信息的人保持良好的关系）预期能够最大化获得结果测量的机会。更好的办法，是搜集几种结果测量，每种均来自不同信息源，以便一个结果变量上的缺失可以用其他平行测量信息来填补。一个数据来源的简单列表包括公共文件、政府记录、市场研究数据、直接观测、参与者的调查或者对参与者朋友或亲戚的调查。在实验项目开始前就考虑结果测量的可得性是一个好主意。

*244*

## □ 建议阅读材料

Allison（2002）和 Graham（2009）提供了缺失数据的大量文献介绍；Little and Rubin（2002）则提供了更技术性的细节。Manski（1995，2007）讨论了当结果数据缺失时，最坏情况（worst-case）边界的用途。Lee（2005）讨论了修剪问题，DiNardo，McCrary and Sanbonmatsu（2006）说明了在分析实验数据时，解决缩减问题的不同方法。Cochran（1977）和 Lohr（2010）讨论了通过双重抽样进行额外数据搜集，一个实际应用的例子在 Gerber，Green，Kern and Blattman（2011）中进行了展示。

## □ 练习题：第 7 章

1. 重要概念：

（a）式（7.1）描述了潜在缺失与观测到的缺失之间的关系。解释表达式 $r_i = r_i(0)(1-z_i)+r_i(1)z_i$ 中使用的符号。

（b）解释为什么假定 $Y_i(z)=Y_i[z, r(z)=1]=Y_i[z, r(z)=0]$ 相当于一种"排除限制"。

（c）什么是"如果被干预就报告者"？

（d）什么是极端值边界？

2. 假设在某个实验中对所有被试有 $r_i(1) = r_i(0)$。换句话说，所有被试要么是永远报告者，要么是从不报告者。说明当所有被试的干预效应相同时，式（7.6）中显示的具有可观测结果被试的均值差与式（7.5）中的整体 ATE 相同。

3. 建立一个假想的潜在结果一览表来说明每种情况：

（a）预计干预组与控制组结果缺失的比例不同，但在其被用于干预组与控制组的观测结果时，均值差估计量是无偏的。

（b）预计干预组与控制组结果缺失的比例相同，但在其被用于干预组与控制组的观测结果时，均值估计量是有偏的。

4. 建立一个假想的 $Y_i(z)$ 和 $R_i(z)$ 潜在结果一览表来显示在某些随机分配下，研究者可以估计不包括真实 ATE 的极端值边界。

5. 假设在实施一项实验时你遇到了缺失。通过实施三种调查，你想找出缺失原因和后果的线索：（1）评估干预组与控制组缺失率是否有差异；（2）评估协变量能否预测哪些被试有结果缺失；（3）评估缺失与协变量的预测关系在干预组与控制组中是否有差异。这三个调查以何种方式启发你对实验的解释与分析？

6. 从在线附录中（http：//isps. yale. edu/FEDAI）下载安格里斯特、贝廷格和克雷默的论文中使用的数据。[1] 使用教育券干预和两个协变量（性别与有效电话号码）建立线性回归模型来预测无缺失。使用这个模型中的预测值来生成逆概率权重，并注意验证预测值是非负的且不大于 1.0。将阅读考试分数对赢得教育券进行一个加权回归，用逆概率分数作为权重。解释这些估计值。

---

[1] Angrist，Bettinger and Kremer，2006.

实地实验：设计、分析与解释

7. 有时实验研究者会从他们的实验中排除某些被试，因为这些被试（1）似乎能够理解实验检验的假设是什么，（2）似乎没有严肃地对待实验，（3）没有听从指示。当研究者比较未被排除被试的结果平均值时，讨论是否这三种实践的每一种都会引入偏误。

8. 迪特尔曼（Ditlmann）和拉居纳（Lagunes）报告了一项实验结果，实验中西班牙裔与非西班牙裔的研究合作者试图在 217 个零售商店中使用个人支票购买价值 10 的礼品券。[①] 这些合作者都接受过训练以便举止相似，然后被随机分配到每个商店。结果测量之一是商店店员是否会要求查看合作者带照片的身份证。第二项结果是那些被要求出示身份证的合作者，其身份证（由实验者提供）是否被认为有效。假设我们感兴趣的问题是：店员更可能接受一个白人顾客还是一个西班牙裔顾客出示的身份证？由于某些顾客从未被要求出示身份证，他们的结果是缺失的。如果顾客是非西班牙裔，定义干预为 0；如果顾客是西班牙裔，则定义干预为 1。定义出示身份证要求为变量，如果未要求，为 0；要求，则为 1。定义身份证接受为变量，如果拒绝，为 0；如果接受，则为 1。下表显示了按照实验条件店员要求或接受身份证的数量。

*246*

|  | 白人顾客 | 西班牙裔顾客 |
|---|---|---|
| 未要求出示身份证 | 28 | 17 |
| 要求出示身份证并接受 | 50 | 68 |
| 要求出示身份证并拒绝 | 28 | 26 |
| 总数 $N$ | 106 | 111 |

（a）数据似乎说明与白人相比，西班牙裔出示身份证更有可能被接受。解释数据中的这种模式为什么可能会产生误导印象，即店员对西班牙裔的歧视更少。

（b）使用极端值边界来填补从未被要求出示证件被试的缺失结果（接受或拒绝身份证），解释你的结果。

（c）在本例中，修剪边界方法依据的单调性假定是否合理？计算修剪边界并解释结果。

9. 假设某位研究者在某发展中国家计划实施一项实验，来评估为低收入家庭提供现金资助的效果，如这些家庭是否同意让自己孩子上学以及带孩子定期访问诊所。研究者感兴趣的主要结果是干预组孩子是否更有可能完成高中学业。将由分布在全国的 1 000 个家庭组成的一个随机样本作为干预组（现金资助），另外 1 000 个家庭则作为控制组。

（a）假设在项目执行到一半时，在该国一半地区爆发了内战。研究者无法搜集居住在战区的 500 个干预组和 500 个控制组家庭的结果数据。这种类型的缩减对实验的分析和解释意味着什么？

（b）一项相同的实验在另外一个发展中国家中进行。这次缩减出现如下问题：

---

① Ditlmann and Lagunes，2010.

多年以后，当研究者回到当地测量结果时，提供现金资助的家庭更有可能居住在同样的地点。在 1 000 个被分配到干预组的家庭中，研究者找到了其中 900 个并测量结果。与此对应，1 000 个控制组家庭中找到了 700 个。这种类型的缩减对实验的解释与分析意味着什么？

10. 表 7 - 6 总结了一系列模拟的结果。回忆在 7.6 节中对这个表的讨论，每个模拟都考虑了得到 ATE 的常规和第二轮抽样程序的精确性。基于表中呈现的结果，解决下列问题：

（a）表中最前面的六行考虑了缺失与潜在结果无关的情景。每个情景在缺失率和第二轮数据搜集的观测值数量上是不同的。使用偏误、精度和极端值边界宽度等术语，来比较这两个估计量（一个基于最初的数据搜集，另一个基于全部两轮数据搜集）。

（b）表中接下来的六行考虑的是缺失与潜在结果相关的情景。再一次使用偏误、精度和极端值边界宽度等术语，比较每种情景中的两个估计量。

（c）对表中最后六行表示的情景进行相同的比较，其中第一轮缺失与潜在结果相关，但第二轮缺失与潜在结果无关。

（d）总体来说，相对于只基于最初一轮数据搜集的估计，在哪种情景下基于两轮数据分析的估计具有最大比较优势？相对于基于两轮数据的估计，在哪种情景下只基于最初一轮数据搜集的估计具有最大比较优势？

# 附　录

## □ A7.1　第二轮抽样的最优样本分配

研究者在设计实验时，为实现统计目标，必须经常评估是否还有其他备选方案来分配有限资源。本附录将说明在资源稀缺时，如何做出权衡。我们将正式检验一种特殊情况下的设计问题。由于涉及根据一个特定目标来检查每种可行设计的表现，这种基本方法的用途很普遍。为解决优化设计问题，你必须回答一系列问题：

（1）你的目标是什么？所谓目标指的是你用于比较不同研究设计的准则。例如，这种目标可能是最小化均方误差的期望值或者最小化无偏估计量的方差。

（2）预算是多少？

（3）可行设计的集合是什么？术语"可行"（feasible）描述的是任何恰好等于或者低于预算的设计。

（4）哪一种可行配置可以最大化目标？例如，研究者是否应当花钱去招募更多被试，或者这些资源是否应当被用于降低缩减率？

接着 7.6 节对第二轮抽样的讨论，我们考虑当控制组有缩减时，如何估计 $E\left[Y_i(0)\right]$ 的问题。假设有两种获得结果测量的技术：标准方法和增强努力方法。标准方法涉及一个单轮（single round）的数据搜集，数据搜集后某些被试的结果会缺失。增强努力被用于标准方法下缺失结果数据的某个被试随机样本。假如每个被分配到控制组的被试的成本为 $C$，并且没有与标准方法相关的额外成本。当用标准方法获取结果测量时，令 $\alpha$ 为无结果数据缺失被试的比例。使用增强努力的成本是一个额外数量 $C_E$，超过标准成本 $C$。为了保证例子足够简单，我们假定在使用增强努力时，100% 被试能够提供结果测量。

让 $B$ 作为用来估计 $E[Y_i(0)]$ 的总预算。设计问题为："控制组规模应当多大？控制组被试给予增强努力的数量应该是多少？"任何可能设计能够获得的最大预算是：

$$B = C \cdot N + C_E \cdot N_E \tag{A7.1}$$

这里 $N$ 是控制组的被试数量，$N_E$ 是增强努力下的被试数量。增强努力下的被试数量与控制组被试数量之间有如下关系：$N_E \leqslant (1-\alpha)N$。总成本方程将花钱招募更多控制组被试，与花费额外资源测量缺失结果之间的成本权衡数量化。例如，假设 $C_E$ 是 $C$ 的 3 倍。给定一个固定预算，对每一个被选择实施增强努力的被试，控制组都必须相应地减少 3 个被试才能保持预算不超支。

回忆我们之前的证明，第二轮后续测量的努力，是针对控制组有缺失结果被试的一个随机样本进行的。如果响应率为 100%，响应增强努力被试的平均值与响应第一轮努力被试的 $Y_i(0)$ 平均值可合并，来建立 $E[Y_i(0)]$ 的一个无偏测量。使用这个结果，我们现在可以考虑将多少被试分配到增强努力。

我们假定研究者将获得平均干预效应的无偏估计值作为优先目标，因此至少会分配某些资源到增强努力。在本例中，研究者的目标是最小化无偏估计量的方差。因此，通过设计想要解决的问题，是选择一种在标准方法和增强努力间分配的方案，来使估计量无偏并尽可能精确。$E[Y_i(0)]$ 的无偏估计量为：

$$\alpha \hat{Y}_S(0) + (1-\alpha)\hat{Y}_E(0) \tag{A7.2}$$

这里的 $\hat{Y}_S(0)$ 指的是通过标准方法获得的结果平均值，$\hat{Y}_E(0)$ 指的是通过增强努力获得的结果平均值。为了简单起见，我们忽略了 $\hat{Y}_S(0)$ 和 $\hat{Y}_E(0)$ 之间的抽样协方差，并且假定 $Y_i(0)$ 的方差可以由 $\sigma$ 近似得到，不管被试是否有潜在缺失。换句话说，我们假定无论 $r_i(0)=0$ 还是 $r_i(0)=1$，$Y_i(0)$ 的方差大致相同。

对于任何分配方案 $N$ 和 $N_E$，$E[Y_i(0)]$ 估计量的方差都等于：

$$\sigma\left[\frac{\alpha}{N} + \frac{(1-\alpha)^2}{N_E}\right] \tag{A7.3}$$

研究者的问题，是如何选择 $N$ 和 $N_E$ 来最小化式（A7.3）使其服从式（A7.1）中的预算约束。某个控制组观测值的成本可以标准化为 1，以便 $B$ 和 $C_E$ 用 $C$ 的术语来表示。预算现在可以写成：

$$B = N + C_E \cdot N_E \tag{A7.4}$$

由于 $N$ 和 $N_E$ 的最优配置会耗尽预算，我们可以将预算约束代入式（A7.3）：

$$\sigma\left[\frac{\alpha}{N} + \frac{C_E(1-\alpha)^2}{B-N}\right] \tag{A7.5}$$

250 式（A7.5）是用来描述目标的函数，现在被单独写作一个选择变量 $N$。我们希望找到最小化目标函数（A7.5）的 $N$ 值，并且受到 $N > 0$ 和 $N_E > 0$ 的明显限制。暂且忽略这些不等式约束条件，$N$ 的范围从 0 到 $B$。为了找出最小化式（A7.5）的配置，需要搜索 $N$ 的可行值范围。（这种彻底、试错类型的搜索被称为"网格搜索"。）注意当 $N$ 被选定后，由于预算约束，$N_E$ 也被隐含地确定了。检查 $N$ 是否为满足不等式的最佳值。

有一个例子能够说明谨慎考虑在标准方法与增强努力之间进行资源分配的价值。假如使用增强努力测量每个观测值的成本是标准方法的 10 倍。对这个数值示例，我们设定在标准方法下缩减率为 50%。并且预算足够支付使用标准方法测量 1 000 个被试的费用。表 A7-1 显示了在 $N$ 和 $N_E$ 被试的备选可行分配下，相对方差的期望值。这里方差 $\sigma$ 是方差表达式中的一个乘法常数（multiplicative constant），因此会影响方差的绝对水平，但不能影响不同分配下方差的相对大小；因此我们为了方便，设定 $\sigma$ 为 1。可行的分配集合满足 $N > 0$、$N_E > 0$ 和 $N_E \leqslant (1-\alpha)N$ 的要求。在有大约 300 个被试被分配到控制组，而且大约 150 个有数据缺失的被试中，有 70 个被随机选择进行增强努力时，我们就获得了最小方差。如果研究者决定建立一个更大的控制组（给后续搜集留下更少资源），$E[Y_i(0)]$ 估计值的方差会更大。例如，假设研究者选择有 800 个被试的设计：大约 400 个将会结果缺失，其中 20 个被随机分配到增强的后续搜集中。这种设计下的抽样方差将会增加 2 倍以上。尽管当控制组的规模更大时，有结果数据的被试数量也更大，但额外观测值会帮助估计已被相对较好估计的某个值。

如果使方差最小化的 $N$ 超过了被分配到标准与增强方法下的被试最低数量，我们就可以说找到了一个"内点解"（interior solution）。对熟悉微积分的读者来说，可以证明产生最小方差的 $N$ 值，就是式（A7.5）中使 $N$ 的一阶导数等于 0 的 $N$ 值。一种表示最优配置的有用方式，是被分配到 $N_E$ 的被试数量与控制组被试总数 $N$ 之比。满足本例中解决设计问题的零导数条件（zero derivative condition）的 $N_E$ 与 $N$ 的比率为：

$$\frac{N_E}{N} = \frac{1-\alpha}{\sqrt{\alpha C_E}} \tag{A7.6}$$

回忆一下，最多 $(1-\alpha)N$ 个被试可被分配到增强努力下。这一约束意味着无论

252 何时当 $\sqrt{\alpha C_E} > 1$ 或 $\alpha > 1/C_E$，被分配到增强努力下的被试数量都小于未测量被试整体。将本例中的值（$\alpha = 0.5$，$C_E = 10$）代入式（A7.6），我们发现 $N_E/N$ 的最优比率为 0.223，大约等于表 A7-1 中通过网格搜索得到的比率 70/300。

原则上，存在许多个 $N$ 值，其任意函数的一阶导数均等于 0。我们需要检查额外条件以确保 $N$ 的值（至少）是函数的一个局部最小值而不是一个最大值：局部最小值条件是函数的二阶导数为正。在实验考虑下，如果目标公式的二阶导数对 $N$ 范围内所有 $N$ 的取值均为正，满足零一阶导数条件的 $N$ 就是所有 $N$ 值中最

表 A7 – 1　　优化问题的结果，在增强努力成本是标准数据收集 10 倍的情况下，并且预算等于 1 000 个标准观测值的成本

| 分配到 N | 100 | 150 | 200 | 250 | 300 | 350 | 400 | 450 | 500 | 550 | 600 | 650 | 700 | 750 | 800 |
|---|---|---|---|---|---|---|---|---|---|---|---|---|---|---|---|
| 分配到 NE | 90 | 85 | 80 | 75 | 70 | 65 | 60 | 55 | 50 | 45 | 40 | 35 | 30 | 25 | 20 |
| 结果方差 $\hat{E}[Y_i(0)]$ | 0.007 778 | 0.006 275 | 0.005 625 | 0.005 333 | 0.005 238 | 0.005 275 | 0.005 417 | 0.005 657 | 0.006 | 0.006 465 | 0.007 083 | 0.007 912 | 0.009 048 | 0.010 667 | 0.013 125 |

注：阴影显示的是使结果估计值方差最小的分配。

第 7 章　样本缩减

优的。这个基于二阶导数的条件，比必要条件稍微强一些，但对全局极值是充分条件，并能满足我们考虑的研究设计问题。更一般地，微积分方法可被用在包括几个选择变量的更复杂的情况中。这些方法包括获取选择变量的增广目标函数（the augmented objective function）的一阶导数，这里的新目标函数被修改，以包括对选择变量扩展集取值的等式约束与不等式约束。

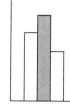

# 第8章

# 实验单位间的干扰

## 本章学习目标

（1）单位间的干扰将影响定义潜在结果的方式。

（2）在比较干预组与控制组时，干扰如何导致有偏的推断。

（3）探测干扰效应的实验设计。

（4）空间分析中存在干扰的复杂问题。

（5）无干扰性假定和被试内设计中无偏推断的必要假定之间的联系。

在定义一个潜在结果时，如果被试 $i$ 接受了干预，就将其定义为 $Y_i(1)$，否则 *253* 定义为 $Y_i(0)$。我们隐含地假定该被试的潜在结果只受到是否接受干预的影响，与其他单位接受的干预无关。正式地，如果我们用向量 $\boldsymbol{d}$ 来列出每个被试（$d=0$ 或 $d=1$）的干预状态，那么无干扰性假定（non-interference assumption）说明有 $Y_i(\boldsymbol{d})=Y_i(d)$。换句话说，被试 $i$ 的潜在结果只响应被试自身的干预状态 $\boldsymbol{d}$，而非对其他被试实施的干预。[①] 在不遵从导致分配向量 $z$ 与实际干预向量 $\boldsymbol{d}$ 偏离时，无干扰性意味着每个被试不受其他被试的干预和分配的影响：$Y_i(z, \boldsymbol{d})=Y_i(z, d)$。

关于某个实验单位的潜在结果只反映该单位的干预状态的这一规定，在实验方法研究文献中名称不一。有时这种假定被称为个体干预响应（individualistic treatment response）[②] 或者稳定的单位干预值假定（stable unit treatment value

---

① 这个版本的无干扰性假定可以被描述为"全局无干扰"（global non-interference），意思是其可以被用于任何将 $m$ 个干预分配给 $N$ 个被试的情况，这里的 $m$ 可以与 0 一样小或与 $N$ 一样大。"局部无干扰"（local non-interference）是一个更弱的要求，即在恰好将 $m$ 个干预给予 $N$ 个被试时，潜在结果只反映被试自己的干预接受状态。如下面讨论的例子建议，当被用在接受干预被试比例很高或很低的情况时，局部无干扰性假定也许不再可信。

② Manski，2012.

assumption，SUTVA)①。后一个术语更常见，但不幸的是，其措辞并没有充分传递"实验单位间无干扰"的感觉，而这正是一位研究者脑海里必须牢记的关键思想。假定干预是"稳定的"或者"无干扰的"，在技术上就意味着随机化如何出现并不会影响潜在结果。无干扰是一种实质性假定，即分配干预时实验单位如何表现——本质上，这一假定认为潜在结果表是真正的一览表；即没有隐藏的潜在结果，结果的出现基于谁得到了什么干预。正如在第 2 章中所讨论的，无干扰是建立均值差估计量无偏性的核心假定之一。

无干扰性假定同样可以帮助阐明当我们定义一个干预效应为 $Y_i(1) - Y_i(0)$ 时，其意思是什么。为了进行说明，考虑一个简单的例子，在这个例子中，有 3 个销售代理在一个零售商店工作。在 7 月末，商店计划引进一种新的系统来考核员工，并对 3 个销售代理之一授予荣誉称号"月度销售员"。依据每个代理 8 月销售额的潜在结果在表 8-1 中显示。最后一列显示的是，如果没人被授予这项荣誉称号时的潜在结果。按照这个基准进行比较，第一位销售代理玛丽如果被授予荣誉称号将会增加生产力。无论是否被授予荣誉称号，中等生产力的彼得不会受到影响。里默不会受到荣誉称号的影响，但和玛丽一样，如果彼得获得荣誉称号，就会感觉士气低落，在这种情况下生产力会大幅下降。

表 8-1　每位代理的销售额，取决于上个月谁被授予"月度销售员"称号

| 销售代理 | 如果玛丽被授予荣誉称号的结果 | 如果彼得被授予荣誉称号的结果 | 如果里默被授予荣誉称号的结果 | 如果没人被授予荣誉称号的结果 |
|---|---|---|---|---|
| 玛丽 | 100 | 50 | 70 | 70 |
| 彼得 | 50 | 50 | 50 | 50 |
| 里默 | 90 | 50 | 90 | 90 |

某位研究者被要求评估员工对获得荣誉称号的反应，并提出一项实验将荣誉称号随机分配给 3 个销售代理之一。研究者定义因果被估计量为两种潜在结果的差值：如果被试 $i$ 获得荣誉称号就是 $Y_i(1)$，如果被试 $i$ 没有获得荣誉称号就是 $Y_i(0)$。这里出现了一个难题：研究者并不知道潜在结果一览表，也没有意识到每位员工的 $Y_i(0)$ 是不稳定的，这意味着它会根据谁获得荣誉称号而变化。相反，研究者假定 $Y_i(0)$ 仅指最后一列的潜在结果，在那里没有人获得荣誉称号。使用这种定义，平均干预效应为 $[(100-70)+(50-50)+(90-90)]/3=10$。然而，如果商店通过抽签来选择赢家，3 个随机化会产生明显的干预效应，分别是 $[100-(50+90)/2]=30$，$[50-(50+50)/2]=0$ 以及 $[90-(70+50)/2]=30$，平均值为 20。这个例子说明了干扰如何导致偏误。在定义被估计量时，研究者忽略了一个事实，即观测值 $i$ 的潜在结果取决于是否对观测值 $j$ 实施了干预。在这种情况下 ATE 被夸大了，因为彼得被授予荣誉称号时的 $Y_i(0)$ 平均值会低于无人被授予荣誉称号时的 $Y_i(0)$ 平均值。

在社会与健康科学中，这种情况并不罕见，即某个观测值的潜在结果不仅依

---

① Rubin，1990.

据其接受的干预，还依据其他观测值接受的干预。在社会现象中，某个单位接受干预会影响其他单位的例子包括：

● 传染（contagion）。接种疫苗对某人感染疾病的概率的影响取决于其他人是否接种了疫苗。如果周围都是接种了疫苗的人，疫苗接种的因果效应就较小；如果周围都是未接种的人，因果效应就较大。

● 转移（displacement）。某个地点警察抑制犯罪的干预可能会导致犯罪活动转移到邻近地点去。一个街区的潜在结果，即犯罪率变化取决于邻近区域接受的干预。如果其临近某个接受干预街区，一个"未干预"地点可能会经历犯罪激增。如果将接受干预地点与邻近未接受干预地点比较，就会夸大警察干预的因果效应，因为邻近未干预地点会被转移来的犯罪活动影响。

● 传播（communication）。传递商业产品、娱乐或者政治原因等信息的干预，可能从接受干预个体传播到名义上未接受干预的个体中。直接干预可能有实质性因果效应，但如果消息从干预组传播到未干预组，信息的明显效应似乎可以忽略不计。

● 社会比较（social comparison）。一项为干预组提供住房援助的干预会改变控制组评估自己住房条件的方式。换句话说，控制组的潜在结果，在干预组被干预时就会降低。

● 威慑（deterrence）。有时政策干预目的是"发送信息"，关于政府想做什么或有能力去做什么。例如，某个联邦机构开展对地方政府的一系列随机审计，不仅是为了防止接受干预地区的腐败，还使未接受干预地区获悉了这种审计政策。

● 持久性和记忆（persistence and memory）。在被试内实验（within-subjects experiment）中，随着时间的延续追踪一个给定单位的结果，测量随后各时期引入刺激对结果的效应。每个时间点的个体潜在结果，常常比如果干预就响应、未干预就不响应的模式更复杂。被试可能记得过去的干预，导致其对将来的干预产生不同反应。

社会现象不是干扰的唯一来源。当干预将资源从控制组重新分配到干预组时，被试 $i$ 的潜在结果可能受到被试 $j$ 的干预影响。例如，一项实验课程可能导致教师花更多的时间与干预组在一起，从而与控制组在一起的时间更少。[①]

这个可能干扰来源的冗长列表令人气馁，提醒研究者在确定潜在结果、定义 ATE 和设计实验估计 ATE 时，必须特别注意干扰问题。本章的目标之一，就是向读者介绍一种超越简单框架的潜在结果。在简单框架中如果单位 $i$ 被干预，潜在结果是 $Y_i(1)$，否则是 $Y_i(0)$。更细致的潜在结果表需要更复杂的实验设计。本章的第二个目标是介绍能适应某些形式的单位间溢出（spill-over）效应的设计原理。本章的最后一个目标说明在随时间追踪被试的实验分析中，无干扰如何发挥重要作用。为了从实验数据中获取信息，必须规定无干扰性，本章的目标就是希望引起关注，包括这些规定是什么，以及这些规定本身如何成为实验研究的目标。

---

① 在干预组结果与控制组结果之间预期有差异的情况下，一项将资源从控制组转移到干预组的实验课程被认为违反了可排除性。这既反映干预效应（课程本身），也反映隐藏变量，即将资源从控制组收回。之所以用本例说明干扰性，是因为从控制组转移资源的程度取决于随机分配的结果；潜在结果的不同取决于分配哪些学生到各种实验条件下。

## 8.1　局部溢出时识别因果效应

为了说明干扰的本质与后果，以及解决溢出效应的实验设计，我们从一个在选民动员研究中常见的例子开始。考虑一个试图通过直接给选民发送邮件来动员投票的政治竞选活动（political campaign）。假如目标名单上的每个登记选民都与名单上的另一个选民住在相同地址。我们将这种情况称为"两选民户"（two-voter household）。想象这些两选民户的集合被划分为以下随机分配组：5 000户中两位选民均通过邮件联系；另外 5 000 户中两位选民均不采用邮件联系；还有 10 000 户中，只随机选择一位选民用邮件联系。因此，有 10 000 人与他们的同屋（housemate）一起收到邮件；有 10 000 人和他们的同屋均未收到邮件；有 10 000 人收到了邮件，但其同屋却没有；还有 10 000 人没有收到邮件，但其同屋收到了邮件。这种类型的实验被称为"多层次设计"（multilevel design），因为这里实际上有两个随机化层次。家户被选择进入干预组或控制组；如果某个家户被选入干预组，其中一个或者两个人均被随机选择。这种设计中更复杂的还包括了额外的层次，如家户所在选区或邮政编码。[1]

假设潜在结果是某人自己是否收到邮件和其同屋是否收到邮件的一个函数。我们需要扩展符号系统，以便考虑潜在结果现在需要响应两种不同输入的事实。为了避免符号混乱，我们省略了每个人的下标 $i$。对每个选民，我们有 4 种潜在结果：$Y_{00}$、$Y_{01}$、$Y_{10}$、$Y_{11}$，这里下标的第一个数指的是同屋是否被干预，下标的第二个数指的是选民是否被干预。由于潜在结果被明确定义为家户内的溢出效应，因此有效的无干扰性假定是被试的潜在结果不会被自己家户外被试实施的干预所影响。

基于这 4 种潜在结果，我们可以定义几种感兴趣的因果效应。$Y_{01}$与$Y_{00}$之差定义了自己是邮件目标而同屋未收到邮件的因果效应。在定义邮件对接收者的效应时，指出同屋收到什么是非常重要的，因为定义邮件对接收者效应的另一种方法是比较 $Y_{11}$ 和 $Y_{10}$，这种方法显示了邮件对其同屋收到邮件者的影响。类似地，户内（intra-household）溢出效应可以用两种形式定义。$Y_{10}$ 和 $Y_{00}$ 的差值显示了自己没收到邮件但同屋收到邮件者的溢出效应。一个相关的被估计量比较了 $Y_{11}$ 和 $Y_{01}$，再次反映了溢出效应，这次是在自己收到邮件者中。注意，后面两个被估计量并未准确指出溢出效应如何发生；仅简单总结了同屋间交流的累积效应，接触到同屋的邮件，如果同屋前往投票，降低了自己投票的交易成本，等等。

我们的实验设计揭示了每个选民的 4 种潜在结果之一。由于选民是随机分配的，每个实验组的潜在结果平均值可以用来识别上面定义的每种平均因果效

---

① 参见 Sinclair, McConnell and Green（2012）中一个多层次实验的例子，其中随机分配决定哪些邮政编码接受干预、在邮政编码区域中哪些家户接受干预，以及家户中哪些个体接受干预。

应。在本例中，户内溢出效应并没有违反无干扰性假定，因为实验设计能够容纳潜在结果的扩展一览表。尽管无干扰通常被总结和简写为"无溢出"，一个更准确的简写方式是"无未建模的溢出"（no unmodeled spillover）。[1] 在本例中，如果选民被发给同屋而非发给自己的邮件影响，就可能违反无干扰性假定，因为识别策略预先假定没有这种类型的溢出。[2]

小心，不要将无干扰与其他问题混淆。在分析一项多层次实验时，会出现一种复杂的问题，即如何估计标准误、假设检验和置信区间。在简单随机分配下，计算标准误、假设检验和置信区间可以基于每个被试被独立分配到干预组和控制组的假定。这里，同屋是成对分配的，因此同屋可能有相似的潜在结果。使用在第 3 章中介绍的方法，模拟干预效应估计值的抽样分布时，研究者必须将整群分配考虑在内。然而，这个问题与无干扰不同。投票模式可能在家户相关，甚至在不存在溢出效应时相关——例如，两个同屋成员可能具有相似的社会经济背景，并暴露在相同竞选活动广告和地方有组织的活动中。这反过来也是正确的：即使同屋的一对选民具有无关的潜在结果，也会发生溢出。无干扰与潜在结果相关是不同的，具有不同的估计含义。当各整群包含相同数量被试时，违反无干扰性假定会导致有偏估计值，而相关的潜在结果会影响整群随机分配下的标准误。

无干扰导致的有偏估计值是一个更大的问题，也是我们的焦点。为了理解忽略溢出时将如何导致偏误，想象上面描述的实验被实施的情况，但研究者只需注意，在定义潜在结果时，一个给定的被试是否被当成竞选活动的直接目标。研究者定义被估计量为 $\overline{Y}_{01} - \overline{Y}_{00}$，由于忽略溢出效应，这一被估计量被假定与 $\overline{Y}_{01} - \overline{Y}_{10}$ 相同。研究者将收到邮件的人（其观测到的投票率均值是 $\hat{\overline{Y}}_{11}$ 和 $\hat{\overline{Y}}_{01}$，取决于他们的同屋是否收到邮件） 与没有收到邮件的人（其观测到的投票率均值是 $\hat{\overline{Y}}_{10}$ 和 $\hat{\overline{Y}}_{00}$，再次取决于他们的同屋是否收到邮件）合并，而不用再分析 4 个不同的组。这样可以估计邮件的"效应"，$\overline{Y}_{01} - \overline{Y}_{00}$。在比较这两组时会发生什么？如果确实没有户内溢出，这项包括相等规模随机分配组的实验将生成一个 ATE 估计值：

$$\frac{\overline{Y}_{01} + \overline{Y}_{11}}{2} - \frac{\overline{Y}_{00} + \overline{Y}_{10}}{2} = \overline{Y}_{01} - \overline{Y}_{00} \tag{8.1}$$

这个值是无偏的。然而，在存在溢出效应的情况下，这个朴素的估计量可能有向上或向下的偏误。当 $\overline{Y}_{11} - \overline{Y}_{01} > \overline{Y}_{10} - \overline{Y}_{00}$ 时，这个简单估计量往往过高估计了 $\overline{Y}_{01} - \overline{Y}_{00}$。换句话说，如果自己收到邮件者的溢出效应大于未收到邮件者的溢出效应，忽略家户溢出，将导致过高估计邮件对同屋未收到邮件者的直接效应。当不等式的方向相反时，未考虑到溢出则会导致过低的估计。如果没有多层次设计，研究者会推测过低估计的可能性更大，因为未干预选民更可能被他们同屋的干预

---

　① 检查某项实验研究设计充分性的一种方法，是将被分配到实验组的被试的数量与假定潜在结果表中列的数量比较。分配的实验组与潜在结果列的数量至少应该一样多。

　② 形式上，这一无干扰性假定的限制版本较少，要求潜在结果只响应干预 $d$，这一干预现在指的是邮件被分发给被试和被试同屋的 4 种方法。潜在结果只响应这些干预，而不响应家户外实施的干预，如 $Y_i(d) = Y_i(d)$。

所影响。一项多层次设计有吸引力的特点是提供了数量的经验估计值，否则需要猜测才能得到这些数量。

在一项实验的设计阶段，就慎重考虑无干扰性假定是很有益的，因为这样会迫使我们精确地定义究竟什么是感兴趣的因果效应。假如我们致力于增加警察巡逻来阻止目标街区的犯罪，感兴趣的被估计量想必是某个给定地点两种潜在结果之差：在现行警务模式下的犯罪率和增加警力后的犯罪率。当我们忽略了犯罪的转移时，比较干预与未干预地区，不再能够揭示感兴趣的被估计量。相反，研究者需要回答一个不同的或许是未曾预料的因果问题：是由于邻近地区增加警察监控（police surveillance）而转移来的犯罪，还是直接增加该地区警察监控对犯罪率的影响大？

在一项实验的设计阶段对这些问题保持警惕，能够使研究者在进行实验时探测与测量溢出效应。[1] 多层次设计通过不同程度的直接和间接干预来阐明溢出效应。在疫苗接种的例子中，可以像改变不同区域的疫苗接种率一样，改变个人是否接种疫苗。下面，我们将讨论一种实验设计与分析，在这种实验中，邻近性（proximity）被认为决定了溢出程度。

## 8.2 空间溢出

260  到目前为止，我们已经减弱了无干扰性假定，稍微允许在相同地址选民间的溢出。这种将溢出限制在具体环境下的例子，能够促进有挑战性但可管理的研究项目的出现。研究这种类型溢出效应的机会，常常出现在针对特定社会群体的随机分配项目中。例如，在随机选择的学校中针对女孩进行教育干预，同一学校的男孩可能会被间接影响。[2] 在随机选择的村庄中，政府提供补贴来鼓励贫困家庭坚持让自己的孩子就读小学，同一个村庄中没有补贴资格家庭的孩子，教育结果也会改变。[3] 在每个例子中，无干扰性假定都被放松以允许家庭内、学校内或者村庄内的溢出，但是跨越这些边界的溢出则忽略不计。

在许多例子中，显然溢出并不局限于某些实体如家户、学校或村庄中。一个典型例子涉及了在不同地点实施的干预。研究者希望知道临近干预地点是否会影响没有直接干预观测值的结果。经典的例子包括阻止某种人与人之间传播疾病的健康干预。针对随机选择的地点（如村庄）的干预，研究者不仅观测干预的直接效应，也观测未干预单位是否会受到最邻近干预单位的影响，或者某个特定半径内受干预单位的数量。

乍一看，在某个随机干预的背景下，分析空间溢出效应似乎很简单。首先，发展某种邻近性测量工具；其次，在随机选择的地点部署（deploy）干预；最后

---

① http：//isps. yale. edu/FEDAI 中的附录提供了复杂问题的一个例子，在遇到不遵从问题的实验背景下对溢出建模，问题就会出现。

② Kremer，Miguel and Thornton，2009.

③ Lalive and Cattaneo，2009.

比较最近干预单位与更远干预单位的结果。不幸的是，无论是测量还是估计都并不简单。

发展邻近性的测量，需要一个预先假定溢出效应如何传播的模型。如果我们研究社会规范的传播，欧氏距离（Euclidean distance）可能是测量邻近性的好方法，而如果人们徒步行走但通过手机交流，这就不是好方法了。有时物理邻近性对因果解释很有意义，假如这种距离用合适单位度量的话。如果干预是某些区域的警察监控，研究者可能会推论重要的不是最近的警察出警点有多少英里，而是需要多少分钟才能到达。在某些情况下，物理距离仅仅是描述暴露量的简化标记。一种相对具有不可知论的方法，是将邻近性定义为一个被试是否位于以某个干预 *261*被试为核心的半径之内。然而，要详细说明这种半径，又会是另外的不确定性来源。①

甚至在研究者对测量邻近性的方法相当有信心时，估计过程也会产生巨大的挑战。一个常见的错误是，假定暴露在溢出效应中是由简单随机分配决定的，因为干预是按简单随机分配进行的。通常来说，在一个有空间维度的实验中，不同单位往往具有明显不同的暴露概率。正如在区块设计（参见第3章和第4章）背景下，没有考虑分配概率的变化会导致有偏估计一样，这里如果未考虑间接干预概率的变化也会导致偏误。

为了了解估计问题是如何产生的，考虑图8-1中描绘的一个非常简单的空间安排：地点A到F均匀地分布在一个从1到6的数轴上（在本例中，我们假定已知合适的距离度量，因此可以将估计问题与刚才讨论的测量问题分开）。实验被试居住在地点A、B、C、D和F（E处于无人居住状态）中。假定这些地点中只有一个接受干预。具体来说，假想所有的观测值都是村庄，而实验干预则是建设一个小诊所。结果是每个村庄的健康测量水平。表8-2中列出的潜在结果显示了每个观测值是如何对干预地点进行响应的。这里有3种潜在结果类型：$Y_{01}$指的是如果村庄接受诊所将导致的健康水平；$Y_{10}$指的是如果某个邻近村庄接受诊所导致该村的健康水平；$Y_{00}$指的是如果这个村和邻近村庄都没有接受干预，健康水平的状态。注意无干扰性假定排除了非邻近地点的溢出效应。

图8-1 位于一条直线上五个村庄的空间位置

————————

① 在理想情况下，应当让数据来决定溢出效应随距离的衰减率，以及暴露在多个受干预单位下溢出效应的放大率。问题在于，有灵活性的模型产生的估计值往往不精确。为了得到足够精确的结果来提供信息，研究者不得不在模型设定中强加某种结构。在引入合理假定与强加特别规定之间的差别很微妙。开展这种工作的读者必须谨慎地做出获得结果的建模决策，并且应当寻找证据来证明，在不同的溢出效应建模设定下结论都是稳健的。

表 8-2 五个村庄响应建立一个诊所的潜在健康结果

| 村庄 | 未干预（$Y_{00}$） | 邻近村庄接受干预（$Y_{10}$） | 接受干预（$Y_{01}$） |
|---|---|---|---|
| 1 | 0 | 2 | 0 |
| 2 | 6 | 2 | 10 |
| 3 | 0 | 4 | 4 |
| 4 | 6 | 6 | 6 |
| 5 | 6 | NA | 3 |

注：NA 表示依据实验设计，村庄 5 永远不能临近某个接受干预的村庄。

表 8-2 揭示了这个例子的两个重要特征。首先，有些观测值从不出现某些类型的潜在后果。例如，位置 F 的被试从不显示一个 $Y_{10}$ 结果，因为其永远不会临近一个接受干预的单位；由于永远不能观测到这个潜在结果，我们将这个被试排除在平均干预效应的定义 $E[Y_{10} - Y_{00}]$ 之外——事实上，这个被估计量成为可表示潜在的结果 $Y_{10}$ 和 $Y_{00}$ 村庄的 ATE。其次，不同观测值被分配到每种干预条件下的概率也不同。如表 8-3 总结的那样，位置 A 的村庄暴露在某个邻近干预位置溢出效应中的概率为 0.20。然而位置 B 的村庄概率为 0.40。正如第 3 章所解释的那样，处理不同暴露概率的合适方式是对每个观测值加权，使用进入其分配实验条件（这迫使我们排除概率为 0 的被试）的逆概率。

表 8-3 基于诊所位置表示的潜在结果和每个村庄表示每种潜在结果的概率

| 村庄 | 分配的干预位置 | | | | | 概率（被分配到控制组） | 概率（被分配到溢出效应） | 概率（被分配到干预组） |
|---|---|---|---|---|---|---|---|---|
| | A | B | C | D | F | | | |
| 1 | $Y_{01}$ | $Y_{10}$ | $Y_{00}$ | $Y_{00}$ | $Y_{00}$ | 0.6 | 0.2 | 0.2 |
| 2 | $Y_{10}$ | $Y_{01}$ | $Y_{10}$ | $Y_{00}$ | $Y_{00}$ | 0.4 | 0.4 | 0.2 |
| 3 | $Y_{00}$ | $Y_{10}$ | $Y_{01}$ | $Y_{10}$ | $Y_{00}$ | 0.4 | 0.4 | 0.2 |
| 4 | $Y_{00}$ | $Y_{00}$ | $Y_{10}$ | $Y_{01}$ | $Y_{00}$ | 0.6 | 0.2 | 0.2 |
| 5 | $Y_{00}$ | $Y_{00}$ | $Y_{00}$ | $Y_{00}$ | $Y_{01}$ | 0.8 | 0 | 0.2 |

例如，当干预发生在位置 D 时，村庄 1、2 和 5 都表示它们的 $Y_{00}$ 潜在结果，村庄 4 表示一个 $Y_{01}$ 潜在结果，村庄 3 表示一个 $Y_{10}$ 潜在结果。$E[Y_{01} - Y_{00}]$ 的加权均值差估计量分别针对村庄 1、2 和 5 的未干预概率 0.60、0.40 和 0.80 进行了调整[①]：

$$\hat{E}[Y_{01} - Y_{00}] = \frac{\dfrac{6}{0.2}}{\dfrac{1}{0.2}} - \frac{\dfrac{0}{0.6} + \dfrac{6}{0.4} + \dfrac{6}{0.8}}{\dfrac{1}{0.6} + \dfrac{1}{0.4} + \dfrac{1}{0.8}} = 1.85 \tag{8.2}$$

式（8.2）中的计算排除了村庄 3，因为该村庄表示潜在结果 $Y_{10}$。除此之外还排除

---

① 式（8.2）除以权重之和，然而第 3 章中对应的方程除以的是构造的权重，总和为 $N$。

了村庄 4，因为它已被直接干预，$E[Y_{10}-Y_{00}]$ 的加权均值差估计值排除了观测值 5，因为其永远不能表示一个 $Y_{10}$ 的潜在结果：

$$\hat{E}[Y_{10}-Y_{00}] = \frac{\frac{4}{0.4}}{\frac{1}{0.4}} - \frac{\frac{0}{0.6}+\frac{6}{0.4}}{\frac{1}{0.6}+\frac{1}{0.4}} = 0.40 \qquad (8.3)$$

在小样本中，加权均值差估计量并不是无偏的，但本例中这个偏误相当轻微。[①] 所有 5 个村庄单位在自身位置接受干预的真实平均效应被定义为：$E[Y_{01}-Y_{00}]=1$。在所有可能随机化下，加权均值差的平均值为 0.81。对 A、B、C、D 位置的 4 个单位，相邻单位溢出的真实平均效应被定义为 $E[Y_{10}-Y_{00}]=0.5$。所有可能随机化的加权均值差的平均值为 0.33，这个值也具有某种程度的偏误。

通过比较，未加权均值差有严重的偏误。在所有随机化中，它的平均估计值 $E[Y_{10}-Y_{00}]$ 是 $-1.0$，说明溢出效应为负，但实际上这些效应是正的。问题同样出现在未加权回归中。将结果变量对接受干预的和邻近接受干预村庄的指示变量进行回归，产生的值与未加权均值差的估计值相同。尽管非常基本，这个例子仍然具有很重要的实际意义。甚至在我们正确地指定溢出效应的扩散距离时，如果没有考虑每个单位暴露在溢出中的概率，估计值也可能有严重偏误。未加权均值差估计量中的偏误来源于第 2、3 和 4 章讨论的相同问题：被试的潜在结果（参见表 8-2）与他们接受溢出干预（参见表 8-3）的概率相关。

*264*

### □ 8.2.1 使用非实验单位研究溢出

干预的随机部署为溢出影响实验之外被试的下游分析提供了条件。回到诊所的例子中，想象一下，图 8-1 所描绘区域的左边或右边分布着一些位置。这些周围区域中的单位并非实验对象，意味着它们没有资格接受干预本身。然而，这些周围单位是溢出的被试，由于干预是随机分配的，暴露在溢出之下也是随机分配的。如果周围这些单位数量足够多，就可以提供比实验单位自身更强的溢出检验。

研究溢出对周围单位效应的统计程序，比上节描述的更简单。因为周围单位没有资格接受干预，允许我们只估计溢出效应，而非直接干预效应。估计过程在其他方面是相同的。我们的估计量必须考虑暴露在溢出中的不同概率，反过来这要求我们规定如何定义和测量邻近性。

已得到结果测量时，没有研究溢出对非实验单位的效应，就像把钱留在桌上

---

① 这个偏误在小样本中出现，是因为在不同随机化中，加权平均值分母中加权的 $N$ 是不同的。一个使用加权总量差，虽然无偏但不精确的平均溢出效应估计量为：

$$\frac{1}{N}\left(\sum_{i=1}^{N}\frac{d_{10,i}Y_{10,i}}{p_{10,i}} - \sum_{i=1}^{N}\frac{d_{00,i}Y_{00,i}}{p_{00,i}}\right)$$

这里 $p_{10,i}$ 指的是被试 $i$ 暴露在溢出中的概率 $p_{00,i}$ 指的是被试在控制组中的概率。这个估计量与加权均值差估计量相似，但除以的是 $N$ 而不是每组权重的总和。将这个估计量用在式（8.3）的数据中得到一个估计值 $1/4\times[4/0.4-(0/0.6+6/0.4)]=-1.25$。一个类似估计量可以用于直接接受干预效应的估计值。将这个估计量用在式（8.2）的数据中得到一个估计值 1.50。更多关于这个主题的信息和在整群分配背景中的作用，参见 Middleton and Aronow（2011）和 Samii and Aronow（2012）。

一样可惜。无论平均溢出效应是大还是小，估计值都能提供有用的实质性和方法性洞见。发现溢出可以激励后续的研究来探索效应的传播机制，并且提醒研究者采用违反无干扰性假定时仍然稳健的实验设计。相反，如果证据显示溢出效应可以忽略不计，就在设计研究中留下了更多的余地，因为干扰不再是一个紧迫的问题。

## 8.3　二维空间溢出的例子

本节将说明当这些位置排列在二维空间时，如何估计实验与非实验单位的溢出。在我们的例子中，用图形来模仿（patterned）一项测量"热点"（hotspot）或高犯罪活动区域[①]增加警力效果的实验。先假定了一个完整的潜在结果一览表，并说明不同的建模决策如何影响估计值的抽样分布。

在尝试探测不属于初始随机化位置的溢出效应之前，我们首先分析一组实验的热点地区。考虑一项在 30 个热点中实施的实验，其中 10 个接受额外的警察巡逻；剩下 20 个控制组热点地区接受正常程度的警察巡逻。这项实验的目标是评估额外巡逻对犯罪的影响，包括巡逻的最邻近区域和周围地区。研究者记录每个热点的地理位置，并测量干预后一个月内的犯罪数量。

图 8-2 显示了 30 个热点的空间位置排列。大圈表示每个热点周围半公里大小的半径。表 8-4 中假想潜在结果一览表的各列，包括 $Y_{00}$（热点未干预，并在 500 米范围内没有被干预热点）、$Y_{01}$（热点被干预，500 米范围内没有被干预热点）、$Y_{10}$（热点未干预，500 米以内至少有一个被干预热点）、$Y_{11}$（热点被干预，500 米以内至少有一个被干预热点）。在我们固定格式的例子中，这些潜在结果为以下方程产生的犯罪率：

$$Y_{00} = 10 + \mu_i$$
$$Y_{01} = 5 + \mu_i$$
$$Y_{10} = 15 + \mu_i$$
$$Y_{11} = 3 + \mu_i \tag{8.4}$$

这里的 $\mu_i = 10$（750 米内热点数量）。你可以认为 $\mu_i$ 是每个地点导致犯罪率提高的一个未测量特征。表示四个截距项背后的动机，是增加的警力抑制了最邻近区域的犯罪，并将犯罪转移到未增加警察巡逻的周围区域。表 8-4 中列出了 $Y_{00}$、$Y_{01}$、$Y_{10}$ 和 $Y_{11}$ 的潜在结果平均值，分别为 43.3、38.3、48.3 和 36.3。与式（8.4）中的截距一致，最邻近区域的警察巡逻平均来说减少了犯罪，$E[Y_{01} - Y_{00}] = -5$；某个邻近区域的巡逻则增加了犯罪，$E[Y_{10} - Y_{00}] = 5$；最近和周围区域的巡逻组合降低了犯罪，$E[Y_{11} - Y_{00}] = -7$。

---

[①]　这类实验的例子可以在 Sherman and Weisburd（1995）、Weisburd and Green（1995）、Ratcliffe et al.（2011）以及 Braga and Bond（2008）中找到。

实地实验：设计、分析与解释

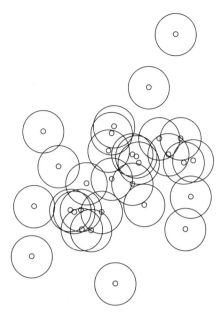

**图 8 - 2　热点和溢出区域的空间排列**

**表 8 - 4　　　　随机选择位置在假想警察干预后的潜在与可观测结果**

| 热点 | 500 米内热点数量 | 750 米内热点数量 | $Y_{00}$ | $Y_{01}$ | $Y_{10}$ | $Y_{11}$ | 分配 | 暴露 | $Y$ |
|---|---|---|---|---|---|---|---|---|---|
| 1 | 1 | 2 | 30 | 25 | 35 | 23 | 0 | 00 | 30 |
| 2 | 0 | 0 | 10 | 5 | 15 | 3 | 0 | 00 | 10 |
| 3 | 3 | 5 | 60 | 55 | 65 | 53 | 0 | 10 | 65 |
| 4 | 0 | 0 | 10 | 5 | 15 | 3 | 1 | 01 | 5 |
| 5 | 3 | 6 | 70 | 65 | 75 | 63 | 0 | 10 | 75 |
| 6 | 0 | 0 | 10 | 5 | 15 | 3 | 0 | 00 | 10 |
| 7 | 0 | 1 | 20 | 15 | 25 | 13 | 0 | 00 | 20 |
| 8 | 1 | 3 | 40 | 35 | 45 | 33 | 0 | 10 | 45 |
| 9 | 0 | 0 | 10 | 5 | 15 | 3 | 1 | 01 | 5 |
| 10 | 0 | 5 | 60 | 55 | 65 | 53 | 1 | 01 | 55 |
| 11 | 0 | 0 | 10 | 5 | 15 | 3 | 0 | 00 | 10 |
| 12 | 0 | 0 | 10 | 5 | 15 | 3 | 0 | 00 | 10 |
| 13 | 1 | 5 | 60 | 55 | 65 | 53 | 1 | 11 | 53 |
| 14 | 3 | 6 | 70 | 65 | 75 | 63 | 0 | 10 | 75 |
| 15 | 2 | 6 | 70 | 65 | 75 | 63 | 0 | 00 | 70 |
| 16 | 1 | 5 | 60 | 55 | 65 | 53 | 0 | 00 | 60 |

| 热点 | 500 米内热点数量 | 750 米内热点数量 | $Y_{00}$ | $Y_{01}$ | $Y_{10}$ | $Y_{11}$ | 分配 | 暴露 | $Y$ |
|---|---|---|---|---|---|---|---|---|---|
| 17 | 2 | 7 | 80 | 75 | 85 | 73 | 0 | 00 | 80 |
| 18 | 2 | 6 | 70 | 65 | 75 | 63 | 0 | 00 | 70 |
| 19 | 2 | 3 | 40 | 35 | 45 | 33 | 1 | 01 | 35 |
| 20 | 5 | 6 | 70 | 65 | 75 | 63 | 0 | 10 | 75 |
| 21 | 1 | 5 | 60 | 55 | 65 | 53 | 1 | 11 | 53 |
| 22 | 2 | 3 | 40 | 35 | 45 | 33 | 0 | 00 | 40 |
| 23 | 2 | 6 | 70 | 65 | 75 | 63 | 0 | 00 | 70 |
| 24 | 3 | 5 | 60 | 55 | 65 | 53 | 1 | 01 | 55 |
| 25 | 0 | 0 | 10 | 5 | 15 | 3 | 1 | 01 | 5 |
| 26 | 1 | 4 | 50 | 45 | 55 | 43 | 1 | 01 | 45 |
| 27 | 0 | 0 | 10 | 5 | 15 | 3 | 1 | 01 | 5 |
| 28 | 2 | 6 | 70 | 65 | 75 | 63 | 0 | 00 | 70 |
| 29 | 0 | 0 | 10 | 5 | 15 | 3 | 0 | 00 | 10 |
| 30 | 1 | 5 | 60 | 55 | 65 | 53 | 0 | 00 | 60 |

表 8-4 的最后一列说明了将 10 个热点随机分配到干预组的观测结果。这种分配产生的空间分布模式在图 8-3 中表示。黑色的点表示的是受干预热点，灰色的点是某个受干预热点半公里半径内的未干预热点，中空的点是未干预热点并且不受其他热点干预影响。

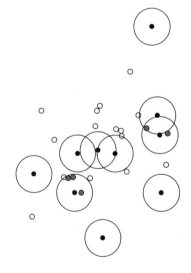

**图 8-3　干预分配的空间排列**

我们应当如何分析这些数据？首先让我们思考两种考虑不周的方法。一种方法是忽略溢出效，比较直接干预热点（显示 $Y_{01}$ 和 $Y_{11}$ 潜在结果的热点）和未干预热点（显示 $Y_{10}$ 和 $Y_{00}$ 潜在结果的热点）的结果平均值，来获得警察出现在最邻近区域的效应。一点也不奇怪，这种方法是有偏的，因为忽略了溢出。对这项实验进行 100 000 次模拟产生的平均估计值是 $-7.3$，这并不是真正的平均效应 $E[Y_{01} - Y_{00}] = -5$。另外一种有偏的方法是比较 $\overline{Y}_{10}$（使用在干预位置附近的未干预位置结果平均值）和 $\overline{Y}_{00}$（使用不在干预位置附近的未干预位置结果平均值）的未加权样本估计值。从表面上看，这种比较似乎是合理的，但其忽略了热点的空间排列与潜在结果相关这一事实，以及不同热点被分配到未干预或溢出条件的概率不同这一事实。从这项实验的 100 000 次重复中产生的平均估计值是 $-3.8$，与 $E[Y_{10} - Y_{00}] = 5$ 差距较大。

一种更加合理的估计方法，需要首先认识到，空间实验是将各被试群（clus-ters of subjects）按照不同概率暴露在干预下。尽管用简单随机分配来分配干预，但由于溢出，不同地点的被试接受干预的概率是不同的。某些被试接近许多潜在干预地点，因此具有较高的概率被分配到溢出效应下；其他被试由于位于边远（outlying）区域，因此暴露在溢出下的概率较低。周围热点往往按照两个一对或三个一组被分配到相同溢出下，因此会发生聚类（clustering）现象（参见图 8-3）。让我们先解决暴露在溢出下的概率不同问题。因为分配被试到实验条件的程序很容易重复，我们可以计算每个热点在 4 个实验组中的概率。表 8-5 报告了基于 100 000 次随机分配得到的概率。从表中可以发现，30 个观测值中有 11 个暴露在溢出下的概率为零；这些热点对阐明溢出没有用，只能识别警察存在的直接效应。基于 100 000 次模拟实验，不会暴露于溢出亚组中 $\overline{Y}_{01}$ 和 $\overline{Y}_{00}$ 样本均值的平均差值为 $-4.9$，这个值接近这 11 个观测值的真实 ATE 值 $-5$。

**表 8-5　每种暴露类型的分配概率（基于 5 000 000 次模拟随机分配）**

| 热点 | 500 米内的热点数量 | 概率（00） | 概率（01） | 概率（10） | 概率（11） |
|---|---|---|---|---|---|
| 1 | 1 | 0.436 | 0.230 | 0.230 | 0.104 |
| 2 | 0 | 0.667 | 0.333 | 0.000 | 0.000 |
| 3 | 3 | 0.177 | 0.104 | 0.490 | 0.229 |
| 4 | 0 | 0.667 | 0.333 | 0.000 | 0.000 |
| 5 | 3 | 0.177 | 0.104 | 0.490 | 0.229 |
| 6 | 0 | 0.667 | 0.333 | 0.000 | 0.000 |
| 7 | 0 | 0.667 | 0.333 | 0.000 | 0.000 |
| 8 | 1 | 0.437 | 0.230 | 0.230 | 0.103 |
| 9 | 0 | 0.667 | 0.333 | 0.000 | 0.000 |
| 10 | 0 | 0.667 | 0.333 | 0.000 | 0.000 |
| 11 | 0 | 0.667 | 0.333 | 0.000 | 0.000 |

| 热点 | 500 米内的热点数量 | 概率（00） | 概率（01） | 概率（10） | 概率（11） |
|---|---|---|---|---|---|
| 12 | 0 | 0.667 | 0.333 | 0.000 | 0.000 |
| 13 | 1 | 0.437 | 0.230 | 0.230 | 0.104 |
| 14 | 3 | 0.177 | 0.104 | 0.490 | 0.229 |
| 15 | 2 | 0.281 | 0.156 | 0.386 | 0.177 |
| 16 | 1 | 0.437 | 0.230 | 0.230 | 0.103 |
| 17 | 2 | 0.281 | 0.156 | 0.386 | 0.177 |
| 18 | 2 | 0.281 | 0.156 | 0.386 | 0.177 |
| 19 | 2 | 0.281 | 0.156 | 0.386 | 0.177 |
| 20 | 5 | 0.065 | 0.043 | 0.601 | 0.290 |
| 21 | 1 | 0.437 | 0.230 | 0.230 | 0.104 |
| 22 | 2 | 0.281 | 0.156 | 0.386 | 0.177 |
| 23 | 2 | 0.281 | 0.156 | 0.386 | 0.177 |
| 24 | 3 | 0.177 | 0.104 | 0.490 | 0.229 |
| 25 | 0 | 0.667 | 0.333 | 0.000 | 0.000 |
| 26 | 1 | 0.437 | 0.230 | 0.230 | 0.103 |
| 27 | 0 | 0.667 | 0.333 | 0.000 | 0.000 |
| 28 | 2 | 0.281 | 0.156 | 0.386 | 0.177 |
| 29 | 0 | 0.667 | 0.333 | 0.000 | 0.000 |
| 30 | 1 | 0.437 | 0.229 | 0.230 | 0.104 |

270 　　基于其接受每种干预的概率，将剩下 19 个热点划分为 4 种类型。为了针对不同干预概率进行调整，我们使用了逆概率加权（参见第 3 章）。例如，如果热点 1 被分配到直接干预（01）条件下，就可以用一个因子 $1/0.230 = 4.348$ 对其加权，因为其有 0.230 的概率被分配到这一条件下。当我们比较 $\bar{Y}_{01}$ 和 $\bar{Y}_{00}$ 的样本估计值时，可以按照这种方式对 19 个热点加权，并估计 100 000 次模拟实验的干预效应，产生一个平均估计值 −4.2。比较 $\bar{Y}_{10}$ 和 $\bar{Y}_{00}$ 的样本估计值得到平均估计值 7.0，比真实参数值 5.0 高；比较 $\bar{Y}_{11}$ 和 $\bar{Y}_{00}$ 的样本估计值得到平均估计值 −3.8，比真实参数值 −7.0 高；这一结果偏误的发生，部分是因为溢出分配呈现群聚状态，如在第 3 章中所提到的，当群的数量较小时，整群分配会产生有偏结果。偏误的另外一个来源是我们在加权估计量中使用的权重不同，这取决于分配哪些单位到干预。在其他不变的情况下，这些偏误随着观测值数量的增加而减小，如果我们改变例子来包括 300 个热点，其中 100 个被分配到干预组，偏误在很大程度上就会消失。

在这个扩展例子中，比较 $\overline{Y}_{01}$ 和 $\overline{Y}_{00}$ 的样本均值，产生一个平均估计值 $-4.9$；比较 $\overline{Y}_{10}$ 和 $\overline{Y}_{00}$ 的样本均值产生一个平均估计值 5.2；比较 $\overline{Y}_{11}$ 和 $\overline{Y}_{00}$ 的样本均值产生一个平均估计值 $-6.7$。这些估计值接近用来进行模拟的真实参数。增加样本规模不仅可以改善精度，还有助于无偏估计。[①]

由于针对这些地点精心设计的实验会面临后勤问题，因此几乎不可能扩大实验地点数量。幸运的是，那些没有干预资格的单位提供了"免费"的补充结果。为了获取这些额外观测值，考虑图 8-4，其显示了与构成实验样本的 30 个热点（小圈）有关的 100 个地点（每个均用×标识）。黑点表示接受干预的热点，大的圆环表示从这些受干预热点溢出的范围。为了模拟这些补充观测值的潜在结果，我们假定距离一个干预地点 500 米以外的地点有潜在结果 $Y_{00} = 750$ 米内热点数量。而那些距离至少一个干预热点 500 米以内的地点有结果 $Y_{10} = 750$ 米内热点数量 $+5$。

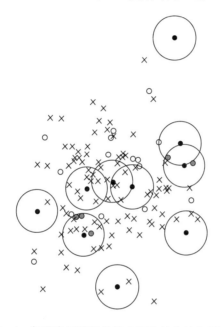

**图 8-4 与溢出区域相关的非实验地点的空间排列**

为了估计这 100 个补充单位的溢出效应，我们首先重复进行随机化 100 000 次，并记录每个地点被分配到 00 或 10 条件的概率来确定暴露在溢出下的概率。[②]

然后用这些概率对每个观测值加权，并将加权平均值 $\overline{Y}_{10}$ 和 $\overline{Y}_{00}$ 用来估计平均溢出效应。重复这个实验 100 000 次发现这个均值差几乎是无偏的，产生一个平均估计值 5.2。在本例中，非实验地点对溢出效应研究做出了有用的贡献。100 个较大数量的补充地点意味着群聚不会导致很大的偏误，溢出效应的估计有合理的精度（100 000 次实验的标准误为 1.1）。

---

① 置信区间的估计可按照通常方式进行。通过规定直接干预效应与溢出干预效应均等于平均干预效应的估计值，建立完整潜在结果一览表。重复进行随机分配 100 000 次，并报告 0.025 和 0.975 分位数的值。

② 某些地点没有邻近热点，因此没有接受干预的机会。这些单位必须被排除在分析之外。事实上，被估计量是这些地点潜在受到的平均溢出效应。

注意在分析这个实验时，我们分别估计了 3 种不同的观测值集合（不会暴露在溢出下的实验地点、可能会暴露在溢出下的实验地点、可能会暴露在溢出下的非实验地点）的平均干预效应。这种方法有 2 个目的。第一，基于亚组估计平均效应可以得到更详细的结果图像。第二，在估计和解释不同实验组的干预效应时，可以防止我们意外引入建模假定。例如，实验单位的平均溢出效应与非实验单位的平均溢出效应可能是不同的。我们可以总是将估计值结合起来估计 2 个组结合的 ATE，或 2 个组来源总体的 ATE（参见第 11 章），但这需要明确的建模决策。

这个例子进而提出了 2 个问题。第一，如果我们提出了一个错误的溢出模型会发生什么？例如，假定真正溢出半径是 250 米而不是 500 米。或者假设我们认为溢出是与最近干预单位间距离的函数，或与所有干预单位距离的某种复杂的加权平均值。我们对不同模型的探索表明，将错误的溢出效应模型用于这些数据会产生歪曲结果，但这种溢出的基本模式往往能够重新找到。[①] 然而，更广泛的答案是，模型设定是不确定性的重要来源，研究者应当呈现多种模型的结果，以便读者能够理解在多大程度上，实质性结论来源于建模决策。

第二，在不使用简单随机分配的情况下，研究者如何设计这个实验以便更好地测量警察巡逻的直接和溢出效应？这个问题的答案在一定程度上取决于研究者对基本溢出模型的不可知程度如何考虑。如果研究目标是做出较少的模型假定，一种有吸引力的方法是关注邻近热点形成的配对，最好相对孤立于其他热点。这些热点对可以被分配到 00、01、10 和 11 条件下，类似 8.1 节中的发邮件和投票的例子。配对设计（paired design）可以解决由于群聚导致的偏误问题，因为每一个群都包括相同数量的单位。另外一种推荐设计是使用假想随机化来预测实验与补充地点暴露于邻近干预单位的概率。这种操作提供了在你的研究中聚类如何产生的某种解释，并提供了限制允许随机化集合的建议，以便使 00、01、10 和 11 干预的分布尽可能具有更多信息。这里，每个单位随时间变化的结果数据都存在，你可以评估直接与溢出效应可能的估计精度，这种估计是通过实施虚假干预并评估估计值的抽样分布进行的。这些设计策略并没有消除对空间溢出的某种猜想，但至少你将更好地准备应对估计中出现的挑战。

## ■ 8.4　被试内设计与时间序列实验

被试内实验方法，指的是对单一个人或实体随时间变化进行追踪，并由随机分配决定何时实施干预的研究。例如，一系列公共卫生实验在地铁入口放置标志，鼓励乘客走楼梯而不是乘坐自动扶梯。这些标志每个月都会被张贴或者移除，结果是用 1 个月周期中使用楼梯的人数来测量的。[②] 在这个例子中，被试是每个周期中的评估地点（即楼梯），因此 6 个月就构成了 6 个观测值。下标 $i$ 现在指的是结

---

①　读者可以在 http：//isps. yale. edu/FEDAI 上参考这些模型与结果。

②　Brownell，Stunkard and Albaum，1980.

果测量的每个周期。与被试间设计（between-subjects design）相比较，被试间设计是通过分配 $N$ 个被试到干预或控制组，并比较每个组的结果来检测干预效应的，而被试内设计是将单个被试分配到干预或控制周期中，并比较每种条件下的结果。

被试内设计的吸引力在于其用单个被试产生精确干预估计值的能力。这种精度在一定程度上来自将个体或实体与自身比较的事实，这意味着背景属性保持不变。大多数被试内实验具有的另外一种特征是在控制条件下进行历时性比较，所以历时性变异的主要来源是干预本身。考虑一个简单的例子，一项生理实验测试光的亮度与瞳孔大小之间的关系。被试内设计会将被试安置在一个昏暗的房间并随机改变光线数量，同时测量眼睛的反应。有时针对某个特定个人或地方进行实验，目的是了解该被试的 ATE。例如，你可能只是对节食与锻炼项目能否降低你的胆固醇感兴趣；而更广泛人群的 ATE 则是次要问题。或者你只对自己所在国家的某个政策干预效应感兴趣，而不是对一系列国家感兴趣。此外，有时研究的主要目的是推广到更广泛类型的被试中去，在这种情况下，需要在代表某些更广泛总体的被试中重复进行实验。

在心理学以外的学科中，社会科学家很少使用被试内设计。相反，研究者历时性追踪被试的研究往往采用中断时间序列（interrupted time-series）设计，这种设计记录某个单位在干预前和干预后的结果。干预时机并不是随机确定的。例如，研究某个大城市特定区域中为期 1 个月的警察"镇压"，将分别追踪这一区域干预前、干预中和干预后的抢劫和盗窃情况。[①] 这种类型的非随机设计常常受到批评，因为干预时机可能和与干预无关的数据趋势刚好重合。警察对犯罪活动的镇压可能正好位于犯罪高峰期，回归到均值（regression to the mean）本身就会产生明显的干预效应，甚至在干预本身无效的情况下进行。或者警察镇压发生在有预期持续恶化的犯罪浪潮期间，导致研究者得出镇压反而增加犯罪活动的错误结论。

随机分配虽然能够克服某些问题，但不能解决所有问题，如历时性比较相关的复杂问题。当干预时间随机时，为理解因果推断上的挑战，让我们仔细审视一种最简单的研究设计：在一项实验中对单个被试进行两个时期观测。在研究之前的时期，被试未接受干预。我们使用抛硬币来决定被试在时期 1 还是时期 2 接受干预。

可以想见，由于潜在结果取决于何时发生（过去、现在或未来）干预，我们必须再次扩展符号来反映可能的干预序列。对于两个时期的例子，相关的潜在结果表示为 $Y_{t-1,t,t+1}$，这里下标 $t-1$ 指的是前一时期是否实施了干预，$t$ 指的是当前时期，$t+1$ 指的是下一时期。为了减少混乱，我们省略了下标 $i$，但是每个潜在结果都应当被理解为指的是具体时间点。例如，这种符号允许我们在时期 $i$ 中使用 $Y_{010}$ 来指代如果被试在前一时期未接受干预、在当前时期接受干预和在下一时期未接受干预的潜在结果。这种非常烦琐的符号的唯一优点是能够帮助阐明被试内实验中进行推断必须援引的一些假定。

① Novak，Hartman，Holsinger and Turner，1999.

为了说明被试内设计带来的符号和识别问题，表8-6显示了每种可能干预状态下的一个潜在结果表。具体来说，假设结果是瞳孔扩张（毫米），如果给予被试眼药水来促进扩张，则干预为1。由于一个被试只能被干预一次，相关潜在结果是 $Y_{000}$（所有时期均未干预）、$Y_{001}$（直到最后时期才接受干预）、$Y_{010}$（当前时期接受干预）以及 $Y_{100}$（前一时期接受干预之后未干预）。本例假定随着被试对实验室环境越来越适应，$Y_{000}$ 随时间向上移动。在时期1，$Y_{000}$ 是3但在时期2时已升高到4。在被试滴眼药水的时期，瞳孔越来越大。在时期1和时期2中 $Y_{010}$ 是7。在干预实施的时期中眼药水的平均干预效应为 $E[Y_{010}-Y_{000}]=3.5$。

表8-6                                              一项两时期被试内实验的潜在结果

|  | $Y_{000}$ | $Y_{001}$ | $Y_{010}$ | $Y_{100}$ |
| --- | --- | --- | --- | --- |
| 时期1 | 3 | 3 | 7 | NA |
| 时期2 | 4 | NA | 7 | 4 |

注：表中的条目是瞳孔放大宽度，用毫米表示。标记为NA的条目显示的是永远不能观测的结果，因为被试不能在时期1之前或时期2之后接受干预。

这里的问题是在一项抛硬币决定干预实施时间的被试内实验中，能否获得ATE。我们的被试追踪了两个时期：比较干预时期与未干预时期的结果。我们能够了解到什么？如果随机分配将时期1作为控制组，将时期2作为干预组，我们可以观测时期1的潜在结果 $Y_{001}$ 和时期2的潜在结果 $Y_{010}$。如果随机分配将时期1作为干预组，而将时期2作为控制组，我们可以观测时期1的潜在结果 $Y_{010}$ 和时期2的潜在结果 $Y_{100}$。但随机分配并未提供关于 $Y_{000}$ 的信息。

为了识别上面定义的ATE，我们需要做出两项额外假定。无预期假定（no-anticipation assumption）认为，潜在结果不会受到将来实施干预的影响，这意味着有 $Y_{001}=Y_{000}$，实质上，这项假定说明，接受滴眼药水的前景或暴露在准备工作下（如医务人员提前调暗灯光），不会影响瞳孔扩张。第二项假定，无持续性（no persistence）要求一个时期的潜在结果不受之前时期实施干预的影响。这项假定意味着有 $Y_{100}=Y_{000}$。有时实验程序会使这个较强的假定变得可以接受。当实施一项心率或瞳孔扩张的生理实验时，实验者常常在实验各阶段之间包括"清除期"（wash-out period），以便消除之前时期的效应。这种设计策略类似于使用缓冲带来分离空间邻近单位，以便抑制地理上的溢出。

被试间设计中的这些假定，对应于通常设计下的无干扰性假定，如果某个被试不受其他被试实施的干预影响，就能够满足这些假定。在一项被试间实验中，在多个时间点观测一个给定的被试，实际上变成了多个被试。无预期假定认为，当前潜在结果不受未来干预状态的影响，无持续性假定认为，在某个时期实施的干预不会溢出到下一个时期。当两个假定都满足时，被试间设计能提供ATE的无偏估计值。如表8-6中的潜在结果所示，我们看到两个随机分配产生的估计值是4和3，平均来说得到了真正的ATE。

通常情况下，我们期待随机分配是为了放松较强的假定，但在被试间设计中扮演如此重要角色的随机分配假定，这里却只扮演了一个有限的角色。通过指定

实地实验：设计、分析与解释

一个干预发生的随机点，我们排除了干预时机与潜在结果在不同时期中系统相关的可能性。时期和干预数量越多，干预的随机分配模式与潜在结果中历时趋势重合的可能性就越小。随机分配还能够帮助防止被试预期到干预实施时间。但随机分配很少能支撑摇摇欲坠的假定，即规定干预没有预期的和持续的效应。在被试间设计中，控制组提供了一个了解干预组的未干预状态的机会。在被试内设计中，某个干预发生后的未干预结果，与缺少当前或之前干预下观测的未干预潜在结果不再类似。

总之，尽管有随机分配，被试内设计的成败都是基于这些补充的无干扰类型而假定的。研究者在援引这些假定时，应当仔细考虑它们在理论和经验上是否合理。其他相关领域的被试间实验揭示了这项干预的持续效应吗？如果是，实验设计允许一个足够长的清除期以便否定这种偏误来源吗？关于无预期假定，有理由相信某个时期的潜在结果会受到被试对随后时期的预期的影响吗？不能抽象地回答这些问题；它们取决于某个特定应用的细节。被试内研究重视实验设计而非随机化，如实验者最小化外在因素的侵入或在干预后引入清除期的能力。或许这些要求都说明一个事实，即被试内设计在自然科学中比在社会科学中更常见。当社会实验历时追踪被试时，它们倾向于将被试间与被试内设计的元素混合，正如下一节中将说明的那样。

## 8.5  候补名单设计

时间追踪被试，从未干预到干预状态下的实验，结合了被试内设计与被试间设计的元素。在一个给定的时间点上，对不同实验条件下的被试进行比较；随着时间的流逝，一个给定被试产生一系列结果，在这个意义上被算作多个观测值。

在实地实验方法中，候补名单设计（也被称为"阶梯设计"）扮演了一个重要的科学与外交角色。科学价值来源于在几个被试中追踪干预效应随时间发展的能力。扮演外交角色是因为能解决对控制组暂缓实施干预的问题。在这种设计中，每个被试最终都会接受干预；随机分配决定什么时候接受干预。因为干预分配随时间进行的视觉模式，候补名单设计有时被称为"阶梯设计"。随着被试被逐渐从控制组移到干预组，干预分配图看起来像一系列阶梯。

为了说明候补名单设计的特征，我们介绍一个实验的程式化版本，该实验评估了电视竞选广告对州长候选人支持度的影响。[①] 在这个例子中，广告连续播放 3 周，每个周末对结果（用民意测验测量州长候选人的支持度）进行评估。第一周开始随机分配 2 个媒体市场来持续 3 周播放广告。第二周开始分配 2 个市场播放广告并持续 2 周。第三周开始分配 2 个市场播放广告并持续 1 周。还有 2 个媒体市场不播放任何广告。给定 8 个媒体市场与 3 个开始时期，可能随机分配数量为：

---

① Gerber，Gimpel，Green and Shaw，2011.

$$\frac{8!}{2! \ 6!} \times \frac{6!}{2! \ 4!} \times \frac{4!}{2! \ 2!} = 2\ 520 \qquad (8.5)$$

假设潜在结果一览表反映 2 种类型的干预：某个媒体市场在当前时期是否播放广告、某个媒体市场在之前时期是否播放广告。采用前一节的符号，我们假定只有 3 种相关潜在结果：$Y_{00}$（在之前和当前时期未干预）、$Y_{01}$（在之前时期未干预但在当前时期接受干预）以及 $Y_{11}$（在之前和当前时期均接受干预）。就这个设计来说，我们从未观测到潜在结果 $Y_{10}$，因为媒体市场一旦运行就不会停止播放广告。通过假定潜在结果只响应当前和之前几周的广告，我们援引 8.5 节中的无预期假定，该假定允许我们忽略当前时期后分配的干预。我们也忽略了 2 周前分配的干预，等于假定广告效应在 2 周后就完全被"清除"。这些都是重要的实质性假定，稍后将影响我们分析结果的方式。

表 8-7 呈现了这项实验的假想潜在结果表。每个媒体市场有 9 列潜在结果，反映了被接受的干预类型和每个干预的时机。其中有 1 列是空白，因为第一周没有 $Y_{11}$ 值可以观测到。实质上，表中描述的结果可以被认为是州长候选人在民意调查中的领先地位。表格被精心制作以便 $E[Y_{01} - Y_{00}]$，即直接平均干预效应，为 2，以及 $E[Y_{11} - Y_{00}]$，即直接与滞后（lagged）平均干预效应的组合，为 3。

**表 8-7** 广告候补名单实验中的潜在结果

| $Y_{00}$ | 周 | | |
|---|---|---|---|
| 市场 | 1 | 2 | 3 |
| 1 | 4 | 5 | 3 |
| 2 | 7 | 5 | 4 |
| 3 | 1 | 2 | 4 |
| 4 | 4 | 3 | 2 |
| 5 | 3 | 3 | 3 |
| 6 | 8 | 4 | 3 |
| 7 | 2 | 3 | 4 |
| 8 | 3 | 1 | 2 |

| $Y_{01}$ | 周 | | |
|---|---|---|---|
| 市场 | 1 | 2 | 3 |
| 1 | 7 | 9 | 4 |
| 2 | 8 | 7 | 7 |
| 3 | 1 | 2 | 8 |
| 4 | 4 | 7 | 10 |
| 5 | 4 | 3 | 2 |
| 6 | 10 | 6 | 9 |
| 7 | 2 | 7 | 6 |
| 8 | 5 | 1 | 2 |

实地实验：设计、分析与解释

| $Y_{11}$ | 周 | | |
|---|---|---|---|
| 市场 | 1 | 2 | 3 |
| 1 | NA | 9 | 4 |
| 2 | NA | 8 | 7 |
| 3 | NA | 2 | 10 |
| 4 | NA | 8 | 10 |
| 5 | NA | 3 | 2 |
| 6 | NA | 8 | 10 |
| 7 | NA | 7 | 6 |
| 8 | NA | 2 | 3 |

为了估计这些平均干预效应，我们随机分配 8 个媒体市场到 4 个实验组。表 8-8 显示了随机分配的干预和由此产生的观测结果。我们将如何分析这些结果？像往常一样，我们首先考虑一种不正确的方法。假设某人天真地将干预单位的结果平均值与未干预单位的结果平均值进行比较。这种方法是有偏的，因为其忽略了一个事实，即周与周之间被分配到干预状态下的概率是不同的（最后一周的媒体市场比第一周的媒体市场更可能被分配到干预状态下）。[1] 因为忽略了滞后效应，也容易产生偏误，即把 $Y_{11}$ 和 $Y_{01}$ 当成是相同的。

**表 8-8　　　　　广告候补名单实验的随机分配与观测结果**

| 分配的干预条件 | | | |
|---|---|---|---|
| | 周 | | |
| 市场 | 1 | 2 | 3 |
| 1 | 01 | 11 | 11 |
| 2 | 00 | 00 | 01 |
| 3 | 00 | 01 | 11 |
| 4 | 00 | 00 | 01 |
| 5 | 00 | 00 | 00 |
| 6 | 01 | 11 | 11 |
| 7 | 00 | 00 | 00 |
| 8 | 00 | 01 | 11 |

---

[1]　在所有可能随机分配中，这个估计量平均来说产生一个估计值 0.58，与真实的干预效应值 2 或 3 相差很大。

| 市场 | 周 | | |
|---|---|---|---|
| | 1 | 2 | 3 |
| 1 | 7 | 9 | 4 |
| 2 | 7 | 5 | 7 |
| 3 | 1 | 2 | 10 |
| 4 | 4 | 3 | 10 |
| 5 | 3 | 3 | 3 |
| 6 | 10 | 8 | 10 |
| 7 | 2 | 3 | 4 |
| 8 | 3 | 1 | 3 |

*280*　　　一种更好的方法是计算每个时期被分配到每个干预的概率。这些概率显示在表8-9中。为了获得这2个平均干预效应的无偏估计值，可以像第3章中一样使用逆概率权重。[①] 干预单位可以用被干预概率的倒数进行加权；控制单位可以用被控制概率的倒数进行加权。对于表8-8中的随机分配，直接效应的计算可以按下面进行：

$$\hat{E}[Y_{01} - Y_{00}] = \frac{\dfrac{7+10}{0.25} + \dfrac{2+1}{0.25} + \dfrac{7+10}{0.25}}{\dfrac{2}{0.25} + \dfrac{2}{0.25} + \dfrac{2}{0.25}}$$

$$- \frac{\dfrac{7+1+4+3+2+3}{0.75} + \dfrac{5+3+3+3}{0.50} + \dfrac{3+4}{0.25}}{\dfrac{6}{0.75} + \dfrac{4}{0.50} + \dfrac{2}{0.25}} = 2.72$$

(8.6)

**表8-9**　　　　　　　　　　　　　　**分配到干预条件的概率，按周次**

| 干预条件 | 周 | | |
|---|---|---|---|
| | 1 | 2 | 3 |
| 概率（00） | 0.75 | 0.50 | 0.25 |
| 概率（01） | 0.25 | 0.25 | 0.25 |
| 概率（11） | 0 | 0.25 | 0.50 |

为了估计直接与滞后的组合效应，我们必须集中关注第二周和第三周，因为这种

---

① 在第3章中，逆概率加权在分区随机分配的情况下是无偏的，因为这些权重的总和永远是一样的，即使那些单位被分配到干预状态下。这里的情况是类似的；候补名单设计意味着权重之和是固定的，即使那些单位被分配到干预状态下。相比之下，在整群分配下，权重之和是变化的，取决于哪些群被分配到干预状态下。

类型的干预不会发生在第一周。

$$\hat{E}[Y_{11}-Y_{00}] = \frac{\frac{9+8}{0.25} + \frac{4+10+10+3}{0.50}}{\frac{2}{0.25} + \frac{4}{0.50}} - \frac{\frac{5+3+3+3}{0.50} + \frac{3+4}{0.25}}{\frac{4}{0.50} + \frac{2}{0.25}} = 4.13$$

(8.7)

通过关注第二周和第三周,我们可以生成一个可比的 $\hat{E}[Y_{01}-Y_{00}]$。同样地, *281*
我们可以计算 $\hat{E}[Y_{11}-Y_{00}]$ 而不需要将关注限制在第二周,并施加假定,即干预
效应 2 周以后就会消失。在本章的练习题 11 中我们将重新讨论这些计算。

剩下的工作是估计这 2 个 ATE 的置信区间。使用我们的估计值 2.72 和 4.13,
将表 8-8 中的观测数据填入干预效应不变假定下的隐含潜在结果表。为了建立置
信区间,我们构建了所有 2 520 种可能随机分配中 ATE 估计值的抽样分布。这些
抽样分布的 0.025 和 0.975 分位数给出了 95% 置信区间,直接干预效应的范围是
(0.23,5.51),直接与滞后干预效应的范围是 (0.89,7.40)。这个例子说明了候
补名单设计的一个有吸引力的特征,也就是,从较小数量被试中获取有统计意义
估计值的能力。然而需要记住,这种设计能力在很大程度上来自嵌入潜在结果模
型的关于无干扰的实质性假定。

## 🔲 小 结

对无干扰性假定的逐渐掌握,迫使实验研究者必须明确说明潜在结果如何响
应所有可能的随机分配,反过来则是如何定义干预效应。对干扰的争论不可避免
地被归结为判断——假定研究者对每个被试只能观测到一种结果,每个被试究竟
有多少种截然不同的潜在结果,这一问题不可避免地变成了一种推测。也许正因
为这样,研究者往往倾向于忽略干扰导致的难题。本章传递的信息是必须抵制这
种倾向。即使研究者难以回答每一个与干扰相关的问题,仔细界定被估计量并且
评估实验设计能否识别感兴趣的参数也是有价值的。

当评估一项实验是否违反无干扰性假定时,思考其他被试是否接受干预究竟
如何影响被试的潜在结果。例如,被试有可能讨论或传递干预吗?准备用在干预
组的干预是否会挪用控制组原本的资源?不同时间点上的相同被试是否应该被视
为不同的观测值?由于干扰是一种偏误的可能来源,因此对干扰本质和程度的不
确定性会降低实验发现的可信度。

为了解决这些实际问题,研究者应诉诸实验设计来放松被试 $i$ 不受其他被试
影响的假定。这些设计有一个共同特点:它们随机分配了不同程度的间接暴露 *282*
(secondhand exposure)。在多个层次随机分配干预的实验设计没有完全取消溢出
或转移的假定;相反,它们援引某些假定来限制溢出效应传递的方式。例如,8.1
节提出的户内溢出效应模型规定,间接效应不会在家户之间传播。8.3 节讨论的空
间溢出效应模型假定溢出效应随着地理传播时会衰减。8.5 节讨论的时间溢出效应

模型假定在 2 周以后会消散。设计更加灵活的实验，以便更少地依赖有潜在问题的建模假定，是一种挑战。

进一步的挑战是（来自）统计学的。当被试在地理上或沿着其他维度如社会网邻近度聚集时，即使是随机分配被试到干预条件，溢出的暴露情况往往也不同。如果被试暴露在溢出下的概率不同，并且这些概率与潜在结果相关，数据分析就需要特别小心。简单地比较暴露与未暴露在溢出效应下的被试结果平均值容易产生偏误。一种更好的办法，是使用随机化程序来模拟暴露在溢出效应下的概率，并比较加权平均值。当被试均位于少数地理群集，并且所有群集一起暴露在溢出效应下时，即使这种方法也容易有偏误。这些复杂问题要求研究者寻找促进无偏和精确估计的研究机会，如由地理邻近单位对构成的样本。

好的一方面是进行一项执行良好的溢出效应研究通常具有很大回报。间接影响有巨大的现实意义。如果某项干预效应被发现通过社会网共鸣传播，这种累积效应可能是直接干预效应的很多倍。有极大理论价值的问题不仅包括效应的人际间传播程度，更普遍的还包括效应传播的条件。方法论上的权衡也很重要。缺乏溢出或转移的一项发现不应被视为无发现（null finding）而被忽略；如果这种结果是真的，单位间没有干扰会极大地简化对因果效应的估计。

总之，无论何时从实验结果进行推广时，都应牢记无干扰性假定。再次回到犯罪转移的例子，一项在干预区域中加强警力的干预可能将犯罪推向控制区域，产生一个明显的干预效应。如果研究目标是测量干预与未干预潜在结果上的平均差值，这项实验就会产生一个有偏的结果。但是，假设你的目标是估计如下定义的 ATE：干预区域增加警察巡逻情形下的潜在结果平均值，减去邻近区域增加警察巡逻情形下的潜在结果平均值。按照这种方法重新定义被估计量，意味着干扰不再是偏误的一种来源。这个被估计量是否有用，取决于研究者希望解决的更广泛的科学与实际问题。在加强警力减少犯罪的这种类型研究中，得出结论需要小心，因为研究证据与加强警力仅仅转移犯罪的结论也是一致的。此外，如果某人居住在可能会也可能不会受到增加警力保护的街区，实验就能提供一个有启发性的问题答案，即如果你所在街区接受干预而邻近街区不接受，你所在街区的犯罪率将如何不同。

## ☐ 建议阅读材料

对干扰产生的估计问题的技术性讨论，可以在 Aronow and Samii（2012）中找到。Hong and Raudenbush（2006）以及 Hudgens and Halloran（2008）讨论了多层次设计。对被试内设计中的无干扰问题更简明的讨论，参见 Rubin（2001）。从随机推断视角讨论被试内设计，可参见 Dugard, File and Todman（2012）。Hussey and Hughes（2007）考虑了分析涉及整群分配的候补名单设计时的不同建模方法。

## ☐ 练习题：第 8 章

1. 重要概念：

（a）解释表达式 $Y_i(\boldsymbol{d}) = Y_i(d)$ 并解释其如何表达无干扰性假定。

实地实验：设计、分析与解释

（b）为什么涉及可能空间溢出效应的实验（如 8.4 节中描述的例子）被认为涉及"隐含"的整群分配？

（c）被试内设计在什么方式下会违反无干扰性假定？

（d）候补名单（或阶梯）设计吸引人的特性是什么？

2. 全国性调查显示，大学室友往往有相关的体重。在大学一年级结束时，室友的体重越重，另外一个人的体重也会增加。此外，研究者研究了室友随机配对的住房安排后，发现大学一年级结束时，两个室友体重之间没有相关性。解释这两种事实如何调和。

3. 有时研究者不愿在小学班级中随机分配学生个体，因为他们担心对某些学生实施的干预很可能会扩散到同一班级的未干预学生。为了避免可能违反无干扰性假定，他们将班级作为整群分配到干预组和控制组，以便对一个班级的所有学生实施干预。

（a）在上面提出的整群设计中，陈述无干扰性假定。

（b）整群设计识别的是什么因果被估计量？这种因果被估计量包括还是排除了教室内的溢出？

4. 回忆第 3 章（练习题 9）中卡默勒进行的实地实验，在实验中他选择在同一场比赛的相似马配对，并随机将较大的赌注投在其中之一，来看他的赌注是否影响其他赌徒在两匹马上的下注金额。

*284*

（a）定义卡默勒研究中的潜在结果。引用了什么无干扰性假定？

（b）这项研究识别的因果参数是什么？

5. 在研究溢出效应时，辛克莱、麦康奈尔和格林发送邮件给随机选择的住户，鼓励他们在即将举行的特别选举中投票。[①] 邮件使用了一种具有"社会压力"的形式，揭示目标个体在之前选举中是否投票。在之前的实验中，因为这种类型的邮件被证实可以增加投票率 4%～5%，辛克莱、麦康奈尔和格林使用它来研究干预效应是否在户与户之间传播。在采用多层次设计的同时，在每个九位邮政编码下，他们随机分配所有的人、一半的人或者没有人来接收邮件。基于本例的目标，我们只关注有一个登记选民的户。结果变量是选民投票，通过选民登记员测量。结果在未干预邮编区域中，6 217 个登记选民有 1 021 人投了票。在一半住户接收邮件的邮编区域中，3 316 个未干预登记选民中有 526 人投了票。在一半住户接收邮件的邮编区域中，2 949 个接受干预选民中有 620 人投了票。最后，在每户都接收邮件的邮编区域中，6 377 个接受干预选民中有 1 316 人投了票。

（a）使用潜在结果，定义被试 $i$ 接收邮件的干预效应。

（b）定义不同比例住户接受干预的邮编区域中的"溢出"干预效应。

（c）提出一项估计量来估计直接与间接干预效应。说明这个估计量是无偏的，解释得到这一结论所需的假定。

（d）基于这些数据，你怎么推断邮件的直接与间接效应的大小？

6. 使用表 8-2 的诊所例子中的潜在结果，计算下面的估计值。

---

① Sinclair，McConnell and Green，2012.

(a) 估计把干预放在地点 A 的随机分配的 $E[Y_{01}-Y_{00}]$。

(b) 估计把干预放在地点 A 的随机分配的 $E[Y_{10}-Y_{00}]$，将样本限定在用非零概率来表示这些潜在结果的村庄集合中。

(c) 为了更加直接地比较这两个干预效应，估计 $E[Y_{01}-Y_{00}]$，将样本限定在与（b）部分相同的村庄集合中。

7. 在实验室实验中，研究者有时会将全部被试进行配对，然后让每一对在内部相互博弈，对每个被试依据博弈结果给予经济回报。其中一个博弈涉及对某项公共物品（如环境保护）提供货币捐助；博弈可以这样安排，如果两个人都选择捐助，每个参与者都可以获得经济回报，但是，如果博弈的伙伴选择捐助而他们自己选择不捐助，每个参与者的收益则仍然会更好。实验干预是一对参与者是否被允许在决定捐助前进行沟通。假设某个实验室研究者招募了 4 个被试，将他们随机配对进行博弈。结果变量是每个玩家是否进行了捐助：如果玩家进行捐助，则 $Y_i$ 为 1，否则为 0。每个玩家有 3 个潜在结果：$Y_{0i}$ 是玩家被禁止沟通时的结果，$Y_{1i}$ 是一个玩家与另一个"有说服力"的玩家沟通的结果，$Y_{2i}$ 是一个玩家与另外一个"无说服力"的玩家沟通的结果。下面的表格显示了 4 个玩家的潜在结果表，其中 2 个是有说服力的，另外 2 个则是无说服力的。

| 被试 | 类型 | $Y_{0i}$ | $Y_{1i}$ | $Y_{2i}$ |
|------|------|------|------|------|
| 1 | 有说服力 | 0 | 1 | 0 |
| 2 | 有说服力 | 1 | 1 | 0 |
| 3 | 无说服力 | 0 | 0 | 0 |
| 4 | 无说服力 | 1 | 1 | 1 |

(a) 计算 $Y_{1i}-Y_{0i}$ 的平均干预效应。计算 $Y_{2i}-Y_{0i}$ 的平均干预效应。

(b) 4 个被试能组成多少种可能的随机配对？

(c) 假设实验者忽略 $Y_{1i}$ 和 $Y_{2i}$ 的区别，只考虑 2 种干预条件：控制条件是禁止每一对参与者之间沟通，而干预条件是允许沟通。将沟通条件下的观测结果称为 $Y_{1i}^*$。在被试的所有可能随机配对中，当将 $Y_{1i}^*$ 平均值与 $Y_{0i}$ 平均值比较时，均值差估计值的平均值是多少？这一数字是否与（a）部分定义的 2 个被估计量的其中之一对应？是否与这 2 个被估计量的平均值对应？

(d) 某个有说服力的被试接受干预，即与某个无说服力的被试沟通的概率是多少？某个无说服力的被试接受干预，即与某个无说服力的被试沟通的概率是多少？

(e) 简单概括，在本例中，为什么违反无干扰性假定会导致有偏的均值差估计值。

(f) 如果实验者每天重复这项研究（有 4 个被试），并对连续 100 天的研究结果取平均值，能消除偏误吗？

(g) 如果研究者同时召集 400 个被试（想象表格中的 4 种潜在结果特征，每种都有 100 个被试）并进行配对，能够消除偏误吗？提示：依据（d）部分的建议来回答这个问题。

实地实验：设计、分析与解释

8. 在调查实验中，有时会担心出现单位间的干扰。例如，调查有时会对不同属性的人实施一系列"简短描述"。一个受访者可能被告知某个低收入者的情况，286这个低收入者被随机描述为黑人或白人。在听了这个描述后，受访者被要求评估这个人是否应当获得公共援助。然后向受访者呈现第二个人的情况，再次将其随机描述为白人或黑人，询问这个人是否应当获得公共援助。这种设计建立了 4 个实验组：（a）关于黑人的两个简短描述；（b）关于白人的两个简短描述；（c）一个白人简短描述后的黑人简短描述；（d）一个黑人简短描述后的白人简短描述。每个受访者提供 2 个评估。

（a）提出一个潜在结果的模型，反映被试响应干预的各种方式及其被呈现的序列。

（b）使用你的潜在结果模型，定义研究者希望估计的 ATE 或 ATEs。

（c）使用这项实验的数据，提出一种识别策略来估计这个（这些）因果被估计量。

（d）假设分析这项实验的一位研究者通过比较白人描述接受者与黑人描述接受者的平均评价来估计"种族效应"的平均值。这是一种合理的方法吗？

9. 使用表 8-4 热点实验的数据（这些数据也可以在 http：//isps.yale.edu/FEDAI 中获得）以及每个单位暴露在直接或溢出干预下的概率（表 8-5）来回答下面的问题：

（a）对可能溢出效应范围外的 11 个热点位置构成的子集，计算 $E[Y_{01}-Y_{00}]$，即警察监控的直接 ATE。

（b）对可能溢出效应范围内的剩下 19 个热点位置，计算 $E[Y_{01}-Y_{00}]$、$E[Y_{10}-Y_{00}]$ 以及 $E[Y_{11}-Y_{00}]$。

（c）使用 http：//isps.yale.edu/FEDAI 的数据，来估计非实验单位的平均溢出效应。注意，你的估计量必须使用每个单位在某受干预实验单位 500 米内的概率；并将受到的溢出概率为 0 的任何单位排除在你的分析外。

10. 一位博士生进行了一项实验，每天早晨她都随机改变锻炼方式，要么跑步，要么走路，时间为 40 分钟。[①] 在为期 26 天中，每天下午她都会测量下面的结果变量：（1）她的体重（减去一个常数，因为隐私）；（2）她在一个俄罗斯方块游戏中的得分；（3）取值为 0～5 的心情得分，5 分表示最愉快；（4）取值为 0～5 的精力水平，5 分表示精力最充沛；（5）取值为 0～5 的胃口得分，5 分表示有最佳胃口；（6）是否正确回答从 GRE 数学部分中随机选择的一个问题。第 13 天和第 17 天结果缺失。数据如下所列。

| 天数 | 跑步 | 体重 | 俄罗斯方块 | 心情 | 精力 | 胃口 | GRE |
| --- | --- | --- | --- | --- | --- | --- | --- |
| 1 | 1 | 21 | 11 092 | 3 | 3 | 0 | 1 |
| 2 | 1 | 21 | 14 745 | 3 | 1 | 2 | 0 |
| 3 | 0 | 20 | 11 558 | 3 | 3 | 0 | 1 |

① Hough，2010.

| 天数 | 跑步 | 体重 | 俄罗斯方块 | 心情 | 精力 | 胃口 | GRE |
|------|------|------|-----------|------|------|------|-----|
| 4 | 0 | 21 | 11 747 | 3 | 1 | 1 | 1 |
| 5 | 0 | 21 | 14 319 | 2 | 3 | 3 | 1 |
| 6 | 1 | 19 | 7 126 | 3 | 2 | 0 | 1 |
| 7 | 0 | 20 | 16 067 | 3 | 4 | 0 | 0 |
| 8 | 0 | 20 | 3 939 | 3 | 2 | 0 | 1 |
| 9 | 1 | 21 | 28 230 | 4 | 2 | 0 | 0 |
| 10 | 0 | 21 | 17 396 | 4 | 4 | 1 | 1 |
| 11 | 1 | 20 | 36 152 | 1 | 4 | 0 | 0 |
| 12 | 0 | 20 | 16 567 | 4 | 4 | 1 | 1 |
| 13 | 0 | 20 | | | | | |
| 14 | 1 | 18 | 11 853 | 4 | 2 | 0 | 1 |
| 15 | 1 | 18 | 20 433 | 4 | 2 | 2 | 1 |
| 16 | 1 | 18 | 20 701 | 3 | 4 | 0 | 0 |
| 17 | 0 | 20 | | | | | 1 |
| 18 | 1 | 19 | 17 509 | 3 | 3 | 1 | 1 |
| 19 | 0 | 21 | 9 779 | 3 | 3 | 1 | 0 |
| 20 | 0 | 22 | 18 598 | 3 | 3 | 1 | 1 |
| 21 | 1 | 20 | 36 665 | 2 | 3 | 0 | 1 |
| 22 | 0 | 21 | 8 094 | 4 | 3 | 1 | 1 |
| 23 | 1 | 19 | 48 769 | 2 | 5 | 0 | 0 |
| 24 | 1 | 20 | 22 601 | 4 | 4 | 1 | 1 |
| 25 | 1 | 19 | 37 950 | 4 | 4 | 0 | 1 |
| 26 | 1 | 20 | 56 047 | 4 | 4 | 0 | 1 |

（a）假设你希望估计跑步对她的俄罗斯方块得分的平均效应。基于这种被试内设计，解释识别这种因果效应必需的假定。在这个例子中的这些假定是否合理？鉴于事实上被试进行了研究、经受了干预并测量了她自己的结果，会产生什么特殊问题？

（b）估计跑步对俄罗斯方块得分的效应。使用随机推断来检验精确零假设，即跑步对俄罗斯方块得分没有直接或滞后效应。

（c）一种确保被试内设计可信度的方法，是验证无预期假定（no-anticipation assumption）。使用跑步变量来预测前一天的俄罗斯方块得分。推测起来，真实效应为 0。随机化推断是否证实了这种预测？

（d）如果俄罗斯方块得分能够对锻炼产生响应，有人可能会假定精力水平和

GRE 成绩也可以。这些假设能否得到数据支持?

11. 回到 8.6 节阶梯设计广告的例子和表 8-8 的分配干预一览表中。

（a）通过关注第二周和第三周，估计 $E[Y_{01}-Y_{00}]$。这个估计值与正文中呈现的 $E[Y_{11}-Y_{00}]$ 估计值相比如何? 使用第二周和第三周的观测值，哪一个估计值能被识别?

（b）通过关注第二周，并且不施加干预效应 2 周后消失的假定，估计 $E[Y_{11}-Y_{00}]$。

# 第9章

# 异质性干预效应

本章学习目标

（1）需要做出最少建模假定的异质性干预效应的探测方法。

（2）如何使用回归对异质性干预效应建模，以及如何解释结果。

（3）阐明某项干预效应强或弱所需条件的多因素实验及其优点。

到目前为止，我们主要关注的是估计平均干预效应面临的挑战。然而，每个观测值响应干预的方式恰好一样，这种假定极少是合理的。无论干预属于经济学、政治学、犯罪学、教育还是公共卫生领域，很难想象某项实验干预在每个人、每个组织或每个地区都发挥相同效应。本章中，我们将超越平均效应，来研究干预效应的变异性。

理解干预效应中的变异性具有巨大的实际与科学价值。从实用的角度来看，那些决定是否实施项目或政策的人，希望知道哪些个体，以及在什么条件下最有响应性。一项旨在吸引青少年的广告宣传活动可能赶走了老年消费者。那些能够增加自愿参加者收入的职业培训项目，对被要求参加培训项目以维持公共援助资格的人却无效。政府提高税法遵从的努力可能成功也可能失败，取决于纳税人的职业是否允许他们隐瞒收入。

从科学的角度看，干预效应变异的研究能够提供某项干预之所以有效或无效的重要线索。例如，实验发现，允许父母为孩子选择就读的公立学校这一政策，其效果取决于父母的价值观。实验数据表明，允许更大程度的选择，对其父母优先考虑学术质量来选择学校的那些孩子好处最大。对那些父母基于离家近来选择学校的孩子，这项政策并没有改善教育结果。[1] 这个发现意味着，对那些父母通常

---

[1] Hastings，Kane and Staiger，2006.

以离家近来选择学校的孩子，要想改善其教育结果，需要提供信息来鼓励父母在选择学校时将学术质量放在更重要的位置，随后的研究也证实了这一点。[1] 社会科学中某些最有趣的发现，涉及找出导致干预效应大或小的特殊组合成分。

在比较不同亚组或设定中的干预效应时，挑战是按照严格的科学方式来解释结果，以使结论并非是由抽样变异性或特别假定导致的。研究者常常感到数据中隐藏的干预效应变异，但缺乏足够精度来确定变异的可靠来源。研究者最难承认的事情之一，是研究结论仍然是模糊和初步的。对干预效应变异性的研究声誉不佳，是因为在接受进一步实验测试后，研究者的发现很多被证明并不成立。本章在鼓励探索的同时，要求研究者谨慎解释他们的发现，直到被后续实验证明。

本章将讨论一系列研究干预效应变异的方法。首先，我们将综述研究者试图研究异质性效应时面临的固有推断问题。我们将思考在搜索异质性时，能够从那些需要最少假定的统计分析技术中学到什么。这些技术可以作为有用的初始步骤，提供给研究者一个关于更加理论导向的异质性研究是否富有成果的初步感受。接下来，我们将讨论其中两种更加结构化的方法。一种方法是在协变量不同的取值下干预效应变化的研究，这种方法有时被称为"干预与协变量交互作用"（treatment-by-covariate interaction）研究或"亚组分析"（subgroup analysis）。另一种方法采用的设计是同时改变干预以及部署或接受干预的实验环境。我们会使用之前章节介绍的一些工具，来说明在每种方法中数据是如何生成的。注意，在干预效应异质性的研究中将出现某些建模不确定性。

## ■ 9.1　从实验数据中理解干预效应异质性的限制

假设我们进行一项涉及 $N$ 个被试的实验，其中 $m$ 个被随机分配到干预条件下。对每个被试，定义干预效应为干预和未干预潜在结果之差，即 $\tau_i \equiv Y_i(1) - Y_i(0)$。假设没有不遵从问题；即控制组没有人接受干预，干预组中的每个人都接受了干预。我们观测控制组的潜在结果 $Y_i(0)$ 和干预组的潜在结果 $Y_i(1)$。

干预效应异质性指的是被试间干预效应 $\tau_i$ 的方差。我们希望估计 $\mathrm{Var}(\tau_i)$，尤其检验是否有 $\mathrm{Var}(\tau_i) > 0$。如果我们发现干预效应异质性的证据，接下来的步骤是研究干预效应大或小所需要的条件。

异质性的研究与平均干预效应的研究相比，产生了更困难的估计问题。干预效应的方差可以用各潜在结果的方差和它们的协方差来表示：

$$
\begin{aligned}
\mathrm{Var}(\tau_i) &= \mathrm{Var}[Y_i(1) - Y_i(0)] \\
&= \mathrm{Var}[Y_i(1)] + \mathrm{Var}[Y_i(0)] - 2\mathrm{Cov}[Y_i(1), Y_i(0)]
\end{aligned} \tag{9.1}
$$

这里面临的实际问题是实验并未提供必要的信息来估计 $\mathrm{Var}(\tau_i)$ 的每一个部分。实验数据阐明的是潜在结果的边缘分布（marginal distribution）。控制组 $Y_i(0)$ 的观

---

① Hastings and Weinstein，2008.

测值允许我们估计 $Y_i(0)$ 整体分布的均值及其变异性、偏度和高阶矩。干预组 $Y_i(1)$ 的观测值也是一样的。我们可以用这 $m$ 个观测值来推断所有 $N$ 个被试 $Y_i(1)$ 值的分布。按照式（9.1），我们的数据提供了 $\mathrm{Var}[Y_i(0)]$ 和 $\mathrm{Var}[Y_i(1)]$ 的样本估计值。此外，由于对任何被试，我们永远不能同时观测潜在结果 $Y_i(0)$ 和 $Y_i(1)$，因为缺乏关于这些潜在结果联合分布（joint distribution）的直接信息。例如，我们不知道 $Y_i(0)$ 的较高取值是对应 $Y_i(1)$ 较高还是较低的取值，因而我们不能估计 $\mathrm{Cov}[Y_i(0), Y_i(1)]$。

一个简单的例子可用来强调我们无法将观测到的 $Y_i(0)$ 值与未观测到的 $Y_i(1)$ 值联系起来，反之亦然。假定我们的实验有 6 个被试，我们可以观测到控制组的结果 $\{1, 2, 3\}$ 和干预组的结果 $\{4, 5, 6\}$。ATE 的估计值为 3。但不同被试间的干预效应如何变化？推理可以得出，控制组的 $Y_i(0)$ 值与干预组的 $Y_i(0)$ 值有相同的分布，因此可以将每个 $Y_i(1)$ 观测值与 $Y_i(0)$ 观测值之一进行配对。但是应该将哪些值进行配对？对每个 $Y_i(1)$ 值，都有 3 个可能 $Y_i(0)$ 值。如果我们把配对如 $\{(1, 4), (2, 5), (3, 6)\}$ 的潜在结果组合在一起，对所有被试，干预效应就应当为 3，并且 $\mathrm{Var}(\tau_i)=0$。此外，如果我们按照 $\{(1, 6), (2, 4), (3, 5)\}$ 的方式配对，干预效应就是 5、2 和 2，意味着 $\mathrm{Var}(\tau_i)=2$。如果不知道如何对潜在值进行配对，我们就无法计算 $\mathrm{Var}(\tau_i)$。

## 9.2　$\mathrm{Var}(\tau_i)$ 定界与异质性检验

尽管实验数据不允许我们估计 $\mathrm{Var}(\tau_i)$ 的值，但我们可以使用这种主观或任意配对（arbitrary pairing）程序来估计提示 $\mathrm{Var}(\tau_i)$ 可能大小的界限。建立这种界限涉及将 $Y_i(0)$ 和 $Y_i(1)$ 进行配对，如此意味着 $\mathrm{Cov}[Y_i(0), Y_i(1)]$ 尽可能大或尽可能小。如果干预组和控制组的观测值数量相等，这种配对很容易安排。先按升序对 $Y_i(0)$ 的观测值排序。接下来，对 $Y_i(1)$ 的观测值按升序排序。将排序后第一个 $Y_i(0)$ 值与排序后第一个 $Y_i(1)$ 值配对，将排序后第二个 $Y_i(0)$ 值与排序后第二个 $Y_i(1)$ 值配对，依此类推。当样本协方差 $\widehat{\mathrm{Cov}}[Y_i(0), Y_i(1)]$ 尽可能大时，这些配对后的潜在结果之差将产生 $\tau_i$ 估计值。这些 $\hat{\tau}_i$ 的方差规定了 $\mathrm{Var}(\tau_i)$ 的下界。一个显著大于零的下界就意味着干预效应异质性。为了估计 $\mathrm{Var}(\tau_i)$ 的上界，将程序倒过来进行：将按升序排序后的 $Y_i(0)$ 观测值与按降序排序后的 $Y_i(1)$ 观测值配对。隐含的 $\hat{\tau}_i$ 方差规定了 $\mathrm{Var}(\tau_i)$ 的上界。这些上界与下界都是估计值，因而服从抽样变异性，但它们可以表明手中的数据能告诉我们关于 $\mathrm{Var}(\tau_i)$ 的什么信息。[①]

① 我们实际观测的 $Y_i(0)$ 和 $Y_i(1)$ 值是所有被试的所有 $Y_i(0)$ 和 $Y_i(1)$ 值的随机样本，因此这种界限服从抽样变异性，并且不用检验无异质性的零假设。Heckman, Smith and Clements（1997）以及 Djebbari and Smith（2008）提出了一种基于模拟的零假设检验，即干预效应方差的下界为零。我们讨论的是比较干预组与控制组方差的一个更简单的检验。

实地实验：设计、分析与解释

---

**专栏 9.1**

## 估计干预效应异质性数量的界限

干预效应异质性可以用被试层次干预效应 $\tau_i$ 的方差来概述。如式 (9.1) 所示，估计 $\mathrm{Var}(\tau_i)$ 需要一个 $Y_i(0)$ 和 $Y_i(1)$ 的协方差估计值，但这个协方差不能直接估计，因为对每个被试，我们只能观测到两种潜在结果之一。Heckman, Smith and Clements (1997) 提出了一种估计 $\mathrm{Var}(\tau_i)$ 界限的方法。他们的方法是将控制组 $Y_i(0)$ 观测值与干预组 $Y_i(1)$ 观测值配对，以估计 $Y_i(0)$ 和 $Y_i(1)$ 之间的最大和最小协方差。当控制组与干预组包含相同数量的被试时，这种方法很容易实施。假设你观测到控制组的结果 {1，2，3} 以及干预组的结果 {4，5，6}。为了估计 $\mathrm{Var}(\tau_i)$，假定 $Y_i(0)$ 和 $Y_i(1)$ 之间的最大协方差。将控制组 $Y_i(0)$ 观测值按升序排序，将干预组 $Y_i(1)$ 观测值按升序排序。将干预组和控制组结果进行配对得到 {(1，4)，(2，5)，(3，6)}，使我们可以估计每个被试的 $\tau_i$ 以及 $\mathrm{Var}(\tau_i)$ 的下界。为了估计上界，将 $Y_i(0)$ 值按升序排序，将 $Y_i(1)$ 值按降序排序。产生了配对 {(1，6)，(2，5)，(3，4)}，允许我们估计 $\mathrm{Var}(\tau_i)$ 的上界。如果干预组和控制组被试的数量不同，将干预分布内的每个百分位与其对应的控制分布内的百分位配对。

这种排序方法什么时候能产生足够窄的有用界限？当 $Y_i(0)$ 的变异较低时，这种方法往往最有用。考虑一种限制情况，其中所有的 $Y_i(0)$ 值都相同：无论如何将取值排序，$Y_i(0)$ 和 $Y_i(1)$ 之间的协方差都为零。实际含义是，当研究者提前筛选 (pre-screen) 被试以努力获得相对同质的 (relatively homogeneous) $Y_i(0)$ 值时，这种方法效果较好。提前筛选是否成功可以通过检验控制组 $Y_i$ 结果的方差来评估。另一种选择是实施未干预潜在结果 [$Y_i(0)$] 有较高预测性的一项前测 ($X_i$)。通过重新调节结果变量来表示一个分值的改变 ($Y_i - X_i$)，以减少结果变异性，由此将 $\mathrm{Cov}[Y_i(0) - X_i, Y_i(1) - X_i]$ 可能取值的范围缩小。这种结果可以作为界限紧密度 (tightness) 的一种明显改善。

另外一种探测异质性的统计技术是检验 $\mathrm{Var}(\tau_i) = 0$ 的零假设。哪种证据导致我们拒绝这个假设？考虑比较 $\mathrm{Var}[Y_i(1)]$ 和 $\mathrm{Var}[Y_i(0)]$ 的含义，这两个值都可以从实验数据中估计得到。因为：

$$\mathrm{Var}[Y_i(1)] = \mathrm{Var}[Y_i(0) + \tau_i] = \mathrm{Var}[Y_i(0)] + \mathrm{Var}(\tau_i) + 2\mathrm{Cov}[Y_i(0), \tau_i] \tag{9.2}$$

等式 $\mathrm{Var}[Y_i(1)] = \mathrm{Var}[Y_i(0)]$ 成立，当

$$\mathrm{Var}(\tau_i) = -2\mathrm{Cov}[Y_i(0), \tau_i] \tag{9.3}$$

在被试间 $\tau_i$ 是一个常数的零假设下，式 (9.3) 的两边均为 0，因为一个变量与一 *294*

个常数之间的协方差为 0。[①] 因此，拒绝假设 $Var[Y_i(1)]=Var[Y_i(0)]$ 就意味着拒绝假设 $Var(\tau_i)=0$。

为了说明检验假设 $Var[Y_i(1)]=Var[Y_i(0)]$ 的程序，让我们重新考虑第 4 章中讨论的教师激励实验。[②] 回忆一下，干预学校的小学老师依据标准化考试中学生的学习成绩给予奖金。在实际的实验中，100 所学校被分配到干预组，100 所被分配到控制组。在基线测试（干预之前）与一年之后的后续测试之间，干预组学校平均显示有 11.70 点的改善，相比之下控制组为 8.20 点。这个 ATE 估计值意外地（$p<0.01$）比预期要大得多。这里我们关注的是干预效应是否不同，正如目测每个组（图 9-1）的分数分布所表明的那样。分数改变的离散程度在实验组之间似乎明显不同：干预组方差为 91.20，相比之下控制组为 59.29。为了检验零假设 $Var(\tau_i)=0 \mid \widehat{ATE}$，我们计算方差之差绝对值的观测值 $|91.20-59.29|=31.91$ 的 $p$ 值。程序如下：我们通过假定一个常数干预效应等于 ATE 估计值 $11.70-8.20=3.50$ 先建立潜在结果的完整一览表。接下来，我们进行 100 000 次随机分配，并记录每个分配的方差之差绝对值的估计值。100 000 个估计值中只有 8 766 个大于或等于观测值的估计值 31.91，意味着 $p$ 值等于 0.088。我们不能拒绝零假设，即所有被试在 $p<0.05$ 水平下的 ATE 为 3.50，但是这个临界的 $p$ 值仍然暗示我们，向教师提供现金鼓励在学校之间产生的效应并不同。

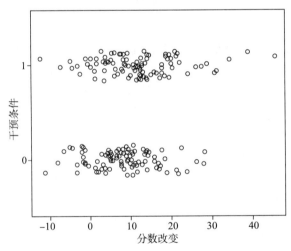

**图 9-1　教师激励实验中干预组与控制组的结果分布**

资料来源：参见 Muralidharan and Sundararaman（2011）。图中的圆圈进行了微调以便更容易看到每个观测值。

使用界限和随机推断来探索干预效应异质性的优点是这些方法只需要很少的假定而且不需要额外数据。不幸的是，实际上，这种极简主义（minimalist）方法具有两种局限。第一，$\tau_i$ 的方差界限往往较宽，并且等方差（equal variance）检

---

[①]　在 $Y_i(0)$ 和 $\tau_i$ 之间的协方差为负的特殊情况下，这个条件也可以满足，因此 $Var[Y_i(1)]$ 和 $Var[Y_i(0)]$ 之间的等式并没有排除干预效应异质性。

[②]　Muralidharan and Sundararaman，2011.

验往往缺乏效力。由于研究者并未补充任何关于不同干预效应亚组的理论或经验方针，这种异质性的评估可能产生决定性的答案，正如我们在之前的例子所看到的。基于这个理由，估计 $Var(\tau_i)$ 的界限并检验是否 $Var(\tau_i)=0$，被认为是迈向对干预效应异质性更结构化评估的一步。在这个初级阶段中，一个显著的检验统计量会激励对异质性的进一步探索，当进行更多强有力的检验时，即使一个边缘检验统计量也可能导致重要的发现。

第二，上面介绍的方法适用于连续结果，如费率、收入或考试分数。二元结果（binary outcome），如投票，必须采用不同的方式分析。当结果是二元取值时，干预效应几乎可以确定有异质性——如果一项干预提高投票率 5%，肯定是由于某些（但并非所有）被试被诱导参加投票。由于二元结果包含的信息非常少，给异质性程度确定界限常常会导致缺乏信息量的结果，除非增加额外假定，诸如规定所有干预效应大于（或小于）0。[1] 二元结果分析中的一些特殊考虑，参见在线附录（http：//isps. yale. edu/FEDAI）的讨论。使用二元结果的研究者通常需要使用将在下一节中讨论的探索性以及基于设计的方法。

## 9.3  探索异质性的两种途径：协变量与设计

假设一位研究者的理论直觉或初步假设检验表明了异质性效应的存在。本节讨论 $\tau_i$ 变化条件的两种探索方法。第一种方法是将被试划分为亚组，来检验干预与协变量交互作用（treatment-by-covariate interaction）或亚组与亚组之间 ATE 的变异。第二种方法是引入额外干预，来评估干预与干预交互作用（treatment-by-treatment interaction）或其他随机分配的干预条件下 ATE 的变异。

### 9.3.1  评估干预与协变量交互作用

实验研究者经常使用协变量来评估干预效应何时以及为何变化的假设。这些协变量基于被试的个人属性或实验发生的环境属性，将被试划分为不同的组。实际上，相当于研究者在每个亚组中实施一个微型实验（miniature experiment）。每个亚组的 ATE 被称为"条件平均干预效应"（conditional average treatment effect，CATE）。当研究者提到一个干预与一个或多个协变量之间的交互作用时，他们指的是各 CATE 之间的差值。

---

**专栏9.2**

### 定义：交互效应

一种交互效应指的是从一个亚组到下一个亚组干预效应产生的变化。亚组可用协变量或随机分配因素来定义。例如，在一个选民动员研究中，如果干预是挨家挨户拉票，亚组就可按照协变量定义为如选民年龄或政党隶属，或者按照其他随机分配因素定义，如选民是否也被寄送了邮件。

---

[1]  这个假定也被称为"单调干预响应"（monotone treatment response），参见 Manski（1997）。

交互作用研究常常通过理论直觉来指导，这种直觉诸如什么时候一项干预最有效。从之前的章节中找一个例子说明，可以依据历史上饮水卫生方面分配的资金数量来划分印度村庄，以检验随机任命女性为村庄负责人的预算效应是否更大，过去在这些村庄中女性村民关心的问题是被忽略的。这种分析源于表达被压制村民要求政策变迁的理论争议。

---

**专栏9.3**

### 定义：条件平均干预效应（CATE）

CATE 是一个已定义被试子集的 ATE。例如，中年男性教授的 ATE 就是一个 CATE。

---

比较两个 CATE：一个是过去在饮水卫生方面被分配资源较少的村庄的，另一个是被分配资源较多的村庄的。类似地，当干预使人们暴露在新的观念和信息中时，关于态度改变的理论争议可能会启发亚组的比较。例如，巴基斯坦穆斯林基线调查中测量的一些协变量，可以检验麦加朝圣在对外国人态度方面的效应在以前很少接触其他国家民众和文化的人中是否最明显。此外，这种分析还将以前很少有接触的被试 CATE 和有较多接触的被试 CATE 进行比较。[1] 只要这些划分是基于干预前协变量的，这些研究就能提供两个 CATE 之间差值的无偏评估。

为了了解这种类型的统计分析实际上是如何进行的，让我们回到 9.2 节分析过的教师激励实验。什么个体或背景属性会导致 $\tau_i$ 的变异？进行这项实验的研究者考虑了两类协变量——学生的属性和他们老师的属性。

有趣的是，研究者发现几乎没有证据表明 CATE 会按照学生的特征变化，如性别、族群、父母的富裕程度或文化程度。试想，当我们依据父母的平均文化程度来划分学校时会发生什么？[2] 在干预前父母文化程度得分低于中位数的 100 所学校中，CATE 的估计值为 $11.14-7.83=3.31$。在 100 所干预前父母文化程度得分高于中位数的学校中，CATE 的估计值为 $12.26-8.57=3.69$。由于缺乏对哪个 CATE 更大的清晰预期，我们进行了一个双尾检验来评估 CATE 之间的差异是否由偶然因素导致的。零假设是两个组的 CATE 均等于 ATE 估计值。为了使用随机推断来检验假设，通过假定 ATE 是一个常数 3.50 以及随机分配被试到干预组和控制组，我们建立了潜在结果的完整一览表。我们计算两个 CATE 估计值之差，并重复这个操作 100 000 次，来看多久才能获得一个至少与 $|3.69-3.31|=0.38$ 一样大的观测差值。在这种情况下，由于 $p=0.88$，CATE 观测值没有显著差异。

这个假设检验也可以使用回归进行。用 $F$ 统计量来比较两个模型的残差平方

---

① 因为麦加朝圣实验涉及双边不遵从，有进一步的理由怀疑存在干预效应异质性。只要遵从者的 ATE 非零，分配干预的效应（即 ITT）就有异质性，因为（在可排除性假定下）永远接受者和从不接受者的 ITT 是零。

② 这种分析也可以在个体层次进行，以每个学生自己父母的文化程度为条件。因为实验采用了学校层次整群分配，每个文化程度类别中的学生数量在学校之间是不同的，所以这种分析需要一个更复杂的假设检验，以便考虑整群分配。为了方便说明，我们使用学校层次数据并且基于学校层次属性对样本进行划分。

实地实验：设计、分析与解释

和（sum of squared residuals），一个零模型假定两个亚组具有相同的 ATE，而备择模型则允许 CATE 不同。零模型为：

$$Y_i = a + bI_i + cP_i + u_i \tag{9.4}$$

这里的 $I_i$ 是一个指示变量，如果学校接受了激励干预，取值为 1；$P_i$ 也是一个指示变量，如果该学校父母文化程度在中位数以上，取值为 1。这个零模型只假定了一个 ATE，由参数 $b$ 表示。备择模型假定了两个 CATE 值，一个是父母文化程度较低学校的，另一个是父母文化程度较高学校的。实际上，两 CATE 的假设，是式（9.4）中具有一个额外参数的回归模型：

$$Y_i = a + bI_i + cP_i + dI_iP_i + u_i \tag{9.5}$$

当我们以父母文化程度为条件，这两个 CATE 变得很明显。当父母文化程度较低（$P_i=0$）时，CATE 是 $b$：

$$Y_i = a + bI_i + u_i \tag{9.6}$$

当父母文化程度较高（$P_i=1$）时，CATE 是 $b+d$：

$$Y_i = a + bI_i + c + dI_i + u_i = (a+c) + (b+d)I_i + u_i \tag{9.7}$$

参数 $d$ 被称为"交互效应"（interaction effect），因为其表示当父母文化程度变化时 CATE 发生的变化。我们现在有两个"嵌套"模型，因为式（9.4）中的零模型是式（9.5）的一个特例，这里的 $d$ 假定为 0。[①] $F$ 统计量比较了这两个嵌套模型的残差平方和（sum of squared residuals，SSR）：

$$F = \dfrac{\dfrac{\text{零假设下的 } SSR - \text{备择假设下的 } SSR}{\text{备择模型中参数的数量} - \text{零模型中参数的数量}}}{\dfrac{\text{备择假设下的 } SSR}{N - \text{备择模型中参数的数量}}} \tag{9.8}$$

回忆一下，残差平方和是对一个回归模型预测准确度的测量；SSR 越小，模型拟合得就越好。当允许交互作用的备择回归模型平方和，与忽略交互作用的零模型平方和完全一样时，式（9.8）中的分子为 0。如果允许不同亚组具有不同的 ATE，从备择模型中减去 SSR，式（9.8）中的分子将是正的。在本例中，

$$\hat{F} = \dfrac{\dfrac{14\,856.1 - 14\,854.4}{4 - 3}}{\dfrac{14\,854.4}{200 - 4}} = 0.02 \tag{9.9}$$

为了评估这个统计量的 $p$ 值，我们建立了潜在结果的完整一览表，假定零模型中 $\hat{b} = 3.50$，这是所有学校的干预效应。我们重复进行随机分配，估计零回归与备择回归，并计算 $F$ 统计量。在这个程序重复 100 000 次后，我们发现在零模型下产

299

---

① 对零模型强加了限制 $d=0$，因此零模型有时候被称为受限模型。备择模型则把 $d$ 作为待估计的参数，被称为不受限模型。

生的 $F$ 统计量有 $88\%$ 大于 $F$ 统计量的观测值 $0.02$，意味着 $p=0.88$。[1] $F$ 检验生成了与 CATE 之差检验相同的 $p$ 值。使用回归的优点是非常容易扩展为涉及几个类别或变量的检验，如下所示。

同样的统计方法也可用于评估干预效应是否依据教师的特征而变化，如他们的教学年数、教育水平、工资以及教学风格（在干预之前的评估）。结果显示，干预效应异质性是教师属性的一个函数。比较每个变量较高和较低取值时的 CATE，研究者发现对工资较低、教学年数较少、教育水平较高以及教学风格更积极的教师，干预效应最大。[2] 这个发现对政策制定者和社会科学家具有潜在重要性，因为它提供了重组激励薪酬来增强效应的某些线索；缺乏学生特征导致的异质性效应，说明这些激励可以帮助学生总体中相当大的人群。

### □ 9.3.2　谨慎解释干预与协变量交互作用

在为了更好地理解研究发现的政策含义而仔细研究了亚组的差异之后，实施教师激励实验的研究者在解释他们的结果时，仍然保持谨慎。从这个范例研究中跳出并更一般地思考亚组分析，为什么要保持谨慎？

谨慎的一个理由是"多重比较问题"（multiple comparisons problem）。一个具有广泛协变量集合的数据允许研究者检验大量的亚组划分。如果研究者比较了足够多的亚组，有较大的偶然概率会发现至少有一个协变量具有统计显著的交互效应。例如，假定研究者评估 20 个协变量中每一个与干预是否有交互效应。为了方便说明，假定协变量之间不相关，并且干预对所有被试的效应为 0。在 0.05 的显著性水平上，至少发现一个协变量与干预显著交互的概率为 $1-(1-0.05)^{20}=0.642$。也许更让人吃惊的是，在 0.01 的显著性水平上，至少发现一个协变量与干预显著交互的概率为 $1-(1-0.01)^{20}=0.182$。换句话说，大概每 6 个评估干预与协变量（使用 20 个不同的协变量）交互作用的研究者，就有 1 个有令人信服的证据至少发现了一个交互作用，即使每个被试的干预效应实际上为 0。

实际意义是在评估 CATE 的差异时，你应该一直追踪实施的假设检验数量。为了防止错误发生，一种习惯的方法是使用 Bonferroni 校正：如果你实施了 $h$ 个假设检验，将你的目标 $p$ 值除以 $h$。例如，在 0.05 的显著性水平上，假定你实施了 20 个亚组分析，在任何特定比较中，如果你的 $p$ 值低于 0.002 5，就拒绝零假设。假如在我们之前的计算中使用 Bonferroni 校正，那些转移注意力的统计显著性就会回到合适的水平上。例如，在 20 次尝试中，至少一次探测到交互作用在 $0.01/20=0.000\ 5$ 的水平上统计显著的概率为 $1-[1-(0.01/20)]^{20}=0.01$。

---

① 常规的 $F$ 检验基于 $F$ 分布，其形态取决于 3 个数值：$N$、备择模型中交互作用的数量、备择模型参数的总数。这些数值都是式（9.8）上面和下面部分的分母，对于随机化检验没有效应，因为在所有模拟随机化中都是相同的。关于使用随机推断来检验嵌套假设，参见 Edgington and Onghena（2007）。

② 参见 Muralidharan and Sundararaman（2011）中的表 5。

> ### 专栏9.4
>
> #### 定义：Bonferroni 校正
>
> 实施的显著性检验越多，至少有一次错误拒绝零假设的可能性就越大。Bonferroni 校正减少目标 $p$ 值以便与研究者进行的显著性检验数量成比例。如果研究者希望在 $\alpha$ 的显著性水平上检验假设，并且实施了 $q$ 次检验，目标 $p$ 值将变成 $\alpha/q$。对任何给定检验，这种校正确保拒绝零假设的概率不大于 $\alpha$。例如，假设某位研究者在 $\alpha=0.05$ 的水平上实施 10 次检验。每次检验的目标 $p$ 值应当是 0.005。Bonferroni 校正容易计算并且犯错的机会较少。校正多重比较的其他方法可参见 Shaffer (1995)。

多重比较问题从根本上来说是一个解释问题；为了正确测量和估计统计显著性的交互作用水平，我们需要知道这种发现明显交互作用程序的情况。有时要采用计划文档（参见第 13 章）的形式来提前指定亚组比较，在这种情况下矫正多重比较就很简单。[①] 在比较数量未知的情况下，解释就成了一个问题。在这种情况下，一种合理的方法是用怀疑的态度对待假设检验，并等待其他的复制性研究。

另一种避免多重比较问题的方法是重新表述零假设。与其去问用单个协变量划分两组是否会导致 CATE 之间的显著差异，有人或许会问基于几个协变量对样本分组是否会导致一批意外地比预期差异更大的 CATE。例如，某个研究者将教师的专业划分为 4 个类别（数学、语言、社会研究、其他）并进一步按照性别划分，从而建立 $4\times2=8$ 个亚组。如果所有 8 个 CATE 都等于 ATE 估计值，可以将结果对每个亚组的指示变量和每个亚组的干预进行回归，我们可以检验这个回归的 $F$ 统计量是否意外地比预期明显要大。这种方法很容易被扩展到包括更多协变量的实验。连续类型的协变量如年龄或教学经验年限都可以被重新编码为类别变量，或使用有交互项（见后文）的回归来建模。在检验所有交互作用的联合显著性时，拒绝零假设意味着 CATE 之间的差异比抽样变异性所能解释的更大。这种检验可能比 9.2 节中不可知论的假设检验强大得多，尤其是分析使用的协变量如果能够反映干预效应可能强弱条件的理论预期。

即使假设检验的统计结果强烈显示有异质性，亚组分析也存在一个根本的局限，即其本质上的非实验性。假设教师激励研究的统计证据毫无疑问地表明，高学历教师在给学生上课时，干预效应更大。这个发现是否意味着如果将高中学历教师替换为有更高学历的教师，干预效应将会增加？未必如此。教育程度可能仅仅是其他因素的标记而已，如周围社区在教育方面的价值观。教师的教育程

302

---

① 另一种基于模拟来实现 Bonferroni 校正的方法，使用以下步骤：(1) 假定干预效应不变并等于观测的估计值，建立潜在结果的完整一览表。(2) 进行 100 000 次随机分配来构建每个变量的 CATE 之差的抽样分布。(3) 在 $p$ 值的观测值范围内搜索，直到找到一个 $p$ 值，使得在 CATE 中获得至少 1 个显著差异的概率为 5%。换句话说，这个 $p$ 值足够严格，从而只允许模拟样本中 5 000 个只产生 1 个或多个 CATE 的显著差异。在线附录（http://isps.yale.edu/FEDAI）提供了一个使用 R 软件的例子。

度能够预测干预效应的大小，但改变教师的教育程度并不导致条件平均干预效应的增加。

　　亚组分析应当被视为一种解释性或描述性的工作。描述也是有用的：管理者、企业或竞选运动都想知道为了最大化干预效应，应该针对什么实施干预，以最大化从了解哪些亚组对干预最敏感中的受益。如果研究目标仅仅是预测什么时候干预效应会变大，研究者并不需要有一个正确设定的因果模型来解释干预效应。任何预示性变量都可以做到。注意到在某些组干预效应较大，在某些组则没有效应，可以提供重要线索来理解为什么干预起作用。但是要抵制那种诱惑，即认为亚组差异可以确定亚组属性随机变化导致的因果效应。研究者可以通过 CATE 与各种个体以及背景因素之间的相关性来筛选，但是必须停止推断通过某种干预来随机改变协变量取值，干预会改变干预效应。

　　下面的例子揭示了一种风险，即从亚组分析中得出因果推断。2006 年，格伯、格林和拉里默实施了一个大规模实验，给登记选民寄邮件来说明在 2004 年选举中他们是否参加投票（关于这项研究的更多信息参见第 10 章）。[1] 收到了邮件的选民的投票率为 34.5%，相比之下，控制组的投票率为 29.7%。ATE 的估计值为 4.8%，标准误只有 0.3%。这一结果说明当将注意力限制在 2004 年选举中实际投了票的干预组和控制组被试时，CATE 的估计值特别大。他们的 CATE 估计值为 5.9%，这个值显著（$p<0.01$）要比 2004 年没有投票选民的 CATE 估计值 4.1% 大。在纯粹的统计层面，这种交互作用是清晰的，但其实质意义是什么？这个结果是否意味着收到你在过去选举投了票的通知，相比于收到你没有投票的通知，具有一个更强的效应？一项在 2007 年进行的后续实验说明并非如此。格伯、格林和拉里默的实验表明，随机改变呈现给选民的信息，无论呈现他们过去投票的选举还是放弃的选举，都能精确产生相反的效应：被显示过去选举没有投票的选民，比显示过去投了票的选民，显著更倾向于参加投票。[2] 亚组分析融合了邮件内容与收到邮件者的类型。干预与协变量交互作用的分析被认为提出了一个有趣的难题，但需要一个直接的实验检验来区分干预的属性与接受者的属性。

### □ 9.3.3　评估干预之间的交互作用

　　亚组分析的基本局限可以通过更精致的实验设计来克服，即操纵干预以及被认为影响干预效应大小的个人或背景因素。在实地实验中，一个常用的方法是使用一个干预因素与一个随干预实施背景变化因素"交叉"的设计。在有充足被试和资源的情况下，采用不同的干预方式，研究者就可以实施一种因素设计（factorial design），其中至少有一些被试会接受每一种可能干预组合。

①　Gerber，Green and Larimer，2008.

②　Gerber，Green and Larimer，2010.

## 定义：因素设计

假设一项实验包括两个或更多的因素，每个因素有两个或更多的实验条件。一项因素设计随机将被试分配到实验条件的每种组合。例如，如果因素一包括条件 A 和 B，因素二包括条件 C、D 和 E，一项因素设计会将被试分配到干预 {AC，AD，AE，BC，BD，BE}。因素设计允许研究者研究某个变量干预效应的变化方式，这种变化取决于其他随机分配因素的水平。如果因素和条件的数量很大，将被试分配到每种条件组合下是不现实的。省略某些组合的设计被称为"部分"因素设计。部分因素设计本身就是整个参照文本的被试。一个关于这方面的经典文献是 Cochran and Cox（1957）。

有 3 个例子可以显示在实践中这些设计看起来是怎样的。格伯和格林的选民动员实验涉及向纽黑文居民拉票、打电话或发邮件，以鼓励他们投票。[1] 不同于通常的亚组研究，让被试接受更多或更少数量的竞选沟通，这个研究将 3 种形式竞选活动（挨家挨户拉票、电话、直邮）进行交叉，来了解随机暴露在其他竞选信息下，究竟增加还是减少了暴露在一种沟通形式下的效应。另一个例子是奥尔肯（Olken）在印度尼西亚进行的腐败监测研究。[2] 他将一项干预，即道路建设项目审计，与另一项干预，即邀请村民参加公共会议或提供匿名信息，进行交叉，目的是测量官方审计的有效性是否会随村民参与水平变化。最后一个例子是罗森（Rosen）进行的歧视实验，他向州议员发送电子邮件，假扮一个希望了解移民条例的选民，来了解这些议员如何响应帮助请求。[3] 这个研究随机改变了邮件作者明显的族裔身份；在一种条件下，作者名为科林·史密斯（Colin Smith），在另一种条件下，名为乔西·拉米雷斯（José Ramirez）。对每个假扮的邮件作者，邮件的文字质量是被操纵的，在一种条件下包含语法错误，在另一种条件下则没有错误。这种设计允许研究者了解种族歧视是否取决于邮件作者的沟通能力，这种能力微妙地传递了教育和社会阶级信息。

让我们仔细审视一下这项写信实验，它使用了一个简单的 2×2 设计。表 9-1 显示了 4 种实验条件中每一种的议员回复率。[4] 当两位邮件作者均使用好语法，科林比乔西更可能（52%相比于 37%）收到回复。这种模式似乎说明议员及其工作人员歧视少数族裔的信件作者。然而，如果实验信件写得很糟，这种模式就反过

---

[1] Gerber and Green，2000.

[2] Olken，2007.

[3] 参见 Rosen（2010）。该研究后来被 Butler amd Broockman（2011）模仿，他们比较了议员对假扮的黑人或白人选民的响应。

[4] 我们的分析集中在罗森数据的一个子集，以便简化结果的呈现。

来了，议员们似乎对乔西（34%）比科林（29%）更偏爱。①

表9-1　州议员回复请求的百分比，按选民假扮的族裔和请求文本的质量分

| | 科林 | | 乔西 | |
|---|---|---|---|---|
| | 语法好 | 语法差 | 语法好 | 语法差 |
| 收到回复（%） | 52 | 29 | 37 | 34 |
| (N) | (100) | (100) | (100) | (100) |

资料来源：Rosen，2010.

305　　　这个例子说明了因素设计的某些有吸引力的特征。在某个研究项目开始时，部署各种各样的干预特别有用，如果研究目标是探索不同干预组合，对进一步的研究来说，这些组合似乎是特别有效干预的前奏。在这种情况下，使用不同的干预，能够阐明议员之所以特别优待科林的条件。显然，只有科林发出有高度语言能力（代表了教育和财富）的信号，才会引出实质上不同的响应。如果信件文字质量均较高，我们可能被引导相信，相比于西班牙裔，非西班牙裔绝对更受优待。这个研究发现说明，需要进一步研究议员回复与否，取决于他们是否察觉该选民属于有社会影响力的人群。

　　　除了要求研究者进行一个更复杂的实验以外，使用因素设计还涉及相对较小的负面风险。当两个因素（即信件作者族裔和写作质量）不相关时，研究者就可以忽略其中的一个因素，如果其被证明是无关紧要的。例如，如果结论是写作质量对于结果无影响，就可以比较科林的所有信件与乔西的所有信件。如果干预的不同版本似乎有不同的效果，记住干预的平均效应就是每个版本ATE的一个加权平均值。当将一个多因素实验进行推广时，要牢牢记住这一点。在这种情况下，本研究中信件的平均效应反映了一个事实，即每个作者发出的信件中有一半含有语法错误。

　　　另一个因素设计的警告与遇到不遵从的实验有关：如果每个干预组被试中只有很少的遵从者，估计值就可能不精确。在面临不遵从时，几乎不可能估计多重干预的混合效应，因为多重干预分配将导致只有非常少的人可以实际接受所有的干预。

## ▌9.4　使用回归对干预效应异质性建模

　　　在第4章，我们将每个被试的潜在结果 $Y_i$ 表示为一个线性回归方程：

$$Y_i = Y_i(0)(1 - d_i) + Y_i(1)d_i = a + bd_i + u_i \tag{9.10}$$

这里的截距项 $a = \mu_{Y(0)}$ 即为未干预潜在结果的平均值。斜率 $b = \mu_{Y(1)} - \mu_{Y(0)}$ 表示 ATE。自变量即干预 $d_i$。回归模型无法观测的部分是扰动项 $u_i = Y_i(0) - \mu_{Y(0)} +$

---

　　　① 相同的4个数值也可以用于解决这一问题：哪一个作者因为写作差而受到最严厉的惩罚？当作者是科林时，信件正文质量会强烈地影响回复的可能性（52%相比于29%），但乔西的正文相对无关紧要（37%相比于34%）。

$\{[Y_i(1)-\mu_{Y(1)}]-[Y_i(0)-\mu_{Y(0)}]\}\ d_i$。这个模型允许存在异质性干预效应，但没有 试图解释为什么会出现异质性。干预效应中所谓的"特殊异质性"（idiosyncratic heterogeneity）被简单归为无法观测的扰动项。

---

**专栏 9.6**

### 定义：系统异质性和特殊异质性

系统异质性是 $\tau_i$ 中的变异，可以通过观测协变量或其他实验因素来预测。

特殊异质性是 $\tau_i$ 剩下的变异，不能通过协变量或其他实验因素来预测。

---

对异质性建模涉及说明观测变量如何导致更高或更低的平均干预效应。通过在式子的右边引入干预与协变量或干预与干预交互作用，扩展的回归模型从无差别的异质性群中消除了系统异质性（systematic heterogeneity），剩下的被称为"特殊异质性"。让我们从一个包含干预与干预交互作用的简单例子入手，建立一个包括 2 类交互作用的更复杂模型。

写信实验中有 4 种实验条件，写出回归模型的一种方式，是对每类信件使用指示变量：

$$Y_i=b_1L_{i\,\text{语法好}}^{\text{非西班牙裔}}+b_2L_{i\,\text{语法好}}^{\text{西班牙裔}}+b_3L_{i\,\text{语法差}}^{\text{非西班牙裔}}+b_4L_{i\,\text{语法差}}^{\text{西班牙裔}}+u_i \tag{9.11}$$

4 个系数的回归估计值只是四个实验组中每组的结果平均值。这个回归可以表示为一种等价形式，通过重新定义右手边变量。让 $J_i$ 作为一个指示变量，如果作者是乔西则取值 1，如果作者是科林则取值 0。让 $G_i$ 作为指示变量，如果信件有语法错误则取值 1，否则取值 0。

$$Y_i=a+bJ_i+cG_i+d(J_iG_i)+u_i \tag{9.12}$$

式（9.11）和式（9.12）看起来不同，但实际上是等价的。[1] 可以通过将参数重新标注在 2 个式子间切换：$b_1=a$、$b_2-b_1=b$、$b_3-b_1=c$ 和 $(b_4-b_3)-(b_2-b_1)=d$。 在式（9.12）中，$b$ 是在给定信件写得好的条件下，署名乔西而不是署名科林的平均效应。当我们重写式（9.12）并假定信件写得好（$G_i=0$）时，这种对 $b$ 的解释容易理解：

$$Y_i=a+bJ_i+c\times0+dJ_i\times0+u_i=a+bJ_i+u_i \tag{9.13}$$

同样地，我们将 $c$ 解释为：在给定信件是科林写的条件下，写一封有语法错误信件的平均效应。为了更清晰地理解这一解释，重写式（9.12）并假定 $J_i=0$：

$$Y_i=a+b\times0+cG_i+d\times0\times G_i+u_i=a+cG_i+u_i \tag{9.14}$$

---

① 这个模型也可以写成潜在结果形式。干预是西班牙裔作者以及 $a=\mu_{Y(0)}^{G=0}$，即邮件写得好时的未干预潜在结果平均值，$b=\mu_{Y(1)}^{G=0}-\mu_{Y(0)}^{G=0}$ 表示邮件写得好时的 ATE。系数 $c=\mu_{Y(0)}^{G=1}-\mu_{Y(0)}^{G=0}$ 是写得差的邮件与写得好的邮件的截距之差。系数 $d=\left[\mu_{Y(1)}^{G=1}-\mu_{Y(0)}^{G=1}\right]-\left[\mu_{Y(1)}^{G=0}-\mu_{Y(0)}^{G=0}\right]$ 是写得差的邮件与写得好的邮件的 ATE 之差。

交互效应 $d$ 规定了随着 $G_i$ 从 0 到 1 变化时 $b$ 变化的方式（等价地，随着 $J_i$ 从 0 到 1 变化时 $c$ 变化的方式）。例如，当 $G_i = 1$ 时，

$$Y_i = a + bJ_i + c + dJ_i + u_i = (a+c) + (b+d)J_i + u_i \tag{9.15}$$

$J_i$ 的平均效应变成 $(b+d)$。比较式（9.13）和式（9.15）发现，随着 $G_i$ 从 0 到 1 变化，$J_i$ 的 ATE 变化了 $d$。同样的步骤显示，随着 $J_i$ 从 0 到 1 变化，$G_i$ 的 ATE 变化了 $d$。

将式（9.12）中的回归模型用于写信数据，刚好得到表 9-1 中的 4 个百分比。估计值为：

$$\begin{aligned}\hat{Y}_i &= \hat{a} + \hat{b}J_i + \hat{c}G_i + \hat{d}(J_iG_i) \\ &= 0.52 + (-0.15)J_i + (-0.23)G_i + 0.20(J_iG_i)\end{aligned} \tag{9.16}$$

这个回归框架的一个优点是其有助于进行假设检验。一个感兴趣的假设是，语法差时作者身份的 ATE 与语法好时作者身份的 ATE 是否不同。这一假设可通过评价交互作用参数 $d$ 是否为 0 来评估。在零假设下 $d$ 为 0，回归模型只包括系数 $a$、$b$ 和 $c$。为了检验零模型的充分性，我们计算了一个 $F$ 统计量来比较 2 个嵌套回归模型的残差平方和，这 2 个模型是式（9.12）和一个 $d$ 被假定为零的零模型。$F$ 统计量的估计值是：

$$\hat{F} = \frac{\dfrac{SSR_{零} - SSR_{备择}}{参数_{备择} - 参数_{零}}}{\dfrac{SSR_{备择}}{N - 参数_{备择}}} = \frac{\dfrac{92.30 - 91.30}{4 - 3}}{\dfrac{91.30}{400 - 4}} = 4.34 \tag{9.17}$$

为了评估这个统计量的 $p$ 值，我们使用随机推断。我们生成一个完整的潜在结果一览表，并假定当 $d$ 为 0 时，零模型下的 ATE（$\hat{b}$ 和 $\hat{c}$）估计值是常数。我们重复进行随机化，估计式（9.12）中的回归模型，计算 $F$ 统计量并将其与假定 $d$ 为 0 时的零模型比较。$p$ 值是那些生成的 $F$ 统计量大于观测值 4.34 的模拟实验占所有实验的比例。我们的检验发现，100 000 次模拟有 3 706 次生成 1 个大于或等于 4.34 的 $F$ 统计量，意味着这个 $p$ 值为 0.037。因此我们拒绝所有 ATE 相等并且 $p < 0.05$ 的零假设。很明显，信件是否有语法错误会改变信件作者族裔的效应，信件作者族裔也会改变语法错误的效应。

这个回归模型可以扩展以容纳干预与协变量交互作用，在通常的附带条件下，干预与协变量交互作用缺乏清晰的因果解释。写信实验针对的是 200 名西班牙裔议员和 200 名非西班牙裔议员，直觉告诉我们，西班牙裔议员不太可能对科林区别优待。令 $H_i$ 为一个指示变量，西班牙裔议员取值为 1，否则为 0。我们扩展了式（9.12）以便包括 4 个额外的参数：

$$Y_i = a + bJ_i + cG_i + d(J_iG_i) + eH_i + f(J_iH_i) + g(G_iH_i) + h(J_iG_iH_i) + u_i \tag{9.18}$$

当使用写信数据估计这个模型时，这个回归模型的 8 个参数刚好可以复制表 9-2

中的 8 个百分比：

$$\hat{Y}_i = 0.62 - 0.22J_i - 0.28G_i + 0.24(J_iG_i) - 0.20H_i$$
$$+ 0.14(J_iH_i) + 0.10(G_iH_i) - 0.08(J_iG_iH_i) \qquad (9.19)$$

为了从回归结果转换到更容易解释的 CATE，保持其中一个干预不变，为 0 或为 1。例如，当信件没有语法错误时，西班牙裔议员不太容易比非西班牙裔议员更歧视乔西。对于西班牙裔议员，作者身份的 CATE 的估计值是 $-0.22 + 0.14 = -0.08$，相对应的非西班牙裔议员的值为 $-0.22$。当信件包含语法错误时，交互作用更弱。对于西班牙裔议员，CATE 的估计值为 $-0.22 + 0.24 + 0.14 - 0.08 = 0.08$，相对应的非西班牙裔议员的值为 $-0.22 + 0.24 = 0.02$。

表 9-2　州议员回复请求的百分比，按选民假扮的族裔、请求文本的质量和议员族裔分

| | 非西班牙裔议员 | | | | 西班牙裔议员 | | | |
|---|---|---|---|---|---|---|---|---|
| | 科林 | | 乔西 | | 科林 | | 乔西 | |
| | 语法好 | 语法差 | 语法好 | 语法差 | 语法好 | 语法差 | 语法好 | 语法差 |
| 收到回复（%） | 62 | 34 | 40 | 36 | 42 | 24 | 34 | 32 |
| （N） | (50) | (50) | (50) | (50) | (50) | (50) | (50) | (50) |

资料来源：Rosen，2010.

如果我们希望检验西班牙裔议员与非西班牙裔议员是否会受到信件作者、信件正文质量或两者组合的不同影响，我们可以检验 $f$、$g$ 和 $h$ 的联合显著性。零模型假定没有交互作用并限制这 3 个参数为 0：

$$Y_i = a + bJ_i + cG_i + d(J_iG_i) + eH_i + u_i \qquad (9.20)$$

注意，零模型仍然包含参数 $e$，因为 $H_i$ 的功能类似一个普通协变量，即通过表示结果的某种变异性来提高精度。（像往常一样，参数 $e$ 没有因果解释，因为 $H_i$ 并不是随机分配的。）换句话说，零模型允许西班牙裔议员以不同的比率来响应信件，但假定他们响应作者身份和信件正文变化的方式，与非西班牙裔议员一样。比较式（9.18）和式（9.20）中嵌套模型的 $F$ 检验值为 0.55，其 $p$ 值为 0.65。我们不能拒绝这个假设，即西班牙裔议员与非西班牙裔议员（及其工作人员）响应 2 种干预的方式一样。

虽然我们不能拒绝议员族裔没有交互作用的零假设，考虑到在每个实验条件下，相比于非西班牙裔议员，西班牙裔议员数量较小，所以我们探测交互作用的能力是有限的。由于在比较 CATE 时这种情况经常发生，我们不能拒绝干预和协变量无交互作用的零假设，然而，由于交互作用估计值的标准误较大，留下一种可能，即抽样变异性导致未能探测出重要的实质性交互作用。当我们估计与式（9.18）中参数 $h$ 的 95% 置信区间时，这种统计不确定的程度比较明显：（$-0.451$，0.290）。作者族裔、文本质量以及议员族裔这 3 者间的交互作用，可能是强阳性或强阴性的。

随着我们增加协变量如议员政党隶属，并包括它们与 2 种干预的交互作用，

更恶化了这种不确定性。每个额外协变量都有效地将原样本划分为越来越小的亚组。我们通过引入建模假定，如某些因素和协变量间缺少交互作用，来弥补统计效力的损失。当省略交互作用时，右手边变量之间的相关性也会降低，反过来减少了抽样变异性。疑问是，这些建模假定是看到结果前就设定的（即在计划文档中），还是根据结果模式提出的。虽然事后设定的决策是探索性数据分析的一个合理部分，但结论应被视为暂时的，有待其他实验重复验证。

## 9.5 自动搜索交互作用

*310*　　回归是估计交互作用的一个有用的工具——假定在获取数据时，我们心里已有一个模型。在那种情况下，我们估计单个回归或比较 2 个嵌套模型。原则上，回归可以用于检查几个干预与协变量之间的交互作用，但在实践中，管理和解释大量交互作用会变得极其复杂。在增加或减少变量时，研究者的自由裁量权越大，离产生可复制或已知抽样分布的结果就越远。

　　一种可能的解决方案是保持事情简单化。在社会科学中，很少有实验研究议程是完全成熟的，以至研究前沿要考虑 3 个不同变量间的交互作用。事实上，很少有实验文献生成 2 个变量间的可复制交互作用。研究者可长期关注 1 个或 2 个有趣的实质性交互作用，以显示它们如何稳健和可复制。

　　另外一种方法是自动搜索交互作用。机器学习领域的发展与日益强大的计算机结合，已产生一系列新型算法，能够系统性地梳理大量可能的交互作用。全面描述这些方法已超出本章的范围，但基本思想非常简单。电脑被指示使用一系列协变量将样本划分为亚组。通过反复将样本划分为亚组，这种方法提供了一种非常灵活的方式来探索大量高阶交互作用。为了进一步防止错误的发生，这种自动搜索将重复进行许多次，并使用不同的变量和标准来细分样本。研究者在这个过程中所起的作用最小，因为引导搜索的调节参数在决定计算机找到什么方面往往扮演次要角色。使用自动搜索方法发现的交互作用与研究者引导分析发现的交互作用相比，更可能被后续实验确认吗？这仍然是一个悬而未决的问题，也是有待进一步研究的重要领域。

## 小　结

　　表面上，异质性干预效应的研究看起来很简单。我们依据某些特征集合来划分被试，然后比较不同亚组的明显干预效应。但仔细考察，干预效应变异的研究呈现了一系列统计和概念的挑战：

*311*　　（1）实验结果不允许我们识别干预效应异质性的程度，因为我们没有观测到 $Y_i(0)$ 和 $Y_i(1)$ 的联合分布。由于 $Y_i(0)$ 和 $Y_i(1)$ 之间的协方差不能从数据中推断，我们不能估计 $\text{Var}(\tau_i)$。通过计算数据中隐含的最大和最小协方差，我们可以改为估计

$\text{Var}(\tau_i)$ 的界限。另一种策略是通过比较 $Y_i(0)$ 和 $Y_i(1)$ 方差观测值，来检验 $\text{Var}(\tau_i)=0$ 的零假设。$\text{Var}(\tau_i)=0$ 的假设意味着 $\text{Var}[Y_i(0)]=\text{Var}[Y_i(1)]$，因此观测到明显不同的方差说明干预效应是异质性的。不幸的是，在许多应用中，这些界限无法给出一个清晰的指示，即是否有 $\text{Var}(\tau_i)>0$，而且对 $\text{Var}(\tau_i)=0$ 的检验缺乏统计效力。

（2）当研究者基于协变量或实验干预划分被试时，可以获得额外的统计效力。这些亚组内的条件平均干预效应（CATE）可以使用随机推断来比较。回归可以提供一个灵活框架来估计交互效应并检验它们的显著性。然而，当检验一系列交互作用假设时，研究者会面临多重比较问题：即使事实上并没有交互作用，随着检验数量的增加，至少有一个交互作用估计值显著的概率也在上升。一种解决多重比较问题的方法是使用 Bonferroni 校正来调节每个检验的大小。另一种方法是使用 $F$ 统计量来比较嵌套模型，并考虑一起评估所有交互作用的联合显著性。

（3）在评估干预与协变量交互作用时，研究者发现自己处于实验与非实验研究的边界上。实验干预是随机分配的，但与其产生交互的协变量却不是。当发现 CATE 随某个协变量的取值变化时，相应的解释仍然是模棱两可的。按协变量定义的亚组可能有不同的潜在结果。关于哪些被试类型对干预响应最明显，干预与协变量交互作用可以提供有用的描述信息。但这些交互作用是否为因果效应的理论问题，需要一项随机改变相关被试属性或背景特征的实验设计。

（4）多因素实验具有阐明实际问题（哪种干预的组合最有效？）和理论问题（在什么条件下干预效应大或小？）的潜力。尽管有潜在价值，检验干预与干预交互作用的实验可能遇到实际挑战。在实地环境下，操纵被试的属性（如教育）非常困难，要获得解释为什么会发生交互作用（即接触更广泛的思想和观点）的特定理论更困难。比较容易但绝非琐碎的是操纵干预部署的背景。在上面讨论的例子中，背景操纵是通过随机改变人们接收的信息、竞选活动接触次数或在公开会议上宣泄不满的机会来进行的。

（5）在评估交互作用时，即使是精心设计的实验也会缺乏统计效力，尤其可能发生在交互作用的数量很大时。可考虑选择性地排除某些交互作用来增加效力。在理想情况下，这些建模决策应当由一份计划文档指导，事前指定会检验那些交互作用。在缺少计划文档的情况下，面临的挑战是系统地探测与报告交互作用，以及在报告统计检验和置信区间时考虑建模的不确定性。自动搜索交互作用的机器学习算法是一个有吸引力的选项，以减少自由裁量权的作用，并允许对统计不确定性进行更严格的评估。

考虑到研究干预效应异质性的挑战，本章的建议是有条不紊和小心谨慎。在缺少说明待检验交互作用的计划文档的情况下，先判断那些需要最少假定的方法，如界限或简单假设检验，能否阐明问题。如果答案是肯定的（或者暂时肯定都没有把握），用你的理论直觉来提出交互效应的可检验命题。如果可能，在你的实验设计中建立一些额外因素，因为随机操纵被试属性和背景特征能够促进因果推断。信息量较少但仍有价值的是研究干预与干预交互作用。当你分析结果时，追踪记录有待检验交互作用的数量，站在怀疑论一方来判断 $p$ 值是否能够承受Bonferroni

校正。在宣扬你发现的某个交互作用时，最好不要太高调，以免接下来的研究显示你的发现不过是抽样变异性导致的幻觉。

## □ 建议阅读材料

Rosenbaum（2010：Section 2.4）提供了一个对干预效应异质性的很好的介绍，Abbrin and Heckman（2007）对文献进行了综述。Heckman，Smith and Clements（1997）描述了如何估计干预效应异质性的界限。Djebbari and Smith（2008）将这一技术用于墨西哥社会援助项目 PROGRESA。Crump et al.（2008）提出一种利用协变量来检验干预效应异质性的方法。Bitler，Gelbach and Hoynes（2006）说明，当研究者忽略可能的干预效应异质性时，关于社会项目有效性的结论存在误导。Byar（1985）、Pocock et al.（2002）以及 Rothwell（2005）讨论了多重检验和亚组分析问题。Dehejia（2005）以及 Imai and Strauss（2011）考虑了异质性干预效应中产生的决策问题，并制定了策略以最大化政策干预的成本效益。

*313* Green and Kern（2011）介绍了贝叶斯加法回归树（Bayesian additive regression tree）方法，为研究异质性干预效应的几种自动化方法之一。

## □ 练习题：第 9 章

1. 重要概念：

(a) 定义 CATE。遵从者平均因果效应（CACE）是 CATE 的一个特例吗？

(b) 什么是交互效应？

(c) 描述多重比较问题以及 Bonferroni 校正。

2. 式（3.4）中的标准误公式说明，在其他条件不变的情况下，减少 $Y_i(0)$ 的方差有助于减少抽样不确定性。参阅 9.2 节中概述的程序，解释为什么可以将相同原则应用于估计干预效应异质性的界限。

3. 一种减少 $Y_i(0)$ 方差的方法，是按某个预后协变量划分区块。进行区块划分后，就能使用在 9.2 节中描述的定界程序，在各区块内模拟 $Y_i(0)$ 和 $Y_i(1)$ 的联合分布。使用下面的潜在结果一览表，说明如何将 $Y_i(0)$ 和 $Y_i(1)$ 协方差的最大值和最小值与整个数据集（即如果没有划分区块）$Y_i(0)$ 和 $Y_i(1)$ 协方差的最大值和最小值比较。

| 分区 | 被试 | $Y_i(0)$ | $Y_i(1)$ |
| --- | --- | --- | --- |
| A | A‑1 | 0 | 2 |
| A | A‑2 | 1 | 5 |
| A | A‑3 | 1 | 3 |
| A | A‑4 | 2 | 1 |
| B | B‑1 | 2 | 3 |
| B | B‑2 | 3 | 3 |
| B | B‑3 | 4 | 9 |
| B | B‑4 | 4 | 7 |

4. 假设一位研究者比较 2 个亚组——男性组和女性组的 CATE。在男性（$N=100$）组中，ATE 估计值为 8.0，标准误为 3.0，并在 $p<0.05$ 的水平上显著。在女性组中（$N=25$），CATE 估计值为 7.0，标准误为 6.0，但即使在 10% 的水平下也不显著。批判性地评估研究者宣称的"干预只对男性有作用；对女性的效应在统计上与 0 没什么区别"。在形成你的答案时，注意区分检验单个 CATE 是否不等于 0 与检验 2 个 CATE 之间是否不同。

5. 下表说明了某个实验的假想潜在结果，其中某发展中国家的低收入被试被随机分配接受：（ⅰ）对其小企业的贷款援助；（ⅱ）业务培训以改善会计、雇佣与存货管理技能；（ⅲ）二者都有；（ⅳ）二者都没有。结果测量是在随后一年内的营业收入。表中还包括一个干预前的协变量，一个指示变量，如果被试判定为精通这些基本业务技能，就取值为 1。

| 被试 | $Y_i$（贷款） | $Y_i$（培训） | $Y_i$（都有） | $Y_i$（都没有） | 之前的业务技能 |
|---|---|---|---|---|---|
| 1 | 2 | 2 | 3 | 2 | 0 |
| 2 | 2 | 3 | 2 | 1 | 0 |
| 3 | 5 | 6 | 6 | 4 | 1 |
| 4 | 3 | 1 | 5 | 1 | 1 |
| 5 | 4 | 4 | 5 | 0 | 0 |
| 6 | 10 | 8 | 11 | 10 | 1 |
| 7 | 1 | 3 | 3 | 1 | 0 |
| 8 | 5 | 5 | 5 | 5 | 1 |
| 平均值 | 4 | 4 | 5 | 3 | 0.5 |

（a）如果所有被试也接受培训，贷款的 ATE 是多少？

（b）如果没有被试接受培训，贷款的 ATE 是多少？

（c）如果所有被试也接受贷款，培训的 ATE 是多少？

（d）如果没有被试接受贷款，培训的 ATE 是多少？

（e）假设被试以相等比例被随机分配到 4 个实验干预之一。使用上表填补模型中 4 个回归系数的期望值，并解释结果：

$$Y_i = \alpha_0 + \alpha_1 Loan_i + \alpha_2 Training_i + \alpha_3 (Loan_i \cdot Training_i) + e_i$$

（f）假设一位研究者实施了一个区块随机实验，2 位有业务技能的被试被分配到接受贷款，2 位没有业务技能的被试也被分配到接受贷款，其余被试被分配到控制组。没有被试被分配到接受培训。研究者估计了模型

$$Y_i = \gamma_0 + \gamma_1 Loan_i + \gamma_2 Skills_i + \gamma_3 (Loan_i \cdot Skills_i) + e_i$$

在所有 36 种可能的随机分配中，回归的平均估计值如下：

$$Y_i = 1.00 + 1.25 Loan_i + 4.00 Skills_i - 0.50 (Loan_i \cdot Skills_i)$$

第 9 章　异质性干预效应

解释结果并将其与（e）部分的结果比较。（提示：区块随机设计不影响解释。注意区别干预与干预交互作用和干预与协变量交互作用）

6. 林德（Rind）和博迪亚（Bordia）研究了某个"费城高档餐厅"中午餐顾客给小费的行为，顾客被随机分配到 4 个实验组。[①] 第一个因素是服务员性别（男性或女性），第二个因素是服务员在给顾客的账单背面是否画一个"笑脸"。[②] 在 http：//isps. yale. edu/FEDAI 中下载数据。

（a）假设你忽略服务员的性别，并简单分析了笑脸干预是否有异质效应。使用随机推断通过检验是否 $Var[Y_i(1)] = Var[Y_i(0)]$ 来检验是否 $Var(\tau_i) = 0$。通过假定干预效应等于 $Y_i(1)$ 和 $Y_i(0)$ 之间观测的均值差，建立潜在结果的完整一览表。解释你的结果。

（b）写下一个回归模型，描绘服务员性别的效应、服务员是否在账单上画笑脸以及这些因素的交互作用。

（c）估计（b）中的回归模型，检验服务员性别与笑脸干预之间的交互作用。这个交互作用显著吗？

7. 在 2004 年对就业市场种族歧视的研究中，伯特兰（Bertrand）和穆莱纳桑（Mullainathan）将具有不同特征的个人简历发送给有职位空缺广告的企业。一些企业收到的是假扮非洲裔美国人名字的简历，而其他企业收到的是假扮高加索人名字的简历。研究者还改变了简历的其他属性，如简历被判定为高质量还是低质量（基于劳动力市场经验、职业简介、就业差距以及列举技能）。[③] 下表显示了申请人收到雇主电话回复的比率，按实验发生的城市以及按随机分配的申请属性罗列。

| | 波士顿 | | | | 芝加哥 | | | |
|---|---|---|---|---|---|---|---|---|
| | 低质量简历 | | 高质量简历 | | 低质量简历 | | 高质量简历 | |
| | 黑人 | 白人 | 黑人 | 白人 | 黑人 | 白人 | 黑人 | 白人 |
| 收到雇主电话（％） | 7.01 | 10.15 | 8.50 | 13.12 | 5.52 | 7.16 | 5.28 | 8.94 |
| （N） | (542) | (542) | (541) | (541) | (670) | (670) | (682) | (682) |

（a）对每个城市，解释一个黑人姓名和低简历质量对收到后续电话概率的明显干预效应。

（b）提出一个回归模型，来评估各种干预、干预间交互作用以及干预、协变量、城市间交互作用的效应。波士顿的被试编码为 1，芝加哥的被试编码为 0。

（c）估计你的回归模型的参数。解释结果（可基于表中给出的百分比用手工完成）。

8. 在第 3 章中，我们分析了克林史密斯、赫瓦贾和克雷默对巴基斯坦穆斯林

---

① Rind and Bordia，1996.

② 作者采取了措施以确保服务员对笑脸条件是不知情的，这种条件在账单递送前一刻才决定。作者同样指示服务员在递送账单后就离开，因此与顾客没有更多互动。但服务员的性别是否是随机分配并不清楚。

③ Bertrand and Mullainathan，2004，p. 994.

抽签获得麦加朝圣签证研究的数据。[1] 通过比较抽签赢家与输家，作者能够估计朝圣对不同态度的效应，包括对其他国家的人的看法。赢家和输家被要求对沙特阿拉伯、印度尼西亚、土耳其、非洲、欧洲以及中国人在 5 点上（范围从非常负面的－2 到非常正面的＋2）进行评价。将所有 6 个项目的响应加总，建立一个范围从－12 到＋12 的指数。关键结果呈现在下表中。

|  | 控制组 | 干预组 |
|---|---|---|
| N | 448 | 510 |
| 均值 | 1.868 | 2.343 |
| 方差 | 5.793 | 6.902 |
| 方差的绝对差值 | 1.109 | |

（a）解释"方差的绝对差值"的含义。

（b）描述如何使用随机推断来检验干预效应不变的零假设。

（c）假定研究者使用了你在（b）部分提出的方法，并模拟了 100 000 次随机分配，每次都计算方差的绝对差值；他们发现这些差值中有 25 220 次大于或等于 1.109，即原样本中方差绝对差值的观测值。计算这些结果中隐含的 $p$ 值。关于这个例子的干预效应异质性，你的结论是什么？

（d）假设划分这个实验为不同亚组，这些亚组依据被试是否曾去过国外旅行来界定。假设这些曾去过国外的人的 CATE 是 0，而没去过国外的人的 CATE 是 1.0。假设 CATE 之间的差值在 $p < 0.05$ 上显著。这个结果是否意味着随机鼓励去国外旅行消除了麦加朝圣的效应？

9. 一个遇到单边不遵从的两因素设计的例子，可以在菲尔德豪斯等对英国选民的动员研究中找到。[2] 在这个研究中，第一个因素是每个选民是否收到鼓励他或她在即将到来的选举中投票的信件。第二个因素是每个选民是否接到鼓励投票的电话。不遵从发生在打电话情况下，给某些目标选民打电话时无法联系上。这个实验设计包括 4 个组：一个控制组、一个只发送信件组、一个只打电话组以及一个既有信件又有电话组。下表按分配的实验组显示结果。

|  | 控制组 | 只发信件 | 只打电话 | 信件和电话 |
|---|---|---|---|---|
| N | 5 179 | 4 367 | 3 466 | 2 287 |
| 通过电话联系的数量 | 0 | 0 | 2 003 | 1 363 |
| 分配到该实验组被试中的投票百分比 | 39.7% | 40.3% | 39.7% | 41.8% |
| 电话联系被试中的投票百分比 | 不适用 | 不适用 | 46.5% | 46.8% |

① Clingingsmith，Khwaja and Kremer，2009.

② Fieldhouse et al.，2010.

（a）研究显示，根据某些假设，这个实验设计允许识别以下参数：（ⅰ）信件的 ATE；（ⅱ）打电话的遵从者平均因果效应（CACE）；（ⅲ）遵从电话干预的被试中信件的 CATE；（ⅳ）不遵从电话干预的被试中信件的 CATE；（ⅴ）接收信件被试中电话的 CACE。

（b）使用你在（a）部分提出的识别策略，用这个表中的结果来估计 5 个参数中的每一个参数。

（c）在第 5 章和第 6 章中，我们讨论了在实验涉及不遵从时，使用工具变量回归来估计 CACE。这里，我们可以将工具变量回归用于因素实验，其中某个因素遇到了不遵从。基于 http：//isps. yale. edu/FEDAI 中的复制数据集，使用工具变量回归来估计以下 3 方程回归模型中投票方程的参数：

$$Phone\_Contact_i = \alpha_0 + \alpha_1 Mail_i + \alpha_2 Phone\_Assign_i + \alpha_3 (Phone\_Assign_i \cdot Mail_i) + e_i$$

$$Phone\_Contact_i \cdot Mail_i$$
$$= \gamma_0 + \gamma_1 Mail_i + \gamma_2 Phone\_Assign_i + \gamma_3 (Phone\_Assign_i \cdot Mail_i) + \varepsilon_i$$

$$Vote_i = \beta_0 + \beta_1 Mail_i + \beta_2 Phone\_Contact_i + \beta_3 (Phone\_Contact_i \cdot Mail_i) + u_i$$

根据（b）部分中你估计的 5 个参数，解释回归估计值。工具变量回归能估计哪些因果参数？不能估计哪些？

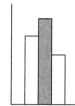

# 第 10 章

# 中介作用

---

**本章学习目标**

（1）中介作用定义和研究者如何使用回归来试图评估因果路径。

（2）基于回归的中介模型往往会夸大某个提议中中介变量对随机干预效应的解释程度的原因。

（3）当因果效应有异质性时，试图将实验效应分为"直接"与"间接"因果路径的努力是如何失败的。

（4）中介作用分析与鼓励设计之间的统计联系。

（5）探测中介效应的固有挑战，即使干预与中介变量均被实验所操纵。

（6）另一种方法，即隐含中介作用分析，涉及从随机干预中增加或减少元素。

当研究者发现传递一项实验干预影响的介入或中介变量时，就产生了科学中 *319* 最有趣和最有用的发现。有史以来最早实施的实验之一，是 18 世纪在海员食物中添加酸橙的实验，该实验极大地降低了坏血病的发病率，直到 20 世纪，科学家才发现其中关键的中介成分是维生素 C。这项实验的干预是作为膳食补充的酸橙；中介或介入变量是摄取维生素 C。具备理解实验干预如何起作用的知识后，研究者可以设计可能更有效的其他方法来取得同样的效果。当代的海员可以食用酸橙来防止坏血病或者简单地服用维生素 C 片。

关于中介变量的引人注目的例子在自然和生命科学中比比皆是。事实上，科学家不仅知道维生素 C 在酸橙与坏血病之间的因果关系中的中介作用，还了解维生素 C 防止坏血病发作的生物化学过程。换句话说，中介变量自身也拥有中介变量。自然与生命科学家一直在寻找更具体的解释因素。

社会科学家也渴望发现因果机制。当一项实验显示某个干预影响了某个结果时，研究者会立刻对传递实验干预影响的渠道表示好奇。对研究论文的作者来说，展示实验效应并提出效应如何通过中介变量传递的假设是很常见的。一个非常有趣的中介分析案例是里基尔·巴夫纳尼对印度地方政府代表的研究。[①] 随机选择一部分地方议会席位为女性候选人保留，并且只有女性可以在这些选区中参与竞选。

320 巴夫纳尼的研究显示，1997 年有女性保留席位的选区在 2002 年更有可能选出女性代表，即使保留席位不再有效。为什么一次选举中保留席位能增加随后选举中女性候选人的幸运？巴夫纳尼考虑了许多可能的中介因素。第一，保留席位产生了一批女性在职者同期群，使她们更能吸引选民。第二，保留席位给选民提供了一次改变对女性看法的机会，尤其是了解女性也有能力担任代表的机会。第三，拥有一位女性代表可以增加选民的参与度，并且新选民的激增可能会提高选出女性的机会，即使在保留到期后。在这些假设中每个都提出了一个被保留席位影响的中介变量，其反过来影响保留到期后女性当选的可能性。

用抽象术语来说，中介分析首先是某项意图干预 $Z_i$ 对某个结果 $Y_i$ 的平均因果效应。[②] 出于我们的目的，假定这种意向干预效应可以通过一项令人信服的实验证明，其中 $Z_i$ 是随机分配的。中介分析的目标是识别 $Z_i$ 传递其对 $Y_i$ 的影响路径。研究者努力确定 $Z_i$ 是否会导致中介变量 $M_i$ 的变化，以及 $Z_i$ 是否导致 $M_i$ 的变化进而产生了 $Y_i$ 的变化。在如印度女性领导人选举的应用案例中，研究范围通常扩展以包括几个中介变量（$M_{1i}$ ＝女性候选人的数量与质量，$M_{2i}$ ＝对女性作为领导人的态度，$M_{3i}$ ＝新选民的动员）。这种研究项目的成功，通常根据这些中介变量是否说明了 $Z_i$ 施加于 $Y_i$ 的所有影响来判断。例如，如果女性在职者同期群的创建被发现是保留席位效应后面的唯一原因，意味着保留席位影响后来女性当选，只发生在女性在职者谋求连任时。如果在职者由于某种原因被禁止竞选连任，保留席位就不会增加随后女性当选的份额。回到坏血病的例子，除非酸橙包含维生素 C，否则就没有效果。

321 作为一种研究活动，中介作用分析的确是一项巨大的学术事业，充斥着成千上万的社会科学研究论文，可以追溯到半个世纪前。从实施中介作用分析的频率判断，可能猜想不到从实验数据获得可靠的中介作用推断是多么困难，或在社会科学中遇到一个令人信服的证明是多么罕见。许多研究者似乎没有意识到他们阅读或实施的中介分析中的强假设。鉴于此，本章以对常见统计实践的批评开始。我们发现，通常用于证明中介作用的回归模型，依赖于某些与实验设计无关且难以置信的假设。使用回归术语和潜在结果符号，我们解释了违反这些假设将如何导致中介作用的有偏推断。接下来，我们考虑了通过操纵干预和中介变量来试图解决中介问题的实验设计。即使在这里，试图用实验来操纵中介变量的研究者仍然面临概念与实践的巨大挑战，尤其在实地环境中。研究者必须设计操纵具体中介变量（如维生素 C 含量）的方式，而不会无意中操纵其他中介变量（如其他类型的维生素或总热量摄入）。可能有，但社会科学中的实验设计很少能达到这种水平的特异性和精确度。

---

① Bhavnani, 2009.

② 为了使我们的符号与其他研究者的中介干预研究匹配，我们使用大写字母表示分配的或实际的干预。

最后，我们考虑一种不同的方法，即隐含中介分析（implicit mediation analysis）。这种研究路线缩小了传统中介分析的野心让其不再试图用统计模型来估计 $Z_i$ 传递其影响的渠道，隐含中介分析转而采用基于设计的方法。研究者会实施一项包括一系列干预的实验，研究对 $Z_i$ 增加或减少不同的成分将如何改变其效应。这种具有多种干预的一般性实验方法，不仅具有阐明因果机制的能力，还具有通过将社会科学力量集中于搜寻特别有效的干预的现实和理论效益。

## 10.1 基于回归的中介方法

在第 4 章中，我们将协变量定义为一个潜在结果不受干预影响的变量。回忆一下，我们甚至使用了术语"干预前协变量"，强调在协变量因果上先于干预的假定。在本章中，我们将讨论一种变量类型，其有时会被视为协变量但其实是实验结果。一个有中介作用的变量由一项意向干预（$Z_i$）导致，并反过来导致结果（$Y_i$）。[①] 换句话说，分配的干预（$Z_i$）影响了中介变量（$M_i$），$Z_i$ 和 $M_i$ 之一或共同影响 $Y_i$。

在讨论如何使用潜在结果符号描述这个三变量系统之前，我们先把它作为回归模型来描绘。这种起点不仅有容易理解的优势，而且也是绝大多数研究者讨论中介作用时采用的模型。

大多数基于回归的中介分析依赖于某种形式的三方程系统：

$$M_i = \alpha_1 + \alpha_Z i + e_{1i} \tag{10.1}$$

$$Y_i = \alpha_2 + c Z_i + e_{2i} \tag{10.2}$$

$$Y_i = \alpha_3 + d Z_i + b M_i + e_{3i} \tag{10.3}$$

这里，$Y_i$ 是感兴趣的结果，$Z_i$ 是一项分配的干预，$M_i$ 是干预的某个中介变量，$\alpha_1$、$\alpha_2$ 和 $\alpha_3$ 是截距。变量 $e_{1i}$、$e_{2i}$ 和 $e_{3i}$ 是不可观测的扰动项，代表遗漏变量的累积效应。因为 $Z_i$ 是随机分配的，它在统计上独立于扰动项 $e_{1i}$、$e_{2i}$ 和 $e_{3i}$。式（10.1）和式（10.2）因此是实验性质的，并且估计量如回归，可以得到每个式子中 $Z_i$ 对结果变量平均效应的无偏估计值。然而，$M_i$ 并不是随机分配的，也不是一个干预前协变量。因此，当我们将 $M_i$ 作为右手边回归量（right-hand-side regressor）包括在式（10.3）中时，在某种意义上，我们是想把实验转换为观测性研究的，因此当我们试图估计 $b$ 和 $d$ 时可能会导致偏误。

---

[①] 为了提高精度，我们可以说分配的干预 $Z_i$ 影响了递送的干预 $D_i$，其反过来直接影响或通过 $M_i$ 间接影响 $Y_i$。这种公式虽然正确但增加了额外的符号层级。我们暂时假定没有不遵从问题（即 $Z_i = D_i$），后面的 10.5 节会考虑鼓励设计。

这幅图描绘了式（10.1）和式（10.3），说明一种常规的中介作用分析，其中干预 $Z$ 对结果 $Y$ 产生影响有两个途径。"直接"效应的路径是从 $Z$ 到 $Y$；支配这种关系的参数是 $d$。"间接"效应的路径是从 $Z$ 到 $M$（由参数 $a$ 支配）再从 $M$ 到 $Y$（由参数 $b$ 支配）。扰动项 $e_1$ 和 $e_3$ 分别表示 $M$ 和 $Y$ 不可观测的原因。

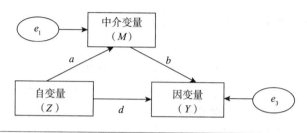

为了理解这种偏误是如何产生的，让我们尝试识别参数 $a$、$b$、$c$ 和 $d$。如果我们假定这些参数对每个被试（一种特殊情况是，对每个被试参数不仅表示平均效应还表示常数效应）是相同的，我们就可以将 $Z_i$ 对 $Y_i$ 的总效应（total effect）分解为从 $Z_i$ 到 $Y_i$ 没有经过 $M_i$ 的直接效应（direct effect）以及从 $Z_i$ 到 $Y_i$ 并经过 $M_i$ 的间接效应（indirect effect）。在这个模型中，$Z_i$ 对 $Y_i$ 的总效应表示为式（10.2）中的参数 $c$。$Z_i$ 对 $Y_i$ 的直接效应是式（10.3）中的参数 $d$。为了解 $c$ 如何被划分为直接效应与间接效应，将式（10.1）代入式（10.3）中：

$$Y_i = \alpha_3 + (d + ab)Z_i + (\alpha_1 + e_{1i})b + e_{3i} \tag{10.4}$$

$Z_i$ 对 $Y_i$ 的总效应为 $c = d + ab$。$Z_i$ 的直接效应是 $d$。间接或"中介"效应是乘积 $ab$。间接效应，换句话说，是 $Z_i$ 对 $M_i$ 的影响乘以 $M_i$ 对 $Y_i$ 的影响。

当研究者提到因果链（causal chain）时，他们想到的就是这个乘积，这里的参数 $b$ 决定了 $Z_i$ 对 $M_i$ 的影响有多少被 $M_i$ 传递到 $Y_i$。然而应当强调，当这些系数在观测值之间不同时，这个将总效应划分为直接效应与间接效应的公式就会失效。对于被试 $i$，用 $a_i$ 表示 $Z_i$ 对 $M_i$ 的效应，用 $b_i$ 表示 $M_i$ 对 $Y_i$ 的效应。$a_i b_i$ 的期望值总体上不等于 $E[a_i]E[b_i]$，相反，$E[a_i b_i] = E[a_i]E[b_i] + \text{Cov}(a_i b_i)$。当因果效应不同时，我们不能通过估计 $E[a_i]$ 和 $E[b_i]$ 并且用二者相乘来推断平均间接效应。对于式（10.1）、式（10.2）和式（10.3）中的三方程回归模型的因果链解释，关键取决于回归参数对所有被试相同的假定。

假设与大多数用回归来研究中介作用的研究者一样，我们也假定式（10.1）、式（10.2）和式（10.3）中的干预效应为常数。当我们用回归来估计三个式子的每一个会发生什么？将回归用于式（10.1）并不产生特殊问题。因为 $Z_i$ 是随机分配的，回归提供了其对 $M_i$ 效应的无偏估计值。估计式（10.2）也没有问题。同样地，因为 $Z_i$ 是随机分配的，回归可以提供 $c$ 的无偏估计值，即 $Z_i$ 对 $Y_i$ 的总效应。式（10.1）和式（10.2）本身就能产生无偏估计，因为实验设计确保了干预独立于误差项。有问题的是式（10.3），因为实验设计无法阐明 $M_i$ 和 $e_{3i}$ 之间的关系。

中介变量 $M_i$ 并非是随机分配的，因此可能与 $Y_i$ 的未测量原因系统性相关。

回顾为印度女性代表保留席位的研究，考虑一下偏误是如何产生的。为了简化讨论，我们只关注上面讨论中介路径的其中一条。令 $Z_i$ 表示 1997 年时随机分配的保留席位，令 $Y_i$ 表示随后在 2002 年选举中某位女性代表的选举结果，令 $M_i$ 为 2002 年参加竞选的女性候选人数量。当将 $M_i$ 代入式（10.3）中的回归模型时，我们面临的问题是随机分配保留席位之外的其他因素会导致女性候选人参加竞选。例如，在普通选民更平等地对待女性的选区中，女性候选人更有可能参选。假定这种未测量的平等主义构成了 $e_{1i}$。这个未测量的扰动项有可能与 $e_{3i}$ 正相关，这些未测量因素影响了 2002 年女性的选举结果。最终，更平等的区域往往会鼓励女性候选人竞选，并选举女性作为代表。

为了了解 $e_{1i}$ 和 $e_{3i}$ 之间的协方差如何会导致有偏的回归估计值，考虑一下，如果我们增加被试到干预组和控制组，直到拥有无限数量的实验被试为止，$b$ 的回归估计值看起来会怎样。式（10.5）将回归估计量的极限值表示为真实参数与一个偏误项之和：

$$\hat{b}_{N-\infty} = b + \frac{\mathrm{Cov}(e_{1i}, e_{3i})}{\mathrm{Var}(e_{1i})} \tag{10.5}$$

式（10.5）显示，当 $\mathrm{Cov}(e_{1i}, e_{3i}) \neq 0$ 时估计量是有偏的。相同方法可以用来说明当 $\mathrm{Cov}(e_{1i}, e_{3i}) \neq 0$ 时，$d$ 的 OLS 估计量也是有偏的：

$$\hat{d}_{N\to\infty} = d - a \frac{\mathrm{Cov}(e_{1i}, e_{3i})}{\mathrm{Var}(e_{1i})} \tag{10.6}$$

在线附录中有式（10.5）和式（10.6）的结果证明，但对有回归分析背景的读者来说，这种基本原则很熟悉。如果 $M_i$ 与扰动项 $e_{3i}$ 相关，将 $M_i$ 加入回归模型会导致 $M_i$ 效应以及任何与 $M_i$ 相关变量的有偏估计。在这种情况下，$M_i$ 有可能与 $Z_i$ 相关。

*325*

我们能够对偏误方向做出什么推断？事实上在大我们的多数例子中，$\mathrm{Cov}(e_{1i}, e_{3i})$ 都是正的，这种结果有两个含义。第一，按照式（10.5），回归往往会夸大 $M_i$ 对 $Y_i$ 的效应。在解释回归估计值时，研究者往往会夸大某个中介变量传递从 $Z_i$ 到 $Y_i$ 因果影响的程度。第二，将式（10.6）应用在 $a>0$ 的典型例子时，我们可以看到回归往往会低估 $d$，即控制 $M_i$ 后 $Z_i$ 对 $Y_i$ 的直接效应。这种偏误会导致研究者得出结论，即除了它通过 $M_i$ 传输的以外，$Z_i$ 对 $Y_i$ 施加的因果影响很小。这两种偏误的净效应使典型的中介作用分析看起来"成功"——中介变量似乎有作用，在控制中介变量后，干预对结果的效应似乎很小。

在将回归用于随机分配变量 $Z_i$ 以及结果变量 $M_i$ 和 $Y_i$ 的一些研究者中，一种解决设定误差问题的常见方式是控制除了 $M_i$ 以外的协变量。但这些控制是否足以消除 $e_{1i}$ 和 $e_{3i}$ 之间的协方差，具有投机性质，因为这些扰动项是不可观测的。这种类型论证具有非实验数据分析的特征，但却违背了实验研究的精神，在实验研究中尽可能将假设建立在实验程序上。对 $e_{1i}$ 和 $e_{3i}$ 的相互关系或二者与背景协变量的关系如何，$Z_i$ 的随机分配并没有说明。

总之，使用回归来推断因果链的常见做法取决于两个可疑的假定。第一个是不变干预效应假定，如果没有这个假定，将 $ab$ 解释为某种间接效应就是错误的。第二个假定是扰动项 $e_{1i}$ 和 $e_{3i}$ 不相关。如果没有这个假定，当将回归用于式（10.3）时，会产生有偏估计值。因为这两个假定都没有遵循 $Z_i$ 是随机分配的实验设计原则。

## 10.2 潜在结果视角下的中介分析

为了理解中介分析必须克服的各种挑战，使用更一般的术语来描述数据生成的过程是非常有益的。遵循之前章节使用过的符号系统，我们可以想象一个潜在结果一览表，$M_i$ 和 $Y_i$ 的观测值从中产生。使用潜在结果，很容易理解数据生成过程导致回归分析出错的一个简单说明。

*326* 考虑表 10-1 描绘的一个简单例子。为了便于阐述，我们将假定分配的干预（$Z_i$）与递送的干预（$D_i$）相同。表中呈现了一个任意大样本的四种潜在结果。潜在结果 $M_i(1)$ 是如果被试 $i$ 接受干预中介变量的取值；$M_i(0)$ 是如果这个被试未接受干预的取值。$Y_i(1)$ 是如果被试 $i$ 接受干预的结果；$Y_i(0)$ 是如果这个被试未接受干预的结果。在这个人为的例子中，潜在结果 $Y_i(z)$ 只响应输入 $z$，因此无论在什么情况下中介变量 $M_i$ 都没有因果作用。因为 $M_i$ 对 $Y_i$ 没有任何效应，因此其无法中介 $Z_i$ 的效应。分配的干预 $Z_i$ 决定我们看到哪个潜在结果，要么是 $Y_i(0)$ 和 $M_i(0)$，要么是 $Y_i(1)$ 和 $M_i(1)$。将表 10-1 中 $Y_i(1)$ 和 $Y_i(0)$ 两列进行比较可以发现，对样本中的每个被试，干预对 $Y_i$ 的总效应是 1：在每一行中有 $Y_i(1)-Y_i(0)=1$。在本例中，$M_i$ 对 $Y_i$ 没有效应；在表 10-1 中描绘的特殊情况下，$Y_i(z)$ 只响应干预而不响应中介变量。因此，干预〔我们之前在式（10.3）中将其称为 $d$ 的参数〕的真实直接效应为 1，$M_i$（之前我们将其称为 $b$）的效应为 0。

**表 10-1　　$Y_i$ 和 $M_i$ 的潜在结果例子（假定 $M_i$ 对 $Y_i$ 没有效应）**

| 总体份额 | $M_i(1)$ | $M_i(0)$ | $Y_i(1)$ | $Y_i(0)$ | $Z_i$ | $M_i$ | $Y_i$ | $e_{1i}$ | $e_{3i}$ |
|---|---|---|---|---|---|---|---|---|---|
| 1/6 | 1 | 1 | 1 | 0 | 0 | 1 | 0 | 0 | −2 |
| 1/6 | 1 | 1 | 1 | 0 | 1 | 1 | 1 | −1 | −2 |
| 1/6 | 3 | 0 | 3 | 2 | 0 | 0 | 2 | −1 | 0 |
| 1/6 | 3 | 0 | 3 | 2 | 1 | 3 | 3 | 1 | 0 |
| 1/6 | 2 | 2 | 5 | 4 | 0 | 2 | 4 | 1 | 2 |
| 1/6 | 2 | 2 | 5 | 4 | 1 | 2 | 5 | 0 | 2 |

表中接下来三列显示，如果我们随机分配一半被试到干预组，随机分组另一半被试到控制组，将会观测到什么？$Z_i$ 表示每个被试接受的干预。$Y_i$ 和 $M_i$ 表示结果变量与中介变量的观测值。为了将潜在结果的讨论与之前对回归的讨论联系起来，如果我们使用线性方程来对 $Y_i$ 和 $M_i$ 建模，最后两列表示扰动项。变量 $e_{1i}$

实地实验：设计、分析与解释

表示影响 $M_i$ 的不可观测因素；$e_{3i}$ 表示影响 $Y_i$ 的不可观测因素。

我们可以重写这个表格中的列，以便遵循与回归式（10.1）、式（10.2）和式（10.3）相同的格式，包括真实截距和系数：

$$\begin{bmatrix} M_i \\ 1 \\ 1 \\ 0 \\ 3 \\ 2 \\ 2 \end{bmatrix} = 1 + 1 \begin{bmatrix} Z_i \\ 0 \\ 1 \\ 0 \\ 1 \\ 0 \\ 1 \end{bmatrix} + \begin{bmatrix} e_{1i} \\ 0 \\ -1 \\ -1 \\ 1 \\ 1 \\ 0 \end{bmatrix} \qquad (10.7)$$

$$\begin{bmatrix} Y_i \\ 0 \\ 1 \\ 2 \\ 3 \\ 4 \\ 5 \end{bmatrix} = 2 + 1 \begin{bmatrix} Z_i \\ 0 \\ 1 \\ 0 \\ 1 \\ 0 \\ 1 \end{bmatrix} + \begin{bmatrix} e_{2i} \\ -2 \\ -2 \\ 0 \\ 0 \\ 2 \\ 2 \end{bmatrix} \qquad (10.8)$$

$$\begin{bmatrix} Y_i \\ 0 \\ 1 \\ 2 \\ 3 \\ 4 \\ 5 \end{bmatrix} = 2 + 1 \begin{bmatrix} Z_i \\ 0 \\ 1 \\ 0 \\ 1 \\ 0 \\ 1 \end{bmatrix} + 0 \begin{bmatrix} M_i \\ 1 \\ 1 \\ 0 \\ 3 \\ 2 \\ 2 \end{bmatrix} + \begin{bmatrix} e_{3i} \\ -2 \\ -2 \\ 0 \\ 0 \\ 2 \\ 2 \end{bmatrix} \qquad (10.9)$$

在这个例子中，$Z_i$ 影响了 $M_i$ 和 $Y_i$，但 $M_i$ 与 $Y_i$ 之间并没有因果联系。真正的回归参数是 $a=1$、$b=0$、$c=1$、$d=1$。然而，平均来说，当我们将回归用于观测数据时，我们得到：

$$\hat{M}_i = \hat{\alpha}_1 + \hat{a} Z_i = 1 + 1 Z_i \qquad (10.10)$$

$$\hat{Y}_i = \hat{\alpha}_2 + \hat{c} Z_i = 2 + 1 Z_i \qquad (10.11)$$

$$\hat{Y}_i = \hat{\alpha}_3 + \hat{d} Z_i + \hat{b} M_i = 1 + 0 Z_i + 1 M_i \qquad (10.12)$$

因为式（10.10）和式（10.11）只包含随机分配的干预 $Z_i$，将回归用于这些式子产生的估计值，可以匹配从完整潜在结果表中得到的真实值。然而，式（10.12）产生的是有偏估计值。在真正的模型中，$M_i$ 对 $Y_i$ 没有效应，$Z_i$ 具有一个直接效应 1。这些估计值显示的恰恰相反：$Z_i$ 对 $Y_i$ 没有直接效应，$M_i$ 具有一个效应值 1。为什么这些估计值有严重偏误？因为影响 $M_i$ 的不可观测因素与影响 $Y_i$ 的不可观测因素相关。回归预先假定 $e_{1i}$ 和 $e_{3i}$ 是均值独立的，其含义是知道 $e_{1i}$ 的值并不能得到关于 $e_{3i}$ 平均值的任何线索，反之亦然。然而，在本例中，$e_{1i}$ 和 $e_{3i}$ 之间的协方差的结果是 0.8。$e_{1i}$ 的方差也是 0.8。使用式（10.5），我们得到 $\hat{b}=b+1=1$，使用式（10.6），我们得到 $\hat{d}=d-a(1)=0$。

## 10.3 为什么中介变量的实验分析具有挑战性？

因此当 $Z_i$ 是随机分配但 $M_i$ 不是的时候，回归分析充满了问题。自然地，实验者的反应是对 $M_i$ 也采用随机分配。原则上这不是个坏主意，但在沿着这一路径往下走之前，如果我们尝试估计中介变量的效应，我们首先应当明确面临的问题是什么。研究者谈到 $Z_i$ 通过 $M_i$ 传递到 $Y_i$ 的间接因果影响时，他们正在解决如下因果问题：如果我们在保持 $Z_i$ 不变的同时，基于如果 $Z_i$ 变化时 $M_i$ 的数量改变，$Y_i$ 将如何变化？同样，在控制 $M_i$ 的情况下，$Z_i$ 对 $Y_i$ 的直接效应指的是这一因果问题：如果我们改变 $Z_i$ 的同时，保持给定 $Z_i$ 值时呈现的 $M_i$ 值不变，$Y_i$ 将如何变化？一项 $M_i$ 被操纵的实验并不能提供这些问题的答案，尽管可能会接近答案。当我们试图估计直接和间接效应时，为了了解实验结果与我们寻找的答案之间的不匹配，让我们仔细审视这些潜在结果。

为了使用潜在结果表示直接与间接效应，我们需要扩展符号系统。与之前一样，将 $M_i(0)$ 定义为当 $z=0$ 时，$M_i$ 的潜在取值；同样，当 $z=1$ 时，将 $M_i(1)$ 定义为 $M_i$ 的潜在取值。但现在将 $Y_i(m,z)$ 定义为当 $M_i=m$ 和 $Z_i=z$ 时，$Y_i$ 的潜在结果。例如，表达式 $Y(0,1)$ 是指当 $M_i=0$ 和 $Z_i=1$ 时显示的潜在结果。表达式 $Y_i[M_i(1),1]$ 指的是：当 $Z_i$ 等于 1 时，并且当 $Z_i=1$ 时发生的潜在结果基础上 $M_i$ 的值，所表示的潜在结果。

有时扩展的潜在结果符号不过是对旧符号更详细的重新表示。例如，$Y_i(1)=Y_i[M_i(1),1]$ 是因为实施干预后 $Y_i$ 潜在结果，与实施干预后并且 $M_i$ 响应干预的 $Y_i$ 潜在结果是相同的。两个结果之所以会相同，是因为 $Y_i(1)$ 包含了实施干预之后所有的结果，而 $M_i(1)$ 恰好是这些结果之一。相同的式子适用于 $Y_i(0)=Y_i[M_i(0),0]$。使用 $Y_i(m,z)$ 符号，$Z_i$ 对 $Y_i$ 的总效应可以写作 $Y_i[M_i(1),1]-Y_i[M_i(0),0]$。

在控制 $M_i$ 的情况下，$Z_i$ 对 $Y_i$ 的直接效应更加复杂。第一，"这种"直接效应不一定只有单一定义。相反，$Z_i$ 可能对 $Y_i$ 施加一个不同的效应，取决于 $M_i$ 的值。第二，当定义直接效应时，我们必须处理"复合潜在结果"（complex potential outcome），即某些纯粹是虚构的东西。例如，$Y_i[M_i(0),1]$ 是在两个矛盾的条件下表示的潜在结果：$M_i$ 的取值是基于当 $Z_i=0$ 时发生的潜在结果，但其实 $Z_i=1$。这种潜在结果实际上从未发生。如果 $Z_i=1$，我们会观测到 $M_i(1)$。如果 $Z_i=0$，我们会观测到 $M_i(0)$。一个复合的潜在结果是基于一种人为的情况，其中 $Y_i$ 响应 $Z_i=z$ 和 $M_i(1-z)$。

在直接效应的定义中，复合潜在结果扮演了不可或缺的角色：

$$Y_i[M_i(0),1]-Y_i[M_i(0),0] \tag{10.13}$$

是保持 $m$ 为 $M_i(0)$ 不变时，$Z_i$ 对 $Y_i$ 的直接效应。

$$Y_i[M_i(1),1] - Y_i[M_i(1),0] \tag{10.14}$$

是保持 $m$ 为 $M_i(1)$ 不变时，$Z_i$ 对 $Y_i$ 的直接效应。

式（10.13）的直接效应，描述的是保持 $m$ 为 $M_i(0)$ 不变时，$Y_i$ 响应 $Z_i$ 变化的式子。这个式子的第一项，是一个复合潜在结果，即 $Y_i$ 对不一致输入 $Z_i=1$ 和 $M_i(0)$ 的潜在响应。式（10.14）中的第二个直接效应也有一个虚构项，$Y_i[M_i(1),0]$。因为在构成每个直接效应的这两个数量值中，只有一个是实际的，如果没有额外假定，不可能估计直接效应。

这同样也适用于间接效应。$Z_i$ 通过 $M_i$ 对 $Y_i$ 的间接效应，是在保持 $Z_i$ 不变的同时，将 $M_i(0)$ 变为 $M_i(1)$ 对 $Y_i$ 的效应。此外，对间接效应的两种定义，我们面对一个复合潜在结果：

$$Y_i[M_i(1),1] - Y_i[M_i(0),1] \tag{10.15}$$

是保持 $Z_i$ 恒为 1 时，$M_i(z)$ 对 $Y_i$ 的间接效应；

$$Y_i[M_i(1),0] - Y_i[M_i(0),0] \tag{10.16}$$

是保持 $Z_i$ 恒为 0 时，$M_i(z)$ 对 $Y_i$ 的间接效应。

现在我们知道，为什么中介分析如此抗拒实证研究了。这些式子中的每个都涉及一个根本无法观测的项。

第 10 章 中介作用

---

**专栏 10.2**

### 复合潜在结果

当潜在结果响应两个或以上不能同时发生的输入时，就被认为是"复合的"。例如，具有 $Y_i[M_i(1-z),z]$ 形式的潜在结果，响应的是两个输入 $Z_i=z$ 和 $M_i(1-z)$。当 $Z_i=0$ 时，我们观测到潜在结果 $M_i(0)$，而非 $M_i(1)$。然而潜在结果 $Y_i[M_i(1),0]$ 响应的是不一致输入 $Z_i=0$ 和 $M_i(1)$。复合潜在结果在本质上是不可观测的。

---

即使我们假定这两种间接效应是相同的（即无论 $Z_i$ 的值是多少，$M_i$ 的效应都相同，这是 $M_i$ 和 $Z_i$ 之间没有交互作用的另外一种说法），我们仍然不能识别间接效应。

*330*

记住，虽然我们面临这种强大的推断障碍，但即使是这种中介分析，也比社会科学通常遇到的要简单得多。例如，与巴夫纳尼的例子不同，我们这里处理的只是单个中介变量。在这个例子中，假想的中介变量表现得异常出色：对其的测量没有误差，且不受 $Y_i$ 影响。在本节中的这个抽象的例子，代表了社会科学应用中最好的情形，然而，它揭示了一种基本限制，即从某项只操纵 $Z_i$ 的实验能学到什么——除非准备强加额外的假定，或者考虑特殊情况。

## 10.4　排除中介变量?

当对每个观测值，$Z_i$ 对 $M_i$ 的效应均为 0 时，就会发生在前一节中提到的可以规避推断问题的特殊情况。在精确零假设下，所有被试均有 $M_i(0) = M_i(1)$，复合潜在结果 $Y_i[M_i(0), 1]$ 与可以观测的潜在结果 $Y_i[M_i(1), 1]$ 相同。因此，式 (10.15) 中定义的间接效应为 0。类似地，在 $Y_i[M_i(1), 0] = Y_i[M_i(0), 0]$ 的精确零假设下，式 (10.16) 中的间接效应为 0。[①] 其实证含义是有趣的：如果我们可以证明，对所有观测值，$Z_i$ 对 $M_i$ 的因果效应为 0，我们就可以排除 $M_i$ 是中介变量。一项实验可能无法证明效应是通过一个中介变量传递的，但可以表明中介作用什么时候没发生。

我们如何能够确定，对所有观测值，$Z_i$ 对 $M_i$ 的效应为 0? 回忆在第 9 章中我们对异质性干预效应的讨论，估计一项为 0 的平均效应，不一定意味着所有观测值中 $Z_i$ 对 $M_i$ 的效应均为 0。首先，我们的 ATE 估计值可能服从抽样变异性；当我们谈到估计值为 0 时，想到的是一个精确地接近于 0 的平均估计效应，而不仅是一个没有显著不同于 0 的有"杂音"的估计值。其次，可以想象，某些观测值的正效应抵消了其他观测值的负效应，根据对无效应的精确零假设检验，导致平均效应为 0。为了排除这种可能性，我们可以规定 $Z_i$ 只能从一个方向（例如，为女性保留席位不能降低女性候选人在随后选举中的参选概率）影响 $M_i$。另外，我们可以使用第 9 章概述的方法来检验同质性效应的零假设。检验统计量是干预组与控制组方差之间的差值，使用随机化推断来计算 $p$ 值。但两种方法都不能解决异质性问题。我们的这些规定可能是错的，我们的实证研究可能缺乏足够统计效力来探测异质性。也就是说，在发现 $Z_i$ 和提议的中介变量之间，明显缺乏因果关系时，我们也能理解一些关于中介作用的有用信息。相反，当探测到 $Z_i$ 和 $M_i$ 之间有一个较强关系时，我们知道 $M_i$ 作为一个可能中介变量是不能被排除的。

回到为女性议员保留席位的例子中，数据显示干预似乎影响了某些中介变量。至少有一位女性参选保留席位后选举的分选区，其百分比从 35.8% 急剧提高到 73.0%。此外，干预组（41.6%）平均投票率与控制组投票率（42.2%）非常相似，说明投票激增并非是一个中介变量。为了令人信服地排除这个中介变量，需要进行额外的分析，来确认这个零效应是被精确估计的，并且很少有迹象表明存在异质性效应。我们将这些额外的分析放在练习题中。

---

① 对 10.1 节中讨论的回归模型可以得到相同观点。如果对所有 $i$ 都有 $a_i = 0$，尽管式 (10.2) 和式 (10.3) 中的参数 $b_i$、$c_i$ 和 $d_i$ 在观测值间不同，平均总效应仍然等于平均直接效应：$E[a_i b_i + d_i] = 0 E[b_i] + Cov(a_i, b_i) + E[d_i] = E[d_i]$，因为一个常数和一个变量之间的协方差为 0。

实地实验：设计、分析与解释

## 10.5 操纵中介变量的实验

如前所述，在基于回归的中介分析中有个基本问题源于这一事实，即 $M_i$ 并没有通过某种随机干预被独立操纵。针对这个问题，可以设想一个实验，其中 $Z_i$（例如，有酸橙相比于没有酸橙）和 $M_i$（有维生素 C 相比于没有维生素 C）两者都是被随机操纵的。尽管这种研究本身非常有趣，但是它并没有识别式（10.15）和式（10.16）中的因果被估计量。保持 $Z_i$ 不变而改变 $M_i$——例如，不提供酸橙但会调整饮食，以便某些海员获得相当于一个酸橙的维生素 C——与 $Y_i[M_i(1),0]-Y_i[M_i(0),0]$ 在精神上类似，即 $Z_i$ 通过 $M_i$ 传递的间接效应，并保持 $Z_i$ 取值恒定为 0。但严格来说，当被试接受干预（酸橙）时，$M_i(1)$ 是中介变量的取值。虽然相当于一个酸橙的维生素 C，但由于酸橙食用或营养吸收的方式，调整饮食不一定能产生与酸橙相同的对 $Y_i$ 的间接效应。此外，提供维生素片而不是酸橙可能有其他的饮食后果，其反过来会影响 $Y_i$。换句话说，用于近似 $M_i$ 变化的实验可能有启发性，但它们提供复合潜在结果的经验估计值的能力，不可避免涉及额外的假定。 *332*

那么，能否基于双重实验（double experiments）来建立有说服力的中介分析范例？原则上，答案是肯定的。一系列用不同方式操纵 $M_i$ 的研究显示，结果并不取决于改变 $M_i$ 的方式。这种实验策略在维生素 C 和坏血病的例子中被证明是有效的。酸橙治愈了坏血病，但从药片、柠檬、凉薯或西兰花中获取的相同剂量维生素 C 也可以做到。

实际上，在实地环境中进行的实验很少有精确操纵中介变量的奢侈条件。回想巴夫纳尼的可能的中介变量清单，很难对女性在职者数量的设置、选民对拥有女性代表合适与否的感觉或地方选举中的投票率提出实用的策略。坦白地说，如果他们能引起这些中介变量的任何明显变化，大多数研究者都会认为自己很幸运。在某种程度上，人们可以通过每种类型的干预来移动这些中介变量，就它们对 $M_i$ 或 $Y_i$ 的效应来说作为结果诱导的变化，不一定等于保留席位诱导的某种变化。

当研究者不能设定 $M_i$ 的水平，而是干预用某种方式改变 $M_i$ 的希望，这种实验就相当于我们在第 6 章中讨论过的鼓励设计。实验者引入一项随机鼓励 $Z_i$ 来试图影响 $M_i$，其在特殊条件下能识别遵从者中 $M_i$ 对 $Y_i$ 的平均干预效应，这些遵从者的 $M_i$ 在预期方向上变化，当且仅当他们被干预时。这些特殊条件是可排除性和单调性。在这种背景下特别关注的问题是可排除性，即要求随机鼓励除了影响 $M_i$ 以外对潜在结果无效应。换句话说，鼓励必须对 $Y_i$ 没有直接效应。这个假定比本章开始时的框架要严格得多，这里直接与间接效应均被当作自由参数来建模。当我们使用一个鼓励设计，并用工具变量回归来估计 $M_i$ 对 $Y_i$ 的 CACE 时，我们规定 $d=0$。

可排除性是一个强假定，特别是考虑到不同中介变量都可以将 $Z_i$ 的影响传递给 $Y_i$。保留席位可能影响女性的选举，不仅通过增加女性在职人数，还通过改变选民的态度与行为。如果我们的鼓励增加了女性在职人数，它也可以调动其他中介变量。为了识别这些中介变量 $v$ 的效应，在实验设计中至少必须采用 $v$ 的鼓励，并且随机鼓励必须在某种程度上影响每个中介变量，而不直接影响 $Y_i$。但这并不容易。

总之，准备研究中介作用的研究者，应当理解他们面对的问题是什么。在某些高度控制的环境下，可以按照假定没有直接影响 $Y_i$ 的方式，将中介变量设置在特定水平。研究者应当用各种不同方式来努力操纵中介变量。例如，可以通过胶囊、皮肤贴剂或饮食提供不同剂量的维生素 C 给被试。无论怎么诱导 $M_i$ 变化，如果 $M_i$ 对 $Y_i$ 的效应都同样明显，排除限制有效和复合潜在结果能用可观测结果近似，并且都可能是合理推断。在更典型的情况下，研究者只能鼓励 $M_i$ 的变化，挑战将会更大。在单个中介变量的例子中，鼓励必须满足单调性，并且影响中介变量而不影响 $Y_i$ 的结果。对于多个中介变量，需要多个鼓励，各种实验鼓励对得到一个有说服力的例子是必要的，在例子中，中介变量对 $Y_i$ 的影响并不取决于中介变量的变化是如何引起的。

## 10.6　隐含中介作用分析

鉴于当 $M_i$ 没有被直接操纵或完全没有被操纵时，会出现许多实际挑战，实验研究者在研究中介作用时，可能希望缩小他们的野心。不再通过测量每个介入变量如何传递 $Z_i$ 的影响来追踪从 $Z_i$ 到 $Y_i$ 的完整因果序列，而是通过加上和减去干预本身的元素来隐含操纵中介变量。这里的焦点不再是一个 $Z_i$ 诱导 $M_i$ 的变化如何影响结果，而是不同种类干预的相对有效性，这些干预属性会一直影响一个或多个中介变量。这种形式的中介作用分析是隐含的，在这个意义上，研究者不再试图估计 $M_i$ 观测到变化的效应；相反，研究者会假定各种干预影响一个或多个不可观测或隐含中介变量的方式。

从社会福利政策研究中举一个例子，几项大规模的实地实验对有条件现金转移的效果进行了评估。在这些项目中只要他们同意让孩子入学，并且带孩子到诊所接受基本医疗服务，政府就向贫困家庭提供补助。实验证据表明，这些项目的确改善了发展中国家儿童的教育结果。有条件现金转移项目使人想到两个因果路径：现金和各种条件。这些项目之所以有效，是因为它们向贫困家庭提供了现金补贴，使其可以投资于孩子的教育。另一种可能性是，这些项目之所以有效，是因为它们强行要求贫困家庭，如果要接受现金补贴就必须满足这些要求。对这两个中介变量进行研究，随机分配贫困家庭到三个实验组的其中之一：控制组从政府未获得任何补贴或指导，一组接受无条件的现金补贴，另一组接受有条件的现金补贴。这些实验干预被设计来突出不同的中介路径，但这种方法并不要求研究者建立一个全面的统计模型，包括家庭支出和服从政府要求的测量。如果这种测量存在，可以帮助我们评估这些中间结果是否通过实验鼓励产生预期的变化。但分析者并未试图估计这些中介变量的间接效应。最近一项使用这种设计的实验表明，无条件现金转移项目与有条件现金转移项目效果一样好。[①] 这意味着关键要素是家庭收入，而不是政府对这些父母施加的要求。

---

① Baird，McIntosh and Özler，2009.

隐含中介作用分析有三个方面的吸引力。第一，它从来不会偏离比较随机分配组的无偏统计框架。样本没有按干预后变量分区。第二，通过对某项干预加上和减去一些成分，这种方法有助于探索和发现新干预。大多数社会科学研究项目都处于早期发展阶段，学者们仍然试图检验起作用的基本命题。隐含中介分析通过提供导致某项干预效果良好的有效成分信息，促进了这一探索过程。第三，这种类型的研究允许研究者测量对各种结果变量的干预效应，而不必提出一套关于精确因果序列的要求，序列中各种结果相互影响，如专栏 10.1 中的路径图。我们仍然可以测量"中介"变量，并检验干预是否对它们有预期影响。例如，可以评估现金转移如何影响父母对经济安全的感知水平，或对作为收入来源的童工的需求。这些检验执行的是相同的功能，如同实验室实验中的操作检查（manipulation check）；它们确立了干预影响介入变量的一种预期形式。

隐含中介分析依赖于理论的重要程度。每个干预都涉及一些服从理论解释的成分，有时有不止一个理论解释。考虑本章附录中列出的一个 4 种明信片的例子。2006 年 8 月，180 000 个密歇根家庭被随机分为 5 个组：100 000 户没有接收邮件；其他 4 个集合，每个集合有 20 000 户，各接收 4 种明信片之一。使用公共记录，格伯、格林和拉里默测量了每个实验组的选民投票率。[1] 仔细阅读明信片可以看出，干预包括了许多成分，每个成分都被设计来影响当人们未遵守选民参与规范时导致的社会成本。以下是我们试图在每封邮件中都引入的成分。（读者可以决定 335我们已取得了成功，还是无意中引入其他成分。）一个成分说明一个广泛共享的社会规范：第一项实验干预是一封要求收件人履行公民义务的邮件。另外一个成分是监督：告诉人们除了履行公民义务之外，还宣称他们是某项学术研究的一部分，因此在即将到来的选举中，他们的参与将被监督［检验霍桑效应（Hawthorne effect）或被研究的效应］。一个更深层次的成分是公开：这是第三项干预，报告了家庭中每个选民是否在最近的选举中投票，并承诺发送一封更新的邮件来显示在即将到来的选举中是否投票。最后一项干预是放大信息的公开程度，不仅报告家庭成员是否投票，还报告街区其他人是否投票。

---

**专栏 10.3**

### 定义：操纵检查

一项操纵检查是一种建立意向干预和实际干预之间经验关系的方法。假设某位研究者希望评估班级讨论是否改善了学生期末考试成绩。干预是试图创造一个班级环境来鼓励讨论。为了验证意向干预与实际干预之间的联系，研究者可能会派遣观测员到干预组班级和控制组班级，并指示观测员记录每个课时用于讨论的比例。在这种背景下，操纵检查是一种统计分析，用以确定干预组班级的讨论比控制组班级更普遍，和预期的一样。

---

[1]　Gerber, Green and Larimer, 2008.

表 10-2 中呈现的结果，证实了随着投票社会压力的增加，投票率有上升的趋势。最后两项干预尤其有效。公开家庭的投票历史并承诺后续邮件更新会导致投票率上升4.8%，大约是鼓励投票的常规邮件有效性的 10 倍。公开家庭和邻居的投票历史使投票率提高了 8.1%，这是一个异常强烈的效应，甚至与其他有效选民动员策略，如挨家挨户拉票相比也是如此。

　表 10-2　隐含中介作用的说明：不同形式的社会压力邮件对选民投票的效应（2006 年）

| | 实验组 | | | |
| --- | --- | --- | --- | --- |
| | 控制组（无邮件） | 公民义务（鼓励投票） | 霍桑（鼓励并监督） | 自己（鼓励、监督、显示自己过去的投票） | 邻居（鼓励、监督、显示自己和邻居过去的投票） |
| 投票百分比（%） | 29.7 | 31.5 | 32.2 | 34.5 | 37.8 |
| N | 191 243 | 38 218 | 38 204 | 38 218 | 38 201 |

资料来源：Gerber, Green and Larimer, 2008.

这项实验提供了关于某些隐含中介变量的重要洞见，即使这项研究并没有解决以下问题，即社会压力的每个具体成分如何结合起来产生了观测到的效应。揭示邮件接收者官方投票历史的两种干预均产生了较大效应。其中邻居干预产生的效应更大。一种解释是，公开自己的投票历史给家庭外其他人的社会成本驱使人们投票。然而，这并非是唯一解释。如同实验科学中经常发生的，两个感兴趣干预之间的差异不止一个方面。也许重要的不是对邻居公开投票历史，而是看到很多邻居在之前参加选举投票，从而感受到一种投票规范。十多个后续实验探索了这样或那样的细微差异，这些研究者填补了我们设计中的空白，并扩展了新的研究方向。[①] 关于被试坚持投票规范是否会被批评的方面，有些研究存在差异，其他研究在邻居的明显投票率上有差异。在这个领域中，隐含中介方法似乎比传统方法有更多成效，传统方法往往试图预测投票，使用干预后变量，如选民遵守公民义务规范的责任感或担心如果没投票其他人会怎么看自己。这里，考虑到设计可靠方法来改变具体中介变量，而不改变潜在结果的困难，即使鼓励设计似乎也没什么希望。

### ▉ 小　结

当实验研究者提供一个因果效应的证据时，听众中不可避免地会有人要求演讲者讨论解释这个效应的中介因素。实验的效应越强，听众对中介变量的兴趣就越大。如果实验者不能提供解释干预效应如何传播的证据，众所周知，听众就会抱怨这是"黑箱"实验。

我们不能挑剔对实验干预传播其影响的机制表示好奇的学者，尤其当该干预包

① Mann, 2010；Panagopoulos, 2010；Davenport, 2010；Aronow, 2011.

实地实验：设计、分析与解释

括一系列成分时。与此同时，不耐烦的回答则反映研究者未能理解在提供中介可信证据上的挑战。本章回顾了中介分析常常依据的强统计假定。即使在完美测量中介变量并且被试间所有因果效应恒定的假设下，如果将干预后变量当成随机分配因素处理，仍然必须与偏误威胁抗衡。在回归模型中将中介变量作为右手边变量，通常会夸大中介变量效应，并低估干预的直接效应。前面各章已警告过，不能对协变量的明显"效应"赋予因果解释；这里，这种信息更强烈。然而，将干预前变量作为回归变量包括在内，并没有威胁随机化介入的平均干预效应的一致估计，而如果将干预后变量作为回归变量包括在内，则会使直接干预效应的估计产生偏误。

用实验方法操纵中介变量，会改善合理推断的前景。但基本问题仍然存在，因为不可能观测复合潜在结果。在实践中，进行实地实验的研究者，很少能奢侈地直接操纵中介变量，这意味着他们必须依靠鼓励设计以及随之而来的假定。当违反排除限制时，这些设计在偏误面前非常脆弱，尤其可能发生在多个中介变量连接着原因和结果时。

鉴于存在这些困难，本章提出了两个不太雄心勃勃的研究路线。第一个路线是将中介变量当作结果变量，特别注意这种问题，即考虑删除潜在中介变量时，理由是它们似乎不受随机分配干预的影响。虽然你不能证明没有效应的精确零假设，但你可以举出证据来说明这一猜想是一种合理的近似。这种工作可以帮助挑选中介合理假设的数量。

第二个路线是在理论指导下改变干预，以便隐含地操纵中介变量。通过只关注实验比较，这种类型的研究将偏误风险降到最低限度，而这种分析经常出现于常规中介分析中。隐含中介作用分析是一种实验研究的形式，而实验在自然科学中产生了许多发现。在提出因果机制后，各种使用不同干预或背景的实验都努力否定或肯定这些假想的机制。与其他任何理论导向的研究一样，隐含中介分析可能会导致解释实验结果的分歧，尤其是有几个中介变量被一组干预影响时。之前介绍的社会压力实验，说明了这些争端是如何产生的，以及进一步实验如何逐渐阐明哪些中介变量有效。在最好的情况下，隐含中介作用分析有助于形成对因果路径更精确的理论解释。在最坏的情况下，它可以产生显示不同干预总效应的实验结果，这自身就非常有趣。

## ☐ 建议阅读材料

Gelman and Hill（2007）对使用干预后协变量进行了批评。Robins and Greenland（1992）说明了回归的因果链解释如何取决于不变效应假定。Rubin（2005）评论了潜在结果视角下的中介作用分析，表 10 - 1 中列举的例子模仿了他的做法。Imai，Keele and Yamamoto（2010）建议使用敏感性分析来评价识别假定。Spencer，Zanna and Fong（2005）对用实验设计直接或隐含操纵中介变量进行了辩护。

## ☐ 练习题：第 10 章

1. 重要概念：

（a）假设式（10.1）、式（10.2）和式（10.3）描绘了产生结果的真实因果过程。参考这些方程，定义 $Z_i$ 对 $Y_i$ 的直接效应，以及 $Z_i$ 通过 $M_i$ 传播到 $Y_i$ 的间接效应。

（b）解释为什么当式（10.1）、式（10.2）和式（10.3）的参数在被试之间不同时，方程总效应＝直接效应＋间接效应会失效。

（c）假设 $M_i$ 对 $Y_i$ 的效应在被试之间不同。说明当所有被试中 $Z_i$ 对 $M_i$ 的干预效应为 0 时，$Z_i$ 对 $Y_i$ 的间接效应为 0。

（d）解释为什么复合潜在结果 $Y_i[M_i(0)，1]$ 无法进行实证研究。

（e）解释在式（10.15）和式（10.16）中，$Z_i$ 通过 $M_i$ 传递到 $Y_i$ 的间接效应与 $M_i$ 的因果效应的区别，后者用 $Y_i(m，z)$ 符号如 $Y_i(1，0)-Y_i(0，0)$ 或 $Y_i(1，1)-Y_i(0，1)$ 定义。（提示：仔细查看中介变量如何取值。）

2. 当研究者使用一项鼓励设计来研究中介的作用时，必须做出什么假定来满足第 6 章中的 CACE 定理？

3. 考虑以下 12 个观测值的潜在结果表。这个表说明了一种特殊情形，其中扰动项 $e_{1i}$ 与扰动项 $e_{3i}$ 无关。

（a）$Z_i$ 对 $M_i$ 的平均效应是什么？

（b）用黄色标记潜在结果表中的单元格，指出 $Y_i$ 的哪些潜在结果响应 $Y_i[M_i(0)，0]$。用绿色标记潜在结果表中的单元格，指出 $Y_i$ 的哪些潜在结果响应 $Y_i[M_i(1)，1]$。在响应复合潜在结果 $Y_i[M_i(0)，1]$ 的每一行中，给 $Y_i$ 的潜在结果加上星号。在响应复合潜在结果 $Y_i[M_i(1)，0]$ 的每一行中，给 $Y_i$ 的潜在结果加上♯号。

| 观测值 | $Y_i(m=0, z=0)$ | $Y_i(m=0, z=1)$ | $Y_i(m=1, z=0)$ | $Y_i(m=1, z=1)$ | $M_i(z=0)$ | $M_i(z=1)$ |
|---|---|---|---|---|---|---|
| 1 | 0 | 0 | 0 | 0 | 0 | 0 |
| 2 | 0 | 0 | 0 | 0 | 0 | 1 |
| 3 | 0 | 0 | 0 | 0 | 1 | 1 |
| 4 | 0 | 1 | 0 | 1 | 0 | 0 |
| 5 | 0 | 1 | 0 | 1 | 0 | 1 |
| 6 | 0 | 1 | 0 | 1 | 1 | 1 |
| 7 | 1 | 0 | 1 | 1 | 0 | 0 |
| 8 | 1 | 0 | 1 | 1 | 0 | 1 |
| 9 | 1 | 0 | 1 | 1 | 1 | 1 |
| 10 | 0 | 1 | 1 | 1 | 0 | 0 |
| 11 | 0 | 1 | 1 | 1 | 0 | 1 |
| 12 | 0 | 1 | 1 | 1 | 1 | 1 |

（c）$Z_i$ 对 $Y_i$ 的平均总效应是什么？

（d）当保持 $M_i$ 为 $M_i(0)$ 不变时，$Z_i$ 对 $Y_i$ 的平均直接效应是什么？提示：参见式（10.13）。

（e）当保持 $M_i$ 为 $M_i(1)$ 不变时，$Z_i$ 对 $Y_i$ 的平均直接效应是什么？提示：参见式（10.14）。

（f）当 $Z_i = 1$ 时，$Z_i$ 通过 $M_i$ 传递到 $Y_i$ 的平均间接效应是什么？提示：参见式（10.15）。

（g）当 $Z_i = 0$ 时，$Z_i$ 通过 $M_i$ 传递到 $Y_i$ 的平均间接效应是什么？提示：参见式（10.16）。

（h）在本例中，$Z_i$ 的总效应等于其平均直接效应与平均间接效应之和吗？

（i）当 $Z_i = 0$ 时，$M_i$ 对 $Y_i$ 的平均效应是什么？

（j）假设你随机分配一半观测值到干预组（$Z_i = 1$），随机分配另一半观测值到控制组（$Z_i = 0$）。如果你将 $Y_i$ 对 $M_i$ 和 $Z_i$ 进行回归，将获得 $Z_i$ 对 $Y_i$ 的平均直接效应和 $M_i$ 对 $Y_i$ 的平均效应的无偏估计值。（这个事实可以使用 R 模拟，在 http：//isps. yale. edu/FEDAI 中验证。）这个潜在结果表的什么特点能够允许进行无偏估计？

4. 早些时候，我们表明，在巴夫纳尼的实验中，随机保留女性席位与选民投票率之间的路径似乎为 0，说明我们可以排除这个作为一种可能路径的中介变量。

（a）基于从 http：//isps. yale. edu/FEDAI 中复制的数据集，使用随机推断检验对任何被试 2002 年投票均没有干预效应的精确零假设。

（b）按照在第 9 章中描述的步骤，使用随机化推断来检验零假设，即 Var（$\tau_i$）= 0。

（c）在评估 2002 年保留席位和投票率之间的关系时，将 1997 年投票率作为协变量包括在内是有吸引力的，但 1997 年的投票率是一个干预前协变量吗？解释原因。

5. 在美国的大多数地方，只有你是一个登记选民时，你才能投票。你可以通过填表，或在某些情况下，通过出示身份证明和居住证明来成为一个登记选民。考虑一个要求并强制选民登记的司法管辖区。假想一个采用如下形式的选民登记实验：在实验中，通过两个随机选择的脚本信息之一，来接近未登记公民的家庭。干预组收到选民登记表，以及如何填写表格并返回当地选民登记处的说明。控制组获得为地方图书馆捐赠书籍的鼓励，并收到如何去做的指示。凡使用两个实验脚本之一进行接触的人，都将其选民登记和投票记录汇编。在下表中，如果被鼓励去登记，干预=1，否则为 0；如果完成登记，登记=1，否则为 0；如果投了票，投票=1，否则为 0；$N$ 是观测值数量。

（a）估计干预 $Z_i$ 对登记 $M_i$ 的平均效应。解释这种结果。

（b）估计干预对投票率 $Y_i$ 的平均总效应。

（c）将 $Y_i$ 对 $X_i$ 和 $M_i$ 进行回归。这个回归似乎表明了什么？列出赋予 $M_i$ 相关的回归系数一种因果解释的必要假定。在这种情况下，这些假定合理吗？

（d）假设你认为干预对投票没有直接效应；其总效应完全通过登记来进行中介。在这个假定和单调性假定下，登记对投票的遵从者的平均因果效应是什么？

| 干预 | 已登记 | 已投票 | $N$ |
|---|---|---|---|
| 0 | 0 | 0 | 400 |
| 0 | 0 | 1 | 0 |
| 0 | 1 | 0 | 10 |
| 0 | 1 | 1 | 90 |
| 1 | 0 | 0 | 300 |
| 1 | 0 | 1 | 0 |
| 1 | 1 | 0 | 100 |
| 1 | 1 | 1 | 100 |

6. 在 Fellner，Sausgruber and Traxler（2009）中的研究者与奥地利税务机构合作，检验通过来自该机构的官方邮件，强制要求拥有电视者支付年费的条件。[①] 研究者随机改变邮件内容，以便强调（1）威胁起诉逃税；（2）呼吁支付公平份额，而不是强迫其他人承担其税负；（3）用信息来描述规范，即 94% 的家庭遵守这项税收。这些干预似乎强调三个中介变量：惩罚恐惧、公平关注以及服从感知规范。这里有两个结果测量。一个是接受者是否通过预付费邮件响应一项要求，即解释没有支付。另一个结果是第一个结果的子集，即支付登记费。下面的表格呈现了结果摘录。

| | 无邮件 | 标准信 | 威胁信 | 规范信 | 威胁与规范信 | 呼吁公平信 | 威胁与公平信 |
|---|---|---|---|---|---|---|---|
| 支付登记费 | 1.58%* | 8.62% | 9.67% | 8.23% | 9.70% | 8.19% | 9.32% |
| 接受者的任何响应 | N/A | 43.09% | 45.01% | 40.70% | 42.77% | 38.82% | 42.81% |
| $N$ | 2 586 | 6 858 | 6 694 | 6 825 | 6 960 | 6 920 | 6 750 |

*这一数字假定控制组 14.41% 的被试具有无法送达的地址，干预组具有相同的比率。注意，与干预组不同，控制组没有收到任何信件或预付费的回邮信封。

（a）这项实验包括了两个控制组，一个未收到任何信件，另一个收到标准信件。解释使用两个控制组如何帮助解释结果。

（b）使用你选择的统计模型分析数据，并评估威胁、规范主张和公平呼吁的有效性。

（c）这些结果揭示的人们响应（或不响应）纳税要求的原因是什么？

7. 几项在北美和欧洲进行的实验研究证明，比起非少数族群，雇主回复少数族群求职申请的可能性更小。

（a）提出至少两个关于为什么这种类型歧视会产生的假设。

（b）提出一项实验研究设计来检验你的每一项假设，并解释你的实验如何帮

---

① Fellner，Sausgruber and Traxler，2011.

助识别感兴趣的因果参数。

（c）建立假想的潜在结果一览表，并模拟你在（b）部分提出的实验结果。分析并解释这些结果。

8. 有时，对政策或项目进行长期评估，是非常困难且耗资巨大的。例如，许多州都制定了高中公民教育的要求，因为这种类型的课程能够培养更有知识和参与精神的公民。然而，追踪离开高中后的学生常常是不可能的。假设你被要求评估一门推荐公民课程的效果，一个目前没有公民教育要求的州正在考虑这门课程。你可以随机分配大量学校和学生到不同的课程中，但是你只能测量学生离校前的结果。

（a）提出一个或多个中介变量，用来解释为什么你认为公民课程会影响离开学校以后学生的态度与行为。

（b）提出一项研究设计，阐明你假设的中介变量是否受到公民课程的影响。

（c）测量短期结果的一个问题是效应会随着时间的流逝而消散。尽管因为无法测量长期结果，你的研究不能直接解决这个问题，但提出一些建议使你的设计能够部分阐明这些效应随时间衰减的速率。

9. 试图通过增加或减去干预元素来研究中介作用的研究者，将面临一种实际与概念的挑战，即通过分离出单个因果成分作用的方式来改变干预。仔细比较 Gerber et al.（2008）研究的 4 种邮件，本章附录复制了该研究。

（a）讨论各种干预相互区别的方式。

（b）这些差异如何影响对表 10—2 的解释？

（c）假设你负责实施一个或多个"操纵检查"，作为该研究的一部分。你会提出什么样的操纵检查？为什么？

# ▊ 附　录

## □ A10.1　寄给密歇根家庭的干预明信片

注：这些邮件样本中列出的名字都是虚构的

30426—2　| | | | | | | | | | |　　　XXX

要了解更多信息：(517) 351—1975

电子邮箱：etov@grebner.com

实践政治咨询（Practical Political Consulting）

邮政信箱 6249

East Lansing，MI 48826

| 预分类标准 |
| 美国邮资已付 |
| Lansing. MI |
| 许可♯444 |

ECRLOT ＊＊C002
琼斯家族
9999 WILLIAMS RD
FLINT MI 48507

亲爱的登记选民：

请履行公民义务并投票！

为什么这么多人没有去投票？我们已经谈论这个问题很多年了，但情况似乎变得更糟。

民主的意义在于政府有公民积极的参与，那样我们才能在政府中发出声音。你的声音是从你投票开始的。8月8日，记住你的权利和作为公民的责任。记得去投票。

履行你的公民义务——投票！

（a）公民义务（civic duty）

30424－1 ｜ ｜ ｜ ｜ ｜ ｜ ｜ ｜ ｜

要了解更多信息：(517) 351－1975
电子邮箱：etov@grebner.com
实践政治咨询（Practical Political Consulting）
邮政信箱 6249
East Lansing，MI 48826

预分类标准
美国邮资已付
Lansing. MI
许可＃444

ECRLOT ＊＊C001
史密斯家族
9999 PARKLANE
FLINT MI 48507

亲爱的登记选民：

你正在被研究！

为什么这么多人没有去投票？我们已经谈论这个问题很多年了，但情况似乎变得更糟。

今年，我们试图找出为什么人们投票或不投票。我们将研究8月8日初选时的投票率。

我们的分析将基于公共记录，因此你不会被再次联系或以任何方式打扰。我们了解的任何关于你投票或不投票的信息都将被保密，也不会被泄露给任何人。

履行你的公民义务——投票！

（b）霍桑（Hawthorne）效应

30422－4 | | | | | | | | | |

要了解更多信息：（517）351－1975

电子邮箱：etov@grebner.com

实践政治咨询（Practical Political Consulting）

邮政信箱 6249

East Lansing，MI 48826

ECRLOT ＊＊C050

维恩家族

9999 OAK ST

FLINT MI 48507

亲爱的登记选民：

谁投票是公共信息！

为什么这么多人没有去投票？我们已经谈论这个问题很多年了，但情况似乎变得更糟。

今年，我们将采用一种不同的方法。我们提醒人们谁投票是一种公共记录问题。

以下图表显示了你的名字，是从登记选民名单中获得的，显示了过去的投票记录，还有一个空格用来填写你是否会在 8 月 8 日的初选中投票。当我们拥有这项信息后，将向你发送更新的图表。

如果你没有投票，我们将保留空格。

履行你的公民义务——投票！

......................................................................................................................

| OAK ST | 8 月 4 日 | 11 月 4 日 | 8 月 6 日 |
|---|---|---|---|
| 9999 ROBERT WAYNE | | 已投 | _____ |
| 9999 LAURA WAYNE | 已投_____ | 已投 | _____ |

（c）自己（self）

30423－3 | | | | | | | | | |

要了解更多信息：（517）351－1975

电子邮箱：etov@grebner.com

实践政治咨询（Practical Political Consulting）

邮政信箱 6249

East Lansing，MI 48826

ECRLOT * * C050
杰克逊家族
9999 MAPLE DR
FLINT MI 48507

亲爱的登记选民：

如果你的邻居知道你是否投票会怎样？

为什么这么多人没有去投票？我们已经谈论这个问题很多年了，但情况似乎变得更糟。今年，我们采用一种新方法。我们将这封邮件寄送给你和你的邻居，公布谁投了票和谁没有投票。

以下图表给出了你的一些邻居的名字，显示了过去谁投了票。8月8日选举后，我们将发送给你一个更新的图表。你和你的邻居可以知道谁投了票和谁没有投票。

履行你的公民义务——投票！

......................................................................................

| MAPLE DR | 8月4日 | 11月4日 | 8月6日 |
|---|---|---|---|
| 9995 JOSEPH JAMES SMITH | 已投 | 已投 | _____ |
| 9995 JENNIFER KAY SMITH | | 已投 | _____ |
| 9997 RICHARD B JACKSON | | 已投 | _____ |
| 9999 KATHY MARIE JACKSON | | 已投 | _____ |
| 9999 BRIAN JOSEPH JACKSON | | 已投 | _____ |
| 9991 JENNIFER KAY THOMPSON | | 已投 | _____ |
| 9991 BOB R THOMPSON | | 已投 | _____ |
| 9993 BILL S SMITH | | | _____ |
| 9989 WILLIAM LUKE CASPER | | 已投 | _____ |
| 9989 JENNIFER SUE CASPER | | 已投 | _____ |
| 9987 MARIA S JOHNSON | 已投 | 已投 | _____ |
| 9987 TOM JACK JACKSON | 已投 | 已投 | _____ |
| 9987 RICHARD TOM JOHNSON | | 已投 | _____ |
| 9985 ROSEMARY S SUE | | 已投 | _____ |
| 9985 KATHRYN L SUE | | 已投 | _____ |
| 9985 HOWARD BEN SUE | | 已投 | _____ |
| 9983 NATHAN CHAD BERG | | 已投 | _____ |
| 9983 CARRIE ANN BERG | | 已投 | _____ |
| 9981 EARL JOEL SMITH | | | _____ |
| 9979 DEBORAH KAY WAYNE | | 已投 | _____ |
| 9979 JOEL R WAYNE | | 已投 | _____ |

(d) 邻居（neighbor）

实地实验：设计、分析与解释

# 第11章

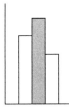

# 研究发现的整合

## 本章学习目标

（1）样本平均干预效应和总体平均干预效应的区别。

（2）样本平均干预效应的标准误与总体平均干预效应的标准误的差异。

（3）给定实验证据，更新先验信念的一种贝叶斯算法。

（4）一种汇集实验结果的统计技术——元分析（meta-analysis）及其假设。

（5）采用基于回归的方法，对不同强度的干预建模。

（6）评估模型预测准确性的方法，在绝对意义上和与替代模型相关。

设计实验、搜集数据以及分析结果的漫长过程，将最后以得到一组估计值而告终。现在的问题是，用它们做什么？在狭义上，解释这些估计值就是清楚地描述明显的干预效应和围绕估计值的不确定性。但也期望研究者能解决更大的问题：这些估计值与其他研究是否一致？哪些理论会被支持或被质疑？结果提出了什么样的新假说？这些结果的项目或政策含义是什么？

将研究发现与更广阔的思想和干预的世界联系，可以激发想象力。同时，猜测与实验研究的谨慎心态往往是并存的。实验研究者采用随机试验（randomized trial）的方法是希望将结论建立在最坚固的科学基础上，以便最小化对假设和猜想的依赖。随着研究的完成，研究者预期将提供远远超过统计结果范围的推断。然而，对样本平均干预效应的估计取决于确保无偏推断的程序，外推到其他干预、环境、被试或结果，可能引入出错的风险。外推也可能引入偏误；错误假定可能导致我们系统性地高估或低估某些其他情景下的干预效应的大小。

一种解决外推相关不确定性的方法是在不同条件下实施更多实验。这是正确方向上的一步，但即使比较两个实验结果这种简单的事，也需要某些假设。任意两个实验的差异是一个无法处理的巨大数据。如果使用从相同总体中抽取的样本，

*347*

重复相同的实验，或许差异可以只归结于随机抽样的变异性。实际上，从中选择被试的总体，不可避免地会有一些特殊性，如被试抽样的方式、实施干预的特殊方式、每个实验发生的环境、用来测量结果的程序。即使所有这些元素都相同，仅仅是两个实验发生在不同时间，也可能导致支配原因和结果的潜在参数发生变化。当研究者试图将自己的实验结果与发表的研究比较时，情况会变得更复杂。相比于零发现（null finding），引人注目的结果更有可能被发表，这种现象被称为"发表偏误"（publication bias）。[①] 你的实验结果可能与发表的发现不同，因为研究期刊中描述的实验并非是从某个既定主题下所有实验集合中随机选择出的。

在进行因果陈述时，尽可能基于可靠的实证基础，当把更广泛的理论主张与实证结果或与实验发现联系起来时，必须援引一些额外的假设。为了努力明确这些假设，研究者有时会诉诸统计模型来整合研究发现。统计模型可以指定因果法则适用的单位，以及连接输入和结果之间的函数。[②] 例如，某个统计模型可能会规定，随着某种药物剂量的增加，预期的生理效应也按比例增加，即两倍剂量会导致两倍效应。或者，可以指定一个二次函数来表示药物过量会产生有害效应的可能性。将统计模型用于实验数据上，需要牢记的关键点是：（1）当建模假定是正确的时，增加额外数据，可以改善因果效应估计的精度；（2）当建模假定有潜在的错误时，建模假定出错的不确定性会促成统计结论的不确定性；（3）为努力放松建模假定，研究者可能建立具有额外参数的更灵活的模型，但增加额外参数往往会减少统计精度。

本章简要介绍了两类模型，用来帮助我们进行推广。一类是元分析，这是被广泛用于汇集实验研究发现的方法。元分析的吸引力在于，一系列小型实验从单个来说并不能精确地说明假设，但将它们汇集在一起时，这些实验可能得出一个清晰的结论。然而，对元分析依赖的统计模型需要做出一些苛刻的假设。当我们进行一个元分析时，实际上，是将不同实验的被试合并到单个数据集。将来自不同研究的被试视为同一大型实验的参与者，这种做法是否合理？元分析被令人信服地用在某些研究领域中，要么被试被随机从相同总体中抽取，要么抽样程序是不重要的，因为干预效应被合理假定为在被试中是同质的。当这些要求不能被满足时，或各个研究间的实验程序不同时，元分析可能产生误导性的结果。另一类模型使用回归从一个干预外推到另一个。在模型指导的外推中，最简单的例子发生在干预剂量或强度不同时。某个研究者实施一项实验来测量某种剂量的效应，希望将其外推到更高或更低的剂量，但一个不正确的统计模型可能导致不正确的外推。当使用一项实验估计值来预测不同环境下将发生什么时，统计不确定性就会产生，这种不确定性是抽样变异性和建模不确定性的结合；后者常常被忽略。

因为推广（有或没有统计模型辅助）会涉及猜测，本章将使用贝叶斯术语来

① 由于统计显著性常常被当作发表要求，发表偏误的一种症状是发表的 $p$ 值刚好低于 0.05 阈值的数量异乎寻常大（Gerber and Malhotra, 2008a, 2008b）。另一种症状是较小样本的研究中报告的效应却较大；因为较小规模的研究往往有较大的标准误，它们的估计效应需要更大才能取得 $p < 0.05$ 的显著性水平。进行文献回顾的作者，为了检测发表偏误，常常给出与样本量相比较的效应量（Gerber, Green and Nickerson, 2001）。

② 对一致统计模型技术要求的讨论，参见 McCullagh（2002）和其他作者对此的回应。

描述。这种方法在定义概率时，会参考某个人对事件发生或陈述为真的可能性的主观评估。当信念随着新的可用信息更新时，贝叶斯框架（Bayesian framework）在将其形式化方面特别有用。贝叶斯规则可用于描述一种理想化的情形，即研究者开始研究时，头脑中已有一个假设和什么结果与其兼容或不兼容的感觉。当知道实验结果之后，实验者将使用这些信息来更新他或她对假设的评估。[①]

*350*

在本章中，我们使用一个贝叶斯框架来将我们对三个相关主题的讨论结构化。第一个是从样本平均干预效应推广到总体平均干预效应时面临的挑战。这一节旨在澄清随机抽样的作用，并唤起对样本和总体平均干预效应相应标准误之间差异的关注。第二个主题是从一系列实验中做出推断的挑战。我们用抽象术语考虑这个问题，并描述一个形式化信念如何随新证据的出现而更新贝叶斯模型。这个模型的关键特征是，如果被试并非被随机从总体中抽取，它明确准许一项实验产生总体平均干预效应的有偏估计值的可能。这个模型具有相当的一般性，也包括其他潜在困扰实验或观测性研究的偏误来源。有了这一分析框架，我们就可以使用遵从社会规范的研究文献，在解释一系列涉及相同干预的复制性研究时，说明出现的问题。本章最后一节关注当干预强度不同时的外推问题，以及用于确定潜在剂量响应曲线（underlying dose-response curve）的统计模型。使用包含一系列实验的例子，这些实验通过分配不同的经济优惠措施来鼓励肯尼亚人购买抗疟疾蚊帐，我们将讨论在剂量响应模型（dose-response model）的建立、交叉验证和解释中发挥作用的各种假定。

## ▋ 11.1 总体平均干预效应的估计

在第 3 章介绍抽样变异性概念的时候，我们想象出一个在相同环境下不断重复进行的假想实验的图像。被试的潜在结果保持固定；发生改变的是被试偶然被分配到干预组和控制组的方式。一项复制研究（replication study）以不明显但重要的方式偏离该框架。与使用相同被试集合重新进行实验不同，一项复制研究抽取新的被试集合，并将他们分配到干预组和控制组。这种后续研究可能与初始研究有几个方面的不同。第一，被试及其潜在结果有变化。第二，干预可能变化，或者采用不同方式来实施干预。第三，干预部署的环境可能有变化。第四，划分结果的标准可能变化。这些元素中的每一个都可能导致不同实验间的结果发生变化。

*351*

复制研究最直接的形式，是试图保持后面的三个因素不变，而改变被试。如果前后两项研究的被试都是随机从相同总体中选出的，第二项研究实际上是在第一项研究的基础上增加了新的被试。当两项研究中干预、背景以及结果测量都相同时，抽样变异性就是两项实验产生不同结果的唯一原因。然而，这一次，抽样

---

① 在这种学习模型下，不同研究者仍然能从一个给定实验结果的集合中做出不同的推断，如果他们开始研究时具有不同的关于被检验陈述的初始信念，以及对实验设计是否提供启发性的假设检验的不同评价。研究者将把不同输入反馈到贝叶斯规则中，出现不同的后验信念。

变异性并非是指使用相同被试的不同假想实验的观测结果集合，而是指一系列实验观测结果的集合，其中每项实验都使用来自相同总体的不同样本。

---

**专栏 11.1**

### 定义：复制

当我们使用术语"复制"（replication）时，它指的是一项采用与之前研究同样设计的实验。一项复制研究在类似的条件下实施，采用类似的被试、干预以及结果测量。

术语复制有时也被用来指另外一种活动，用更准确的术语来说，即"验证"（verification）。验证指的是努力使用原始数据来重现报告的统计结果。验证的目标是探测记录错误或确定报告的结果对模型选择的敏感性。

---

随机抽样可能为样本与样本间的变异性提供一个精确的统计特征。为了了解随机抽样如何发挥作用，考虑以下例子：从一个给联邦候选人捐款超过 100 美元的 $N^*$ 个人的总体中选出 $N$ 个实验被试。假设 $N^*$ 的数量在绝对意义上和相对于 $N$ 的意义上都非常大，因此即使对被试采用回置抽样，也存在选择相同被试超过一次的微小概率。在随机抽样下，$N$ 个被试有相同概率被独立选择。这 $N$ 个被试随后被随机分配到干预组和控制组，其中 $m$ 个被试位于干预组，$N-m$ 个被试位于控制组。对这个研究的复制，包括使用相同的名单、从中抽取一个大小为 $N$ 的新随机样本、再次分配 $m$ 个被试到干预组及 $N-m$ 个被试到控制组。当这些条件被满足时（从一个固定的、大的总体中独立随机抽样），$N^*$ 个单位构成总体中的 ATE，其原始实验估计值的标准误为：

$$\text{SE}(\widehat{\text{PATE}}) = \sqrt{\frac{\text{Var}[Y_i(1)]}{m} + \frac{\text{Var}[Y_i(0)]}{N-m}} \tag{11.1}$$

凭经验估计这个数量很简单。被分配到干预组单位的样本方差提供了 $\text{Var}[Y_i(1)]$ 的一个估计值，被分配到控制组单位的样本方差提供了 $\text{Var}[Y_i(0)]$ 的一个估计值。随着额外的观测值被加入到干预组和控制组中，PATE 估计值的抽样变异性不断减少，但总体规模（$N^*$）没有起任何作用。因为 $N^*$ 被假定为相对 $N$ 来说非常大，选择被试进入干预组，对控制组的可用潜在结果没有任何效应。因此，在这个式子中没有 $Y_i(0)$ 和 $Y_i(1)$ 之间的协方差。

式（11.1）与式（3.4）中给出的方差公式并不相同，因为在第 3 章我们试图估计样本的 ATE，然而在本章我们希望估计样本从中抽取总体的 ATE。因为从一个较大总体中抽样会引入额外的不确定成分，总体 ATE 的标准误大于或等于样本 ATE 的标准误。当假定干预效应对所有单位都相同时，即 $\text{Var}[Y_i(0)] = \text{Var}[Y_i(1)]$ 以及 $Y_i(0)$ 和 $Y_i(1)$ 之间相关性为 1.0 时，这两个标准误近似相等。如同在精确零假设情况下，干预效应对每个单位均为 0。（参见本章的练习题 4。）当每个人的效应相等时，从较大总体中抽样变得无关紧要——无论选择哪些被试，样本的 ATE 永远相同。

在实地实验研究中，从一个大总体中随机抽取被试很少见。通常被试通过方便抽样（convenience sampling）来选择，也就是说，除了使用眼前的被试，并没有特殊的抽样方法。例如，1998 年实施选民动员研究时，我们选择了一个样本，包括居住在耶鲁校园外选区以及居住在住址中选民登记不超过两个的所有纽黑文的登记选民。我们并没有抽取举行州和立法选举的中等规模城镇或地点的一个随机样本。相反，我们选择了一个邻近地点，这样我们可以实施并监督大型拉票活动。如果抽样程序是特别的，在我们从一个样本外推到一个总体时，就很难量化这种不确定性。方便抽样可能引入式（11.1）没有考虑到的两种不确定性来源，因为式子本来假定的是随机抽样。第一，抽样偏误。通过方便抽样获得的被试，可能系统地比总体中的被试拥有更大或更小的 ATE。第二，一个方便样本往往也是一种整群样本，即从一个共同地点或时期中抽取所有的被试。即使实验整群是从整群的总体中随机选择的，选定整群中的被试可能均具有可预测结果的某些不可观测属性。下一节将说明偏离简单随机抽样会如何影响从一系列实验中推断的方式。

## ◼ 11.2　解释研究发现的一种贝叶斯框架⎯⎯⎯⎯

在本节中，我们将提出一个框架来思考信念如何随着证据而更新。本节中的新术语是"先验信念"（prior beliefs）和"后验信念"（posterior beliefs）（或简称为"先验"和"后验"）。先验信念指的是在看到实验结果之前，我们对事实是什么的主观感觉；后验信念是在看到证据之后，对事实是什么的主观感觉。在这个例子中，我们希望了解的事实是总体 ATE 的取值。信念可以表示为分布——我们的直觉分配了一个特定概率给真实 PATE 值的主张，在 2 到 3 之间。对任何区间，如果我们对 PATE 的位置打个赌，就可以通过询问我们会采取什么赔率来理解自身的信念。理论上，我们可以在整个数轴上确定 PATE 位置的信念，仅受 PATE 位于负无穷和正无穷之间某处的概率为 1.0 的约束。为了分析的方便，我们将假定我们的先验信念是正态分布。这个假定使得下面的公式非常简单。先验分布的一个例子显示在图 11－1 中。这个正态分布的均值为 0，标准差为 2。如果这些是你的先验信念，你应当说这里有 50% 的概率 PATE 大于 0，有 68% 的概率 PATE 位于 −2 和 2 之间。

后验信念是在看到实验结果之后形成的。后验信念是先验信念与实验得到的新信息的一个组合。再一次，为了保持代数简单，我们想象实验结果可以用一个估计值和一个标准误来总结，并且估计值的抽样分布为正态，即钟形。对任何大型实验以及许多小型实验（查阅图 4－1 中的例子）的抽样分布，正态分布提供了一个合理的近似。图 11－1 显示了估计值为 10、标准误为 1 的一个正态抽样分布。

图 11－1 也显示了随之产生的后验分布。为了解释如何使用贝叶斯规则来从

先验分布得到后验分布，让我们更正式地描述更新过程。

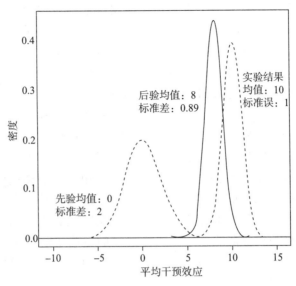

图 11-1　基于实验结果更新先验信念以形成后验信念的例子

354　　　假如你试图估计总体平均干预效应 $\bar{\tau}$，并且在搜集数据之前，你已经具有关于 $\bar{\tau}$ 可能值的先验信念，如上所述，这些先验信念就像是一系列赌注：信念使你能够猜测 $\bar{\tau}$ 位于任意两个数之间的概率。假设你关于 $\bar{\tau}$ 的先验信念服从均值为 $g$、方差为 $\sigma_g^2$ 的（我们用 $g$ 表示 guess，即猜测）正态分布。你的先验信念 $\sigma_g^2$ 的离差（dispersion）尤其重要。$\sigma_g^2$ 的值越小，在看到数据之前，你就越能够确定真实的参数值 $\bar{\tau}$。

　　　你现在可以开始一项实验研究。当研究完成后，你将得到实验结果 $X_e$ 的分布并观测到实际的实验结果 $x_e$。在你检查数据之前，中心极限定理（central limit theorem）将引导你预期估计量 $X_e$ 具有一种正态抽样分布。[①] 考虑到 $\bar{\tau}=t$（总体平均干预效应等于值 $t$），如果满足以下两个条件，$X_e$ 服从均值为 $t$、方差为 $\sigma_{x_e}^2$ 的正态分布：（1）实验产生了样本 ATE（即干预是随机分配，并满足无干扰性假定和

356　可排除性假定）的一个无偏估计值；（2）实验被试的样本是从一个较大总体中随机抽取的。如果这些被试不是从总体中随机抽取的，实验能提供样本平均干预效应的无偏估计值，但总体平均干预效应的估计值可能有偏。

　　　为了允许可能的抽样偏误，我们扩展模型来包括 $B$，即用来表示这种偏误的随机变量。假如关于 $B$ 的先验信念服从均值为 $\beta$ 和方差为 $\sigma_B^2$ 的正态分布。再一次，$\sigma_B^2$ 的值越小，说明关于抽样偏误的先验知识越精确。无限大的方差意味着完全的不确定性。进一步，我们假定关于 $\bar{\tau}$ 和 $B$ 的先验信念相互独立。这个假定依据的是直觉：通常没有理由基于了解一个因果参数是大还是小假定人们事前能预测抽样偏误。考虑到 $\bar{\tau}=t$（真实 ATE 等于 $t$）以及 $B=b$（真实偏误等于 $b$），我们假定 $X_e$ 的抽样分布是均值为 $t+b$ 和方差为 $\sigma_{x_e}^2$ 的正态分布。换句话说，在 $b$ 不等于 0

---

　　　① 中心极限定理说明，当观测值是从一个较大的总体中被独立抽样的时，随着样本大小的增加，样本均值的抽样分布收敛于一个正态分布。有了一些相当弱的额外假定，这个定理可以被扩展至均值差估计量或回归估计量。

的情况下，研究产生了一个可能有偏的估计值 $x_e$。总之，关于真实效应和偏误，我们研究过程的模型假定先验信念服从正态和独立的分布。

---

**专栏 11.2**

### 离散结果的贝叶斯规则

贝叶斯规则允许我们将两个条件概率 P(H│E) 和 P(E│H) 联系起来。这两个概率彼此相反。当这两个概率分布是离散的时，贝叶斯规则采取下面的简单形式：

$$P(H|E) = \frac{P(E|H)P(H)}{P(E)} = \frac{P(E|H)P(H)}{P(E|H)P(H)+P(E|\sim H)[1-P(H)]}$$

为了让这种符号更生动，想象我们实施了一个随机实验。假设干预具有一个正效应。在看到结果之前，P(H) 是我们的先验（prior）概率，即假设是正确的。假如实验产生的证据 E 是一个统计显著的干预效应。我们想知道在给定实验结果时，假设为真的条件概率。P(H│E) 是给定一个统计显著效应的证据 E 时，我们假设正确的后验概率。P(E│H) 是如果我们的假设正确（即检验的统计效力），找到一个统计显著的干预效应的条件概率。符号"～"说明一个命题为假。因此 P(E│～H) 是在零假设下，找到一个显著干预效应的概率。如果我们提供 P(H)、P(E│H) 和 P(E│～H) 的值，就可以计算 P(H│E)。

假如我们在实施实验之前，认为干预有效的概率是 50%，因此 P(H) = 0.50。假设我们实施一项实验，并获得一个统计显著的估计值。考虑我们的先验信念和数据，应当如何更新我们的信念？假定 P(E│H)，实验的统计效力为 0.45（参见第 3 章 A3.1 节中如何计算一项实验的统计效力）。由于我们在 0.05 的水平上评估统计显著性，假定 P(E│～H) 等于 0.05。将这些数字代入贝叶斯规则，得到的值是 0.90。我们一开始认为干预有 50% 概率得到一个正效应。在看到实验结果后，我们修正了先验信念。后验观点是，有 90% 的概率干预具有正效应。

---

我们现在呈现的分析结果，描述了关于因果参数 $\bar{\tau}$ 的信念如何随着对实验结果的了解而改变。[①] 研究项目的成果越丰富，我们的后验信念与先验信念之间的差异越大。新数据可能给我们关于 $\bar{\tau}$ 位置的一个不同的后验信念，或者它可能验证了我们的先验信念并且减少了这些信念的方差（不确定性）。

从上面的假定中，我们可以得到给定实验结果的情况下 $\bar{\tau}$ 的后验分布。[②] 式

---

[①] 这些结果也用于描述在检查全部实验结果的文献后，信念如何改变。检查证据的精确序列并不会影响我们的结论［参见 Gerber, Green and Kaplan（2004）的证明］，但追踪这个序列并不会使分析更复杂。为了说明，我们把注意力放在从看到结果前形成的先验信念转向观测到所有证据后形成的后验观点这一过程发生了什么。

[②] 证明可以在 Gerber, Green and Kaplan（2004）中找到，其可以得出 B 的后验分布以及 $\bar{\tau}$ 和 B 之间的后验相关性。

（11.2）、式（11.3）和式（11.4）总结了这些结果。$\bar{\tau}$ 的后验分布是正态分布，均值由下面的公式给出：

$$E(\bar{\tau} \mid X_e = x_e) = p_1 g + p_2 (x_e - \beta) \tag{11.2}$$

以及方差：

$$\sigma^2_{\bar{\tau} \mid x_e} = \cfrac{1}{\cfrac{1}{\sigma^2_g} + \cfrac{1}{\sigma^2_B + \sigma^2_{x_e}}} \tag{11.3}$$

这里：

$$p_1 = \frac{\sigma^2_{\bar{\tau} \mid x_e}}{\sigma^2_g} = \frac{\sigma^2_B + \sigma^2_{x_e}}{\sigma^2_g + \sigma^2_B + \sigma^2_{x_e}} \ \text{并且} \ p_2 = \frac{\sigma^2_{\bar{\tau} \mid x_e}}{\sigma^2_B + \sigma^2_{x_e}} = \frac{\sigma^2_g}{\sigma^2_g + \sigma^2_B + \sigma^2_{x_e}} = 1 - p_1 \tag{11.4}$$

357　　换句话说，后验均值是下面两项的一个加权平均值（由于 $p_1 + p_2 = 1$）：真实 ATE($g$) 的先验期望值和用偏误（$x_e - \beta$）的先验期望值修正后的实验估计值。通过减去偏误的先验期望值，有偏估计值被再中心化为一个无偏估计值。在实践中，这种再中心化很少，如果有的话。当 $\sigma^2_B > 0$ 时，同样很难看到研究者考虑额外的不确定性。事实上，当计算估计值和标准误时，使用非随机样本的研究者隐含地假定，抽样偏误等于 0，并且这个偏误相应的不确定性也为 0。

　　为了感受如何使用权重 $p_1$ 和 $p_2$ 将先验信念转换为后验信念，考虑几种极限情况会很有用。如果检查数据前就可以确定真实效应为 $g$，则 $\sigma^2_g = 0$、$p_1 = 1$ 和 $p_2 = 0$。在这种情况下，就可以忽略实验数据并设定 $E(\bar{\tau} \mid X_e = x_e) = g$。在没那么极端的情况下，我们拥有某些关于 $\bar{\tau}$ 的先验信息，如 $\sigma^2_g < \infty$，不过 $p_2$ 仍然为零，只要我们对抽样偏误（即 $\sigma^2_g = \infty$）仍然完全不知情。换句话说，在缺乏关于偏误的先验知识的情况下，只能给予实验结果以零权重。注意，即使研究的样本量如此之大，以至 $\sigma^2_{x_e}$ 降低到 0，这个结果也成立。对 $\sigma^2_g > 0$ 的有限的值，式（11.3）的含义是，与实验结果（$\sigma^2_{x_e}$）相关的统计不确定性低估了分析者心中的总不确定性，这些分析者也必须抗衡偏误可能性。

　　这一分析框架比之前讨论中我们猜测的更一般化。当我们考虑如何将实验证据与观测性研究证据相结合时，分析方法是相同的。假设我们的先验信念完全基于一项无偏的实验。我们会基于一项可能有偏的观测性研究的结果来更新这些先验信念。我们应用式（11.2）中的公式：估计值与实验的抽样方差提供先验信念的位置与离差；估计值、抽样方差和偏误的不确定性为用来更新先验信念的观测性研究提供位置和离差。前面讨论的那些启示仍然适用：除非关于观测性研究偏误的先验信念具有有限方差（finite variance），我们才给予观测性证据以零权重并且仅依靠我们的（无偏的）实验知识。即使观测性研究涉及一个如此大的样本，以至标准误似乎接近于 0，这一点也成立。这个例子阐明的关键点是：如果潜在偏误是不确定的，某个研究名义上的标准误可能非常具有误导性。观测性研究可能被赋予了太大的权重，因为研究者检查的名义标准误忽略了与偏误相关的不确定性。

一个简单的数值例子可以帮助我们建立观念，即在先验信念随实验证据更新的情况下，模型如何起作用。假设为了说明，将关于总体 ATE $\bar{\tau}$ 的先验信念集中在 $g=10$，标准差为 5（即 $\sigma_g^2=25$）。因为你的实验被试并非是从更大总体中随机抽样得到的，将样本 ATE 的估计值外推到总体 ATE 可能是有偏的。假设你关于 $B$ 的先验信念服从 $\beta=2$ 和方差 $\sigma_B^2=16$ 的正态分布；换句话说，你怀疑你的抽样方法导致实验估计值夸大了总体 ATE。你的实验产生了一个 $x_e=20$ 和标准误为 3（即 $\sigma_{x_e}^2=9$）的估计值。使用上面给出的式子，我们发现 $\bar{\tau}$ 的后验分布是正态分布，均值为：

$$E(\bar{\tau}\,|\,X_e=x_e)=p_1 g+p_2(x_e-\beta)=14.0 \tag{11.5}$$

以及方差：

$$\sigma_{\bar{\tau}|x_e}^2=\cfrac{1}{\cfrac{1}{\sigma_g^2}+\cfrac{1}{\sigma_B^2+\sigma_{x_e}^2}}=\cfrac{1}{\cfrac{1}{25}+\cfrac{1}{16+9}}=12.5 \tag{11.6}$$

这里：

$$p_1=\frac{\sigma_{\bar{\tau}|x_e}^2}{\sigma_g^2}=\frac{12.5}{25}=0.5 \ 及 \ p_2=\frac{\sigma_{\bar{\tau}|x_e}^2}{\sigma_B^2+\sigma_{x_e}^2}=\frac{12.5}{16+9}=0.5 \tag{11.7}$$

简言之，你的先验信念是 10，而实验得出的是 20，因此你的后验信念以 14 告终，标准误是 $\sqrt{12.5}=3.54$。

在本例中，偏误的不确定性对后验分布具有深远的影响，减少了先验信念沿着实验结果方向移动的程度。在缺乏这种不确定性（$\sigma_B^2=0$）的情况下，后验均值应当是 15.9 而不是 14.0。偏误的不确定性也导致后验方差更大。如果研究者对偏误有把握，后验方差应当是 6.6 而不是 12.5。这个例子说明了一个核心观念，即随着偏误的不确定性的增加，后验信念对证据的敏感性越来越小。下一节将呈现一个例子来说明抽样偏误的假定是如何影响理解一系列实验的方式的。

## 11.3 实验发现的复制和整合：一个例子

我们现在关注一个例子，来看导致跨研究变异性（cross-study variability）的因素在实践中如何起作用，并应用贝叶斯框架来整合各种实验发现。2003 年，戈尔茨坦（Goldstein）、西奥迪尼（Cialdini）和格里斯维奇乌斯（Griskevicius）实施了他们的"有观点的房间"（Room with a Viewpoint）实验，这个实验评估传递重复使用毛巾的"描述规范"（descriptive norm）信息，是否会导致亚利桑那（Arizona）州坦佩（Tempe）的一个中等价位酒店的客人改变其回收利用行为。[①]
在 190 个酒店房间的卫生间中悬挂标志并请求客人重复使用他们的毛巾。随机分

_____

[①] 参见 Goldstein，Cialdini and Griskevicius（2008）。关于研究的其他信息可以通过与戈尔茨坦通信获取。

配两种信息之一到每个房间中。在两个实验组中，这些标志均提供循环利用对环境有益的事实，并指示客人通过在淋浴杆或毛巾架上悬挂毛巾，参与酒店的毛巾重复使用项目。在控制条件下，客人被告知：

> 请帮助保护环境。
>
> 你可以展现对自然的尊重，并在住宿期间重复使用你的毛巾来帮助保护环境。

描述性规范干预鼓励客人：

> 请加入帮助保护环境的客人中。
>
> 在被邀请参加我们新的资源节约项目的客人中，有近75％的人通过多次使用毛巾提供了帮助。你可以加入参与这个项目的客人中，在住宿期间重复使用毛巾来帮助保护环境。

实验结果由酒店客房服务人员来测量，即在酒店停留两个晚上以上的客人样本，是否重复使用了至少一条毛巾。研究者们报告控制组（$N=222$）中有35.1％的人循环使用了毛巾，与此相比，描述规范干预组（$N=211$）有44.1％的人循环使用。将这些估计值代入式（11.1），我们发现这9个百分点的效应具有一个标准误估计值：

$$\widehat{SE}（\widehat{ATE}）=\sqrt{\frac{0.441\times(1-0.441)}{211}+\frac{0.351\times(1-0.351)}{222}}=0.047$$

(11.8)

或4.7个百分点，意味着使用单尾检验的 $p<0.05$。这个式子预先假定一个个体是否被选入样本与该个体的潜在结果无关。如果每一个酒店顾客都是按相等概率从一个大的顾客总体中被独立地选择的，就能够满足这一假定。

第二年，这些研究者在同一个酒店使用相同实验干预，实施了第二次实验（也有其他干预）。按照实验程序，这个后续研究尽量接近纯粹的复制研究：相同的干预、相同的干预实施模式、相同的环境。在第二次实验中，标准信息组的循环利用率为37.2％（$N=277$），与此相比，描述规范干预组大约为42.3％（$N=334$）。再一次使用式（11.1），这5.1％的差异有一个为4.0个百分点的标准误估计值。尽管第二次研究比第一次更精确，如果我们使用随机化推断实施单尾检验（$p>0.05$），单凭第二次研究并不能使我们拒绝没有效应的精确零假设。两个研究中都应用了这个标准误公式，然而，由于缺乏随机抽样，忽略了非定量（nonquantifiable）的不确定性。每个研究中使用的顾客样本是基于方便来选择的。研究者也没有比较两个实验被试组的背景属性，或提供关于两个研究实施季节的任何信息。如果有关于个体属性或背景变异的额外信息，理论上我们就可以对复制样本重新加权，使其与原始的样本更相似。由于缺乏额外信息，如果我们希望合并两个研究结果的话，就不得不强加一些假定。将总体定义为覆盖两个研究时期的酒店客人。如果我们假定顾客是以相等概率从这个总体中独立抽样的，并且第二次研究的顾客没有暴露在第一次研究（这可能改变第二次研究的ATE）的干预

360

下，那么两次实验间变异的唯一来源是随机抽样。

总之，同一组研究者连续两年在同一酒店使用相同的干预，产生的估计值为 $9.0\%$ 和 $5.1\%$，标准误估计值为 $4.7\%$ 和 $4.0\%$。从这两个研究中，我们可以做出什么推断？一种相当浅显的回答问题的方式如下："第一次研究显示了一个统计显著的效应，但第二次规模更大的研究却没有；由于不能复制原始结果，这项实验的效应不能被认为是稳健的"。这种解释有两个弱点：尽管第二次实验确实未能产生一个统计显著的估计值，但这个估计值并不是精确地估计为 0。对于讨论的因果现象，如果我们拥有的唯一信息是第二次实验结果，对效应量的最佳猜测应当是 $5.1\%$。第二，在判断第二次实验解决的主张时，没有理由忽略第一次实验。如果能够利用的只有这两个研究，想必 ATE 的最佳猜测值应该是在 $5.1\%$ 和 $9.0\%$ 之间。在检验没有效应的零假设时，将计算基于这两个研究结果的组合似乎是合理的。

一种方法是使用上面描述的贝叶斯框架。回忆一下，这个框架针对每个研究提出了两个问题：（1）该研究可以产生样本 ATE 的一个无偏估计值吗？（2）抽样观测值的实验结果，能否提供总体 ATE 的一个无偏估计值？首先考虑第一个问题，两个实验均使用随机分配，并且没有明显的样本缩减、观测值之间的干扰或结果测量方式的不对称问题。平均来说，其中每一个都能获得样本 ATE。更令人怀疑的是，样本被有效地从总体中独立随机抽取这一假定。如果我们怀疑不同背景中的潜在结果也不同，即样本来自不同总体，或两个样本并非被随机抽取，方便抽样也可能导致问题。在这种情况下，两个研究可能存在某些相同的系统偏误。

社会科学研究的论文很少明确定义总体。通过将规范描述为在各种不同社会环境中起作用的有效行为线索，戈尔茨坦、西奥迪尼和格里斯维奇乌斯似乎暗示总体应当宽泛定义。基本上，能够阅读和理解规范行为描述信息含义的任何人，都应该容易受其影响。或者将这个研究视为一种项目评估，来告知酒店不同信息对提高循环利用的功效。无论总体被定义为能够阅读和理解基于描述性规范请求的人，还是 2004 年前后美国的酒店客人，这两个样本都倾向于中坦佩地区中等价位酒店的顾客。如果没有额外证据，我们只能推测，基于规范的环境请求，对这一时期入住该特定酒店的客人，效应异常的大或者小。下面，我们将讨论一些经验研究，这些研究试图评估这些结果能否推广到其他时间和环境下。

为了理解如何将不同实验的结果汇总的统计机制，让我们首先假定一种最好的情况，即从相同总体中随机抽取被试。如果这两个样本被认为是从相同总体中独立抽取的，考虑到将两个实验结果汇总计算的情况下，干预效应最有效的估计值是以实验结果标准误平方的倒数为权重，对每个结果加权。这种方法被称为"固定效应元分析"（fixed effects meta-analysis），与贝叶斯更新公式并列。研究者基于第一次实验的结果来形成先验信念；这些先验信念再基于第二次实验来更新；假定两个样本均为无偏的（$E[\mathrm{B}]=0$），没有围绕偏误（$\sigma_B^2=0$）可能性的不确定性。重新排列式（11.2）得到：

$$\widehat{ATE}_{pooled} = \frac{\frac{1}{\hat{\sigma}_1^2}}{\frac{1}{\hat{\sigma}_1^2} + \frac{1}{\hat{\sigma}_2^2}} \widehat{ATE}_1 + \frac{\frac{1}{\hat{\sigma}_2^2}}{\frac{1}{\hat{\sigma}_1^2} + \frac{1}{\hat{\sigma}_2^2}} \widehat{ATE}_2$$

$$= \frac{\frac{1}{0.047^2}}{\frac{1}{0.047^2} + \frac{1}{0.040^2}} \times 0.090 + \frac{\frac{1}{0.040^2}}{\frac{1}{0.047^2} + \frac{1}{0.040^2}} \times 0.051 = 0.067$$

$$(11.9)$$

这是两个实验估计值的加权平均值，给标准误较小的研究赋予了更大权重。在这种情况下，赋予第一个实验结果的权重为 0.42，赋予第二个的权重为 0.58。这种结果是一个汇总（pooled）的估计值 6.7%。

汇总对实验估计值精确度的影响如何？回忆两个实验产生的标准误是 0.047 和 0.040。通过比较，汇总估计值的标准误估计值为：

$$\sqrt{Var(\widehat{ATE}_{pooled})} = \sqrt{\frac{1}{\frac{1}{\hat{\sigma}_1^2} + \frac{1}{\hat{\sigma}_2^2}}} = \sqrt{\frac{1}{\frac{1}{0.047^2} + \frac{1}{0.040^2}}} = 0.030 \quad (11.10)$$

> **专栏 11.3**
>
> ### 固定效应元分析
>
> 元分析是一种聚合研究发现的方法。数据聚合的目的是获得一个更加精确的总体平均干预效应估计值，每个实验样本是从这个总体中随机选择的。
>
> 如果来自不同实验的个体层次数据被合并为单个数据集，通过分析报告的估计值和标准误，元分析能获得近似的结果。固定效应元分析相当于一种简单的算法：对每个研究的 ATE 估计值使用其精度加权，这种算法被定义为估计值标准误平方的倒数除以精度之和。

这个公式说明了一个随机抽样下实验证据积累的重要原则。任何产生有限标准误的实验都能帮助减少合并估计值的抽样变异性。因此，合并估计值的标准误永远小于每个结果被合并实验的标准误。在这种情况下，结果合并相当有戏剧性。在被合并后，这些实验得到的估计值为 6.7%，标准误为 3.0%，这意味着单尾 $p$ 值为 0.013。

说明了合并实验结果的方式之后，让我们回到坦佩研究对更大总体是否有代表性的问题。这个实地实验的一项吸引人的特征是它本身就适合于复制。产生和部署干预并不昂贵。结果测量需要培训和监督，但没有额外成本。研究对被试无风险，而且很容易保护他们的匿名性。在一项企图检验戈尔茨坦、西奥迪尼和格里斯维奇乌斯的发现能否延伸到其他环境的研究中，伊丽莎白·坎贝尔（Elizabeth Campbell）在其家乡附近的一对酒店进行了复制：一个位于印第安纳州的贝德福德，另一个位于肯塔基州的拉格兰奇。① 使用与原始研究相同的悬挂标志，坎贝尔追踪了这两个中等价位酒店在 2009 年第一季度的毛巾使用情况，并按照与戈尔茨坦、西奥迪尼和格里斯维奇乌斯相同的方式测量结果，只关注停留至少两晚的客人。

在揭示这个实验的结果之前，让我们首先反思一下先验信念。坎贝尔的研究地点基于方便抽样来选择，这再次引出了一个问题，即潜在总体是什么？假设我们将总体视为 2009 年美国的酒店客人。如果我们相信时间和地点差异无关紧要，我们就可以使用元分析将两个坦佩研究和两个坎贝尔研究合并，简单地对每个研究加权，使用其精度，即其标准误平方的倒数 [参见式 (11.9)]。假设此外，我们假定地区不重要（所有地区的客人受干预的同等影响），但从 2004 年以来，酒店客人总体的潜在结果可能发生变化。如果我们定义总体为 2009 年的酒店客人，2003—2004 年和 2009 年的研究，可以使用一个公式来合并，公式中包含早期研究是否存在潜在偏误上的不确定性。在这种情况下，偏误一词并不意味着坦佩研究有缺陷。相反，关心的问题是如果我们希望估计 2009 年的 ATE，基于旧研究结果的外推可能会引入"偏误"，即使这些研究被完美地实施。

结果显示，坎贝尔观测到，在贝德福德地区，标准标志组（$N=70$）的重复使用率为 68.6%，描述规范组（$N=80$）的重复使用率为 68.8%；而在拉格兰奇地区，对应的比率是 66.2%（$N=68$）和 59.4%（$N=64$）。两个地点的平均干预效应的估计值分别为 0.2%（标准误 7.6%）和 -6.8%（标准误 8.5%）。总之，与坦佩研究相比，在控制条件下循环使用的平均水平更高，而干预效应则更弱。

让我们考虑一下两种不同的元分析如何开展。第一个元分析合并了所有四项实验，就好像它们被独立随机地从相同总体抽取。独立性是一个强假定。实际上，独立性意味着在第一项坦佩研究中得到一个高于平均值的估计值，并没有提供任何线索来判断是否有可能从第二项坦佩研究中得到高于平均值的估计值。此外，正相依（positive dependence）会使两个坦佩研究彼此之间看起来比偶然预期更相似。

为了实施元分析，在汇集研究文献的结果时，评估独立抽样是否为一种现实假定，某些经验规则很有用。例如，当研究包括几个不同的干预组的干预时，每个干预的效应估计值是相关的，因为它们都是参照相同的控制组来计算的。对于有多个结果的实验也是一样的：标志对酒店客人循环使用行为的效应，并不独立于标志对其环境问题重要性态度的效应。当（1）单个研究组实施多项研究、（2）研究发生在相似环境中或（3）研究者意识到彼此的结果时，独立性也可能被破坏。在第一种情况下，研究合作者可能分享部署干预、测量结果或决定报告哪些结果的特殊方式。在第二种情况下，在相似环境中实施的研究，如果从大的总体中独立抽取往往会比预期产生更相似的结果。在第三种情况下，知道其他实验出现的结果可能会无意识地影响研究者分析或报告他们的实验的方式。

如果我们采用独立性假定，在统计意义上，将四项研究合并是非常简单的。

① Campbell，2009.

第 11 章　研究发现的整合

只要假定独立性，我们就可以使用相同公式，按照任何顺序来合并任何数量的研究。我们可以保留一份迄今所有研究的记录，如果有新的研究就更新记录。将式（11.2）和式（11.3）用于坎贝尔的两个研究，得到一个精度-加权的平均值—2.9%及标准误5.7%。之前，我们计算得到两项坦佩研究的加权平均值为6.7%，标准误是3.0%。使用相同公式合并两对研究产生了一个精度-加权平均值4.6%及标准误2.7%。戈尔茨坦、西奥迪尼和格里斯维奇乌斯的研究具有一个更小的标准误，因此被赋予比坎贝尔研究更大的权重，但将坎贝尔研究包括在内降低了点估计值及其标准误。

为了说明，让我们考虑做出一组不同假定时会发生什么。另一种思考坎贝尔研究的方法是从总体中随机抽取，而这个总体来自2009年酒店总体客人，并将坦佩研究作为有潜在偏误的模型，因为被估计量被定义为2009年酒店客人中的ATE。实际上，我们有一个无偏的估计值（来自合并的坎贝尔研究）和一个可能有偏的估计值（来自合并的坦佩研究）。假如提前看到结果，我们对坦佩研究的最佳猜测是它们是无偏的（$b=0$），但是潜在偏误仍然存在。假设我们关于偏误的先验信念服从均值为0、标准差为3的正态分布。这种先验分布意味着我们相信有1/6的概率偏误大于3。在这些假定下，式（11.2）产生出一个后验均值3.2%及标准误3.4%。当然，对偏误的预感可能不同。你和我的就不一样。这种练习的目标是为了说明，轻微的偏误可能性就能对元分析有重要影响。当我们忽略偏误的可能性时，这些结果就会表明一个区别于零（$p<0.05$，单尾检验）的强效应。如果引入偏误的可能性，这个明显的效应就会变弱并且在统计上也模棱两可。

元分析的吸引力是提供一个系统性方法来总结研究发现。然而，需要强调的是，元分析援引了从明确定义总体中抽样的某些假定。[1] 上面的例子说明元分析产生的结论可能对以下问题敏感：（1）总体如何定义，（2）抽样程序是否假定为无偏的，（3）偏误威胁有多大不确定性。[2] 在实践中，元分析通常忽略偏误威胁，有时甚至将实验和非实验研究包括在同一个分析中，而且没有调整有潜在偏误研究的权重。正如本节的例子所示，当扩展元分析框架以允许偏误不确定性时，分配给潜在有偏证据（potentially biased evidence）的权重就会改变，有时这会很明显。

由于我们合并了不同实质性领域的研究，元分析的基础统计假定变得更强。在上面的例子中，我们将注意力限于合并的研究中那些相对容易处理的问题，即所有使用相同干预和相同测量结果标准的研究。如果我们扩大范围以包括所有实验研究，这些研究旨在评估描述规范对社会行为参与意愿的影响，如循环使用，事情就变得更加复杂。显然，如果评估描述性规范促进这些行为的假设，必须回顾这一类影响深远的文献。如果一系列特定领域的元分析都显示，纳税倾向、慈善捐助或投票都不受传递描述规范的干预影响，那么对"有观点的房间"研究的

---

[1] 参见 Gleser and Olkin（2009）以及 Hedges（2009）对更复杂元分析模型的讨论，这些模型可以容纳非独立样本和其他复杂问题。

[2] 这一批评并不意味着应当放弃元分析，而应采用叙述性评论。元分析援引对假定的批判性评估是可能的，因为这些假定是清楚的。要从叙述性评论的结论中获得有意义的论点要困难得多，因为用来综合各研究的程序很少被明确定义。

理解就会完全不同。这项研究将告诉我们一些特殊条件，这些条件导致规范相关的干预在该特定领域产生作用，而不是揭示人类响应感知社会规范的基本命题。

元分析有时被用来将使用不同干预和结果的研究进行综合。这种无所不包的方法，通常被描述为试图从多样化的研究文献中获取一个首要的总体 ATE。这一类型的元分析不仅援引较强的抽样假定，也援引较强的测量假定。通常情况下，这一类型的元分析把每个实验的估计值转换为一个标准效应以回避可比性问题（回忆在第 3 章，一个标准化效应是 ATE 的估计值除以控制组的标准差）。一项基于标准效应的元分析会依靠用这一方式重新调整结果的假定，每个实验实际上都是从相同总体中的一次随机抽取。考虑到被试、环境和结果在研究领域之间通常是不同的，即使干预相同，随机抽样假定也可能有问题。但是，如果干预的强度也不同，不同领域的结果也不同，因为这与干预强度而非抽样变异性有关。下一节将讨论在分析不同强度的干预时，产生的一些特殊的建模问题。

## ■ 11.4 不同强度的干预：外推与统计建模

到目前为止，我们只关注了二元干预，并将因果效应定义为一个干预 $Y_i(1)$ 潜在结果与一个未干预 $Y_i(0)$ 潜在结果之间的差值。然而，某些实验旨在测量不同强度干预的效应。他们改变的是干预的程度，而不是操纵某个被试是否接受干预。例如，医学实验改变给患者服用的实验药物的剂量。政治动员实验改变被试接收的邮件数量。营销实验改变在不同地区播放广告的次数。 *366*

研究激励的实验通常涉及不同强度的干预。例如，迪帕（Dupas）报告了一项在肯尼亚进行的实验结果，实验鼓励被试购买经过杀虫剂处理的蚊帐以预防疟疾。[①] 干预采取发放优惠券的形式，利用优惠券可以低价在当地商店购买蚊帐。被试享受的价格是随机变化的，迪帕通过追踪哪些优惠券实际被使用来测量结果。

这项研究是一个特别有启发性的例子，因为迪帕改变了她的干预强度，并使用不同的定价方案复制了她的实验。实验在 6 个不同地区中开展；在每个地区内，优惠券的价值不同，提供给被试的价值范围在不同地区之间也不同。因此，数据允许研究者探索两个与一般化相关的问题：（1）在一个给定地区中，价格从 A 到 B 变化的明显因果效应，能够在多大程度上帮助我们预测价格从 C 到 D 变化的效应？（2）在不同地区间，一个地区的价格从 A 到 B 变化的明显效应，能帮助我们预测其他地方类似价格变化的后果吗？

蚊帐实验的设计和结果显示在表 11-1 中。对每个地区和价格（减去优惠券的价值后），表格报告了已购买人群所占的比例。例如，在地区 2，蚊帐的价格分别是 40、80、120 或 200 先令。随着价格的提高，购买蚊帐的比率稳步下降：在被提供 40 先令价格的被试中，有 75.4% 的人购买了一个蚊帐。相比之下，在被提供 200 先令价格的被试中，只有 17.0% 的人购买了一个蚊帐。

---

① Dupas，2012.

**表 11-1　　按不同销售价格抗疟疾蚊帐的购买率（减去随机分配优惠券的价值后）**

| 价格<br>（肯尼亚先令） | 地区1中<br>购买的<br>比率（%） | 地区2中<br>购买的<br>比率（%） | 地区3中<br>购买的<br>比率（%） | 地区4中<br>购买的<br>比率（%） | 地区5中<br>购买的<br>比率（%） | 地区6中<br>购买的<br>比率（%） |
|---|---|---|---|---|---|---|
| 0 | | | | | 96.9 (64) | 98.1 (53) |
| 40 | | 75.4 (61) | | | | |
| 50 | | | 72.4 (58) | 40.0 (35) | | 73.7 (19) |
| 60 | | | | | 73.0 (37) | |
| 70 | 55.2 (29) | | | | | |
| 80 | | 57.1 (70) | | | | |
| 90 | | | 55.0 (60) | | | |
| 100 | 34.0 (47) | | | 28.6 (49) | | 61.1 (18) |
| 110 | | | | | 32.4 (37) | |
| 120 | | 28.1 (64) | | | | |
| 130 | 24.5 (49) | | | | | |
| 140 | | | | | 37.9 (29) | |
| 150 | | | 31.0 (58) | 35.6 (45) | | 22.2 (18) |
| 190 | 17.9 (28) | | | | | |
| 200 | | 17.0 (59) | | 10.3 (29) | | |
| 210 | | | 18.8 (48) | | | |
| 250 | 6.7 (30) | | | 7.7 (26) | | |

注：括号中是每组的总户数。这个研究进行时的汇率为 65 先令＝1 美元。

如何根据潜在结果来表示这种类型的实验？一种选择是将地区 2 中的每个被试描述为有 4 种潜在结果，当他们被提供 40、80、120 和 200 先令的价格时，就显示其中一种。这种方法是非参数的（nonparametric），意味着对干预强度未做任何假定。这里并没有认为 80 位于 40 与 120 的中间，或者 200 比 120 更大。实际上，这个潜在结果模型认为这是 4 种不同的干预，每一种具有不同标签。

另一种方法是将潜在结果表示为干预强度的一个函数。为了方便说明，假定潜在结果是某个被试对蚊帐真实的潜在需求，而不只是购买与否的一个二元结果。想象一个光滑函数，将价格输入译为需求输出。例如，一个这样的函数可能是价格与需求之间的线性关系。由于 80 在 40 与 120 的中间，因此价格 80 的潜在结果也位于价格 40 与 120 的潜在结果的中间：$Y_i(80)＝[Y_i(40)＋Y_i(120)]/2$。类似的
推理可能导致我们规定价格 200 的潜在结果是 120 和 80 潜在结果平均值的 2 倍。线性函数具有简单的优点，但绝非是唯一建模选项。原则上，可以从无限的函数供给中选择。例如，可以规定潜在结果遵循倒 V 形，在 $Y_i(120)$ 时达到顶峰，而不是 $Y_i(40)＝Y_i(200)$ 时。

理论直觉可以帮助分析者缩小可能函数的范围。如果可能性的名单能够充分地缩小，数据就可以帮助研究者决定选择哪一个。例如，如果分析者选定线性模型，回归可以发现拟合数据最好的截距和斜率。使用不同水平干预强度，统计模型的经验适当性可以通过复制实验来评估。统计模型应当永远被视为对现实的临时简化。一个成功的建模工作能产生具有理论指导性的预测，并且被随后的实验所证实。

为了缩小用于蚊帐实验可能模型的备选名单，我们从一些基本的理论直觉开始。为与大多数价格与购买行为研究保持一致，我们规定需求随着价格的提高而

减少。这个规定排除了抛物线（parabola）和正弦波（sine wave）等形状的价格函数。我们也预期一种光滑、连续的函数。随着两个价格 A 和 B 越来越靠近，$Y_i(A)$也越来越接近$Y_i(B)$。

与其规定一个特殊的递减函数，不如让数据告诉我们，随着价格的提高，需求的减少是有一个不变的速率（如假定为一个线性函数），还是更快的（如假定为一个对数函数），或是介于两者之间的。由于地区 2 包含大量按实验价格被均分的被试，我们用其作为探索数据集，推导将在其他地区检验的预测，其代表了更高和更低价格的被试。将数据画出来常常可以提供连接价格与购买率函数的线索。诀窍是重新调节横轴和纵轴，直到这些点沿着一条直线下降，因为一条直线告诉我们，可以将地区 2 的 4 个实验组中任意 2 个的购买率外推到其他 2 个的购买率。图11－2使用两种不同的价格衡量方法来显示地区 2 中价格与购买率之间的关系。图 11－2（a）保持价格为其原始单位，图 11－2（b）将价格范围转换为对数形式。两个图都显示出一种适度的线性模式，但是对数转换在两种方法中的线性程度更高，在将购买率对价格回归时，可通过 $R^2$（$R$-squared）值测量。

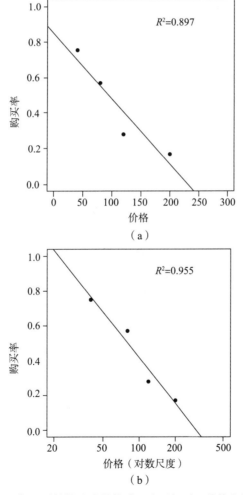

图 11－2 实际与预测的抗疟疾蚊帐购买率（相对于价格和价格的对数）

第 11 章 研究发现的整合

这些图很好地说明了将结果作为一个干预强度的函数建模的优势。已知 $\hat{Y}_i(40)$ 和 $\hat{Y}_i(200)$，可以为 $\hat{Y}_i(80)$ 和 $\hat{Y}_i(120)$ 给出一个相当准确的位置。我们观测 $\hat{Y}_i(80)=57.1\%$ 和 $\hat{Y}_i(120)=28.1\%$，而对数模型预测的是 $50.4\%$ 和 $35.6\%$。观测值和预测值并不完全一致，但这些数值足够接近，说明结果遵循某种表现良好的函数。尽管从未提供如 90 先令或 150 先令的价格给该地区被试，我们对于被试面对这些价格时将如何反应，仍然具有良好的判断能力。我们也能将这些假设结果的不确定性数量化。考虑一个回归模型，其中提供给被试 $i$ 的优惠券价格表示为 $V_i$：

$$Y_i = \beta_0 + \beta_1 \ln(V_i) + u_i = \beta_0 + \beta_1 V_i' + u_i \tag{11.11}$$

对任何假想的价格，我们都可以估计期望结果对应的标准误。例如，假定我们希望计算当 $V_i'$（$V_i$ 的对数）等于 $v$ 时，$Y_i$ 期望值的标准误：

$$SE(\overline{Y} \mid V_i' = v) = \sigma_u \sqrt{\frac{1}{N} + \frac{(v - \overline{V}')^2}{\sum (V_i' - \overline{V}')^2}} \tag{11.12}$$

*370* 这里的 $\sigma_u$ 是扰动项的标准差。$(v - \overline{V}')^2$ 项是假想价格与平均价格之间差值的平方，$\sum (V_i' - \overline{V}')^2$ 是 $V_i'$ 观测值与平均值之差的平方和。这个公式体现了关于外推的一个重要原则。在我们的实验中，当假想价格（$v$）接近平均价格时，预测不确定性最小。随着假想价格（$v$）远离实际提供的平均价格（$\overline{V}'$）时，我们的预测变得越来越脆弱。[①]

将数据绘制出来和探索假想情景的一个优点，是可以帮助探测统计模型中的缺陷。当我们估计式（11.11）时，我们获得系数 $\hat{\beta}_0 = 2.199$ 和 $\hat{\beta}_1 = -0.378$。使用这些系数来预测价格为 20 时的购买率，我们获得的预测值高于 $100\%$。当这个模型被用于预测价格为 300 时的购买率时，我们获得一个小于 0 的购买率。这些荒谬的预测结果之所以会出现，是因为我们的统计模型并未限制结果只能落在 0 和 $100\%$ 之间。有很多种方式来施加这个约束，其中一个最常用的是对数-概率（log-odds）转换。不是预测一个比例 $p$，而是预测 $\ln[p/(1-p)]$。这种转换允许因变量取任意值：当 $p < 0.5$ 时，对数-概率为负，当 $p > 0.5$ 时为正。为了在概率尺度（probability scale）与对数-概率尺度（log-odds scale）之间来回转换，注意如果 $\ln[p/(1-p)] = \alpha$，可由此得出：

$$p = \frac{e^\alpha}{1 + e^\alpha} = \frac{1}{1 + e^{-\alpha}} \tag{11.13}$$

logistic 回归模型将 $\alpha$ 表示为一个回归方程，从而允许被试间的对数-概率不同[②]：

---

① 如果这一预测误差的标准回归公式考虑了模型设定的不确定性，或研究者对价格与结果间因果关系建模的不确定性，这个原则将进一步加剧。

② 这个回归模型没有明显的扰动项；相反，模型的随机部分反映了一个事实，即方程左边是一个概率而非一个特定结果。

$$\Pr[Y_i = 1] = \frac{1}{1 + e^{-(\beta_0 + \beta_1 \ln[V_i])}} \tag{11.14}$$

这种转换的一个重要特征是对数-概率尺度任何给定的变化，都可能意味着一个或大或小的百分点的移动，这取决于起始点。从 50% 开始，增加到 73%，移动了一个对数-概率单位，但从 88.1% 移动到 95.3% 也同样如此。因此，基于一个 logistic 模型的外推与基于一个线性模型的外推是不同的。

如果我们采用一个 logistic 模型，我们必须调整设想数据生成过程的方式。在之前各章中，我们想象每个被试具有确定显示的潜在结果，取决于干预是什么。logistic 模型意味着，每个人的潜在结果是购买的概率。这些概率性潜在结果一览表由式 (11.14) 决定。① 例如，这个模型的参数可能意味着，如果提供一个 100 先令的价格，某个被试具有 75% 的购买率，如果提供 200 先令的价格，购买率会变成 50%。不幸的是，我们不能观测到这些概率。相反，我们能够观测到以一个指定概率出现正面的抛硬币结果，在这种情况下是 75% 或 50%。这个实验中的被试并未按照字面意思抛硬币；抛硬币的思想是一种隐喻，即某些不能观测因素导致某人以一个给定概率购买蚊帐或者不购买。为了了解如何使用 logistic 框架对价格效应建模，我们将价格与购买对数-概率之间的关系用图表示。图 11-3（a）绘制了购买的对数-概率与价格的关系，而图 11-3（b）绘制了其与价格对数之间的关系。再一次，我们看到了两个图都出现一定程度的线性关系，但是后一个图在两者中更明显。除了式 (11.11) 以外，购买的对数-概率和价格对数相关的模型也基本符合观测数据。对数-概率转换的优点，是其对非常低或非常高的价格从不产生不可接受的预测。

基于我们对地区 2 的研究，确定了式 (11.14) 的模型后，我们现在可以使用样本内与样本外检验来更严格地评估其适当性。式 (11.14) 中的模型的特点在于有两个参数——一个截距项和一个斜率。回忆在地区 2，有 4 个实验组。因此，我们有 4（组）−2（参数）＝2（自由度），也就是说，比我们估计模型所需的参数多了 2 个信息。这种剩余信息允许我们评估模型的经验预测和实际观测结果之间是否拟合。如果拟合程度较差，剩余信息也允许我们设定有一个或两个额外参数的更复杂的模型。

给模型增加额外的参数有利也有弊。一方面，额外参数改善了模型预测和实际结果之间的拟合程度；当参数的数量等于实验组的数量时，拟合将永远是完美的。另一方面，当我们增加额外参数时，冒着过度拟合（over-fitting）实验结果随机特质的风险，从而威胁我们准确预测设定价格水平后果的能力，而非准确预测观测到什么的能力。例如，在地区 4 中，在价格为 150 先令的需求上，有一个奇怪的向上凸起。我们基于对地区 2 的分析发展出一个模型，当我们将模型用于所有地区时，可以增加参数来解释这种不规则结果。但一个更好的建模策略是忽略这种异常，将其作为抽样变异性的偶然结果，而不是连接价格与需求的真实因

① 一个等价的个人层次的模型会假定一个类似式 (4.7) 的线性回归模型，其中扰动项服从于 logistic 分布（类似于正态分布，但是具有胖尾）。这个模型的因变量是不可观测的购买倾向。当这个模型的右边大于 0 时，我们可以观测到实际购买；否则，没有购买。

果律的反映。总之，尽量尝试使用简约的模型设定，只有当异常在一系列实验中对模型适当性产生挑战时，才增加参数。

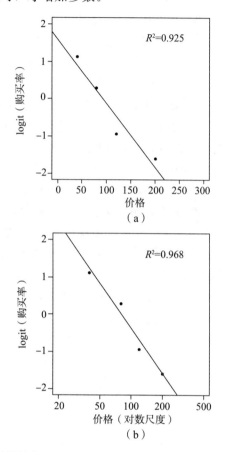

**图 11-3 抗疟疾蚊帐的实际和预测购买的对数-概率（相对于价格和价格对数）**

注：纵轴表示购买的 logit 或对数-概率。例如，一个 75.4% 购买率的对数-概率是 ln[0.754/(1－0.754)]=1.12。

表 11-2 报告了将 logistic 回归模型用于每个地区的数据时斜率和截距（一种等价方法是估计单个回归，其中包括地区指示变量以及每个地区与价格对数的交互项）的估计值。斜率的估计值说明，除了地区 4，不同地区的被试对价格变化的响应类似。对所有 6 个地区的购买行为建模的一种更简约的方式，是假定在任何地点中，价格具有相同效应：

$$\Pr[Y_i=1]=\frac{1}{1+e^{-[\beta_0+\beta_1 R_{1i}+\beta_2 R_{2i}+\beta_3 R_{3i}+\beta_4 R_{4i}+\beta_5 R_{5i}+\beta_6 \ln(V_i)]}} \tag{11.15}$$

这里 $R_{ji}$ 是标识每个地区的指示变量，而 $V_i$ 表示蚊帐价格。实际上，这个模型预先假定我们研究的这些地区是从我们希望了解其 ATE 的一个更大地区总体中抽取的。[1]

---

[1] 参见 Humphreys（2009）对使用分区哑变量和逆概率权重进行估计的区分。后者适合样本平均干预效应的无偏估计，而前者旨在有效估计随机抽样下的总体 ATE。

表 11-2 的最后一行，给出了价格对数的效应估计值。$\beta_6$ 的估计值为 $-1.623$，意味着增加每个单位的价格对数，将导致购买的对数-概率下降 1.623。例如，将价格加倍意味着价格的对数增加 $\ln(2) \approx 0.693$，这意味着购买的对数-概率下降 $0.69 \times 1.623 \approx 1.125$。为了将这个效应转换为百分点形式，考虑某个人的购买概率是 50%。50% 的对数-概率是 $\ln[0.5/(1-0.5)] = 0$。购买的对数-概率降低 1.125，这一概率将降低到 $1/(1+e^{1.125}) = 0.245$。

**表 11-2　　　　蚊帐购买对价格的 logistic 回归（按地区）**

将购买率建模为价格对数的一个函数

| 地区 | $N$ | 截距 | 斜率 |
|---|---|---|---|
| 1 | 183 | 8.531（2.275） | $-1.978$（0.480） |
| 2 | 254 | 7.873（1.233） | $-1.791$（0.272） |
| 3 | 224 | 7.692（1.361） | $-1.694$（0.292） |
| 4 | 184 | 3.323（1.496） | $-0.912$（0.316） |
| 5 | 103 | 9.177（2.767） | $-2.029$（0.605） |
| 6 | 55 | 8.784（3.119） | $-1.921$（0.683） |
| 所有 | 1 003 | 未显示 | $-1.623$（0.149） |

注：括号中是标准误估计值。地区 5 和 6 的回归排除了 0 价格，因为 0 的对数无法定义。当所有地区合并时，式（11.15）中给出了用于估计斜率的统计模型。

我们应当如何评估表 11-2 中的 logistic 回归模型的经验适当性？为了测量模型的拟合度，我们可以将实际的购买率与估计回归方程预测的购买率比较。如果预测购买率与实际购买率之间有显著差异，那么我们提出的模型设定就会被质疑。表 11-3 显示了每个实验组的期望与实际的购买与未购买。各列中的期望频率被标识为模型 I 和模型 II 来说明不同建模决策的后果。一种模型将式（11.14）分别用于每个地区，从而允许每个地区以不同比率响应价格。另一种模型使用式（11.15）将所有地区合并，对地区使用不同指示变量，但对所有地区运用单一价格参数。

*374*

**表 11-3　　　两个嵌套 logistic 回归模型中对价格实际和预测的响应**

| 地区 | 价格（先令） | 观测的频率 | | 模型 I：每个地区的不同斜率 | | | 模型 II：所有地区的一个斜率 | | |
|---|---|---|---|---|---|---|---|---|---|
| | | 购买 | 未购买 | 预测的购买 | 预测的未购买 | $\chi^2$ | 预测的购买 | 预测的未购买 | $\chi^2$ |
| 1 | 70 | 16 | 13 | 15.44 | 13.56 | 0.04 | 14.18 | 14.82 | 0.46 |
| 1 | 100 | 16 | 31 | 16.92 | 30.08 | 0.08 | 16.41 | 30.59 | 0.02 |
| 1 | 130 | 12 | 37 | 12.29 | 36.71 | 0.01 | 12.71 | 36.29 | 0.05 |
| 1 | 190 | 5 | 23 | 3.82 | 24.18 | 0.42 | 4.46 | 23.54 | 0.08 |
| 1 | 250 | 2 | 28 | 2.52 | 27.48 | 0.12 | 3.24 | 26.76 | 0.53 |

续前表

| 地区 | 价格（先令） | 购买 | 未购买 | 预测的购买 | 预测的未购买 | $\chi^2$ | 预测的购买 | 预测的未购买 | $\chi^2$ |
|---|---|---|---|---|---|---|---|---|---|
| | | 观测的频率 | | 模型Ⅰ：每个地区的不同斜率 | | | 模型Ⅱ：所有地区的一个斜率 | | |
| 2 | 40 | 46 | 15 | 47.58 | 13.42 | 0.24 | 46.10 | 14.90 | 0.00 |
| 2 | 80 | 40 | 30 | 35.43 | 34.57 | 1.19 | 35.08 | 34.92 | 1.38 |
| 2 | 120 | 18 | 46 | 21.21 | 42.79 | 0.73 | 21.90 | 42.10 | 1.06 |
| 2 | 200 | 10 | 49 | 9.78 | 49.22 | 0.01 | 10.92 | 48.08 | 0.09 |
| 3 | 50 | 42 | 16 | 43.14 | 14.86 | 0.12 | 42.57 | 15.43 | 0.03 |
| 3 | 90 | 33 | 27 | 31.05 | 28.95 | 0.25 | 30.90 | 29.10 | 0.29 |
| 3 | 150 | 18 | 40 | 18.04 | 39.96 | 0.00 | 18.37 | 39.63 | 0.01 |
| 3 | 210 | 9 | 39 | 9.76 | 38.24 | 0.08 | 10.16 | 37.84 | 0.17 |
| 4 | 50 | 14 | 21 | 15.36 | 19.64 | 0.21 | 20.02 | 14.98 | 4.23 |
| 4 | 100 | 14 | 35 | 14.39 | 34.61 | 0.01 | 14.83 | 34.17 | 0.07 |
| 4 | 150 | 16 | 29 | 10.04 | 34.96 | 4.56 | 8.25 | 36.75 | 8.90 |
| 4 | 200 | 3 | 26 | 5.25 | 23.75 | 1.17 | 3.58 | 25.42 | 0.11 |
| 4 | 250 | 2 | 24 | 3.97 | 22.03 | 1.15 | 2.32 | 23.68 | 0.05 |
| 5 | 0 | 62 | 2 | N/A | N/A | | | | |
| 5 | 60 | 27 | 10 | 26.08 | 10.92 | 0.11 | 24.59 | 12.41 | 0.71 |
| 5 | 110 | 12 | 25 | 15.22 | 21.78 | 1.16 | 15.74 | 21.26 | 1.55 |
| 5 | 140 | 11 | 18 | 8.70 | 20.30 | 0.87 | 9.67 | 19.33 | 0.27 |
| 6 | 0 | 52 | 1 | N/A | N/A | | | | |
| 6 | 50 | 14 | 5 | 14.84 | 4.16 | 0.22 | 14.20 | 4.80 | 0.01 |
| 6 | 100 | 11 | 7 | 8.73 | 9.27 | 1.15 | 8.82 | 9.18 | 1.06 |
| 6 | 150 | 4 | 14 | 5.43 | 12.57 | 0.54 | 5.98 | 12.02 | 0.98 |
| | | | | | 总$\chi^2$，12个自由度 | 14.44 $p=0.27$ | | 总$\chi^2$，17个自由度 | 22.10 $p=0.18$ |

尽管直观地检查实际结果与预测结果之间的差异是有用的，一种更严格的拟合优度（goodness-of-fit）评估采用卡方检验（chi-square test），评估结果在表下方显示。这种检验的计算如下：在每个实验组和结果类别中，将实际观测值数量与预测数量之差取平方，并将结果除以预测观测值的数量。表11-3显示了各实验组的这种计算，其允许分析者对错误预测的发生获得一些洞察。例如，在表11-3中的第一行，我们看到当喊价为70先令时，地区1产生16个购买和13个未购

375

376

实地实验：设计、分析与解释

买。模型假定单一价格效应存在于所有地区，产生的预测值分别为 14.18 和 14.82。这一行中数据对总卡方的贡献为 $(16-14.18)^2/14.18+(13-14.82)^2/14.82=0.46$。

在迪帕的研究中，总共有 24 个实验组（不算提供了 0 价格的两个实验组），意味着 24 个购买者集合与 24 个未购买者集合。为了计算总卡方，我们将 48 个统计值加总。卡方的 $p$ 值取决于自由度。我们从 24 个自由度开始，每个实验组一个。对每个地区有不同斜率的模型消耗了总共 12 个自由度（6 个截距和 6 个斜率）。卡方检验基于剩下的 $24-12=12$ 个自由度。当我们限定所有斜率都相同时，模型将消耗 7 个自由度（6 个截距和 1 个斜率），剩下 $24-7=17$ 个自由度。[①]

因为零假设的数据由规定模型生成，一个显著的卡方检验表明模型的拟合度较差。按照这个标准对两个模型似乎都适合，$p$ 值均大于 0.05。[②] 换句话说，我们不能拒绝零假设即实验数据是由我们假定的模型产生的。这个结论不能证明两个模型实际生成这些数据；仅仅意味着数据与每个模型的预测不矛盾。我们观测的与模型预测的偏差足够小，因此可能将其归因于抽样变异性。

如何选择这些竞争性模型？似然比检验（likelihood ratio test）可用于比较两个嵌套模型的拟合优度。回忆第 9 章，当一个模型可以写成另一个的特殊情况时，两个模型被称为是嵌套的。将一个斜率用于所有地区的模型，是将不同斜率用于每个地区模型的特殊情况。在比较嵌套模型时，有人会问：自由度的损失能否以模型拟合度的显著改善作为回报？零假设的数据由更简约的模型生成，这就假定所有地区具有单一价格效应。为了检验零假设，比较零模型（-585.04）和备择模型（-581.79）的对数似然统计量（log-likelihood statistic，一种拟合优度的测量，通常由 logistic 回归程序报告）。2 倍的绝对差值（6.50）呈现卡方分布，其自由度等于备择模型（这种情况下为 5）中额外参数的数量。一个显著的检验统计量拒绝了零模型，而赞成有更多参数的模型。在我们的例子中，$p$ 值为 0.26，表明单一价格效应的零假设不能被拒绝。换句话说，对于假定价格效应处处相同的更简约的模型来说，允许 6 个地区中每个地区有不同价格效应的模型，并非是一种显著改进。支持简洁模型的通常假定使我们偏好具有单个斜率的模型。

应该强调，尽管我们选定的模型显示对数据的拟合相当好，但并不一定是真实模型。其他未检验的模型可能拟合得一样好，甚至更好。此外，我们选择的模型可能无法解释我们还没有考虑到的额外证据。事实上，如果提供的价格为 0，在我们计算预测购买率时，这个特殊模型的局限性越来越明显，我们将这个复杂问题留作练习。尽管如此，这个模型可以说是分析上的一大进步，之前的分析将实验组视为无序分类，并将 24 个参数与 24 个观测购买率进行拟合。后一种方法准确再现了实验结果，但不能回答在价格间或地区间是否存在行为规律的问题。

第 11 章　研究发现的整合

---

① 一种更严格的检验会将地区 2 排除在估计外，理由是该地区的数据被用于建立回归模型。

② 这里我们使用的是常规的卡方检验，而不是基于随机化推断的卡方检验，因为我们不再使用标准的潜在结果框架。

　　本章的中心主题是从样本到总体外推的挑战。对于用来估计样本 ATE 和总体 ATE 的抽样变异性，我们先呼吁关注其含义与估计中微妙但重要的差异。从样本到总体的外推，都可能会引入额外的不确定性。本章呈现的贝叶斯学习模型要求关注两种不确定性的来源。一种不确定性来源是随机抽样变异性。另一种是由于方便抽样（convenience sampling）、发表偏误（publication bias）、模型误设（model misspecification）以及其他系统性误差来源导致的偏误威胁。

　　在整合研究发现时，必须牢记两种不确定性来源。本章在介绍元分析基本原理的同时，还警告读者忽略系统性误差的模型可能会产生误导性结论。元分析是一种统计模型，旨在使用一系列实验研究来估计总体平均干预效应，这些实验研究具有类似的干预、有可比性的结果测量以及从相同总体中随机抽样的被试。当元分析被用来整合来自不同实验，或实验与观测混合研究的发现时，必须援引那些较强并常常站不住脚的统计假定。

　　统计模型可以被用于将外推过程系统化。有一类非常适合统计建模的实验，涉及沿着一个维度变化的干预，诸如数量或持续期。建立一个统计模型，需要在简洁性和预测精确性之间权衡。我们介绍一种方法，其使用一部分实验数据来探索，发展出一个似乎符合观测结果并做出合理预测的模型。然后使用额外实验证据来评估这个模型，特别关注感兴趣的参数能否从数据的一个子集推广到其他子集。

　　连接研究发现并连接更广泛的理论命题，是一个困难的任务。社会是如此复杂并在持续变迁。实验研究能够为不同被试、干预和背景的因果关系评估做出巨大贡献，在任何试图整合研究发现、提出理论命题或形成政策建议的工作中，建模假定都扮演了不可缺少的角色。回顾式（11.12），必须记住偏离你的数据中心越远，你主张中的不确定性就越大。从更广泛的意义上看，从手头证据外推得越远，你就变得越依赖于可能出错的假定。

## □ 建议阅读材料

　　在分析实验或观测性数据时，社会科学家常常使用统计模型，援引得到扰动项的某些分布以及连接干预和结果函数的假定。Wooldridge（2010）和 Freedman（2005）讨论了回归、非线性模型以及嵌套假设检验。对贝叶斯规则及其在统计学中的应用的一个简明介绍，参见 Bolstad（2007）。Hedges and Olkin（1985）提供了作为统计方法的元分析介绍。Cooper，Hedges and Valentine（2009）编辑的一本书讨论了在进行系统性文献评述时面临的各种挑战。Cole and Stuart（2010）说明了当试图将一个随机实验推广到目标总体时出现的统计问题。Gerber，Green and Kaplan（2004）提出了一个贝叶斯框架，来思考如何将先验信念、无偏证据以及潜在偏误证据结合起来。

## □ 练习题：第11章

1. 重要概念：

（a）解释样本平均干预效应与总体平均干预效应之间的区别。为什么研究者主要对二者之一而不是另一个感兴趣？

（b）什么是元分析？有种方法将表明显著估计干预效应的研究数量与表明无显著估计干预效应的研究数量进行比较。相比之下，为什么说元分析是一种更好的总结研究发现的方法？

（c）使用式（11.2）、式（11.3）和式（11.4），提出一个假想的例子，说明偏误可能性的不确定性如何影响先验信念根据新证据更新的方式。

（d）实施假设检验来比较两个"嵌套"模型意味着什么？

2. 找出一类研究文献，其中的实验至少被复制了一次。仔细考虑选择被试和背景的方式，以及用于实施干预和测量结果的方法。如果发表偏误是需要关心的问题，也需要注意。基于你对这些研究的仔细阅读，来评估每个研究的 ATE 估计值能否被认为构成某种更大总体的一个独立随机样本。

3. 假如我们从一个人数为 $N^*$ 的总体中随机抽取 $N$ 个被试组成样本。通过将 $N$ 个被试中的 $m$ 个分配到干预组来执行一项实验。剩下的 $N-m$ 个被试则被分配到控制组。假设在干预实施后的某个时间，测量所有 $N^*$ 个被试的结果。

（a）假设通过比较干预组的 $m$ 个被试的结果平均值与未被分配到干预组的 $N^*-m$ 个被试的结果平均值来估计总体 ATE。这个估计量是无偏的吗？

（b）这个均值差估计量的合适标准误是式（11.1）还是式（3.4）？或两者都不是？

4. 假设 $N=2m$。使用式（3.4）和式（11.1），说明当干预效应在被试间不变时，有 $\text{SE(SATE)} \approx \text{SE(PATE)}$。提示：在这种情况下，$\text{Var}[Y_i(0)] = \text{Var}[Y_i(1)] = \text{Cov}[Y_i(0), Y_i(1)]$。

5. 为了形成均值为 8 和标准差为 0.89 的一个后验分布，使用贝叶斯更新方程，用代数方法说明图 11-1 中表示的先验信念如何与描绘的实验结果结合。

6. 在 2006 年初选前，格伯、格林和拉里默给某个密歇根登记选民发送了一封鼓励投票的邮件，邮件披露了该地址的每个登记选民在之前选举中是否投票（第 10 章描述了这种"自己"邮件）。[1] 2007 年，在小城市和小镇的地方选举前，一种类似的邮件也被寄给密歇根选民。[2] 此外，在 2009 年的一次特别国会选举前，邮件被寄给伊利诺伊选民。[3] 为了有可比性，我们将每个样本集合限定在只包含一位登记选民的家户。

---

① Gerber, Green and Larimer, 2008.

② Gerber, Green and Larimer, 2010.

③ Sinclair, McConnell and Green, 2012.

| 研究 | 控制组被试数量 | 控制组投票数量 | 干预组被试数量 | 干预组投票数量 |
|---|---|---|---|---|
| 2006 年密歇根 | 26 481 | 8 755 | 5 310 | 2 123 |
| 2007 年密歇根 | 348 277 | 88 960 | 12 391 | 3 791 |
| 2009 年伊利诺伊 | 15 676 | 2 600 | 9 326 | 1 936 |

(a) 估计每个研究的 ATE。

(b) 估计每个研究的标准误。使用这个标准误（平方）计算每个研究的精度。

(c) 假定这三个样本是从相同总体中随机抽取的，计算三个研究的精度加权平均值。（提示：使用其标准误平方的倒数对每个估计值加权。）

(d) 说明这个估计值等于递归地使用贝叶斯更新公式得到的值：使用 2006 年研究的结果作为你的先验信念，并基于 2007 年研究来更新它们，基于式（11.2）和式（11.3）来形成一个后验均值和后验方差；然后使用 2009 年研究的结果来更新这个后验信念。

(e) 使用式（11.3）来估计精度-加权平均值的方差。采用方差的平方根来得到标准误。为了估计 95％置信区间，使用下面基于大样本近似（large-sample approximation）的程序。通过精度-加权平均值减去 1.96 倍方差获得区间的下限，通过精度-加权平均值加上 1.96 倍标准误获得区间的上限。

(f) 解释为什么（e）部分建立的置信区间可能低估了总体 ATE 估计值相应不确定性的真实大小。

7. 根据表 11-2 中报告的 logistic 回归系数，回归 1 的截距是 8.531，斜率是 −1.978。基于这些数值，被提供 100 先令价格的被试，预计有多大比例会购买一件蚊帐？与这一价格的实际购买率相比如何？

8. 表 11-3 显示了肯尼亚蚊帐研究中每个实验地点的观测值与预测值。这个实验的数据可以在 http：//isps. yale. edu/FEDAI 中找到。

(a) 通过计算该地区对每个模型的总卡方统计量的贡献，验证预测失误主要发生在地区 4。

(b) 重新估计表 11-3 中的两个 logistic 回归模型，这次将地区 4 排除在外。复制表 11-3。

(c) 尽管在分析中排除地区 4 改善了两个模型的明显拟合度，为什么排除地区 4 可能被认为是一种有问题的做法？

9. 由于价格为 0 时，价格的对数转换是未定义的，我们从表 11-2 和表 11-3 对蚊帐购买的分析中排除了 0 价格条件。

(a) 如果我们从实验分析中排除 0 价格，价格的因果效应估计值会有偏误吗？

(b) 假设我们推断，一个为 0 的名义价格仍然涉及某种交易成本，如村民不得不努力使用他们的优惠券。对一个给定被试，我们可以对购买率建模如下：

$$\Pr[Y_i = 1] = \frac{1}{1 + e^{-[\beta_0 + \beta_1 \ln(V_i + \gamma)]}}$$

这里的 $\gamma$ 表示使用优惠券的交易成本。为了估计 $\gamma$，插入 $\gamma$ 的一个正值，然后使用

logistic 回归来估计修正模型；注意这个模型的对数似然值。对不同的 $\gamma$ 值重复这个操作。通过找到最大化对数似然的 $\gamma$ 值，来获得 $\gamma$ 的"最大似然估计值"。

（c）对 $\gamma$ 和 $\beta_1$ 的最大似然估计值的实质性解释是什么？（注意，使用这种方法的标准误会低估真实的抽样变异性，因为它们以 $\gamma$ 的一个特定选择为条件。忽略报告的标准误，只解释估计值。）

10. 本章讨论了当随机分配的干预在强度或持续期上有变化时，产生的建模问题。下面的表格考虑了一个不同的情况，这里将被试随机分配到干预组，然后选择不同的剂量。在这个实验中，被试被随机分配接受两个预先录制的电话信息之一。[①] 干预的文本鼓励人们投票，并披露家庭成员是否在过去两次选举中投票。控制组的文本鼓励人们循环利用资源。两个电话都在选举前一天拨打。两个电话的接听率相似。下表显示了接听电话家庭的投票率。投票率以从记录信息开始播放到接听电话者挂电话的时长来分类。

| 干预组 | 受访者挂电话前的持续时间 | | | | |
|---|---|---|---|---|---|
| | 1～10 秒 | 11～20 秒 | 21～30 秒 | 31～40 秒 | 合计 |
| 鼓励投票电话 | 16.6<br>(187) | 17.4<br>(784) | 19.7<br>(983) | 24.3<br>(2 032) | 21.4<br>(3 986) |
| 鼓励循环<br>利用资源电话 | 17.5<br>(143) | 18.3<br>(619) | 18.9<br>(1 132) | 19.8<br>(2 012) | 19.2<br>(3 906) |

注：表格条目为投票百分比，括号中是 $N$。样本限于单一选民家庭。两种电话文本大约 35 秒长。

（a）只关注接听电话的家庭，估计分配到鼓励投票文本的明显平均效应？

（b）该表是否提供了令人信服的证据来证明，"收听鼓励投票记录信息越长的人，按照提高投票率来说，信息越有效"？为什么？

---

① Gerber et al. , 2010.

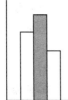

# 第 12 章

# 实 验 设 计 指 导 实 例

实地实验：设计、分析与解释

 **本章学习目标**

（1）如何设计实验来检验竞争性的理论解释。

（2）在亚组中，抽样如何促进平均干预效应的估计。

（3）因素设计的优势。

（4）当干预依据被试特征定制后产生的推断问题。

（5）当某个干预包括几个部分，其中一些遇到不遵从时产生的复杂问题。

（6）如何解决某些被试有结果缺失、背景数据缺失或分配干预的遵从信息缺失的实例。

383　　制作一项有信息量的实验是一种高度定制化的事业。每个项目都要求研究者针对某个具体的研究问题，采用有说服力的方式设计干预、分配被试以及测量结果。熟悉之前章节的原理是研究的重要起点。下一步是学习设计研究，以便将对不可检验假设的依赖最小化、解决推断威胁以及避免实施中的潜在问题。

　　一种学习如何将抽象原理与真实世界应用联系起来的好办法是阅读实地实验研究的指导性实例。在本章中，我们将讨论一系列发人深省的实地实验，来说明研究者经常遇到的各种实验设计挑战。在每一节中，我们将提供一个实际实验的简单介绍，突出可用于其他研究问题的宝贵教训（为了简洁，我们忽略了这些实验的许多重要方面，但我们鼓励读者去查阅原始文章）。对每个应用，我们使用潜在结果将核心假定形式化，以便显示因果参数识别的条件，以及从抽象模型到实验设计与分析的工作。

　　我们从显示理论观点和争论如何启发实验设计的例子开始。在一项研究中，实验干预被巧妙设计来区分两个紧密相关的理论，而另一项研究是通过推测哪些被试最有可能响应干预来指导将被试分配到干预中去的。第三个例子侧重于结果测量，展现没有全面考虑被试响应某个干预会如何导致误导性解释。接下来我们将说明如何使用各种干预来使某个实验更有指导性和稳健性。有时研究者会修改干预，以便与被试接受干预的环境相匹配；我们将讨论这样分析和解释设计的意义。为了突出排除限制的重要性，我们将考虑一个实例，干预包括许多部分，其中某些部分遇到不遵从问题。最后，我们将讨论一个指导性例子，其中某些被试有结果缺失、背景数据缺失或分配干预的遵从信息缺失。在每种情况下，我们将考虑调整设计与分析的方式，以解决这些复杂问题。

## 12.1  使用实验设计区分竞争性理论

在发展中国家，蚊帐和饮水消毒剂等健康用品是应当免费发放还是需要购买？那些主张免费发放的人认为，收费会把最贫困的家庭排除在外。那些反对免费发放的人则认为，免费将导致接受者认为其价值很小并且不使用这些物品。这种反对免费发放的论点基于一种假设，即支付会产生一种沉没成本效应；支付本身导致如果不使用产品则会产生心理成本。以极低或无成本的方式分配健康用品可能会减少使用，如果这种观念是真的，将不仅有趣，对政策设计也很重要。降低广泛购买的健康用品价格的这种善意的干预，可能不经意地减少了对其的使用。这种后果超越了公共卫生项目的意义，为某些东西支付将导致更多需求的主张，是强调心理因素塑造消费者行为的更广泛研究的一部分。如果能够理解这种引人注目的观点，是很有用的。不幸的是，沉没成本假设很难被检验。

沉没成本的心理学意味着，某个消费者对一件产品的支付越多，就越倾向于使用它。通过实施一项实验来检验这个假设是很有吸引力的，即把住户随机分配到免费提供产品组，或是提供不同价格的组中。然后，研究者就可以测量免费获得产品的人与决定付钱的人相比，在用量上的差异。这种方法的一个问题在于有不止一个理论可以预测到这种情况，以获取为条件，这些支付较高价格者可能比免费获得者使用更多。筛选假定认为，在其他条件相同的情况下，低收入家庭对健康用品的支付意愿，与这些家庭预期从产品中获得的收益相关。按不同价格购买者的平均使用率，预期将随着价格的提高而增加，因为更高的价格防止了认为产品使用收益较低的消费者的购买。所以这里有一个关于如何解释更高价格导致更多使用的证据问题：沉没成本与筛选假定做出了相同预测，即在获得产品的人中，价格越高，使用率越高。

阿什拉夫（Ashraf）、贝里（Berry）和夏皮罗（Shapiro）打算设计一项实验来理顺沉没成本与筛选效应。[①] 他们的研究测量了价格对赞比亚住户饮水消毒剂Clorin使用的效应。为了理解他们实验背后的识别策略，让我们考虑每个家庭的潜在结果。将 $Q_i(x)$ 定义为如果以价格 $x$ 购买 Clorin，Clorin 的使用数量。将 $Y_i(x)$ 定

———————————

① Ashraf，Berry and Shapiro，2010.

义为是否以价格 $x$ 购买 Clorin 的决策；当以价格 $x$ 发生购买时，$Y_i(x)=1$，如果没有购买发生，则 $Y_i(x)=0$。

假设这些家庭被随机分配到以两种价格 $p$ 和 $p'$ 获取 Clorin 的组中，这里 $p'>p$。研究者观测在每个价格上哪些家庭会购买 Clorin，并测量它们的使用量。我们可以使用在每个价格上购买人群的平均使用水平，来估计两个数值 $E[Q_i(p') \mid Y_i(p')=1]$ 和 $E[Q_i(p) \mid Y_i(p)=1]$。不幸的是，这种信息不足以让我们理顺沉没成本和筛选效应。平均使用率的期望差异可以写成：

$$E[Q_i(p') \mid Y_i(p')=1] - E[Q_i(p) \mid Y_i(p)=1]$$

$$= \underbrace{E[Q_i(p') \mid Y_i(p')=1] - E[Q_i(p) \mid Y_i(p')=1]}_{\text{沉没成本效应}}$$

$$+ \underbrace{E[Q_i(p) \mid Y_i(p')=1] - E[Q_i(p) \mid Y_i(p)=1]}_{\text{筛选效应}} \quad (12.1)$$

386　通过减去和加上 $E[Q_i(p) \mid Y_i(p')=1]$。等式右边第一项是沉没成本效应产生的使用量。这一项等于一个家庭亚组（在价格为 $p'$ 时购买的人）在两个不同价格 $p'$ 和 $p$ 上平均使用量的变化。将这一亚组中使用量的差异，归结于价格对这些家庭使用产品欲望的影响。按照沉没成本假定，这个效应为正。等式右边第二项表示筛选效应。这一项显示了按照一个给定价格（$p$），两个家庭集合平均使用水平的差异：一个家庭集合同意以较高价格购买 Clorin，一个家庭集合同意以较低价格购买 Clorin。沉没成本效应在第二项中没有起任何作用，因为两个组的使用量 $Q_i(p)$ 都是基于相同价格的。按照筛选假定，愿意以一个较高价格购买的家庭更渴望使用这个产品，因此筛选项应当为正。正如之前提到但现在被形式化的，两个理论均为总和贡献了一个为正的项。因此，如果我们观测到购买价格较高的人与较低的人相比，使用量更大，我们仍然不能区分这两种解释。

然而，式（12.1）中的分解，为这个识别问题提供了一种解决办法。关键是要认识到价格起到两种不同作用：决定一个购买是否发生；给定购买后的使用量是多少。当实验者询问一个家庭在给定价格 $p$ 是否购买 Clorin 时，就可以得到 $Y_i(p)$。当实验者对家庭收取一个价格时，产品的易手价格决定了 $Q_i(p)$。将家庭最开始响应的价格称为卖价，将产品被卖出的价格称为交易价。认识到价格扮演这两种角色，对如何估计两种效应提供了建议：使卖价不同于交易价。

在实地环境中，阿什拉夫、贝里和夏皮罗区分了卖价和交易价。首先询问每个家庭是否愿意以规定价格 $p'$ 购买 Clorin；其次，在收到一个响应后，宣布这些愿意购买的家庭可以享受折扣并以价格 $p$ 购买 Clorin。这些家庭被随机分配到一个最初规定价格以及一个折扣价格，这样允许研究者估计表 12-1 的 4 个量中的 3 个。$p'>p$，没有尝试估计 $E[Q_i(p') \mid Y_i(p)=1]$。换句话说，研究者在最初卖价之后从来没有提价；幸运的是，区分沉没成本效应与筛选效应并不需要这个量。筛选假定可以通过评估当卖价提高时，使用量是否也随之增加来检验，同时保持交易价不变。沉没成本假定可以通过评估当交易价提高时，使用量是否随之增加，同时保持卖价不变来检验。

排除限制在这个设计中起了重要的作用。尤其是，上面提出的模型假定使用量的潜在结果 $Q_i(x)$ 是只有一种输入（交易价格）的函数。这个假定允许我们检验沉没成本假定，即通过比较接受价格 $p'$ 并支付实际价格 $p'$ 的人，与接受价格 $p'$ 但支付意外折扣价 $p$ 的人，二者的使用水平。然而，假设消费者的动机是沉没成本推理，当回想他们用了多少钱购买 Clorin 时，只记得最初提供的价格。数据可能给出误导性的印象，即不存在沉没成本效应。幸运的是，这个场景具有可检验含义：可以询问接受了不同随机分配价格的受访者，要他们回忆为 Clorin 支付了多少钱。对排除限制问题的担心，也可以激励研究者在研究设计中未雨绸缪；研究者们采取再次确认消费者交易价格的步骤，是为了帮助增强认知显著性。

**表 12 - 1**　　　　　　　　　　**不同卖价和交易价下潜在结果的期望值**

| | | 交易价 | |
| --- | --- | --- | --- |
| | | $p'$ | $p$ |
| 卖价 | $p'$ | $E[Q_i(p') \mid Y_i(p')=1]$ | $E[Q_i(p) \mid Y_i(p')=1]$ |
| | $p$ | $E[Q_i(p') \mid Y_i(p)=1]$ | $E[Q_i(p) \mid Y_i(p)=1]$ |

注：$Y_i(x)$ 指的是当最初的卖价为 $x$ 时，家庭是否同意购买 Clorin。$Q_i(x)$ 指的是给定一个交易价为 $x$ 时，Clorin 的使用量。这两个实验价格为 $p$ 和 $p'$，这里 $p' > p$。有阴影的单元格反映了阿什拉夫等人并未试图估计 $E[Q_i(p') \mid Y_i(p)=1]$ 的事实；由于显而易见的原因，令人惊讶的是，交易价从没有增加到超过最初的卖价。

Clorin 实验是符合一般设计原理的优秀设计。如果一个因果命题遵循不止一种理论，随机分配不同的干预成分，以便区分每个理论提出的机制。这个原理可以用于指导一系列实质领域的理论争论，这一点我们将在本章练习题中强调。

## 12.2　基于被试的预期干预响应进行过抽样

税收遵从性的一个重要特征是某些收入来源比其他来源更容易隐藏。例如，拥有商业和农场收入的美国纳税人，在向税收征收机构报告时，比只有工资收入的公民的灵活性大得多，因为工资收入由雇主直接向政府报告。上年度纳税申报显示其收入主要来自商业或农业的纳税人，被标记为高度机会纳税人。

20 世纪 90 年代前期，明尼苏达州税务机关资助了一系列创新实验，致力于发现提高税法遵从性的方法，尤其是在高度机会纳税人中。其中一项实验（Slemrod，Blumenthal and Christian，2001）评估了一封公函的效应，该公函警告纳税人可能被审计。在考虑的各种结果中，有一项是被试随后报告的收入与干预之前年份报告收入的比。研究的假设很简单：平均来说，收到警告公函家庭的报告收入的变化，会大于没有收到公函家庭的报告收入的变化。

我们使用斯莱姆罗德（Slemrod）等人的研究，说明当主要研究目标是了解条件平均干预效应或亚组内平均干预效应时，研究者如何调整被试抽样和分配到实验组的方式。表 12 - 2 显示了明尼苏达州家庭的收入和机会分布。设计问题是，如何从 6 种收入与机会的组合中抽取被试。在本研究中，抽样是受到限制的，因为审计和追踪纳税申报表都会耗费工作人员的时间。必须对干预家庭（接收信函）进行审计，无论是干预组还是控制组家庭，随后都必须密切追踪纳税申报表。如第 3 章所述，寻求精确估计 ATE 的研究者，通常会分配相似数量的被试到每个实验条件，但对无干扰问题的担心会造成另一种限制：如果较大比例的州纳税人被告知将有一次审计，通过交谈或媒体报道，这种干预效应可能溢出到控制组。在这个实验中，研究者只实施了 1 537 个干预，该州大约每 1 200 户家庭收到一封信函。①

**表 12 - 2　明尼苏达州家庭的总体（按收入和向税务部门谎报收入的机会划分）**

|  | 低机会 | 高机会 | 合计 |
|---|---|---|---|
| 低收入 | 449 017 | 2 120 | 451 137 |
| 中等收入 | 1 290 233 | 50 920 | 1 341 153 |
| 高收入 | 52 093 | 8 456 | 60 549 |
| 合计 | 1 791 343 | 61 496 | 1 852 839 |

注："高机会"指纳税人相对容易对税收征收机构隐瞒收入来源。

389　　　对一个给定干预组大小的实验，哪些类型的家庭应当收到信函？最简单的设计是选择一个明尼苏达州总体的随机样本。如果遵循这种程序，6 个总体组中每个组被分配到干预的被试数量，预计将遵循表 12 - 3 描述的模式。暂且不说一种可能性，即不同纳税人类别的结果测量方差可能不同，这种抽样策略是估计所有明尼苏达州家庭平均干预效应的有效方法。然而，需要注意，整整三分之二的干预被用于低机会的中等收入家庭。只有 51 户高机会类型的家庭收到信函，这些家庭中只有 7 户是高收入的。高收入、高机会纳税人是额外税收的巨大潜在来源。从家庭总体中进行等概率抽样将无法使税务机构评估这些特别重要亚组的干预效应。

**表 12 - 3　明尼苏达州家庭总体按等概率抽样时，被分配到干预组被试的期望数量**

|  | 低机会 | 高机会 | 合计 |
|---|---|---|---|
| 低收入 | 373 | 2 | 375 |
| 中等收入 | 1 070 | 42 | 1 112 |
| 高收入 | 43 | 7 | 50 |
| 合计 | 1 486 | 51 | 1 537 |

该实验中使用的实际抽样方案，反映了在高收入、高机会家庭中，获得足够数据来估计干预效应的价值。表 12 - 4 显示了 6 个总体部分的每一个中被分配到干预组的家庭数量。研究者决定不采用等概率抽样方法，而是将高机会干预的数量增加 10 倍，同时将针对高收入家庭的干预数量增加 3 倍。因为均值标准误的变化与样本大小

① 干预的实际数量是 1 714，但我们排除了随后从分析中删除的人，因为这些人没有填写纳税申报表。我们将在本章后面部分解决缩减的问题。

的平方根成比例，减少中等收入、低机会组被试的数量将增加其估计均值的标准误约40%。另一方面，高收入、高机会组的 10 倍增加将减少估计均值的标准误大约 70%。

**表 12-4　　明尼苏达州纳税遵从实验中被分配到干预组被试的实际数量**

|  | 低机会 | 高机会 | 合计 |
|---|---|---|---|
| 低收入 | 381 | 52 | 433 |
| 中等收入 | 520 | 397 | 917 |
| 高收入 | 107 | 80 | 187 |
| 合计 | 1 008 | 529 | 1 537 |

原则上，控制组应当包括所有未干预的家庭。然而，结果测量需要对收入记录做仔细的检查。由于资源限制，只有 20 831 户家庭被选入控制组。不过，尽管过抽样（oversampling）模式是干预组模式的一个温和版本，控制组规模仍然比干预组大得多，并且其纳税人类别构成更接近总体。表 12-5 汇集了六种纳税人类型中所有家庭的分布、按干预组和控制组划分的纳税人类型分布以及每种类型中的 ATE 估计值。

**表 12-5　　干预组和控制组被试与实验结果的分布（按家庭类型分）**

| | | 每个家庭类型占纳税人总体比例 | 每个家庭类型占干预组比例 | 每个家庭类型占控制组比例 | 干预组，报告收入的平均变化 | 控制组，报告收入的平均变化 | ATE 估计值 |
|---|---|---|---|---|---|---|---|
| 低收入 | 低机会 | 0.242 | 0.248 | 0.232 | 1 609 | 1 490 | 119 |
| | 高机会 | 0.001 | 0.034 | 0.006 | 6 502 | 3 204 | 3 298 |
| 中等收入 | 低机会 | 0.696 | 0.338 | 0.655 | 960 | 497 | 463 |
| | 高机会 | 0.027 | 0.258 | 0.063 | 3 546 | 1 539 | 2 007 |
| 高收入 | 低机会 | 0.028 | 0.070 | 0.033 | −18 721 | −2 659 | −16 062 |
| | 高机会 | 0.005 | 0.052 | 0.012 | −33 513 | 12 150 | −45 663 |
| 合计 N | | 1 852 839 | 1 537 | 20 831 | | | |

回忆一下第 3 章和第 4 章，在这种抽样方案下，无法通过比较干预组和控制组的结果平均值来获得整体 ATE 的无偏估计值，因为被分配到干预组的概率在 6 个纳税人（一种对未加权均值的简单比较，忽略了高收入家庭占干预组的 12.2%，但只占控制组的 4.5%）类别中是不同的。估计总体平均干预效应的正确方式是对每个纳税人类别建立 ATE 估计值的一个加权平均值，这里的权重由明尼苏达州总 体中每个类别的份额来确定。① 例如，低收入、低机会组（1 609 − 1 490 =

---

① 一种使用代数的等价方法是调整估计总体平均干预效应的数据，即对观测值进行重新加权。对每个实验组计算：

$$加权平均值 = \sum w_i Y_i / \sum w_i$$

这里的 $w_i$ 是单位 $i$ 所在分区中被试的数量，除以单位 $i$ 分区中被分配到实验组被试的数量。PATE 的估计值，是干预的加权平均值减去控制组的加权平均值。在斯莱姆罗德等人的实验中，有 6 个区块。为了了解如何对其中一个分区建立权重，考虑低收入、低机会的区块：对干预组的 381 个被试中的每一个，有 $w_i = 449\ 017/381$；对控制组的 4 829 个被试，有 $w_i = 449\ 017/4\ 829$。

119 美元）的 ATE 估计值的权重为 0.242，因为 1 852 839 个明尼苏达州家庭中有 449 017 个被分到这个组。将总体权重用于每个组的 ATE 估计值，得到：

$$0.242 \times (1\ 609 - 1\ 490) + 0.001 \times (6\ 502 - 3\ 204) + 0.696 \times (960 - 497)$$
$$+ 0.027 \times (3\ 546 - 1\ 539) + 0.028 \times [-18\ 721 - (-2\ 659)]$$
$$+ 0.005 \times (-33\ 513 - 12\ 150) \approx -278\ 美元 \tag{12.2}$$

令人惊讶的是，这个估计值显示，信函导致税收收入轻微下降，尽管置信区间（-1 187，631）提示不能排除信函没有平均效应的可能性。使用一个稍微不同的结果测量，研究者们发现了在纳税人报告 1994 年比 1993 年有更多收入的比例上有一个统计上显著的增长（$p < 0.01$）。这说明信函的确导致某些纳税人改变了他们的行为。

研究者抽样策略的优点在于，它提供了一个探索干预效应是否以及如何随着亚组变化的机会。正如表 12-5 显示，干预效应估计值在 6 个纳税人类别之间显著不同，在低和中等收入纳税人中报告较多，而在高收入纳税人中报告较少。尤其惊人的是高收入、高机会纳税人的行为，在干预之后，其报告的收入似乎下降了 45 663 美元。这一发现是意料之外的——税务部门预期他们的信函将使纳税人报告的收入增加，尤其是在这种利润特别丰厚的群体中——再一次说明严格的科学评估有时会挑战经验丰富的专业人士的信念。为了分析的目的，表 12-5 提供了一个机会，来逐步练习对条件平均干预效应的解释和分析。

回忆一下第 9 章中亚组分析被用于解决几个相关研究问题。第一个问题是每个亚组的结果模式是否导致我们拒绝所有亚组具有相同的平均干预效应的零假设。尽管该实验的数据不能公开获取，研究者仍然报告了其报告收入增加的各个实验组的比例，这种信息使得我们能够进行假设检验。这里的报告收入的变化，是干预后纳税年度报告收入与干预前纳税年度报告收入之间的差值。检验统计量是比较两个嵌套回归的 $F$ 检验，回归的结果变量是增加的报告收入。第一个回归允许干预效应在亚组间不同。这种受限回归假定干预效应在不同亚组是相同的。比较实际实验的 $F$ 统计量与零假设（即所有被试的干预效应与 ATE 估计值相同）下这个统计量的抽样分布，我们得到了一个 $p$ 值，为 0.07。这个临界结果为干预效应异质性提供了一些模棱两可的证据。

第二个问题是，是否有任何亚组显示了令人信服的正干预效应的证据。这里，393 一个单尾检验反映了研究目标，即评估一项被认为可以增加税收收入的干预。我们必须对多重比较进行修正，由于这里有 6 个偶然（至少出现 1 个假阳性检验的概率是 $1 - 0.95^6 = 26\%$）出现一种显著阳性结果的机会。对通常 0.05 显著性水平的修正使对每个假设检验确定的临界 $p$ 值为 $0.05/6 = 0.008$。结果证明，6 个假设检验中没有一个是显著阳性的，无论是否使用了 Bonferroni 校正。有人可能会问是否有任何亚组显示了显著不为 0 的干预效应，无论正负符号如何？回忆一下，对其中一个亚组，即高收入、高机会纳税人，估计值显示一个较大且统计显著的警告性的"负"效应。对这个亚组，研究者们报告了干预效应为 -45 663 以及标准误为 17 394。如果我们假定抽样分布近似为正态的，这个估计值与标准误的比率意味着一个 0.004 的 $p$ 值，这将导致我们拒绝无干预效应的零假设，即使应用了 Bonferroni 校正。作者对这个意外结果保持了适度谨慎；他们对这种观测模式（举例来说，这个亚组的纳税人被提示在干预后要更仔细地准备纳税申报表）考虑了实质性解释，但并没有在数据中找到很多支持这些附属假设的证据。另一个谨慎的理由是 $p$ 值的计算方式。贯穿本书，在计算 $p$ 值时，我们一直在犹豫是否要依赖正态近似，而本例恰好说明了一种情况，即正态近似可能产生误导性结果。高收入家庭中收入逐年变化的分布可能有少量非常大的正值或负值。因此，均值差估计量可能服从一个非正态的抽样分布，除非每个实验组中被试的数量非常大。在这里随机化推断尤其有用，因为其为无效应的精确零假设检验提供了准确的 $p$ 值，无论样本大小或结果分布如何。

本研究为研究目标如何指导抽样与被试分配提供了一个指导性实例。当对特定亚组的平均干预效应特别感兴趣时，可以采用实验设计，这样亚组与亚组之间的干预概率会不同。在分析这些实验时，必须特别小心：如果目标是生成总体平均干预效应的无偏估计值，必须应用权重；如果目标是检验特定亚组的干预效应是否在统计上显著，必须解决多重比较问题。

## 12.3 实验结果的综合测量

当研究者将注意力限制在一个狭窄的结果集合时，可能会对一项实验干预的效应得出误导性结论。例如，假定你对鼓励公民参与的干预效应感兴趣，一种结果类别可能包含一系列行为，如投票、阅读地方报纸、和邻居讨论公共问题以及出席市镇会议。如果你只测量被试是否出席下一次市镇会议，会发生什么？为了将你的 ATE 估计值解释为实验干预对公民参与的平均效应，你不得不假定，你测量的行为恰好是不可测量的公民行为的代表。这个假定可能有风险。假设暴露在你的干预下的被试确实更有可能出席市镇会议。你的干预似乎是有效的。但是，想象你的干预实际上有两种效应：它使得被试更有可能出席市镇会议，但却更不可能参加地方选举投票。现在公民参与的整体效应是不明确的。如果干预导致被试参加下一次市镇会议，但却缺席再下一次，即所谓的跨期替代（intertemporal substitution）模式，相同的观点也成立。而更广泛应用的设计原则是：测量随时间推移的一系列概念相关的结果，以使结论不依赖于干预之后，所有结果朝同一方向运动的假定。

一项由西梅斯特（Simester）、胡（Hu）、布林约夫森（Brynjolfsson）和安德森（Anderson）进行的实地实验，说明了这种设计原理的重要性。[①] 一家服装零售商的顾客被分配到两个组：低广告组和高广告组。在为期 8 个月的时间中，低广告组接收到 12 个邮寄的商品目录，而高广告组接收到 17 个。核心的研究问题是：哪一种广告策略更有利润？令人信服的结果显示，在干预期间（定义为广告

---

① Simester，Hu，Brynjolfsson and Anderson，2009.

期以及随后 4 个月），高广告条件增加了目录销售量。较强以及统计显著的估计值似乎意味着零售商应当增加广告量。然而，结果证明，这种短期结果有误导性；尽管更多的广告导致目录销售量短期上升，但它也导致干预期之后的 8 个月目录销售量的下降。此外，接收额外邮购目录的顾客，通过公司网站购买的量更少。虽然短期结果看起来很好，对结果的综合性评估显示，发送额外的目录实际上损失了利润。

这个例子说明，结果测量太狭窄的实验会与可排除性假定冲突。研究者打算研究的是广告策略的盈利能力，而不是单一购买渠道的短期销售量。将 $Y_i(d)$ 称为每个被试在干预（$d=1$）或控制（$d=0$）下的总购买量，然后将这些购买量划分为短期购买 $Y_i^s(d)$ 和长期购买 $Y_i^l(d)$，因此有 $Y_i(d)=Y_i^s(d)+Y_i^l(d)$。如果总购买量是我们真正感兴趣的结果，但我们比较的却是 $Y_i^s(1)$ 的平均值与 $Y_i^s(0)$ 的平均值，因此估计值的期望值小于 $Y_i^l(1)$ 和 $Y_i^l(0)$ 之间的期望差值，我们的估计量
395 将有偏。因为实验分配通过一条我们分析中被忽略的路径（长期销量）影响了结果（总销量），因而违反了可排除性假定。

无论何时，只要理论建构的结果与实际测量的结果之间不完全匹配，类似的担心就会出现。出于可行性或便利性的理由，研究者经常在感兴趣的真正结果早期或未完全显示时就测量结果。例如，在医学研究中，旨在防止心脏病发作的治疗有时会依据验血是否显示胆固醇下降这种与心脏病发作相关的代理结果（proxy outcome）或替代结果（surrogate outcome）来评估。短期内胆固醇很容易被测量，然而心脏病发作不常发生，需要使用大样本或长期观测。然而，使用胆固醇作为代理变量，引入了一种关于胆固醇与心脏病发作关系的新实质性假定，从而为可能违反可排除性假定打开了大门。回忆 2.7.1 节，当测量误差基于实验条件存在系统性变异时，干预组和控制组均值的比较不再能产生 ATE 的无偏估计值。在本例中，一个对胆固醇无效应的治疗（干预）却可能降低心脏病发作的风险；在这种情况下，将胆固醇作为代理结果可能会夸大干预组相对于控制组的不利健康结果。在社会科学中，常常使用代理变量和短期结果，它们的恰当性需要仔细地被评估，这也是实证研究的热点。

## ▪ 12.4　因素设计与无干扰的特例

伯特兰（Bertrand）和穆莱纳桑（Mullainathan）对劳动力市场种族歧视的研究阐明了两个重要的洞见，即实施广泛干预的价值和对每个被试实施一个以上干预的价值。[①] 研究者的主要研究目标是评估一个求职者的种族是否会影响企业给予求职者的面试机会。为了使用潜在结果符号来重新表述研究目标，让每个企业作为一个被试，如果企业 $i$ 给予一次面试机会，有 $Y_i=1$，否则 $Y_i=0$。对于一份给定简历，每个企业具有两种潜在结果 $Y_i(d)$。当一份简历自一个有典型白人名字

---

① Bertrand and Mullainathan，2004.

的人时，有 $d=1$；当一份简历来自具有典型黑人名字的人时，有 $d=0$。如果企业同意给提交白人简历者一次面试机会，但没有给提交黑人简历的申请人机会， *396* 干预效应为 1；如果企业对两种求职者都不给或都给予面试机会，干预效应为 0；如果企业给提交黑人简历的求职者面试机会，但没有给提交白人简历的求职者机会，干预效应为 −1。平均干预效应代表了企业特别优待白人求职者的程度。

为了估计这个 ATE，作者们使用了一种实地实验类型，被称为"审计研究"（audit study）。在这种设计的一份典型应用中，研究合谋者申请贷款、零售购买、询问房源或寻求帮助。[①] 研究者会测量信贷员、房东或公职人员如何响应。实验的操纵包括，改变合谋者的某些属性，如种族、性别或口音，并保持其他属性，如年龄、服装或一项请求的措辞不变。例如，为了研究房屋租赁中的歧视，某位研究者可能派遣具有相似财务和职业地位的白人和黑人合谋者，去尝试租赁一套公寓。种族的效应通过房东对黑人和白人租户的响应差异来测量。

传统的审计设计有一些缺点。第一，由于人们在很多方面都不同，实施一项除求职者种族外，其他方面都相同的实验非常有挑战性。第二，合谋者知道他们正在参与一项审计研究（事实上，他们通常受到广泛的训练），这种知识对他们的行为有微妙影响。不幸的是，在实地环境下合谋者的行为常常难以观测，使得很难从经验上评估这种问题。

伯特兰和穆莱纳桑设计了一种能够避免这些潜在问题的审计研究。通过电子邮件给发布招聘广告的企业发送简历，研究者消除了对合谋者的需求。为了在显示每个求职者种族的同时，保持求职者资格的所有其他方面不变，虚构的求职者被随机分配假定的白人或黑人名字。使用人口记录以及预调查，研究者确定哪些姓和名会使一个普通人正确推断出求职者的种族。使用电子邮件来取代合谋者，排除了干预实施的无关变化（extraneous variation）。雇主看到的简历，除了求职者种族以外，其他方面是相同的。

作者还通过改变简历质量来对基本的审计研究进行扩展，以评估种族效应是否会根据求职者资格发生变化。如果雇主不愿意雇用黑人，是因为雇主认为他们不合格，那么，显示出求职者具有较高素质应当能够克服这种刻板的印象。改变求职者的质量还有另一个优点：研究者可以通过描述其与简历质量效应的关系，来校准种族效应。例如，实验可能表明，简历中附上一个白人而非黑人的名字，平均来说，相当于为简历增加了 5 年工作经验。 *397*

回忆第 9 章，一个因素设计是一种随机分配被试到所有可能的干预组合的实验。本研究中的因素设计包括两个因素：求职者的种族（黑人或白人）以及简历质量（高或低）。[②] 四个实验组的每一个都包含大约相同数量的被试；因为按照设计，这两个因素是不相关的。对结果的解释非常简单。表 12 - 6 显示了企业接收

---

[①]　Fix and Struyk, 1993；Choi, Ondrich and Yinger, 2005；Pager, 2007；Butler and Broockman, 2011.

[②]　出于阐述方便，我们忽略了实验中的其他因素，如性别或求职者地址，以及其他细微差别，如质量信息是通过各种不同属性来传递的、工作经验或教育。

每种类型的简历并给求职者面试机会的比率。从这张表格中，我们可以估计四个感兴趣的数量：不管简历质量，种族的平均效应（9.65－6.45＝3.20）；不管种族，高简历质量的平均效应（8.75－7.35＝1.40）；白人求职者中高简历质量的平均效应（10.79－8.50＝2.29）；黑人求职者中高质量简历的平均效应（6.70－6.19＝0.51）。显然，与黑人求职者相比，白人求职者收到更多电话面试机会。回到简历质量上，与黑人求职者相比，似乎质量对白人求职者的效应更大。对这张表同样有效的另一种解释方式是当简历质量较高时，种族的效应会特别大。这种干预与干预之间的交互作用缺乏统计显著性（$p＝0.24$），但仍然值得注意。由于研究者没有采用双因素设计，他们无法探测到一个事实，即对黑人求职者来说，提高简历质量的相对价值很小。

表 12－6　　　　　　　　面试邀请率（按种族与简历质量分）

| | 整体 | 低质量 | 高质量 | 高-低（$p$ 值） |
|---|---|---|---|---|
| 白人名字 | 9.65 [2 435] | 8.50 [1 212] | 10.79 [1 223] | 2.29 (0.06) |
| 黑人名字 | 6.45 [2 435] | 6.19 [1 212] | 6.70 [1 223] | 0.51 (0.61) |
| 整体 | | 7.35 [2 424] | 8.75 [2 446] | 1.40 (0.07) |
| 白人-黑人（$p$ 值） | 3.20 (0.00) | | | |

注：表中条目是招聘者用电话或电邮提醒安排面试的每类简历的百分比。这张表改编自 Bertrand and Mullainathan（2004）表 4 中的 A 部分。根据研究者的规定，虽然这种情况可以用单尾检验，但考虑到白人名字和高质量简历将获得更多面试机会，所有 $p$ 值均基于双尾检验。

398　　　研究者也可以将干预多样化，来减少结果对特殊设计决策的依赖。在部署他们的实验干预时，伯特兰和穆莱纳桑可以选择一个白人名字和一个黑人名字，但如果他们选择的名字恰好与流行歌曲或新发布电影的名字相同，会发生什么（我们意识到，只使用一个名字的审计研究在实地环境下进行时，由于某种奇特的机遇可能会出现在全国新闻报道中）？对从事投资工作的人来说，解决办法很熟悉：多样化。研究者搜集了几十个合意的名字，并随机分配一个给每份简历，而非只使用一个名字（这种设计还能使研究者验证所有假定的白人或黑人名字是否产生了相同的干预效应）。多样化也可以指导选择工作技能、教育、经验、语言背景以及技术培训，以便形成高或低质量的申请。尽管多样化要求实验者制定和管理大量随机变化的干预，但它能降低某个倒霉选择破坏实验的风险。

　　　因素设计微妙地改变了赋予均值差估计量的解释。白人和黑人求职者在面试率上的差异，代表了按不同质量简历所占份额加权后的种族效应估计值。在本实验中，高质量或低质量简历的发送数量大致相同，因此在给定一批简历中一半高质量和一半低质量的情况下，被估计量为种族的平均干预效应。研究者很容易对数据重新加权来反映任何想要的简历组合——例如，一批简历有 75% 是高质量、有 25% 是低质量。因素设计的一个缺点是它可能降低研究者估计一种特定干预组合的平均效应的精度。例如，如果主要目标是估计低质量简历中的种族效应，将简历分配到高质量条件下，会减少可用于估计感兴趣参数的观测值数量，从而增加抽样变异性。在本实验中，研究者的目标更广泛，他们使用一项因素设计来探索大量交互作用。

伯特兰和穆莱纳桑的研究也说明了无干扰性假定可以多强大。现在，我们忽略因素设计，并假定研究者使用了单个简历，它要么来自白人求职者，要么来自黑人求职者。这项实验的一个有趣的特点是研究者没有对每个企业要么发送黑人版简历，要么发送白人版简历，而是对每个企业同时发送黑人和白人版简历。换句话说，这种设计允许研究者对每个企业同时观测 $Y_i(0)$ 和 $Y_i(1)$。研究者现在可以从完整潜在结果一览表中计算（而不是估计）任何需要的量！可以在企业层次计算种族歧视，并且没有不确定性。

但好像有点问题。没有随机分配简历（所有企业得到同一对简历），然而我们却获得了关于潜在结果的大量信息。通常，潜在结果的讨论始于研究者不能同时观测 $Y_i(0)$ 和 $Y_i(1)$ 的规定。这里我们这样做的理由是无论对与错，我们都引入了一个强无干扰性假定：无论企业收到一份还是四份简历，其潜在结果 $Y_i(d)$ 都保持不变。

更广阔的洞见是通过援引无干扰性假定，使用被试内设计（参见第 8 章），研究者可以获得一个完整潜在结果一览表。通常来说，研究者将每个被试随机分配到一种实验条件中，理由是如果应用一个以上的干预，就会违反无干扰性假定。这项实验中无干扰的合理性，似乎取决于发送到每个企业的简历数量。隐含地，我们设想一位人力资源主管通过电子邮件应用程序进行筛选。如果少量的实验邮件与大量其他简历混合在一起，无干扰性或许是一个合理的假定。但如果几十封实验邮件构成求职者群体的大部分时，会发生什么？[①]

当然，实际上研究者没有用不同名字发送相同的简历；他们会发送不同名字的四份简历，并随机改变简历内容。结果，每个企业的响应并没有揭示出 $Y_i(0)$ 和 $Y_i(1)$，而是有一个由一系列属性而不是种族来定义的潜在结果集合。因此，实验并没有揭示每个企业的干预效应。[②] 一个企业似乎有歧视，是因为其面试了两个白人求职者，并没有面试黑人求职者，可以想见这是基于每份简历列出的特殊技能做出的选择。

尽管这种设计并未生成每个企业的完整潜在结果一览表，但在无干扰性假定下，其增加了大量统计效力。研究者们通过寻找每个企业内的歧视证据，减少了统计不确定性，而不是比较一个异质性企业集合的响应。通过计算似乎青睐白人求职者、黑人求职者或二者均不青睐的企业数量，可以评估歧视。研究者们发现，1 323 个企业中有 111 个给白人求职者的面试机会比给黑人求职者的更多；有 46 个企业给黑人

第 12 章 实验设计指导实例

---

① 原则上，可以检验无干扰性假定。假设可以同时使用一个以上的干预，研究者可以比较干预 B 是唯一干预时和其与干预 A 一起使用时的效应。如果将被试随机分配到这些替代方案，干预 B 单独或与干预 A 一起时效应估计值之间的显著差值，就是干扰的证据。

② 另外一种复杂问题是企业可能有几位人力资源职员审查简历。如果每份简历由哪个职员审查是偶然确定的，并且职员具有不同的潜在结果，观测的结果只能部分地揭示一个企业的潜在结果平均值。

求职者的面试机会比给白人求职者的更多；剩下的给了各组相同数量的面试。[①] 零假设是面试按种族中性的方式给予的。在这种情况下，企业给白人更多面试机会的概率与企业给黑人更多面试机会的概率相同。如果这个假设为真，观测到一个百分比高达 $111/(111+46)=70.7\%$ 的概率基本上是 0。因此拒绝企业同等对待白人和黑人求职者的零假设。由于我们之前在考察表 12-6 时，已经拒绝了这个零假设，这一结果没有表现出控制企业层次异质性的统计优势。当我们重新审视无简历质量效应的零假设时，这个结果更加引人注目。回想一下，在所有简历中，高质量求职者收到面试邀请的可能性要多 1.40%，这意味着双尾检验的 $p$ 值是 0.07。当观测企业层次的模式时，我们看到，1 323 个企业中有 99 个给高质量求职者比低质量求职者更多数量的面试机会。而低质量求职者收到更多数量面试邀请的只有 66 例。获得如此大的不平衡的双尾概率为 0.01。[②] 总之，伯特兰和穆莱纳桑的研究说明了因素设计的许多好处：可以检验更广泛的研究假设；干预多样化可以防止出现意外问题；在特殊情况下，不同的干预有助于隐蔽地对每个被试应用多项干预。

## 12.5　基于被试特征采用不同干预实验的设计与分析

越来越多的实地实验会评估在告知公民其选出代表的绩效后会产生的影响。这种研究的动机是担心没有这些信息，公民会无意中投票给腐败或无能的候选人。实验已经研究了各种环境下的信息效应。班纳吉（Banerjee）等人研究了向印度贫民窟居民发放报纸上印刷的记分卡的效应；费拉斯（Ferraz）和菲南（Finan）研究了一项自然发生的实验，即地方媒体公布对巴西市政府随机审计结果的效应。汉弗莱斯（Humphreys）和温斯坦（Weinstein）给乌干达民众提供关于议员行为的证据。[③] 在各个研究中，被试接受不同的干预，取决于他们代表的绩效如何。这些研究是一类更广泛实验的重要例子，这类实验采用修改干预的方式来契合接受干预的被试。

为了理解干预在被试间有系统性差异时，出现的特殊解释问题，考虑一项由庄（Chong）、德拉欧（De La O）、卡兰（Karlan）和旺切克（Wantchekon）进行的实验，评估向选民提供地方政府腐败水平信息的效果。[④] 在墨西哥，联邦政府会对市财政定期进行审计。某些市镇获得了高分（他们适当地使用了批准经费，并且没有腐败的会计违规现象），其他城市则没有。为了解释的方便，我们简化了这个研究的设计，假设将每个市政区域随机分配到两个实验组之一。控制区域会在选举前不久收到关于投票时间和地点的一份传单；在干预区域收到的传单中，除了投票信息外，还有对所在地市政府联邦审计结果的概述。实验结果是每个区域

---

① 总的来说，这个样本中的面试很少；有 1 103 个企业没有给任何实验求职者提供面试机会。

② 对简历质量与种族的交互作用，该方法也提供了一种更准确的评估。在黑人求职者中，高质量简历 52 次得到青睐，低质量简历 45 次。在白人求职者中，高质量简历 78 次得到青睐，低质量简历 49 次。这一交互作用在统计上仍然不显著（双尾 $p$ 值＝0.13），但围绕交互效应的置信区间现在更窄了。

③ Banerjee, Kumar, Pande and Su, 2010；Ferraz and Finan, 2008；Humphreys and Weinstein, 2010.

④ Chong, De La O, Karlan and Wantchekon, 2011.

投给现任政党的选票份额。

为了突出这种设计产生的微妙识别问题，让我们仔细查看潜在结果。假设这里只有两种审计结果：诚实（没有发现严重违规行为）及腐败（有很多官员违法的例子）。表 12-7 呈现了四个区域假想的潜在结果一览表（在位者得票份额）。两个区域位于审计判断为腐败的市，两个区域位于审计判断为诚实的市。审计结果是一个干预前协变量，在表中表示为 $X_i$。如果该区域收到控制组传单，潜在结果 $Y_i(0)$ 表示在位者的得票份额。对被干预潜在结果建模有一点复杂。令 $Y_i(honest)$ 表示当传单称市政府诚实时的结果，令 $Y_i(corrupt)$ 表示当传单称市政府腐败时的结果。假设该设计对市划分区块，使每个市都有一个区域被随机分配到干预组。当被分配到干预组时，被试 1 和 2 将对研究者显示潜在结果 $Y_i(honest)$ 的值，而被试 3 和 4 将显示潜在结果 $Y_i(corrupt)$。由于只分发了真实的传单，研究者永远无法观测到诚实市政区域的 $Y_i(corrupt)$ 或腐败市政区域的 $Y_i(honest)$。研究者所观测到的东西可以被描述为 $Y_i(X_i)$，即传单显示的审计结果由该市类型 $X_i$ 来表示时，发生的潜在结果。[①]

表 12-7 中显示的完整潜在结果一览表，可用于计算真实平均干预效应。第一，定义干预为一份传递审计结果的传单，这取决于市政府被报告是诚实还是腐败。当一个区域被干预时，在名为 $Y_i(X_i)$ 的列中报告观测的潜在结果。干预组潜在结果的平均值为 47.5，控制组为 50。因此，收到有某种类型审计报告的一份传单的 ATE 是 -2.5。接下来，告诉选民他们的市政府诚实的 ATE 是多少。当选民被告知他们的政府诚实的潜在结果平均值为 60 时，这比 $Y_i(0)$ 的平均值要高 10 个点。最后，$Y_i(corrupt)$ 的平均值是 40，比 $Y_i(0)$ 的平均值要低 10 个点。总之，报告诚实的传单的 ATE 为 10，报告腐败的传单的 ATE 为 -10。

表 12-7　假想传单实验的潜在结果，实验中的区域收到其市政府腐败的信息

|  | $Y_i(honest)$ | $Y_i(corrupt)$ | $Y_i(X_i)$ | $Y_i(0)$ | $X_i$ |
|---|---|---|---|---|---|
| 1 | 60 | 45 | 60 | 60 | 诚实 |
| 2 | 50 | 35 | 50 | 50 | 诚实 |
| 3 | 60 | 30 | 30 | 40 | 腐败 |
| 4 | 70 | 50 | 50 | 50 | 腐败 |
| 平均值 | 60 | 40 | 47.5 | 50 | |

接下来，考虑实验揭示了哪些潜在结果，因此实验可被用于估计哪些数量。每个区域具有相同的被随机分配到控制组的机会，因此，$Y_i(0)$ 的期望值是 50。类似地，所有四个区域具有相同的被随机分配到接收某种审计报告的干预组的机会，所以 $Y_i(X_i)$ 的期望值是 47.5。因此，干预组与控制组之间的差值是收到某种审计报告的平均干预效应的无偏估计量。

---

① 为了简单起见，我们使用符号 $Y_i(X_i)$，尽管它违反我们通常的符号使用习惯。一种更准确的符号是 $Y_i(1, X_i = x)$，这里的第一个参数指的是干预状态，第二个参数描述背景属性，它决定了哪一个潜在结果被真实传单的分发所引发。

当我们试图了解每种版本干预的平均效应时，估计会变得更加困难。因为只有区域 1 和 2 永远被出示干预的诚实版，这些被试中每个都有一个 50％的机会被分配到干预组中。那些被出示诚实干预的被试，其潜在结果的期望值是 $0.5 \times 60 + 0.5 \times 50 = 55$。按照类似的推理，对那些随机看见干预的腐败版本的被试，在位者得票份额的期望值是 $0.5 \times 30 + 0.5 \times 50 = 40$。

在分析这个实验的数据时的一种诱惑是，通过比较出示诚实版干预区域的选票份额平均值与腐败版干预区域的选票份额平均值，来评估告诉人们政府诚实相

403 对于告诉人们政府腐败的效应。预期来看，这种方法会告诉你，宣称政府诚实而不是腐败的传单会增加在位者得票份额达 $55 - 40 = 15$ 个百分点。① 然而，这种比较容易产生偏误，并且在这个例子中，并未获得真实 ATE 即 $60 - 40 = 20$。这种有缺陷的估计方法，合并了干预效应和各种区域类型中的已有差异，这些区域受到每种干预变化影响。尽管被分配到干预组还是控制组是随机的，某个区域接受哪一种干预类型却并非随机分配。相反，被试接受的干预取决于他们的属性，而这些属性可能与他们的潜在结果相关。回顾表 12-7 中的潜在结果，位于诚实市镇的区域往往更支持在位者。

在使用实验来估计平均干预效应时，指导原则是只比较由随机分配形成的组。这里无法估计所有区域中每一传单类型的平均干预效应，是因为区域没有资格接受某些干预。然而，因为随机分配确实发生在市镇内部，所以以对诚实市镇中的区域，有可能获得诚实版干预效应的无偏估计值。对腐败市镇中的区域，我们也能评估腐败干预的效应。根据表 12-7，诚实市镇中诚实干预的 ATE 为 0，腐败市镇中腐败干预的 ATE 为 $-5$。

避免最后一个陷阱很重要。这一模拟实验的期望结果似乎表明"告诉人们一个政府是诚实的，没有任何效应（ATE＝0），但告诉他们政府是腐败的，会导致他们投票反对现任政党（ATE＝$-5$）"。从表面上看，这种错误解释，会促使我们推测正面新闻相当于负面新闻的价值或可信度。在我们沿着这条路走得太远前，记住，这项实验并不能告诉我们，告知诚实市镇中的选民他们政府腐败的效应，也不能告诉我们，如果审计师宣称他们的政府是诚实的，腐败市镇中的选民将如何反应。摆在我们面前的，是一对不同的实验，每个都涉及不同的干预和不同的被试。

让我们仔细审视一下这些假定，其允许我们使用这种设计来识别平均干预效应中的差异，定义为诚实（honest）传单的平均效应减去腐败（corrupt）传单的平均效应：

$$E[Y_i(honest) - Y_i(0)] - E[Y_i(corrupt) - Y_i(0)] \tag{12.3}$$

404 不幸的是，我们描述的实验不允许我们估计任何数量。相反，我们观测到在诚实市镇中诚实传单的效应与在腐败市镇中腐败传单的效应之差。在预料之中，我们

---

① 同样地，你可以比较诚实干预的选票份额与控制组结果的平均值，并得出结论：宣称政府是诚实的具有一个 $55 - 50 = 5$ 的效应，而宣称政府是腐败的具有一个 $40 - 50 = -10$ 的效应。这也是一个坏主意。

观测到：

$$E\{[Y_i(honest)-Y_i(0)]\,|\,X_i=honest\}-E\{[Y_i(corrupt)-Y_i(0)]\,|\,X_i=corrupt\}$$
$$(12.4)$$

在什么条件下，干预效应观测的差值可以提供式（12.3）的一个无偏估计值，即干预效应的平均差值？为理解式（12.3）和式（12.4）之间的联系，让 $E(honest)=1-E(corrupt)$ 作为诚实市镇中被试的期望比例，并将所有被试中诚实传单的 ATE 重写为诚实与腐败市镇中被试 ATE 的一个加权平均值：

$$E[Y_i(honest)-Y_i(0)]=E(honest)E\{[Y_i(honest)-Y_i(0)]\,|\,X_i=honest\}$$
$$+[1-E(honest)]E\{[Y_i(honest)-Y_i(0)]\,|$$
$$X_i=corrupt\} \quad (12.5)$$

因为 $E(corrupt)=1-E(honest)$，我们可以重新安排式（12.5）以便其更容易地与式（12.4）比较：

$$E[Y_i(honest)-Y_i(0)]=E\{[Y_i(honest)-Y_i(0)]\,|\,X_i=honest\}$$
$$+[E(corrupt)]\{E[(Y_i(honest)-Y_i(0))\,|\,X_i=corrupt]$$
$$-E[(Y_i(honest)-Y_i(0))\,|\,X_i=honest]\}$$

或

$$E\{[Y_i(honest)-Y_i(0)]\,|\,X_i=honest\}$$
$$=E[Y_i(honest)-Y_i(0)]-[E(corrupt)]$$
$$\times\{E[(Y_i(honest)-Y_i(0))\,|\,X_i=corrupt]$$
$$-E[(Y_i(honest)-Y_i(0))\,|\,X_i=honest]\} \quad (12.6)$$

式（12.6）告诉我们，当式子中最后一项为 0 时，诚实市镇内部区域的 ATE 等于所有市镇中的 ATE，当腐败市镇和诚实市镇的干预效应相同时就会出现这种情况。

同样地，腐败传单的 ATE 可以被写作诚实和腐败市镇中被试 ATE 的一个加权平均值。

$$E[Y_i(corrupt)-Y_i(0)]=E(corrupt)E\{[Y_i(corrupt)-Y_i(0)]\,|\,X_i=corrupt\}$$
$$+[1-E(corrupt)]E\{[Y_i(corrupt)$$
$$-Y_i(0)]\,|\,X_i=honest\} \quad (12.7)$$

这意味着：

$$E\{[Y_i(corrupt)-Y_i(0)]\,|\,X_i=corrupt\}=E[Y_i(corrupt)-Y_i(0)]-[E(honest)]$$
$$\times\{E[(Y_i(corrupt)-Y_i(0))\,|\,X_i=honest]-E[(Y_i(corrupt)-Y_i(0))\,|\,X_i=corrupt]\}$$
$$(12.8)$$

什么时候式（12.4）中的估计方法会产生无偏估计值？将式（12.6）和式（12.7） 405 代入式（12.4），我们看到偏误消失，当

$$E(corrupt)\{E[(Y_i(honest)-Y_i(0))\,|\,X_i=corrupt]$$
$$-E[(Y_i(honest)-Y_i(0))\,|\,X_i=honest]\}$$

$$=E(honest)\{E[(Y_i(corrupt)-Y_i(0))|X_i=honest]$$
$$-E[(Y_i(corrupt)-Y_i(0))|X_i=corrupt]\} \tag{12.9}$$

式（12.9）成立的一种情况发生在对于诚实与腐败市镇中的被试，诚实和腐败干预的平均干预效应相同时；在这种情况下，方程的两边均等于0。这种相等平均效应假定，与一些看似合理的假设（如干预降低了腐败市镇中对现任政党的支持，但对诚实市镇的投票无效）相反。这里传单上的信息仅仅重申了公民对其市政府诚信的已有看法。一般认为，除非准备为式（12.9）的隐含假定辩护，任何对各市镇干预效应中观测到反差的解释都是模糊的：两个传单的信息可能有不同效应，或明显的交互作用反映了两个不同实验中被试之间的差异。

式（12.9）比研究者通常愿意做出的假定要更强，但如果采用另一种实验设计，就不需要实质性假定：将所有被试随机分配到所有干预中，而非只分配到为环境量身定做的干预中。换句话说，传单将告知每个区域的选民，他们的市政府被发现是腐败或诚实的，而不需要考虑联邦审计师事实上报告了什么。在本例中这种设计是不现实的，因为研究者试图只发布真实的信息。

一大批重要的实验会修改干预以适合被试。在有关政治代表性的实验研究中，有时选民被告知他们选出的代表的行为；有时代表被告知他们选民的意见。[1] 这里有合理的理由来修改干预以契合接受它们的被试——研究者可能希望避免传播虚假信息，或接收者认为难以置信的信息。此外，在一个给定应用中，为什么式（12.9）的条件成立可以作出合理论证？研究者可能指出，各个市镇的未干预潜在结果似乎是相似的。在过去，不同市镇中的被试表现出相似的行为模式，或者审计师的评估容易出错，以至相似市镇经常被给予不同的评级。我们的观点并非想挑战任何特定传单实验中得出的设计或推断，而是强调一个事实，即反映实际约束的设计决策，对分析和解释具有重要意义。

## 12.6　未能接受干预具有因果效应的实验设计与分析

刑事司法系统通常非常重视被告的权利。在某些情况下，没有尊重这些权利会导致驳回指控，尽管存在大量有罪的证据。相比之下，犯罪受害人受到的关注却相对较小，尽管犯罪对受害人的影响可能很严重而且持续很长时期。改革者们提出了另一种被称为"恢复性司法"（restorative justice）的政策模式，试图修复对受害人的一些伤害的同时，帮助罪犯进行改造和康复。一项受到恢复性司法运动启发的项目涉及罪犯与其受害人面对面的会见。在这些由警察安排和主持的90分钟会见中，罪犯将谈论犯罪、对受害人及其家庭表示道歉并签署一份"结果协议"（outcome agreement）来总结"罪犯承诺对受害人和社区进行赔偿，或者改造自己，或二者皆有"。[2]

---

[1]　Butler and Nickerson，2011.

[2]　Sherman et al.，2005，p.379.

实地实验：设计、分析与解释

406

几项实地实验研究了这些罪犯-受害人会谈是否有益于犯罪受害人，这里的利益，包括减少创伤后应激症状以及减少复仇的欲望。① 这些实验在罪犯是谁以及如何鼓励他们参与方面有所不同，但基本设计都涉及随机分配某个罪犯-受害人配对要么到常规刑事司法即控制组，要么到受害人会谈即干预组。为了测量恢复性司法干预的效果，研究者对干预组和控制组受害人均进行了调查。

将这种干预解释为潜在结果是非常复杂的，因为这种干预包括了几种成分：会见、道歉、签署协议以及随后遵守这个协议。在任何实施恢复性司法的尝试中，可能缺乏一个或多个这种元素。例如，舍曼（Sherman）及其同事报告有时罪犯或受害人没有出现在安排的会见中，以致有 16% 的干预组受害人最终没有收到任何道歉；甚至当会见最终按计划完成后，也有大约 25% 的罪犯没有遵守他们的协议。② 这种干预的复杂性使其成为了一个有指导性的例子。我们只有一种随机分配，但却有多种不遵从的来源。

为了了解这种背景下不遵从的含义，让我们从潜在结果的一个精简模型开始，只关注接受罪犯道歉的因果效应。采用第 5 章和第 6 章中提出的框架，将来自给定干预和实验分配的潜在结果表示为 $Y_i(z, d)$，这里，当分配道歉时 $z=1$（否则 $z=0$），当收到道歉时 $d=1$（否则 $d=0$）。

由于某些被分配到道歉（$z=1$）的罪犯没有出席与受害人的会见，假设一项恢复性司法实验面临单边不遵从问题。结果，罪犯没有向干预组（$d=0$）中的受害人道歉。不遵从是单边的，意味着控制组中的罪犯不会自发道歉。③ 当面临不遵从问题时，一项实验的研究者可以估计两种因果效应。意向干预（ITT）效应是被分配到会见的平均效应：$E\{Y_i[z=1, d (z=1)]\} - E\{Y_i[z=0, d(z=0)]\}$。ITT 对项目评估来说十分重要，因为它表示项目对一位被随机选择受害人的预期效益。一个 ITT 较低，可能是因为分配的干预无效，或者因为极少数被试受到了这种干预。由于研究者们希望评估恢复性司法项目作为一个整体的有效性，他们关注的是 ITT。假定随机分配、无干扰性以及对称测量程序（symmetrical measurement procedure）成立的情况下，可以通过比较分配干预组和控制组的结果平均值，来获得 ITT 的无偏估计值。

另一个被估计量是遵从者平均干预效应，遵从者即当且仅当被分配到干预组才收到道歉的受害人。识别这个因果效应需要额外的假定。回忆在第 5 章中我们对单边不遵从的讨论，其中一个关键假定是排除限制，或假定随机分配（$z$）对潜在结果没有效应，除非其会影响某人是否接受干预。这项假定意味着 $Y_i(z=1, d=0) = Y_i(z=0, d=0)$。也就是，如果某个罪犯被分配到道歉但没有做的潜在结果，与没有被分配到或收到道歉的潜在结果是相同的。在这一背景下，这项假定可能会被违反，因为如果罪犯没有出席会面并道歉，可能会激怒受害人。④ 为理解遵从者

---

① Sherman et al. , 2005，p. 379.

② 这些数字基于 Sherman et al.（2005）在第 379 页图 1 中的报告结果。

③ 事实上，研究者对受害人的访谈的确表明，某些被分配到控制组的人收到了道歉。为了保持例子的简单，我们仍然假定单边不遵从。

④ Sherman et al. , 2005，p. 386.

ATE 的识别如何取决于排除限制，我们写出每个被试 $i$ 潜在结果的扩展集合：

$Y_i(0, 0) = Y_i(z=0, d=0) =$ 当被试被分配到控制组，并且没有收到道歉的结果；

$Y_i(1, 0) = Y_i(z=1, d=0) =$ 当被试被分配到恢复性司法组，但没有收到道歉的结果；

$Y_i(1, 1) = Y_i(z=1, d=1) =$ 当被试被分配到恢复性司法组，并收到道歉的结果。

因为我们假定有单边不遵从，可以将被试划分为两个组，遵从者 [对其有 $d_i(1) = 1$] 以及从不接受者 [对其有 $d_i(1) = 0$]。

被分配到干预组的被试的结果平均值，按照预期等于：

$$E\{[Y_i(1, 1)|D_i(1)=1]E[D_i(1)] + E\{[Y_i(1, 0)]|D_i(1)=0\}\{1-E[D_i(1)]\}$$
(12.10)

同样地，控制组的期望结果等于：

$$E\{[Y_i(0, 0)]|D_i(1)=1]E[D_i(1)] + E\{[Y_i(0,0)]|D_i(1)=0\}\{1-E[D_i(1)]\}$$
(12.11)

干预组和控制组的平均值之差是 ITT 的一个无偏估计值，即成功道歉效应和未道歉效应的一个加权平均值：

$$\overbrace{\{E[(Y_i(1,1))|D_i(1)=1] - E[(Y_i(0,0))|D_i(1)=1]\}E[D_i(1)]}^{\text{遵从者中道歉的平均效应}}$$
$$\overbrace{+\{E[(Y_i(1,0))|D_i(1)=0] - E[(Y_i(0,0))|D_i(1)=0]\}\{1-E[D_i(1)]\}}^{\text{从不接受者中未出席的平均效应}}$$
(12.12)

为了使用我们的实验数据来估计遵从者平均因果效应，我们通常可以将式 (12.12) 中 ITT 的估计值除以 $E[D_i(1)]$ 的估计值。假如我们的样本足够大，这样就能知道 $E[D_i(1)]$ 和式 (12.12) 中 ITT 的准确值。CACE 的估计值将是：

$$\frac{\text{ITT}}{E[D_i(1)]} = \overbrace{\{E[(Y_i(1,1))|D_i(1)=1] - E[(Y_i(0,0))|D_i(1)=]\}}^{\text{遵从者平均因果效应}}$$
$$+ \frac{\overbrace{\{E[(Y_i(1,0))|D_i(1)=0] - E[(Y_i(0,0))|D_i(1)=0]\}\{1-E[D_i(1)]\}}^{\text{偏误}}}{E[D_i(1)]}$$
(12.13)

409　换句话说，第 5 章中介绍的工具变量估计量不能获得 CACE，除非施加某些假定。这些假定中最重要的是可排除性假定。在可排除性假定下，未出席之后的潜在结果与未安排道歉时的潜在结果是相同的，由于 $Y_i(1, 0) = Y_i(0, 0)$，第二项等于 0。在这种情况下，将 ITT 除以 $E[D_i(1)]$ 得到了 $E\{[Y_i(1, 1) - Y_i(0, 0)] | D_i$

实地实验：设计、分析与解释

（1）＝1}，即遵从者平均因果效应。[1]

当这个排除限制由于难以置信被拒绝时，实验结果就不再有清晰的解释。这里的核心问题是如果排除限制失败，实际上有两种干预：一个是道歉，另一个是未出席。单个的随机化使我们缺乏评估道歉或未出席的因果效应所需的信息。如何才能够补救这一识别问题？

某些设计修改可允许估计接受道歉的平均效应。最简单的方法是加强对项目的管理，以便举行会见时使罪犯不再错过会见或疏忽道歉。事实上，这种程序变化是随着实验文献的发展而产生的；研究者报告，通过使用警方拘留期间的罪犯，不遵从问题最终得到消除。[2] 另一种设计方案是将实验条件的数量从两个扩展到三个，以便随机改变鼓励罪犯遵守恢复性司法协议的程度。这种设计策略使用控制组、标准鼓励组以及增强鼓励组的结果平均值来识别道歉或未出席的平均干预效应。这种设计的识别策略是预先假定有三种不同类型的被试：遵从者（当以任何形式鼓励就会出席的人）、勉强遵从者（只有强烈鼓励才会出席的人）以及从不接受者。这个模型中关键的识别假定是，无论罪犯是勉强遵从者还是从不接受者，未出席的平均干预效应都是相同的，以及无论罪犯是遵从者还是勉强遵从者，道歉的平均干预效应也是相同的。我们将形式化证明留作一道练习题。这种研究设计的本质是，增强的实验设计加上补充建模假定允许某个研究者克服对排除限制的违反，并识别道歉和未出席的不同效应。如果希望区分罪犯遵守结果协议的不同效应，需要有一个更加复杂的设计（有其相应的建模假定）。

当一个实验干预涉及几个组成部分（如会见、道歉、保证）时，每个部分都 *410* 可能会产生不遵从。必须谨慎地定义因果被估计量，并评估在某种实验设计和一组统计假定下，其能否被识别。在试图估计一个或者多个成分的因果影响之前，写出一个潜在结果模型，描述亚组，这些亚组是按其对分配干预的遵从模式来定义的。定义被估计量，并决定识别哪些因果参数。通常，这种操作能产生有用的设计洞见。在分析自然发生的实验时，这种操作也是有价值的，尽管事实上，这种设计是既成事实。随机分配，如越南征兵抽签，会改变被试接受感兴趣干预如服兵役的概率，这反过来影响随后的经济、健康或政治结果。但抽签也可能通过其他渠道改变潜在结果。正如除了是否收到道歉外，被分配到恢复性司法，可能会影响受害者的潜在结果；出于服兵役之外的其他原因，收到一个小的征兵抽签号码可能影响潜在结果。如果征兵抽签研究中的干预不被定义为服兵役，而是参加军事战斗，观点也是相同的。谨慎关注建模假定可以帮助研究者了解统计结果和因果解释之间的区别。

---

[1] 由于对遵从者，分配的（$z$）和实际的（$d$）干预是相同的，CACE 也可以写成 $E\{[Y_i(1)-Y_i(0)] \mid D_i(1)=1\}$。

[2] Sherman et al.，2005，p. 386.

## 12.7 解决数据缺失导致的复杂问题

许多重要的实验都遇到了样本缩减，或某些被试的结果缺失的问题。除了结果以外，数据中的变量也可能缺失。例如，研究者可能无法搜集某些被试的协变量数据。实验研究者使用鼓励设计，因而遇到双边不遵从（参见第 6 章），会发现不可能测量每位被试是否暴露在干预之下。在本节中，我们将讨论结果、协变量和干预数据缺失的意义。

一个指导性案例是由豪厄尔（Howell）和彼得森（Peterson）实施的一系列实验，研究学校的教育券对学生成绩的影响，从中吸取的教训塑造了对随后实验评估的设计和分析。[1] 在这些实验中，大约价值一年 2 000 美元的私立学校教育券（按 2010 年美元计算）被随机分配给教育券申请者的一个子集。在纽约市教育券实验中，大约有 1 000 张教育券被随机分配到 5 000 个申请者中。1 000 个获胜者构成了干预组，而从未获胜者中随机选择的 1 000 个学生充当控制组。对干预组和控制组来说，教育成就通过教育券发放之后第一、二、三年中每年实施一次的标准化考试来测量。

样本缩减发生是因为某些学生没有来参加考试，考试是在校外进行的。在第一学年后，有 25% 的样本出现了结果测量缺失，在第二年和第三年缩减进一步增加。缩减的准确原因未知。某些家庭没有出现，是由于不重视或偶然的时间安排冲突。其他人没有出现的原因可能与他们的干预状态有关——在抽签中失败的家庭可能变得不满和不合作，而获胜家庭不出现可能是因为对新学校不满意。无论是什么原因，表 12-8 显示在控制组被试中，缩减持续较高。

如第 7 章中所述，当缺失状态与潜在结果相关时，缩减可能导致 ATE 的估计值有偏。尽管已经提出一些策略来分析遇到缩减问题的实验，但由于每种策略都施加了较强的假定，其中没有哪种特别有吸引力。在这项应用中，这些较强的假定与干预组和控制组缺失学生的潜在结果有关。如果缺失被试实际上是所有被试的一个随机样本，缩减将是无害的（除了由于样本量减少导致的精度损失）。不幸的是，这里似乎并非如此，因为无论干预组还是控制组中的缺失被试，平均来说，都更贫困并且基线考试分数更低。[2] 一种后备假定是缺失独立于潜在结果，并以背景属性为条件，如基线分数。这个假定不能直接被检验，但可从事实中发现。在豪厄尔和彼得森的研究中，背景属性如基线考试分数与缺失的关系在干预组和控制组中大致相同。这种模式说明，缺失可能是无伤大雅的，但谁也不知道，因为观测属性的相似性并不能保证潜在结果的相似性。

如果我们对缺失与潜在结果之间的关系不做任何假定，可以知道什么？让我们检验干预效应估计值的极端值边界（extreme value bound）。为了简化例子，我们只关注一个报告的干预效应，即一年的私立学校对非洲裔美国学生的效应。研究者报告称，在标准化考试（估计值的标准误是 1.48）的全国分数排名中，私立学校与 3.35 的增长相关。[①] 他们也遇到了实质性的缩减；表 12-8 报告了 78.7% 的干预组被试和 73.9% 的控制组被试参加了第一年后续考试的结果。为了保持计算的简单，假定在干预组和控制组中缩减率相同（25%）。考试的最高分为 100，最低分为 0，因此缺失组的最大干预效应是 100，最小效应是 $-100$。因此上界为 $3.35 \times 0.75 + 100 \times 0.25 = 27.5$，下界为 $3.35 \times 0.75 + (-100 \times 0.25) = -22.5$。这些边界的宽度是 50，使 ATE 估计值变小了 3.35。由于没有施加假定，边界跨度很大，从一个大的正效应延伸到一个大的负效应。

表 12-8　　　　　学校教育券实验中的缩减率（按种族分）

| | 所有学生 | | 非洲裔美国学生 | |
|---|---|---|---|---|
| | 控制组 | 干预组 | 控制组 | 干预组 |
| 基线考试 | 12.1 | 10.8 | 12.3 | 10.7 |
| 后续一年 | 24.6 | 19.4 | 26.1 | 21.3 |
| 后续两年 | 39.8 | 31.1 | 44.3 | 33.0 |
| 后续三年 | 35.5 | 31.1 | 38.9 | 34.6 |
| N | 1 010 | 1 080 | 422 | 488 |

资料来源：参见 Howell and Peterson（2002）。表中数字排除了在研究的第一年进入幼儿园的学生。缩减定义为没有参加数学考试。

我们能在不做较强实质性假定的情况下缩减这些边界吗？一种可能性是减少干预组中家庭的数量，并将节约的资源用于没有参加标准化考试的被试，对其进行更密集的后续测量。有缩减实验的优化设计细节以及增强的后续测量可在第 7 章中找到；这里我们提供一些基本计算，来概述将资源分配到后续结果评价的好处。

让我们比较一下可以用相同预算实施的备选实验设计。为了与豪厄尔和彼得森的研究设计保持一致，假定我们一开始有 2 000 个被试，1 000 个被分配到干预组，1 000 个被分配到控制组。向每个被分配到干预组的被试提供价值 2 000 美元的教育券，被提供教育券的所有被试都使用了该券。控制组的观测值不花钱。考虑以下对最初实验设计合理的修改：将干预组和控制组每个组减少 200 个被试，使被试总量减少 20% 变为 1 600。然后把经费转到获取更高的结果测量报告率上。为评估这种设计改变的后果，我们必须假定支出和结果回收率改善之间的关系。当使用标准结果测量时（其产生了一个 25% 的缩减率），我们期望 1 600 个被试中的 1 200 个有测量结果。干预组缩小的规模节约了 $200 \times 2\,000 = 400\,000$ 美元教育券

*413*

---

　　[①]　为了说明不遵从问题，豪厄尔和彼得森估计了一个二阶段最小二乘法回归，在主回归中使用私立学校相对于公立学校的实际出勤率，并使用干预组分配作为一个工具变量。为专注于关键问题，我们忽略了对不遵从的讨论。

经费，现在，这些经费可转而用于获取大约 400 个没参加考试的被试的分数。想象一下，每个家庭花费 2 000 美元邀请其参加考试环节、安排住宿和经济激励将能从90％的被试中成功获得考试分数，而这些被试未能响应标准努力。预算允许研究者从 400 个缺失学生中随机选择 200 个进行强化随访。

与基线设计相比，修改设计中的被试数量更少，但缩减问题要小得多。我们使用两个标准来评估基线和备选设计。第一，在最初和修改设计下，ATE 估计值的标准误是多少？最初设计包括 2 000×0.75＝1 500 位考试的被试，而修改设计包括 1 600×0.75＋200×0.90＝1 380 位考试的被试。这意味着如果缩减真的与潜在结果无关，修改设计导致的标准误大约是最初设计标准误的 $\sqrt{1\,500/1\,380}=$ 1.08 倍，或者说多了 8％。第二，因为我们不信任假定，即缺失事实上是随机的，所以我们比较了极端值边界。修改设计的极端值边界显著更小。假定后续受访者一半来自干预组，一半来自控制组，他们的 ATE 估计值是 $\hat{F}$。新的极端值边界为：

$$上界＝3.35×0.75＋0.25×(0.90\hat{F}＋0.10×100)$$
$$＝5.0＋0.225\hat{F} \tag{12.14}$$

$$下界＝3.35×0.75＋0.25×(0.90\hat{F}－0.10×100)＝0.225\hat{F} \tag{12.15}$$

这种设计的小变化将极端值边界宽度从 50 减小到 5。这说明一个后续抽样设计如何可以显著地降低与缩减相关的统计不确定性。在这个例子中，我们已假定强化随访并没有影响学生的数学能力，或转变为数学成绩的能力。在实施一项后续数据搜集工作时，研究者必须注意不要违反这项关键假定。

教育券实验提出了另一个复杂的问题：某些被试缺失了干预前协变量数据。刚进入幼儿园的学生，与其他年级被试不同，在实验开始前并未参加基线学业水平考试。结果，幼儿园同期群缺失了基线考试分数。分析者应当如何解决这种协变量数据缺失问题？为了简化讨论，让我们假定，仅有的缺失数据问题是协变量缺失，而不是结果缺失。在这种没有协变量数据的情境下，研究者仍然能够获得414 ATE 的无偏估计值。这些估计值比协变量数据可用时的估计值精度更低，但它们仍然很有价值。

一种处理数据的方式是将被试划分为两个组，即基线分数缺失的被试和分数没有缺失的被试。对具有基线考试分数的被试，干预效应的无偏估计值是干预组平均考试分数的变化，减去控制组平均考试分数的变化。对缺失基线数据的组，一个干预效应估计无偏值是用干预组平均考试分数减去控制组平均考试分数得到的差值。为了获得样本平均干预效应的估计值，使用具有基线数据被试的比例，对分数变化估计值加权。用缺失基线数据被试的比例对缺失数据估计值加权。如果准备假定两个亚样本中的干预效应相同，因为总体中的干预效应是常数，获得干预效应精确估计值的最佳方式是用其精度或其标准误平方的倒数（参见第 11 章）对每个估计值加权。基线信息的使用降低了标准误，从而增加了具有基线考试分数学生所占的权重。

最后，让我们简单考虑一下与不遵从相关的缺失数据问题。假设研究者在测量谁就读私立学校上遇到了困难。想象一下，研究者知道有 80％ 的干预组被试就读于私立学校（因为研究者要给学校填写教育券的支票），但不太清楚控制组的学校就读率。研究者猜想控制组中有 5％ 的被试就读了私立学校，但真实数字可能更高。测量不准如何影响遵从者（即当且仅当提供教育券才就读私立学校的人）中的 ATE 估计值？回忆第 6 章，CACE 的估计量是 ITT 的估计值除以干预组和控制组之间干预率的观测差异。如果研究者的预感正确，即控制组中有 5％ 被试就读私立学校，分母即是 $0.80-0.05=0.75$。如果控制组的私立学校就读率实际上是 15％，分母将缩小到 $0.80-0.15=0.65$，这意味着 CACE 的估计值会提高。更重要的一点是，遵从性评估中的测量误差会以某种反直觉的方式起作用。当研究者对分配干预的遵从性描绘乐观图景时，他们的估计值可能低估了干预对遵从者的真实效应。

## 小　结

本章使用了 7 个发人深省的实地实验，来展示抽象设计原理在现实世界中的应用。关于这些示范研究，还有很多内容没有介绍，因此，我们鼓励读者深入钻研这些例子和其他建议阅读文献。随着你越来越熟悉其他学者使用的策略，你自己的设计思路也会越开阔。

除了由特殊实验传达的具体经验以外，本章强调了在阅读和进行研究的同时，着眼于潜在假定的重要性。写出潜在的结果的模型，可以帮助我们阐明被估计量。展示实验需要的条件可以帮助估计某个感兴趣的参数，突出重要的实质性假定以及提出改善实验设计的方法。当检查随机化、实验条件和结果测量的细节时，要考虑可能会危及核心假定（随机分配、可排除性和无干扰性）的方式。在分析数据和解释结果时，考虑用来处理不遵从、缩减或异质性干预效应等复杂问题的程序是否容易受偏误影响。如果你怀疑这些程序有缺陷，需要反思其局限性是否可以评估，或通过其他研究设计来克服。

实验有时被誉为因果推断的黄金标准，因为随机分配有利于无偏推断。随机分配无疑是一种巨大的资产，但实验也需要根据许多其他维度来正确评判。研究者在欣赏杰出实验研究的同时，反思有争议的假定，未解决的问题以及可能的设计改进。实验并不是评判其他所有方法的典范。实验是一种累积性事业，需要不断提出新的设计来解决潜在缺陷和争议。与其将实验描述为一种黄金标准，不如采用一种更贴切的比喻，即淘金：它缓慢而费力，一旦条件成熟，就能逐渐从大量沉积物中提取出黄金微粒。

### □ 建议阅读材料

在社会科学中，采用实地环境下实验设计的论文和研究报告数量庞大并增长快速。为了将实验研究定位在你感兴趣的领域，你应当参考以下来源之一。《社会实验摘要》（*The Digest of Social Experiments*）的第 3 版。Greenberg and Shroder（2004）中包括 240 项社会实验的概要，已经由其后的《随机社会实验电子期刊》（*Randomized Social Experiments eJournal*）接替，也是由原作者编辑而成，链接了几百篇在线论文。参见 http：//www. ssrn. com/update/ern/ern _ random-social-experiments. html。另外一个有用的资料来源是《年评》（*Annual Reviews*）系列。例如，在《经济年评》（*Annual Review of Economics*）中，Kremer and Holla（2009）评述了旨在改善发展中国家教育水平的实验干预；在《心理学年评》（*Annual Review of Psychology*）中，Paluck and Green（2009）评述了旨在减少偏见的实验干预。参见一个论文搜索数据库 http：//www. annualreviews. org/search/advanced。Google Scholar（www. scholar. google. com）是一个非常有用的免费资源来源，Web of Knowledge（www. webofknowledge. com）是一个订阅数据库。两者都允许读者查找学术期刊论文及其参考论文。

## ☐ 练习题：第 12 章

*416*　1. 斯图尔特·佩奇（Stewart Page）进行了一项审计研究，测量同性恋群体在租房市场遭遇的歧视程度。[①] 回答下面的问题，这些问题会提示你注意原文所在的具体页码。

（a）这项实验中的被试是谁（第 33 页）？

（b）干预是什么（第 33 到 34 页）？

（c）对审计研究的一种批评是，除了在意向干预（在这种情况下是租房者的性取向）不同以外，干预组和控制组在与结果变量可能相关的其他方面也不同。审计研究可能违反的假定，其专业术语是什么？

（d）假设实验中使用的一个男性打电话者在电话中提到了性取向，而另一个男性打电话者则没有。这一程序将如何影响你对明显歧视男同性恋的解释？

（e）仔细查看干预和控制文本，并考虑除了传递潜在租房者的性取向以外，干预和控制条件还有哪些方面的不同。文本的长度相同吗？两个文本在语气和风格上看起来相似吗？文本之间的偶然差异会影响从这项研究中得出的结论吗？

（f）如何设计一项实验来消除文本之间部分或所有的偶然差异？

（g）基于第 33 到 34 页的描述，被试是如何被分配到干预组的？如果没有使用随机分配，将有什么影响？

2. 过去几十年来，公众对政府的信任有所下降。在可能的罪魁祸首中，对抗性电视新闻节目的兴起，被某些人认为会导致公民厌恶以及不参与。穆茨（Mutz）和里夫斯（Reeves）进行了一项有影响力的研究，通过撰写并出示两种版本的候选人辩论，研究了不文明政治话语的影响。[②] 将被试随机分配到出示不文明（干预）或文明（控制）辩论中。在观看了干预或控制视频后，询问被试他们对政府的信任水平。

---

[①]　Page，1998.

[②]　Mutz and Reeves，2005.

（a）在穆茨和里夫斯的第一个实验（第 4 页）中，谁是实验被试？

（b）用变量 $X_i$ 将被试分类，依据是被试是（$X_i=1$）否（$X_i=0$）定期观看政治电视节目。将条件平均干预效应表示为 $E\{[Y_i(1)-Y_i(0)]\mid X_i=1\}$ 和 $E\{[Y_i(1)-Y_i(0)]\mid X_i=0\}$。你的直觉认为这些 CATE 是相似的还是不同的？为什么？

（c）将平均干预效应的表达式写成观看或没观看政治电视节目被试 CATE 的一个加权平均值。

（d）研究者估计了平均干预效应，发现不文明电视节目降低了对政府的信任。假设只有 5％的公众观看传递这种干预的节目。这项实验在多大程度上支持一种主张，即公众观看不文明政治节目导致对政府信任的下降？

417

（e）对有线电视节目的批评认为，应当鼓励这些节目更文明一些。ATE 估计值能被用于预测有线电视节目文明程度的提高对整体公众对政府信任水平的影响吗？

（f）假设一个跟踪电视观众的公司，向你提供了一份 300 万位潜在被试的名单，连同他们电视观看习惯的数据。假设你对估计政治电视节目变得更文明后，政府信任将如何变化感兴趣，你将如何为一个后续实验选择被试？

（g）研究者也测量了攻击性节目是否更能吸引观众。他们使用了多个结果测量：一个调查项目响应和一个生理测量，即皮肤电反应（参见第 10 至 11 页的讨论）。使用生理测量的理由是什么？使用调查响应是为了解决什么潜在问题？

3. 在一项旨在评估政治制度影响的实验中，奥肯将 49 个印度尼西亚村庄随机分配到选择发展项目的不同政治过程中。[1] 某些村庄被分配到现在的选择程序（村庄会议的出席率较低）中，而其他村庄被分配到使用指导选举的创新方法（一种村庄范围的公民投票）中。与预期一致，参与公民投票的人数是出席村庄会议的 20 倍。奥肯检查了新程序对项目选择的效应，以及村民对选择过程的感受。他发现项目选择有一些微小变化。然而，在项目选择之后的一项调查发现，被分配到公民投票的村民，报告对项目选择过程的满意度更高，明显更有可能认为选择是公平的，项目是有用的并符合他们自己和民众的愿望。

（a）这项实验的一部分关注干预是否能影响村庄选择哪些项目。这些结果如图 1 所示，对该研究的描述见第 244 至 247 页。请描述这项实验的被试。被分配到干预组和控制组的单位分别是什么？干预是什么？

（b）假设在印度尼西亚，公民投票方法是罕见的，但村庄会议却很常见。这将如何影响你对研究发现的解释？

（c）满意度水平由调查响应来测量。从第 250 页的描述中，你能看出谁实施了调查，以及访问员知道受访者被分配到干预组还是控制组吗？为什么满意度的调查测量容易有偏？

（d）没有迹象表明干预村庄与控制村庄相互有接触。然而，想象一下，人们会经常在村庄间进行交流。这种交互作用违反了什么假定？讨论跨村交流如何影418响干预效应的估计值。什么设计或者测量策略能够解决这种可能的问题？

---

[1] Olken，2010.

(e) 奥肯得出结论，参与政治决策能够实质性地提高对政治过程与政治合法性的满意度。该实验能够提供对这种一般命题的可信证据吗？奥肯（参见第 265 至 266 页）指出的某些限制是什么？这项实验具有什么其他限制？在未来的实验中，你将如何解决这些问题？

(f) 人们经常声称短期效应可能会随着时间的推移而消失，但是短期结果测量仍然能够可靠地指示长期效应的方向，而不是长期效应的程度。然而，如果一个制度变迁被认为是政治世界的持久特征，领导人和选民可能会改变其行为和权力竞争方式。推测为什么公民投票对决策过程满意度的长期效应可能为负，尽管最初它是正的。

4. 在 12.5 节中，我们考虑了一个假想实验，其中用散发传单来公开一项审计结果，即宣布地方政府是诚实的还是腐败的。假设另外一项这种类型的实验在 40 个市镇被实施，其中一半市镇是诚实的，一半市镇是腐败的。诚实市镇有一半被随机分配收到宣传诚实审计发现的传单。腐败市镇有一半被随机分配收到宣传腐败审计发现的传单。实验结果是现任市长在即将举行的选举中的选票份额。实验数据用于估计以下回归：

$$Voteshare_i = \beta_0 + \beta_1 Leaflet_i + \beta_2 Honest_i + \beta_3 Leaflet_i \times Honest_i + u_i$$

这里的 $Voteshare_i$ 是在位者的选票份额（从 0 到 100%）。如果市镇用一份传单来随机干预，$Leaflet_i$ 的取值为 1（否则为 0）。如果市镇收到宣布其诚实的审计评级，$Honest_i$ 的取值为 1（如果宣布腐败，取值为 0），$u_i$ 是扰动项。假设回归估计值（括号中是标准误估计值）如下（原书将回归估计值的第 2 项误作 $\hat{\beta}_0$。——译者注）：$\hat{\beta}_0 = 30$（4），$\hat{\beta}_1 = -15$（5），$\hat{\beta}_2 = 25$（5），$\hat{\beta}_3 = 35$（7）。在解释结果时，注意不要假定诚实市镇中宣布诚实评级传单的平均干预效应与腐败市镇中宣布腐败评级传单的平均干预效应相同。（提示：如果分别分析诚实与腐败市镇，可用回归系数来计算回归结果是什么。参见 9.4 节）

5. 西梅斯特等人的研究显示了不完整的结果测量会如何导致错误的结论。关于这一点，假设研究者关心的是人们吃什么以及体重为多少等健康后果。考虑一项实验，其旨在测量帮助人们的节食建议的效果。邀请被试参加宴会，并随机给予正常大小或比正常稍大的盘子。隐藏摄像机记录了人们吃了多少。研究者发现，被分配较大盘子的人比被分配小盘子的人吃了更多食物。一项统计检验显示，明显的干预效应比预期偶然产生的要大得多。研究者得出结论：一个很小的调整，如减小盘子尺寸，就可以帮助人们减肥。

(a) 关于盘子大小对人们吃什么以及体重多少的效应，证据有多令人信服？

(b) 你对设计与测量的改进建议是什么？

6. 正如 12.1 节所述，有时实验的动机是想检验关于某个经验规律的两个竞争性解释。在下面三个例子中，每对之间都存在竞争性解释冲突。对每个主题，提出一项实验，在原理上阐明每个解释的因果影响。假定你有一笔非常大的预算，并与可能实施你实验的政府和其他组织有良好的工作关系。

(a) 监禁能够减少犯罪是因为罪犯违法的机会更少，还是因为教育罪犯如果重

419

犯将面临的惩罚从而遏制了犯罪？

（b）美国的雇主歧视黑人求职者，是因为他们相信黑人比白人的经济产出更少，还是因为他们总体上对黑人怀有负面态度？

（c）在选举日前与选民面对面沟通提高了选民投票率，是因为可以提醒选民关于即将到来的选举，否则他们可能会忘记，还是因为其传递了关于提交给选民选择的重要性？

7. 在斯莱姆罗德等人的实验中，测量结果变量涉及一些努力和成本，即将姓名与州纳税记录匹配。结果测量获取只针对随机选择的一部分家庭，这些家庭可作为控制组观测值。

（a）假设研究者可以使用额外的资源，他们搜集了随机选择纳税人的结果，这些人未被选择接受干预（假定这是他们唯一可以花钱的事情）。把这些额外观测值放在控制组中，将如何影响加权的均值差估计量的性质？这个估计量仍然是无偏的吗？其标准误将会如何变化？

（b）随着时间的推移，记录有时将会丢失。假如在第二轮结果测量开始前，某些纳税人记录出现缺失。将新旧控制组结果测量合并，作为与旧结果测量相同的被估计量的无偏估计值，必要的额外假定是什么？

8. 根据社会心理学家的观点，一些看似微不足道的背景特征，会影响标准化考试的成绩，这些特征如给即将参加考试的考生念说明，以及考生和同时考试学生之间的相似性。这一类文献的含义是，干预组和控制组在结果测量方式中的微妙的不对称性可能对考试分数有实质影响。假设你正在设计一项实验，类似于在12.6节中描述的教育券实验。不同于将学生带到常见的考试中心参加考试，你决定使用学生通常在他们自己学校参加的标准化考试。 420

（a）在结果测量中不对称的重要潜在来源是什么？考虑一下考试如何实施的其他方面，如谁来监考、谁给成绩、考场中学生的位置安排以及被试的分组状态是否在考试实施与评分中保密。

（b）你如何设计研究以减少干预组和控制组结果测量不对称导致的偏误？

（c）假设你希望研究（a）部分中讨论的测量不对称的影响。描述一项用来估计测量不对称效应的实验设计。

9. 如12.4节所述，相比于种族歧视的典型面对面审计研究，通过电子邮件发送简历似乎具有几项优点。然而，一项电子邮件干预在传递种族信息方面是比面对面会见更加微妙的方法。如果某些雇主并没有注意到求职信中的名字，或者猜错了求职者的种族，会发生什么？为了简单起见，假定每个人力资源主管都能够得出求职者是黑人还是白人的结论。假设当发送了任何白人简历，一位人力资源主管有80%的机会猜出简历是来自白人求职者。假设当发送了任何黑人简历，一位人力资源主管有90%的机会猜出简历是来自黑人求职者。假设将一个白人简历错误分类与将一个黑人简历错误分类之间是独立的。回忆表12-6中9.65%的白人简历收到回复，与此相比，黑人简历是6.45%。

（a）出于定义的目的，考虑被分配到白人简历就是被分配到干预，而被分配到黑人简历就是被分配到控制。为了显示错误分类如何与不遵从类似，使用第6

章的分类系统来描述四种被试类型：有多大比例的被试是遵从者、从不接受者、永远接受者以及违抗者？

（b）在这种情况下的 $\widehat{ITT_D}$ 是什么？

（c）要将 ITT/ITT_D 的比例解释为遵从者平均因果效应，需要什么假定？假设在分析表 12-6 中的数据时，这些假定均能满足；你的 CACE 估计值是什么？

（d）关于作者在表 12-6 中报告的种族与面试间关系的统计显著性，不遵从率对其有什么影响？

（e）伯特兰和穆莱纳桑采取什么步骤来减少错误分类率？他们测量了错误分类率吗？你使用什么方法来测量错误分类率？你的建议有哪些优点和缺点？

421 10.12.6 节描述的恢复性司法实验有一个局限性，即不能识别道歉与未出席的不同效应。相反，只能估计二者合并后的干预效应。假设为了识别道歉的 ATE 以及未出席的 ATE，将被试随机分配到三个实验组之一：一个控制组、一个标准鼓励组以及一个强鼓励组。识别证据假定有三种不同的被试类型：遵从者（以任何形式鼓励就出席会见的人）、勉强遵从者（只在强鼓励下才出席的人）以及从不接受者。

（a）将控制组的结果期望值写成遵从者、勉强遵从者和从不接受者三种结果期望值的加权平均值。

（b）将标准鼓励组的结果期望值写成遵从者、勉强遵从者和从不接受者三种结果期望值的加权平均值。你的模型应当承认遵从者将会道歉，但勉强遵从者和从不接受者则不会出席。

（c）解释为什么实验设计允许我们估计三种被试类型的份额。

（d）注意在三个方程（a）、（b）和（c）中有四个参数：从不接受者中未出席的 ATE、勉强遵从者中未出席的 ATE、遵从者中道歉的 ATE 以及勉强遵从者中道歉的 ATE。不管你怎样操纵这三个方程，都无法解出四个参数中的每一个。换句话说，由于未知参数的数量大于方程数，你既不能识别道歉效应，也不能识别未出席效应。假设你改为假定，不管勉强遵从者还是从不接受者出错，未出席的 ATE 相同，而且不管来自遵从者还是勉强遵从者，道歉的 ATE 相同。现在你已经将未知参数的数量减少到两个。修改你的方程（a）、（b）和（c）来反映这个假定，并表明其允许你识别道歉效应和未出席效应。

11. 担心 12.7 节学校教育券实验中缩减问题的一个理由，是第一年之后控制组的缩减率大于干预组。从直觉来看，比较干预组和控制组结果带来的问题是缩减后控制组不再是缩减后干预组在未干预状态下的反事实（counter-factual）。第 7 章描述的修剪边界方法试图从缩减后干预组（其在随机分配组的报告中所占比例较大）中提取一个被试子集，这些被试可与控制组比较并用来限定干预效应。这项操作的数据集参见 http：//isps. yale. edu/FEDAI，包括豪厄尔和彼得森研究中参加基线数学考试的任何种族被试。结果测量（$Y_i$）是基线考试与研究一年之后考试之间数学成绩发生的变化。

（a）控制组结果数据缺失的百分比有多大？干预组结果数据缺失的百分比有多大？

（b）在没有结果缺失的学生中，控制组和干预组的结果平均值是多少？

（c）干预组结果的分布是什么？结果范围是什么？对应 5、10、15、25、50、75、85、90 和 95 百分位的结果是什么？

（d）为了修剪干预组分布的顶部，干预组 93.6 百分位的 $Y_i$ 值是多少？（值 93.6 是控制组报告率除以干预组报告率。）

（e）小于 93.6 百分位值的干预组观测值的平均值是什么？将这个平均干预效应称为 $L_B$。确认剩下的最初干预组的百分比，等于有结果数据控制组的百分比。

（f）从 $L_B$ 减去控制组平均值。

（g）为了修剪干预组分布的底部，对应于 6.4 百分位的干预组结果是多少？（值 6.4 是从 100 减去 93.6 计算得到的。）

（h）大于 6.4 百分位的干预组观测值的平均值是多少？将这个干预组平均值称为 $U_B$。确认修剪后剩下的最初干预组百分比，等于有结果数据控制组的百分比。

（i）从 $U_B$ 减去控制组平均值。

（j）你在（f）部分和（i）部分中计算的下界和上界，旨在为一个特定亚组 ATE 划定边界。描述这个亚组。

12. 在私立学校教育券研究中，干预组观测值比控制组观测值要昂贵得多。假定实验没有缩减和不遵从问题。假设研究者拥有一个 200 万美元的固定预算，每个干预组观测值花费 2 000 美元，每个控制组观测值花费 200 美元。下表显示了使用预算来建立干预组和控制组的四种可能方式。

| | 选项 1 | 选项 2 | 选项 3 | 选项 4 |
|---|---|---|---|---|
| 干预组 | 950 | 750 | 600 | 900 |
| 控制组 | 500 | 2 500 | 4 000 | 1 000 |

让干预组和控制组结果的标准差相等，均等于 $s$。

（a）使用式（3.6）中的公式，估计均值差估计量的标准误，让分配到干预组的观测值数量为 $n_t$ 而分配到控制组的观测值数量为 $n_c$。标准误可以写成：

$$s\sqrt{\frac{1}{n_c}+\frac{1}{n_t}}$$

在这个表中，哪种分配被试到干预组和控制组的方式，能产生最精确的估计值？

有一种在预算约束下最小化标准误的一般方法。假设控制组和干预组中每个观测值的成本分别为 $p_c$ 和 $p_t$。两个组具有相等的标准差。为了最小化均值差估计量的标准误，将被试按与成本比的平方根成比例的方式分配到实验组。下列问题说明了这个想法背后的由来。

（b）如果 $n_t$ 是你分配到干预组的被试数量，在干预组上花了多少钱？

（c）如果 $n_c$ 是你分配到控制组的被试数量，在控制组上花了多少钱？

（d）将预算 $B$ 表示为用在干预组和控制组的总支出。

通过定义拉格朗日方程，建立一个约束最大化问题（Dixit，1990）：

$$L(q, n_c, n_t) = s\sqrt{\frac{1}{n_c} + \frac{1}{n_t}} - q(B - n_t p_t - n_c p_c)$$

对 $L$ 求 $n_c$、$n_t$ 和 $q$ 的偏导数，并设定每个偏导数等于 0。（如果你忘记了微积分，可以使用在线计算器来计算导数。）满足这些条件的 $n_c$ 和 $n_t$ 值，可以在预算约束下使标准误最小化。

（e）设定关于 $n_t$ 的偏导数等于关于 $n_c$ 的偏导数。使用结果方程来表明

$$\frac{p_c}{p_t} = \left(\frac{n_t}{n_c}\right)^2$$

从这个结果中我们可以看出，干预组大小与控制组大小之比等于每个观测值类型的成本比平方根的倒数。因此，如果干预组观测值的费用是控制组观测值费用的 10 倍，最小化资源分配的标准误，将 $\sqrt{10} \approx 3.2$ 倍数量的观测值放到控制组。

（f）当干预组和控制组观测值的成本相同时，把预算分配到 $n_t$ 和 $n_c$ 的适当方式是什么？

# 第13章

撰写研究计划、研究
报告和期刊论文

![本章学习目标]

（1）如何撰写一个研究计划来描述一项实验的目标和程序。

（2）如何组织一份研究报告，以总结实验的执行细节并提供一份统计结果清单。

（3）如何撰写研究论文，将实验定位在更广泛的文献中并有条理地描述方法和结果。

（4）如何保存结果以使你和其他研究者能够重建统计发现。

为了对知识做出持久的贡献，你必须做的不止是开展研究；你还必须记录和交流相关信息，这样其他人才能理解和欣赏你的贡献。相关信息消逝得非常迅速。一项实验结束几个月后，开展实验的研究者就很难记住关键细节，如被试招募、干预、随机分配以及结果测量。几年以后，将没人能够确定谁拥有数据或数据是什么格式。[①] 研究中使用的时间、精力和资源将被浪费掉，除非你尽心竭力地仔细记录你的实验设计、实施以及结果。

写作不仅能够保留研究发现，它也将激励其他人将他们的研究建立在这些有条理的发现上。关于实验发现和程序的清晰文档有利于研究的复制。写作通过呼吁关注未解决的难题和研究机会来吸引学术兴趣并将研究导向有效的路径。

本章为处于实验研究三个阶段的作者提供了一个清单。第一阶段涉及一个研究计划书，有时是为某个实验项目申请经费。通过描述研究目标和实施方案，研究计划可以帮助我们改进实验设计，并提供一个机会来解释在搜集数据后你将如

*425*

---

① 在搜集本书的材料时，我们联系了几十位作者，希望使用他们的数据作为例子和练习题。学者们都很合作，但是他们很少能检索 5 年以前进行的研究，除非数据先前已经被存储在公共数据库中。

何分析数据。如第 4 章和第 9 章所述，事前计划通过限制自由裁量权的作用，有助于增强最终数据分析的可信性。下一阶段是初步研究报告，一组扩展的实验室日志和统计发现包括形成研究论文所需的原始材料。大部分研究报告可以而且应当在实验完成之前撰写。基本原则是"边做边写"（write as you go），这样重要的细节不会从记忆中消失。基于当前指导医学研究的报告标准，我们推荐了一个项目清单以包括在最终成品——一篇社会科学研究论文中。与社会科学期刊目前的报告要求相比，这些建议更为严格和繁重。但它们代表了我们自己在进行研究时渴望达到的一套标准。我们推荐的许多报告实践，是受到了自己研究工作的缺陷的启发。

我们在撰写本章时心里想的是作者，但我们的清单也打算用来指导读者。一项实验报告的主要目标是减轻读者对非统计来源误差的担心，如有缺陷的程序或隐藏偏误。读者需要看到某些关键部分的信息，以便理解结果和与结果相关的不确定性。忽视提供关键细节的作者造成了不必要的不确定性。尽管对相关信息朴素而有条理的介绍使实验研究论文失去了某种艺术价值，但科学优势显而易见。

## 13.1 撰写研究计划

首先应当说明的是，我们考虑了究竟是使用将来时还是过去时来撰写本节。在一个完美的世界中，实验开始前一切都会布置整齐。实际上，最后一分钟的调整也会发生。本节使用过去时来撰写，仿佛实验在几分钟以前才开始，研究团队跑回了他们的电脑，来记录设计的最后细节。

（1）阐明研究假设。任何实验项目中有用的第一步都是描述，用一句话来描述你希望估计的因果参数。这种操作会迫使你设定干预、被试以及背景。例如，"这项实验测量的是在多大程度上，州议员对西班牙姓氏选民的回应，将少于对盎格鲁姓氏选民的回应"。对被估计量的清晰描述会帮助你和你的读者评估实验设计是否满足可排除性假定。是否有理由怀疑分配干预（$z_i$）对结果的影响是由实际传递干预（$d_i$）以外的其他原因引起的？在这个例子中，关于干预或结果评估，有什么让你怀疑分配对结果的影响是由选民姓氏之外的原因引起的？将议员回应选民邮件进行编码的人员，对被试分配的实验条件一无所知吗？

接下来，解释你是否（以及为什么）预期因果参数具有特定的符号或大小。例如，你可能预期有一个负效应，因为与盎格鲁裔相比，议员和他们的雇员往往不太喜欢西班牙裔，或者他们认为西班牙裔选民的选举价值较低，这些选民被认为不太可能投票或为政治竞选捐款。或者你仍然坚持不可知论，指出虽然负效应是可能的，但也许议员对西班牙裔回应更多，因为发送一封简短邮件是在西班牙裔社区提升形象的一种廉价方式。表明你对参数的先验信念，将帮助指导稍后的假设检验。例如，如果你预期西班牙裔比盎格鲁裔收到更少的回应，相关的假设检验将会是单边的。观测到一个负效应将导致你拒绝没有负效应的零假设。此外，如果你预期少数族裔姓氏具有某种因果效应，但你不能说明其方向，那么你稍后实施的假设检验应该是双边的。无论是大的正面效应还是大的负面效应，都将导致你拒绝没有效应的零假设。

如果你预期到异质性干预效应，表明你预期哪些亚组将显示特别大或特别小的效应。解释这一假设的理由。例如，你可能预期一项干预对低成就的学生最有帮助，因为这个干预分配更多教学助理给小学班级，理由是低成就儿童从成人关注和监督中获益最大。当研究者事后筛选数据来寻找交互作用时，可以提前指定亚组的交互作用来解决出现的统计问题。如第 9 章所述，计划的比较数量决定了多重比较问题的 Bonferroni 校正。

指定研究假设有多种目的。它迫使研究者明确检验的问题是什么和结果是什么。解释你的假设背后的理由，能够帮助读者理解在理论上岌岌可危的是什么，并允许他们评估实验目标和实际实现之间的对应关系。提前表明你对 ATE 方向的先验信念，可以制定假设检验的实施方式。它也允许你在结果出现后对你的主观信念如何根据新证据来更新做出可信的声明（参见第 11 章）。

（2）详细地描述干预。没有对干预是什么的清晰理解，读者就无法解释你的实验声称要估计的因果效应。例如，在选举之前挨家挨户的游说。开始时，你可能会说，"游说者敲门并鼓励人们去投票。"我们需要更多的细节。例如游说者是否被指示遵循脚本？如果是的话，提供这个脚本。你观测游说者采用脚本游说的过程吗？如果是，描述你观测到的要点、声调和谈话长度。对干预的清晰描述能帮助读者解释结果并允许其他研究者复制你的实验。

描述干预也意味着描述其实施的环境。谁实施了干预？谁来担任游说者——他们来自本地吗？考虑到游说者的年龄、教育、性别以及族群，他们游说的人对他们可能是怎样感知的？游说是什么时候发生的——选举前几天还是几个月？选举类型是什么？什么议题或候选人处于成败关头？除了实验游说之外，研究中选民能够收到多少竞选宣传？如第 11 章所述，你对背景的描述可以帮助研究者将你的研究在实验文献中定位。

描述控制组接受的"干预"也很重要。有时候答案是"没有"。这些没有被政治竞选游说的被试，仍然继续他们的日常生活，除了被打断了少于五分钟之外。有时情况更为复杂。假设在一项教育实验中，你将学生分配到干预组接受一门额外的数学课。为了在他们的时间表中腾出这门课的时间，学生将不得不放弃某个其他科目的课程。为了理解净干预效应，我们需要知道干预组的课程安排与控制组的课程安排有什么不同。

（3）描述将被试纳入实验的标准。被试是如何被纳入你的实验的？用什么标准来决定哪些单位有资格参加随机分配？例如，实验的观测值可能包括"除了达拉斯和休斯敦以外的得克萨斯州电视市场"，或者"常青藤大学的本科生，在预注册课程时，显示了对 8 个新生研讨课之一的偏好"。早些时候，当你用一般术语陈述你的假设时，提到了那些被试。这里是详细阐明细节的地方。样本的限制是实验不可避免的一部分。尽可能清晰地说明这些限制是什么。如果被试是按某种系统方式从一个更大的总体中抽样的，描述这个总体以及抽样方法。

有时，某些区域或人群由于实际原因必须接受干预。例如，申请研讨课的新生被放在候补名单。学生被课程录取是随机的——除非教师与未来学生具有某种事前关系，在这种情况下，教师可能会坚持录取候补名单中的学生。原则上，你可以忽略教师的意愿，但对实验可能有难以预测的后果（如果教师公开指责随机分配，这样会使学生意识到正在进行研究，研究可能会失去产生结果的能力，这些结果能推广到实施不显眼分配的环境中）。或者当教师允许他们被课程特别录取时，你可以允许某些学生从分配的控制组转到干预组，但这种方法会降低研究的统计效力，第5章和第6章解释了其原因。一种更好的方法是在随机化之前就与教师商量，给他们一个机会来谨慎指定必须录取名单中的学生。这些必须接受干预的观测值不被视为被试，因为他们不是随机分配的。你的描述应当强调一个事实，即某些单位被排除在随机化之外，至少可以提醒你在汇总实验结果时排除这些观测值。

关于样本限制需要明确的另一个原因是，让你的读者能够理解实验被试接受干预的背景。例如，参与新生研讨课的学生，不是从候补名单中随机分配学生构成的，而是候补名单上的学生和与教师有既存关系学生的组合。课堂的混合成分可能微妙地改变干预的实质。实际上，新生研讨课作为干预，是由两组学生混合后产生的课堂氛围构成的。

（4）解释如何将被试随机分配到实验组。详细地描述随机分配程序。例如，为了将被试分配到干预组和控制组，使用了以下程序。将被试列入电子表格中，并分配一个随机数。随后，这个表格中的1 000行按照随机数升序排列，表格中最前面的400个被试被视为控制组，剩下的被视为干预组。为了以后核实方便，将随机数留在数据集中永远是一个好主意。如果你使用统计软件来抽取随机样本，剪切和粘贴计算机代码行到你的研究计划。如果有可能，在你的程序中包括一个随机数种子，这样随机分配模式就是可重复的。

因为寻求得到特定实验结果，或希望某些被试接受干预的研究者，可能破坏随机分配，医学实验的CONSORT官方报告标准要求研究者说明是谁实施的随机化。[①] 事实上，医学研究的最佳实践会指定一个与研究无关的人来实施随机分配。考虑到实地实验的时间限制，一种合理的最佳实践是使用随机数种子来执行随机分配，从而使过程自动化以及结果可复制。

一个相关的问题是扔掉"坏的随机化"，即产生的干预组和控制组的背景属性存在某种差异的分配。丢弃坏的随机化来改善精度是一种可接受的实践（假定实验者没有试图在随机化中欺骗，以便让特定被试进入干预组），但其要求实验者在估计ATE和实施假设检验时，采取特殊预防措施。当估计ATE时，如果筛选导致被试被分配到干预组的概率不同，某位研究者可能需要对数据加权（参见专栏4.5）。当对基于某种筛选准则分配的实验数据使用随机化推断时，研究者应当只考虑那些被筛选程序允许的随机化集合。因此，随机化推断要求研究者指定准确标准，用于拒绝某些随机分配而接受其他分配。

在简单随机分配或者完全随机分配下，每个单位被分配到干预组和控制组的概率相等（参见专栏2.5）。如果你使用简单或完全随机分配，随机化过程的描述

---

① Schulz，Altman and Moher，2010.

应当这样说。两种最常见的偏离简单随机分配的情况（参见第 3 章和第 4 章）是区块分配和整群分配。区块分配的意思是，观测值首先被分为不同的层，然后将每个层中的被试随机分配到干预组和控制组。在每个区块中，被分配到干预组的概率是不变的，但在不同区块中是变化的。例如，某人可能实施一个区块随机化，其中男性和女性被随机分配到不同的被试群：在男性中，三分之二被试被随机分配到干预组；在女性中，一半被试被随机分配到干预组。事实上，每个区块自身就是一个实验。整群分配的意思是，被试在分配时并非作为个体单位而是群体单位。例如，不同于将学生个体分配到干预组和控制组，一位教育研究者可能将班级或年级或整个学校进行分配。清晰描述整群随机化过程极其重要，因为微小细节在 ATE 和置信区间的估计上可能都具有重要含义。正如第 3 章和第 4 章所述，未能正确地考虑区块划分或整群划分，会导致有偏的估计值和标准误。

（5）总结实验设计。在讨论了干预和分配被试到实验条件的过程之后，要提供一个表或图来显示有多少观测值被分配到每个条件。在区块随机设计的情况下，可为每个区块提供一个表；如果区块数量非常大，可以用一幅散点图（scatterplot）来描述区块大小（横轴）和被分配到干预条件下的被试比例（纵轴）之间的 *431* 关系。如果设计涉及整群随机化，提供一个表来说明每种实验条件下的整群数量以及每种条件下被试个体的数量。对每个整群，描述被试的分布：平均来说每个整群包含多少被试？这一数字的标准差是多少？这一信息也可以使用一幅个体值图（individual values plot）来显示：横轴表示每个整群的实验分配，纵轴表示每个整群的被试数量。你可能想把这个描述与你的估计方法讨论联系起来。回忆第 3 章和第 4 章，平均整群大小可能影响抽样变异性，整群大小的变异可能破坏均值差估计的无偏性。

（6）检查随机化程序的可靠性。按照预期，随机分配应当建立具有相似背景特征的干预组和控制组，或者说"协变量平衡"（covariate balance）。无论是你自己来实施随机化还是依靠某个政府机构来实施抽签，通过评估协变量平衡来验证随机化过程的完整性是很有用的。正如第 4 章所述，协变量的高度平衡并不能证明干预是随机分配的；相反，即使当干预实际上是随机分配的时，也可能出现较差的协变量平衡。这种操作的要点是，在给定使用随机分配的情况下，评估协变量平衡程度与研究者预期是否一致。在通常情况下，这种操作会显示协变量是平衡的，这一发现有助于向读者保证，担心的非统计错误来源少了一个。如果观测到随机化显示极不可能的结果，研究者应当仔细检查随机化步骤，了解是否在程序中存在缺陷，或者对随机分配的实现方式有错误理解。如果发现实质性的不平衡，但显示随机化过程是可靠的，可以抛弃这个坏的随机化并重新进行随机化。如果实验已在进行中，稍后应当呈现控制和没有控制协变量的结果，以便读者了解估计方法是否对统计结果有实质影响。

在评估不平衡时，要设法测量不平衡的程度，以及偶然获得观测到不平衡水平的概率。第一个问题可以通过描述性统计量的呈现来解决。如果你使用简单随机分配或整群随机分配，呈现一个比较干预组和控制组背景属性均值的表。如果背景变量是连续的，还要比较标准差。如果你使用的是区块随机分配，比较加权平均值，这里的权重是被选入观测干预条件的概率的倒数。

　　　随机化推断可以被用于评估协变量平衡程度是否在统计上是意料之外的。如果你使用简单或完全随机分配来形成两个实验组，基于你安排的协变量，使用回归来预测干预分配。[①] 为了计算通常由回归报告的 $F$ 统计量的 $p$ 值，可使用第 4 章描述的方法，对大量模拟的随机化生成这个统计量。在随机分配的零假设下，$p$ 值会告诉你获得协变量不平衡程度的概率，这个程度和你实际在样本中观测到的至少一样大。如果你使用区块随机分配，区块间干预分配的概率不同，估计一个干预分配对协变量的加权回归，对每个观测值加权，使用其被分配到该种条件概率的倒数，并记录 $F$ 统计量。[②] 为了发现这个统计量的 $p$ 值，使用你划分区块的程序来模拟大量可能的随机分配，并形成 $F$ 统计量的抽样分布。如果你的实验组是使用整群分配建立的，通过使用你的整群分配程序来模拟抽样分布，以形成 $F$ 统计量的抽样分布。

　　　如果探测到不平衡，实验者应当做什么？假设一个预后指标（prognostic indicator）的平均值在干预组中比在控制组中更高，并且协变量平衡的一个零假设检验显示 $p<0.001$。一种可能性是研究者获得了一个倒霉抽样（unlucky draw），但另一个可能性是分配程序中存在某种缺陷，可能是由于编程错误或在随机分配观测值时出现了混乱。一种常见的错误是在实施一项平衡检验时，忽略了区块或整群分配的使用。仔细检查你的随机分配程序和你进行不平衡检验的方式。如果你发现随机分配实际上没有发生，你不得不重新进行随机化并重新开始实验。

　　　（7）描述结果测量。详细地描述每个结果以及每个结果测量的方式。例如："使用从州务卿那里获得的官方记录来测量选民投票率，那些出现在选民名单中的被试取值为 1，所有其他人取值为 0"。如果你正在使用一套指标来间接测量结果，解释为什么假设你的测量利用了潜在的利益建构是合理的。例如，如果你正在使用一个由 10 个多选题构成的测试测量"政治知识"，描述这些题项相互的关系，以及它们与预期用来预测政治知识的背景因素的关系。

　　　在描述缩减或结果数据缺失时，细节尤其重要。描述在每个实验条件下，多少被试有结果缺失。（参见专栏 13.3 中流程图的例子。）表明协变量和缺失之间的关系是否在不同的实验条件下是相似的。对最初一轮数据搜集（参见第 7 章）中结果缺失的被试，如果采用后续努力来搜集结果数据，要描述抽样和测量程序。

　　　在描述你的结果测量时，表明是否准备了某种特别程序来最小化测量不对称性。如果你的结果通过调查测量，表明访问员是否对受访者的实验条件一无所知。有什么关于访问员、问题措辞或调查实施背景等方面的因素，可能鼓励干预组受访者给出独特回答？例如，调查访问员与干预实施本身是否存在任何关系？

　　　如果你的实验涉及不遵从，使用分配干预来定义不遵从。仔细描述如何测量不遵从。接受干预就是一种"结果"，当实验结果变得可用时，需要其自己的一组表。

实地实验：设计、分析与解释

---

① 如果你有三个或更多的干预组，使用多项 logistic 回归，基于报告的对数似然统计量来实施随机化推断。
② 当没有使用区块划分，但被试按照不同概率被分配到干预组时，也应当使用加权回归。

（8）描述你计划如何分析数据。在前面的章节中，我们讨论了预先说明计划的优势。简而言之，分析计划可以帮助限制自由裁量权的范围，因此在实验结果是模糊的情况下特别有用（许多研究者，包括我们自己，都未能预先设定计划，导致了后悔）。如果依据计划，分析者就不能依据结果是否"看起来不错"或者产生了统计显著的估计值来对结果进行挑选。因此遵守计划可以使结果更可信。

由于统计分析背后的理由在研究计划中就被提出来了，分析计划可以像几行计算机程序代码一样简洁，一旦结果可用，就可以用于产生统计表格。一个简单的分析计划将表明，你将如何①图形化地显示每个实验组的结果分布；②计算每个实验组的结果平均值和标准差；③计算平均干预效应及其标准误；④在控制一个特定协变量列表之后使用回归来估计 ATE；⑤使用随机化推断来检验无干预效应的精确零假设（sharp null hypothesis）；⑥当使用连续结果测量时，比较不同实验组的方差，或使用第 9 章描述的非参数界限（nonparametric bound）来了解数据是否存在异质性效应；⑦检验干预和指定协变量之间的可能交互作用。预先编制你的计划的一个好处是，一旦结果数据可用，你就可以开始分析了。

随着实验的展开，未预见的执行问题可能会破坏或者使你的计划复杂化。[①] 例 *434* 如，未能按计划对干预组所有成员实施干预，可能要求额外的分析来测量遵从者中的平均干预效应（参见第 5 章和第 6 章），或者未能观测干预和控制组结果可能需要额外分析来评估干预组和控制组的缩减模式（pattern of attrition）是否不同（参见第 7 章）。

未预见的统计结果是一个不同的问题。在实验结果可用之后，在一般告诫要"了解你的数据"的情况下，研究者被鼓励探索事后交互作用。但是，任何从这种探索中产生的发现都应当根据第 9 章描述的多重比较问题来谨慎解释。记录你做出比较的数量，在进行假设检验时应用 Bonferroni 校正。

（9）存档你的数据和实验材料。最后，在等待你的实验结果时，为你的干预材料——脚本、记录信息、邮件等，建立一个物理或电子档案。一定要从实施干预的人那里搜集你需要的任何材料。例如，如果你正在开展一个使用挨家挨户游说者的选民动员研究，需要在这些材料消失之前搜集显示谁被接触的列表。如果你正在研究课堂教学的效果，对干预班级和控制班级均保留讲义、阅读材料、课程计划以及测试题的一个复本。

（10）登记你的实验。在社会科学中，很少有实验以任何正式方式进行登记。而在医学当中，随机实验登记网站如 ClinicalTrials. gov 或 ISRCTN. org 已变成强制性的。登记是一个简单的过程；它在本质上相当于提交你的研究计划，以便其成为永久公共记录的一部分。

如果我们已经制定了一个研究计划，为什么还需要登记？站在一个研究文献读者的立场上来思考。如果产生引人注目发现的实验，更有可能被出版或印刷，

---

① 有时，计划包含了内置的意外事件。例如，所谓"适应性实验设计"（adaptive experimental design）允许研究者分析从一个正在进行的实验中获得的数据，来决定结果是否足够有希望保证额外的数据搜集。对这种设计导致统计复杂问题的一个讨论，以及涉及汽车检查的一个实地实验应用，参见 Schneider（2007）。

对已发表文献的调查可能会导致有偏推断。为了修正发表偏误，我们必须也检索未发表的文献。一个登记系统使那些由于某种原因没有发表的文献也能被检索到。

435　登记也可以帮助记录一项实验的所有组成部分。其中有些会发表，其他的则不会。登记在社会科学中与在医学中一样有意义，在各个学科，如心理学、经济学、政治科学、社会学、教育学和犯罪学中，登记相关学术规范的发展只是一个时间问题。

## 13.2　撰写研究报告

　　等待终于结束了：数据的准确性已经检查过了，实验结果也出现了。研究团队正在仔细查计划统计分析的输出结果。研究报告的功能是呈现一系列完整的结果，而不只是那些被认为足够有趣、用来写研究论文的结果。这些结果检验了研究计划中提出的假设，有时采用多种方式以便研究者可以评估结果的稳健性。后来，当研究论文写作时，其将更经济地呈现发现，引用研究报告中更广泛的结果说明。有时研究报告会成为发表论文的在线附录，提供给访问出版社网站的人使用。

　　研究报告不必有明确的论点。它可能是一个扩展的文档，很少有文体上的优点。其主要功能是提供参考资料，主要采用叙述、表格以及图的形式。由于研究报告作为实验结果档案的重要性，应当特别注意确保表格和图进行了清晰标注，并包含基本的描述信息。这里是对表格中所呈现信息的一些建议，无论是在研究报告中还是在发表论文中：

　　（1）标题要表明结果是什么，以及与结果计算相关的组。例如，"基于实验条件下的选民投票率"。

　　（2）清楚说明每一行和列的数字表示什么。例如，"条目是均值，括号中是标准差"。

　　（3）说明每个实验组内的 $N$ 是多少。

　　（4）如果表格报告了某个参数的估计值，如平均干预效应，也应当以标准误或置信区间的形式报告与估计值相关的统计不确定性。

　　（5）说明结果变量、干预或协变量是如何定义或编码的。例如，回归方程中对变量的一个描述，可能读作如下："这个结果，选民投票，对选民取值为 1 而非选民取值为 0。干预取值为 0、1、2 或 3，根据发送给每个选民的邮件数量。协变量过去投票取值为 0 到 8，反映了每个被试在过去 8 次选举中的投票数量。"

436　尽管研究报告是一份统计结果的散乱纲要，但最好一开始就安排最简单和最易懂的表格。遵循格言"在回归之前列联表"：在更不透明的分析形式如回归之前，呈现实验组之间的均值比较。

　　不管是用在初步报告还是发表论文中，图的主要优点是其说明结果分布的能

实地实验：设计、分析与解释

力。这里有一些建议的图以及所附注释的类型。"个体值图"（individual values plot）（参见专栏 13.1）是一种有用的方式，可以让读者了解每个实验组的结果分布，其反过来对抽样变异性（第 3 章）和干预效应异质性（第 9 章）也有影响。给图附上注释以便读者能够看一眼就能推断每个实验组的均值与标准差。

**专栏 13.1**

### 个体值图示例

个体值图用来显示有连续结果测量实验的结果。个体价值图本质上是散点图。但横轴有少量"抖动"以使共享相同横轴和纵值的点变得引人注目。

例如，Titiunik（2010）研究了在得克萨斯州参议员中，随机分配任期长度的效应。某些参议员被分配到 2 年任期，其他人 4 年任期。结果测量是在一个立法会议期中提出的议案数量。图上显示了两个实验组中点的散布。少量抖动使读者能分辨那些原本在彼此之上的观测值。水平线表示每个组的均值。这个图似乎显示，4 年任期的参议员具有更大的均值，以及变异更大的结果。

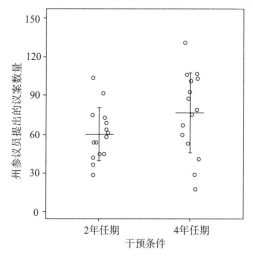

**干预组和控制组的分布**

水平线表示每个实验组的均值。垂直线表示每个均值之上和之下的一个标准差。

另一种有用的图是"添加变量图"（added variable plot）（参见专栏 13.2），在控制协变量后，其可以表明干预和结果之间的关系。添加变量图通过绘出两组残差来产生。$Y_i$ 的残差通过将 $Y_i$ 对协变量回归来获得，干预的残差通过将 $d_i$ 对协变量回归来获得。由此产生的图显示了 $d_i$ 和 $Y_i$ 与协变量正交部分之间的关系。在本质上，添加变量图描绘了在控制协变量后，用线性回归估计干预效应的过程。

**专栏 13.2**

### 添加变量图示例

添加变量图实际上是控制了协变量的个体值图。使用回归来消除 $Y_i$ 和 $d_i$ 与协变量分享的协方差。将 $Y_i$ 对协变量回归，对每个观测值生成残差 $e_{Yi}$。将 $d_i$ 对协变量回归，对每个观测值生成残差 $e_{di}$。然后，生成一幅散点图，$e_{di}$ 在横轴上并且 $e_{Yi}$ 在纵轴上。例如，使用上面描述的得克萨斯州参议员数据（Titiunik，2010），我们可以建立一个添加变量图来显示任期长度与提案数量之间的关系，并控制参议员党派、之前总统选举中参议员选区的民主党投票份额以及之前选举中参议员自己的投票份额。

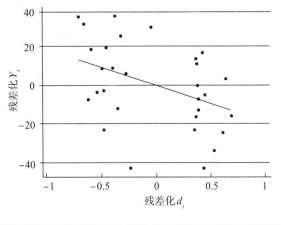

任何研究报告中最重要的图之一，是追踪观测值的流动，从样本定义到实验分配，再到结果可获得的实验组。如果发生缩减，在图中应当进行描述并在研究报告中详细讨论。参见专栏 13.3 中这种类型流程图的一个例子。这种图按照 CONSORT 标准，在描述医学实验时是必需的。

**专栏 13.3**

### 实验过程中追踪观测值的流程图示例

流程图可以帮助记录抽样、分配、干预实施以及缩减。一个有益的例子可以参考 Cotterill et al.（2009，p. 407）研究挨家挨户游说对街头回收利用率效果的实地实验。他们的流程图显示，一开始有 209 个街道，删除有问题的街道后，随机分配剩下的 194 个，并成功游说了干预组街道中 61% 的住户。这项整群随机实验中没有发生缩减。

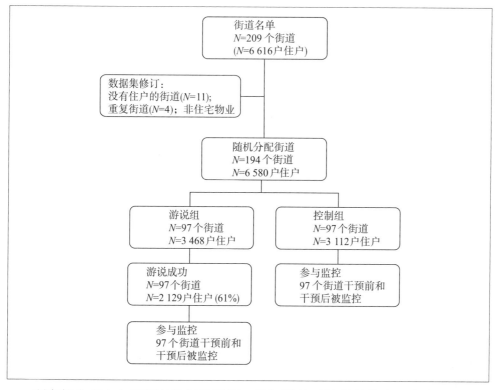

研究报告基本上是研究计划的更新，增加了关于结果的信息。当实验涉及不遵从问题时，表格中应当描述分配干预与实现干预之间的关系。如果不清楚怎么测量对干预的遵从，研究报告应当呈现一系列采用不同测量标准的表格。这同样适用于缩减。如果不清楚怎么测量因变量或怎么推算缺失结果，就呈现引用不同测量假定的表格。

研究报告的另一个有价值的功能，是提供各种"安慰剂检验"来显示在预计没有效应的地方，干预的确没有效应。例如，干预不应当影响实验之前测量的结果。干预也预计会影响某些领域而不是其他领域的结果。鼓励某些人回收利用资源对他们是否参加投票的影响应当忽略不计。这些种类的零发现可能被认为太平庸而不能呈现在研究论文中。但是，在考虑各种相关结果时，通过确认实验结果遵循预测模式，这种做法将增强结果的可信度。如果被鼓励投票的被试，或被鼓励回收利用的被试，均具有比控制组更高的投票率，我们可能会怀疑，随机分配将一组异常的被试分到了控制组，或者在干预实施中有些地方错了。

## 13.3 撰写期刊论文

社会科学研究论文的格式在不断发展，但最常见的格式仍然是 7 500 个单词的文章。对这种文章的精确规定各不同，但是典型的论文具有下面的一些元素：

（1）引言提出研究问题，并将其置于之前研究的背景和正在进行的理论

*440*

争论中。

（2）指示段落表明文章如何组织，并预示研究发现。

（3）对文献进行更结构化的讨论，确定一个有前途的研究机会或其与现有知识的差距。

（4）提出研究假设。

（5）解释识别策略，或许伴随一个统计模型，来说明观测数量如何用于估计感兴趣的参数。

（6）总结实验设计，描述随机分配程序、干预、结果和背景。

（7）报告实验结果，或许伴随稳健性检验以及亚组分析。

（8）讨论实质性和方法论意义，提出将来研究方向的建议。

（9）相关学术工作参考文献和支持文档。

（10）表格和图。

各个部分的空间取决于文章写作对应的学术期刊。某些期刊鼓励作者将技术性材料放在不发表的支持文档中，通常可在线获取。许多综合性期刊要求作者重点关注研究中最具理论吸引力的方面，这常常意味着冗长的引言，旨在表达议题重要性和研究新颖性。更专门化的期刊虽然也鼓励作者"思考大问题"，但往往对那些能做出增量经验、理论或方法贡献、主题集中的研究项目更宽容。综合性和专门性的文章往往长度相似。在社会科学中很少遇到自然科学常见的那种简要技术研究论文。在下面列举最低报告标准时，我们认识到，期刊编辑可能会选择把一些必要信息放到支撑材料中，而非在发表的文章中提供。提供补充材料很好，只要多年以后感兴趣的读者能可靠地找到这些信息。

441　　下面是我们建议研究者在一篇研究论文的主体中描述实验设计、统计程序和结果时应当报告内容的一份清单。清单总结了理解实验结果、评价估计值的统计不确定性和评估不确定性的非统计来源所需的信息。研究计划和报告元素旨在回答以下问题，因此不应该惊讶，许多元素重复了本章前面描述的各种建议。

（1）描述被估计量，解释实验设计如何识别感兴趣的参数。在适当的时候，解决对可排除性与无干扰性假定的威胁。

（2）描述干预、实施干预的方式以及实施干预的背景。

（3）描述实验的被试，解释用来决定哪些参与者有资格入选研究的标准。

（4）描述单位（或单位整群）被随机分配到实验组的程序。

（5）总结实验设计，指出被分配到每个实验条件下的被试数量。

（a）如果发生不遵从，提供一个表格来显示分配的干预和实现的干预之间的关系。

（b）如果发生缩减，提供一个表格来显示每个分配的干预条件下，每个分配条件内的缩减率，并显示缩减与被认为能预测结果的协变量之间的关系。

（6）提供一个表格来描述实验组间的协变量平衡。实施一项假设检验，来评价观测不平衡的程度是否在期望范围以内。

（7）描述某种结果测量或某些测量，以及它们何时被搜集。指出那些搜集结果测量的人是否对被试的干预状态不知情。

（8）报告每个实验条件（以及区块内，如果区块数量较小；否则，报告加权平均值，使用逆概率权重）的结果平均值。对非二元结果，报告每个实验条件的标准差，并呈现个体价值图（使用区块随机实验的加权数据，以及以不同概率分配被试到干预组的其他随机设计）。

（9）基于你研究计划中特定的比较，估计平均干预效应。报告估计值和相应的标准误（或置信区间），不管有还是没有协变量都报告。

（10）实施你在研究计划中提出的假设检验。报告检验统计量和相应的 442 $p$ 值。

（11）评价你在计划中描述的交互作用假设是否被数据证实。如果你在检验干预与干预交互作用或干预与协变量交互作用时，实施了几项假设检验，使用一个 Bonferroni 校正。

（12）评价任何事后的交互作用假设（这种假定可能是审稿人提出来的，当他们评估你的发表手稿时）。

（13）披露研究经费来源，以及任何可能影响研究者相关判断的潜在利益冲突。

（14）如果人类被试规则适用于你的研究，表明其是否被某个伦理审查委员会批准（参见附录 A）。

将研究论文主体总结在标题、摘要和关键词中。社会科学论文的标题在文献搜索中扮演了重要角色，其反过来对全面文献综述非常重要。由于这个原因，尝试将术语"实验"或"实地实验"包括在你的标题中。

## 13.4  数据存档

如果实验被正确执行，对于实验协议和结果，一篇研究论文能够提供有信息量和永久的记录。研究过程的最后一步，是保存数据和研究资料供将来使用。越来越多的资助机构和学术期刊要求进行存档；即使是可选择的，存档也是一种合理的科学实践，可能会使你长期受益。无论你是否打算与他人分享你的数据，你自己可能会再次使用它们。你可能要撰写一篇后续论文，带着一个新问题再次使用数据。或者你可能要上一门课，用数据作为例子。

寻求存档实验数据和资料的研究者，面临四个重要的保存问题：格式、媒介、文档和管理。

（1）格式。技术变化是如此迅速，以至任何以专用数据格式存储的东西，在 20 年内就可能无法读出。格式越通用越好。除了以目前形式保存你的数据之外，还要将它们保存为以逗号分隔的 ASCII 文件。如果你的数据集大小适中，打印一份作为复本以防数字版丢失。

（2）媒介。存储一批 CD - ROM 光盘能够保存 5～10 年，但你可能会将它们放丢了，或者发现随着时间的流逝它们变得无法读出。硬盘可能会损坏。云存储取决于销售存储空间的服务提供商是否能长期生存。一个更好的解决方案是将你的数据和资料存放在一个专用档案馆中，由其负责维护数据文件和资料的完整性（参见下面的"管理"）。

（3）文档。数据集必须被记录为所谓的"元数据"（metadata），即说明如何解释每一个变量。如果没有元数据来标识每个变量和类别，数据是难以理解的。文档的另一种重要形式是一系列命令，以复制出你的报告或论文（这应是数字档案的一部分）中呈现的结果。这种程序或脚本使研究者可以重建你的编程决策和统计程序的细节。

（4）管理。从长远来看，个人存档是一种较差的策略；即使用心良好的研究者，也会让他们的实验数据和相应元数据腐朽掉。一个更好的主意是将你的研究资料存放在由某个学术机构、学术组织或研究期刊维护的档案库中，作为其核心任务的一部分。

保存和编制文档需要时间和精力，学者们常常忙于下一个实验，而没有将他们刚完成的研究妥善存档。一种能够最终降低存档成本的方法是在项目的每一阶段，让文档和保存作为你研究程序的一部分。例如，在将你的稿件发给期刊评审之前，编制数据集、程序以及相应资料以便任何人都可以复制并解释你的结果。

---

**专栏 13.4**

### 计划文档和研究报告示例

关于计划文档如何变成研究报告的一个指导性例子，可以在 http：// isps. yale. edu/FEDAI 中找到。这项实验评估了一项被称为"家庭奖励"的有条件现金转移项目的效果，项目希望改善纽约市低收入家庭的健康、教育和就业结果。这些家庭被给予现金奖励。例如，如果一个家庭参加了家长-教师会，就能获得一张借阅证，接受预防性的健康检查，或维持全职工作。

计划文档将提议的实验在现有实验和理论文献中进行定位；介绍激励方案和干预的其他方面；描述抽样、招募和随机分配程序；列出感兴趣的结果，并解释如何在五年内使用管理记录、调查和现场观测的组合来测量结果。最后，文档会使用一般术语来解释如何分析数据（但没有指出将检查的亚组）。

中期报告（Miller，Riccio and Smith，2009）总结了干预一年后的结果，并提供一批表格来比较干预和控制结果。当更多被试参加实验及长期结果可用时，中期报告还可以作为计划文档来描述将分析的亚组。

---

## 小 结

进行一项实验的挑战之一，是坚持做好详细记录。实验，尤其在实地环境下实施时，会涉及大量最后一分钟的狂热，很容易丢失信息或忘记重要的设计决策。本章强调了记录关键细节的重要性，这些细节包括实验干预、被试召集和分配、结果和协变量测量以及实验发生环境。

文档不仅帮助研究者组织和保留关键细节，也是一种承诺机制。一个计划文档使很多分析自动化，这样做，限制了自由裁量权的作用。在决定研究论文最终呈现哪些结果时，研究者仍然保留了相当大的自由裁量权。但是，由于遵守计划文档可以增强结果的可信度，研究者具有动机去呈现计划好的分析。计划文档可能具有另一种价值。当得到结果时，通过鼓励研究者仔细思考将要做什么，撰写研究计划的过程可以帮助改进实验设计。

本章还强调向读者提供实验设计、实施以及分析的关键细节具有持久价值。在社会科学中，关于在实验报告中应当传达什么信息，似乎很少有共识。在准备本书的过程中，我们筛选了成百上千的期刊论文，在准确理解实验如何执行和分析上（甚至我们自己的论文有时也缺乏这方面）常常遇到困难。本章的主要目标是帮助改进和标准化实验设计和结果的呈现，以便科学贡献能够更容易被理解和评估。另一个重要目标是，通过存档数据以及相应文档来保存科学贡献，以使它们可理解。此外，在汇集本书使用例子的过程中，让我们吃惊的是，采用良好记录形式并能够公开获取的实地实验非常少。令人难过的是，许多重要实地实验的数据似乎已经消失，因为它们从未被存档。通过巧妙设计和仔细监督，这些实地实验曾经克服了一系列令人恼怒的财务、伦理和实施挑战，却在多年以后，仅仅因为研究者的旧电脑无法工作而永远消失。

*445*

## ☐ 建议阅读材料

这里描述的建议报告标准，模仿了"临床试验报告的统一标准"（Consolidated Standards of Reporting Trials，CONSORT）（Altman et al.，2001）。这个标准目前被一些重要医学期刊执行。参见 Boutron，John and Torgerson（2010）对这些标准的描述，他们试图将其用于社会科学研究。关于新的报告和复制标准，参见一些社会科学专业协会的网站。本书的网站链接了 APSA 实验研究分会中研究标准委员会的建议。关于如何记录和存档数据的描述，参见 ICPSR 的《社会科学数据准备和存档指南：贯穿数据生命周期的最佳实践》（*Guide to Social Science Data Preparation and Archiving*：*Best Practice throughout the Data Life Cycle*）（2009）。[①] 关于因果关系的图形和演示的一些有用提示，参见 Gelman and Hill（2007，pp. 167 – 181，pp. 551 – 563）。

## ☐ 练习题：第 13 章

1. 米德尔顿（Middleton）和罗杰斯（Rogers）报告了一项实验的结果，在 2008 年 11 月的选举之前，投票指南被寄给俄勒冈州一些随机分配的区域。[②] 指南

---

① 可从 http：//www.icpsr.umich.edu/files/ICPSR/access/dataprep.pdf 获取。

② Middleton and Rogers，2010.

旨在鼓励选民支持某种投票措施而反对其他措施。可从 http：//isps. yale. edu/ FEDAI 中下载示例数据集。这个数据集包括 65 个区域的选举结果，每个区域的结果中包括大约 550 位选民。结果测量是指南的赞助者在他们支持或反对的 4 项投票措施中赢得的净票数。干预取值为 0 或 1，这取决于该区域是否分配到接受投票指南的干预组。一个预后协变量是 2006 年投给民主党候选人选票的平均份额。

（a）估计平均干预效应，并使用一幅个体值图来形象说明干预与结果之间的关系。

（b）解释（a）部分中的图。

（c）使用随机化推断来检验，在对任何区域均无干预效应的精确零假设下，明显均值差是否可能偶然产生。解释这些结果。

（d）假如在随机分配区域的情况下，研究者使用以下筛选程序：没有随机分配可以接受，除非干预组 2006 年民主党支持得分的平均值与控制组 2006 年民主党支持得分平均值的差异在 0.5 个百分点内。所有被试都具有被分配到干预组的相同概率吗？如果不是，重新估计 ATE，如专栏 4.5 描述的那样对数据加权。在 446 随机化的限制下，重新进行（c）部分的假设检验。解释这些结果。

2. 选择一篇介绍某项实地实验设计与分析的发表论文。基于研究者提供的发表材料和任何补充资料，尽可能依据研究论文报告清单的要求来进行填写。如果有的话，哪些部分的信息没有报告？未能解决一个或多个清单上的项目，会影响你对他们报告结果的信任吗？

3. 进行你自己的随机实验，基于附录 B 中建议的主题之一。

（a）撰写一个计划文档。

（b）参加一门在线研究伦理课程，并获得实施人类被试研究的证书。从你的学院或大学里的伦理审查委员会（institutional review board，IRB）获得对研究的批准。

（c）实施一项小规模前期研究，来解决任何干预实施或结果测量方面的问题。

（d）进行实验。建立一个数据文件和支持性元数据。

（e）撰写研究报告。

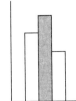

# 保护人类被试

本附录将讨论在实施涉及人类被试的研究时，研究者肩负的责任。我们回顾 *447* 了美国大学中的研究者在设计和实施实地实验时，应当知道的联邦法规。我们提出四个一般准则来帮助研究者将他们的实验设计限制在允许研究的范围以内。

## A.1 监管准则

即使实地实验并非实验，只要其涉及对人类的研究，它们就必须受到监管。美国的联邦法规对研究进行管理，将其界定为"系统性调查，包括研究开发、检测和评估，旨在发展和促进可归纳的知识"[①]。这些规定要求接受联邦资助的机构，如大学，建立一个伦理审查委员会（IRB）来评估所有涉及人类被试（human subject）的研究提议，这里人类被试被定义为活着的个人，研究者"通过干预或者互动"从其身上获取数据或私人信息。[②] 简而言之，IRB 将评价被试面临的风险、保护机密信息，以及当提议的研究涉及获取私人信息或导致参与者有风险时，确保被试获得解释和退出研究的机会。研究弱势群体的计划受到特别关注，如孕妇、囚犯、儿童或那些无法签署知情同意书的人。[③] 此外，涉及公务员、调查、教育考试、口味测试或观测公共行为的研究则适用广泛的豁免。[④] 即使研究者认为他们的 *448* 研究属于豁免 IRB 审查范围，他们仍然需要将提议研究的描述递交给 IRB，由其决定是否批准豁免。

---

① 联邦政策 45 CFR 46.102(d)。
② 联邦政策 45 CFR 46.102(f)。
③ 这些规定可以在 http：//ohsr. od. nih. gov/guidelines 中找到。
④ 联邦政策 45 CFR 46.101(b)。

保护人类被试准则适用于社会科学实验的方式仍在变化中，研究者常常抱怨不同 IRB 对规定的解释也不同。[1] 某些领域的人类被试规定比其他领域更模糊。私人信息的保护似乎相当清楚。研究者被禁止泄露任何获得的机密信息，而且有很强的推定来反对揭示研究参与者的身份，即使他们的行为可以公开观测。更含糊的是，什么构成对人类被试的伤害及其操作性定义。联邦准则按照所谓"最小风险阈值"（minimal risk threshold）来定义伤害。"最小风险意味着，研究中预期的伤害或不适的概率和程度，就其本身而言，不大于被试在日常生活中，或在常规身体和心理的检查测试中经常遇到的。"[2] IRB 要求对涉及超过最小风险的研究提议给予特别关注，但评价风险有时充满了不确定性。下面我们将回到这一点。

监管系统的另外一个令人困惑的方面，涉及其司法管辖权。由于"研究"被界定为，排除没有涉及"系统性调查……旨在发展或促进可归纳的知识"的干预，似乎某些既有害又用于弱势群体的干预处于监管框架之外，即使它们被大学的学者使用。换句话说，相同的干预如果作为实验的一部分，对一半的被试群体实施就会受到监管，如果出于研究之外的原因对所有被试群体实施则不会受到监管。

类似地，联邦资助实体之外的那些人实际上不受监管，尽管他们的研究结果可能会进入学术界。所谓的"真人秀"不加掩饰地将选手随机分配到稀奇古怪的实验条件下。电视节目《幸存者》（*Survivor*）用转盘来决定哪些选手被要求喝下包含如"腐烂章鱼"成分的"奶昔"，而节目《恐怖现场》（*Fear Factor Live*）使用"恐怖转盘"来随机指定某个选手躺在遍布蟑螂的床上。[3] 这些类型的实验，没有经过 IRB 批准但却进入公共领域，而且有时成为学术成果的基础。[4] 公共数据在 IRB 审查范围之外的原则，适用于一系列广泛的自然发生的实验，如军队就职、税务审计、选择陪审员以及其他抽签。

开展实地实验的研究者有时会发现，自己位于受监管和未受监管数据搜集之间的"灰色区域"。假设一个非政府组织精心策划了一项随机化干预（在 IRB 管辖范围之外）并雇用了大学研究者来分析数据，这就不属于公共领域。如果由大学研究者来实施干预，在开始研究前，他们需要获得 IRB 的批准。但在这种情况下，449 干预和数据搜集已经开始，IRB 通常不愿意回溯审查研究项目。请咨询你的 IRB 来找到其关于这些边缘案例的政策。

## A.2  保持实地实验在监管范围内的准则

鉴于随机实验操作的监管环境的复杂性和不断变化，研究者需要与当地 IRB 交换意见，来理解规则是什么以及如何应用这些规则。下面是一组指导原则，旨在帮助你处于监管范围以内。

---

[1]  Yanow and Schwartz-Shea，2008.

[2]  联邦政策 45 CFR 46.102(i)。

[3]  Burnett，2003；Sandler，2007，p.160.

[4]  Gertner，1993；Metrick，1995；Post et al.，2008.

（1）避免将被试分配到预期会伤害他们的实验条件下。这一点预期在这里发挥了重要作用，对讨论的干预，预期应当基于可信科学证据所提供的信息。在实施一项实验之前，可能有理由怀疑，平均来说干预是有益的还是有害的。事实上，科学史上充满了这种例子，那些最初被认为有益被试的医学治疗，却被证明是无效甚至是有害的。

在社会与政策研究中，原因和结果的不确定性往往更大。考虑一个例子，一项实验旨在检验对高中生进行驾驶培训，是否会减少事故数量和驾驶违规。直觉上，控制组会发生风险，因为未接受过培训的学生将成为容易出事的司机。这似乎意味着，为了研究，实验将控制组被试放在有风险的情况下。但是解决了这个问题的随机实验，描绘了更复杂的情况。显然，干预组风险至少一样大，因为驾驶培训似乎鼓励学生更早获得驾照。[①] 讽刺的是，随机实验才能使风险评估变得可能。

如果我们离开有形（如健康受损、物质资源损失）伤害的领域，并考虑人们对结果有不同的意见，评估对被试的威胁变得更为复杂。假设实验干预鼓励被试改变其养育孩子的做法、参加政治示威，或者采用一套新的宗教信仰。我们如何界定和评估这些情况下的损害？评估应当只限定在有形伤害诸如人身伤害或财产损失吗？这里没有简单的答案，并且联邦法规都是按生物医学研究的想法来制定的，几乎没有指导意义。

抛开什么构成伤害的问题，"避免造成伤害"原则具有以下实验设计含义。只要有可能，诱导你认为有益的干预。如果你相信 SAT 准备课程是有益的，并希望研究它们对 SAT 成绩的效果，随机鼓励那些不会参加的人参加这种准备课程。不要随机鼓励原本参加课程的被试放弃参加。[②]

这项原则的一个推论是，研究者应当寻找减少被试损失的方法，这些被试如果不接受干预就会被伤害。[③] 阶梯设计（参见第 8 章）是随机分配与干预所有被试之间取得平衡的一种有用方法。这种设计假定干预可以在不同时间点实施，并分配一定比例的被试群到早期干预中，剩下的进行晚期干预。在第二阶段干预开始前，当所有被试的结果均被测量后，晚期干预组可以充当早期干预组的控制组。

（2）将被试暴露在显著伤害风险下需要获得他们的知情同意。如果你计划实施的实验将被试暴露于最小风险之上，IRB 通常会要求你采用被试能理解的方式披露这些风险。要求被试理解风险的后果并自愿签订协议，通常会排除未成年人、囚犯以及精神失常的个人参与。被试必须主动同意，而且如果他们后来改变主意，他们可以退出干预组（或控制组）的参与。

当被试暴露于最小风险，而且这些被试并非来自弱势群体时，IRB 可能会免

---

① Roberts and Kwan，2001；Vernick et al.，1999.

② 注意这两种鼓励设计关注的是不同的遵从者集合，因此涉及不同的因果被估计量。

③ 另一个推论是，你应当尽量不减少受益者数量（Humphreys, 2011）。这个原则可能被违反，例如，如果一个 NGO 计划给 1 000 个村民每人 100 美元，而你建议由 500 个村民构成的随机样本每人 200 美元而其他 500 个村民则没有。一种满足无害原则的设计，会选择 2 000 个村民给其中的一半人 100 美元。

*451* 除知情同意要求。[①] 摒弃知情同意的一个可以接受的理由，是"如果没有豁免，研究无法实际执行"[②]。如果你计划实施的一项实验依赖于不引人注目的测量。你可能不得不告诉你的 IRB，如果被试（尤其是控制组被试）知道了他们的参与，你的研究就不能实际执行了。

（3）采用预防措施保护匿名性和保密性。科学研究目标驱使研究者披露被试身份或被试提供的任何保密信息的情形是罕见的。保密信息应当被安全存放，而且没有保护被试匿名性的情况下不能散发。有时候，某个研究者可能希望将实验数据库的记录与另外一个保密数据库合并，这样做需要共享包含被试识别信息的列表。问题是怎么做才能获得 IRB 的批准。这种情况可以通过指定一个值得信任的第三方来处理，或许是由来自 IRB 本身的代表作为一个中间人来合并两个数据集。保密性可以进一步得到保护，如果中间人对数据进行稍微整合，或许可以生成一个数据集，将被试随机分组为整群，每个群 10 个被试，或将真实数据集隐藏到一个包括虚构数据的更大数据集中。

（4）在制订你的研究计划时与你的 IRB 进行讨论。在设计和实施实验之前，研究者应当熟悉适用于自己国家和计划研究的国家的规定。与 IRB 主席或职员讨论你对研究项目的想法，来了解在评估你的计划时，他们可能关心的问题。准备好解释你的研究设计，其与类似设计相比如何，如其他学者使用过的设计和 IRB 过去批准的设计。通过在设计过程早期与 IRB 代表讨论项目想法，就给自己争取了很多机会，来调整设计以满足 IRB 和你的研究目标的要求。

① 联邦政策 45 CFR 46.116(d)。

② 联邦政策 45 CFR 46.116(d) 3。

# 附录 B

# 建议的实地实验经典项目

在说明概念与技术的过程中，我们常常提到一些发人深省的研究。这些研究 *453*
使用实验方法来理解政治、教育、市场、犯罪以及许多其他主题。你能从这些和
其他范例中学到很多东西，但真正巩固你的理解的唯一方法，是设计、实施和分
析你自己的实验。

本附录的目的，是指导你完成实施自己研究的整个过程。我们将从头到尾进
行一个假想项目，介绍一系列花费不多并对被试风险最小的实验。即使下面提到
的项目与你的最大兴趣不符，你也可能会发现它们对思考设计和实施中面临的挑
战有指导意义。

## B.1 制定你自己的实验

某些研究者基于他们持续的实质兴趣来决定研究什么；其他人则寻求任何可
能出现的实验机会。那些刚进入实地实验领域的读者，正在寻找能在几周之内完
成的花费小的典型项目，通常来说，最好在研究机会自己出现的领域来实施一个
练习实验。好吧，那么研究机会究竟出现在什么地方？

日常会话是想法的一个来源。下次你与朋友或亲戚在一起时，可以询问一些
关于他们工作的信息。他们的职业是什么？他们认为得到结果的更有效方法是什
么？哪种类型的活动或策略似乎对他们无效？

假设你与某位房地产经纪人搭讪。常常可以听到这些经纪人提出的一个假设：
如果潜在买家到你家参观时，你正在烤面包，那么交易更有可能发生。这个猜想
听起来非常合理且有趣，在互联网上迅速搜索一下，确实卖房者常常被告知这种 *454*
烘焙建议。干预对被试似乎只涉及最小风险，由于烤面包干预是目前推荐的做法，

买房者在看房时，常常遇到这种令人愉快的气味。这个假设值得用实验来研究吗？如果你进行严格的实验后，发现效应为 0 会有人关心吗？另一方面，如果你发现的效应是售出之前房屋在市场上待售的平均时间减少了 5％，会有人关心吗？两个问题的答案似乎是肯定的。如果烘焙效应实际上可以忽略不计，房地产经纪人可以指导卖家将精力用到别处；更广泛来说，这说明无关因素诸如芳香对买家经济评估的影响可以忽略不计。另外，如果芳香实际上产生明显效应，在金融方面的意义非常大，这种普遍现象说明了经济决策理性方面的一些有趣的理论问题。

你将如何策划对烘焙和房屋销售的研究？第一步，是了解是否有类似的实验已被实施。如果有，将这个实验作为你自己研究的有用模板，或作为一个改进设计的跳板。第二步，是与该经纪人（或任何你认识的其他人）进行一个后续谈话，来找出实验是否可行，如果可行，在什么样的条件下可行。或许仍然居住在自己家的买房者，可能更适合进行随机鼓励（参见第 6 章的鼓励设计）。你可能不得不自己来策划鼓励实验，甚至你可能不得不提供必需的锅和原材料，如果你希望有较大比例的遵从者。另一个选项是使用买房者已经不再居住的住宅样本。在干预条件下，你在经纪人打开房子前，就开始烘焙并在视线之外。使用任何一种设计，这个实验都需要空余时间、运输、做面包的原料、烘焙的初步知识，以及如果你是学术研究者，还需要你的 IRB 批准。但最重要的是与经纪人进行协调，因为几天以后，经纪人就可能对实验中出现的被试感到抱歉。你需要调动你所有的魅力，来维持与经纪人以及中介公司其他人的良好关系，他们在协调你的干预以及提供干预和控制条件下房屋的结果数据（销售日期和价格）中发挥了重要作用。如果你擅长烘烤面包，送一些新鲜面包到他们的办公室，可能会振奋他们的精神。实验持续一个固定时期，或在预先确定数量的房屋已处于干预或控制条件时进行。注意一个微妙的统计问题：不要基于一个决策规则"一旦统计显著性实现就终止"来结束研究。这种终止规则会导致有偏的显著性检验，你需要调整你的显著性检验的结果以考虑这种偏误。[①]

455 更广泛的观点是对可检验命题（testable propositions）睁大双眼。在任何地方你一转身，人们就会发展新的假设。他们会推测吃糖是否导致儿童多动症，网页上的横幅广告往往很讨厌是否因为讨厌的广告效果最好。或者谈情说爱是否与宿舍的温度相关。通过思考研究设计来练习你的实验想象力，研究设计使你可以检验这些猜想或遇到的其他问题。你对什么进行随机化？什么人或什么东西将成为你的被试？你将如何测量结果？你预期会遇到什么类型的实施问题？违反排除限制、不遵从、缩减、相互干扰——你的实验如何将这些不良影响最小化？给定你能够决定的样本大小和协变量，你预期的是哪种统计效力？

实验灵感的另外一个重要来源，是经常发生的困境。我们的工作、邻居、家庭、拼车群、社区群体、学校、购物中心以及政府不断向我们提出分配和执行问题。如果你能决定哪些商品应当放在收银台附近，如何让手术后病人参加物理治疗，如何对小学捐款人做广告，你就已经克服了实施一项实验的最重要障碍之一。

---

① 参见 Jennison and Turnbull（2000）。

在某些实地环境下进行的最引人注目的实验，就是因为负责分配资源的实践者迫切需要一个因果问题的答案。

当选择实验机会时，应该选择所涉及测量难题较少的项目。在某些情况下，政府或调查组织通常会搜集结果数据；你只需要提供实验干预。有时广泛的背景信息同样是可用的，这将允许你在设计和分析中使用协变量。同样有吸引力的情况是你可以很容易验证干预是否如预期的那样实施。

最后，在选择一个项目时，跟随你对什么干预可能有重大影响的直觉。尽管进行一项可靠实验来揭露某个假设是错误的，以及令人信服地证明平均干预效应为 0，无可厚非，但如果你的干预产生了有用的效应，你可能会有更多乐趣，并且更容易获得别人的合作。

## B.2 供练习用的建议实验主题

为了帮助你思考可能的实验项目，我们从最近的研究中选择了满足两个准则的一些想法：似乎给被试带来的风险最小，并且用很少的预算就可以实施。当然，需要提高警惕，以确保不可预见风险和控制成本。进行一个小规模预测试来探测不可预见的实施问题，总是一个好主意。有几个项目设想涉及通常在大学校园内或附近实施的干预，但这些想法也很容易适应其他环境。在进行一项预测试或实施从这些和其他想法中发展出的实验之前，在监管环境下诸如大学或医院工作的研究者（包括学生），应当获得相关 IRB（参见附录 A）的批准。

（1）帮助行为与歧视。实验可以用于评估请求援助引发合作所需的条件。一组条件涉及请求援助者的属性：他们的种族、社会阶层、口音、穿着、身材、宗教饰品、政治徽章等。某些属性，如穿着和社会阶层，可能比较容易操纵。为了改变属性，诸如身高或者肤色，你需要除了干预以外其他外表都相似的多个合谋者，根据干预来进行改变。帮助的请求应当按照研究环境进行修改。各种可能性包括询问方向、根据描述来建议餐馆、关于关闭时间的信息，诸如此类。通过要求更多或更少的详细说明，也可以操纵请求的代价。各种结果都可以测量：响应的长度和质量，是否提供了额外的主动援助，以及非语言行为。当按照这些规则来设计实验时，应该牢记几项设计挑战。你需要定义随机化单位并仔细思考随机化程序：哪些被试有资格成为你的样本？你将如何分配他们到实验条件？必须采取预防措施来确保没有什么会影响被试被分配到实验条件的概率。你可能会遇到某些人拒绝聆听你的请求；这种行为可能也是响应干预，应被归类为一种结果。注意不要从数据集中排除这些观测值。将你的请求在地理和时间上分隔开，并谨慎地记录结果，使被试始终无法察觉到一项实验正在发生。或许最大的挑战是在转换干预的同时，用相同的测量标准来评价结果。这些实验是非盲的，因为这些测量结果的人对被试的干预状态已知。我们担心的问题是，平均来说，尽管被试按照相同方式响应不同的干预，合谋者可能期望找到一个干预效应，并按照这种期望对被试的响应进行编码。一种更强的研究协议会安排不熟悉假设的观测者到研究地点，可以准确测量结果但并不引人注目。

457　　　（2）对社会规范和传染行为建模。实验可以被用来评估符合社会规范的行为是否会提高他人做出同样行为的概率。[①] 考虑的行为可能包括捡垃圾、在繁忙入口帮助扶门、为无家可归者捐款、在进入大楼时擦脚、遵守人行道指示灯、在进入图书馆前关掉手机、离开厕所时洗手、在地铁上给老人让座或在超市停车场归还购物车。再一次，面临的挑战包括定义随机分配程序，以及在干预之间实现充分的时间和空间分离。这项实验也需要周密的计划，以确保有不引人注目的测量结果，并采用保持干预和控制条件对称性的方式。

　　　（3）吸引力和社交暗示。某些种类的社会心理学实验适合被改造用在实地环境下。例如 Argo，Dahl and Morales（2008）发现当一位非常有吸引力的顾客（合谋者）拿着一件衣物，其他顾客（被试）会发现那件衣服尤其令人满意。[②] 这种假设可以通过使用具有不同吸引程度的合谋者适用于实地环境，并让每个人拿着一系列随机轮换的物品。例如，如果有两个合谋者，在商店 1，合谋者 1 拿着衬衫 A 和牛仔裤 B，而合谋者 2 拿着衬衫 C 和牛仔裤 D。在商店 2，他们会调换拿着的商品。另一位合谋者将测量十分钟以内有多少顾客拿着相同的物品，以及发生多少次购买。实施这种设计的一个挑战，是这样做不会引人注目并且有足够数量的商店。与吸引力相关的干预（以及与其他属性相关的干预，如社会阶层或政治意识形态）可以部署在人们做出选择的其他背景下，如快速约会。

　　　（4）为集体行动和慈善活动招募。实验被可用于评估不同类型的信息是如何影响人们被招募参与活动的成功的。这些活动包括环境清洁、政治集会和慈善活动（例如，贡献时间给社区中心或进行非货币捐献诸如书或眼镜）。[③] 这种研究与请求帮助研究相似，但通常涉及一个对有组织活动更广泛的描述，需要被试相当多或许是持续的参与。在理想情况下，这种研究不会涉及欺骗：有组织的活动是真实的，被试的参与是有价值的。这种研究的一个挑战是单位之间的干扰：干预
458　组被试可能会反过来去招募控制组被试。有人可能会考虑将招募信息直接随机分配给不同的个人整群（例如，每个区块或宿舍或楼层获取自己的信息），在尝试保持整群规模尽可能小的同时，防止单位之间的干扰。另一个挑战是持续追踪各实验组中谁是谁，以便测量行为结果（例如，志愿时间数量）。

　　　（5）项目参与。各种机构经常有一些适当的政策来鼓励但不要求公共参与。例子包括家庭废弃物回收利用、在高峰使用时段节约用电、家庭住宅保温。[④] 实验可以被用于评估不同信息传递策略对提高政策目标遵从率的影响。可能性包括宣传政府或公用事业公司制定的财务激励以鼓励遵从或提供反馈，反馈关于家庭、街区、宿舍或其他单位如何表现以符合社会目标。研究方面的挑战包括界定随机

---

[①] 例如，参见 Kallgren，Reno and Cialdini（2000）。也感兴趣的是 Mazerolle，Roehl and Kadleck（1998）以及 Harcourt and Ludwig（2006）。

[②] Argo，Dahl and Morales，2008.

[③] 对涉及书籍捐赠的一项实验，参见 John et al.（2011）。

[④] 这些例子包括 Cotterill et al.（2009）。Fisher and Ackerman（1998）的研究 2 也可以作为一项有用的设计模板。与公用事业公司合作进行的一项研究，参见 Ayres，Raseman and Shih（2009）。

化单位、实施某项干预时获得较高遵从率、最小化干预条件之间的溢出以及获得结果数据，要么和公用事业公司合作，要么通过直接观测来监测结果，如回收利用。

（6）执行法律和规范。如果研究者能够与警察或交通执法部门合作，各种低风险实验就能够以很低的成本甚至无成本地实施。一项简单的实验涉及让一辆警车（警车里面没有人，因此不涉及警察巡逻的重新部署）停在四个方向均有停车标志的繁忙十字路口附近。[1] 如果这个被研究的十字路口是从相似路口样本中随机选择的，研究者就可以测量干预对车辆完全停下来的可能性的效应。这项研究的挑战性在于，要同时测量干预地点和控制地点的结果。十字路口相互之间必须充分隔开，以便车辆在干预十字路口的减速，对他们在控制路口如何驾驶没有明显效应。类似方法可被用于研究监控特定区域的停车执法人员在实验期间（比如一周内）的勤勉对下一周遵守停车法规的影响。

（7）在餐馆给小费。数量惊人的研究文献说明了如何将给小费作为一种结果测量。有几项实验改变服务员拿餐馆账单给顾客的方式。[2] 可能的干预包括服务员手写的一张便条、免费糖果、画图包括笑脸符号以及爱国符号，诸如国旗贴纸。在实施这种实验时，注意确保服务员对实验条件一无所知，直到账单准备交给被试的那一刻。账单递交方式应防止顾客比较各种干预。这类实验本身有助于研究异质性干预效应，如研究者可以检验干预是否与，例如，服务员属性或账单大小有交互作用。

（8）辅导和短期成人教育项目。为了避免使用未成年人作为被试产生的复杂问题，这种实验应当关注成人学习者。[3] 为了将风险最小化，教学项目不应涉及潜在危险的活动，如机器操作。语言、公民或软件中的短期课程是这种教育项目的例子，能允许实验在几周内完成。干预可能包括教学风格变化、学习辅助、训练、讨论等。结果可能是最终考试的等级或一个特别设计的、用于各种不同班级的考试。无论用哪种方式，研究者必须尽量使样本缩减最小化。为了保持对称性，进行评分的人应当对干预分配一无所知。另一个实际的挑战是将被试划分为干预组和控制组。在理想的情况下，可能将个人分配到具有不同干预的班级；作为一个实际问题，可能需要将现有班级分配到不同的干预条件下，在这种情况下，在分析结果时，考虑因素中应包括整群划分。

（9）广告。从艺术表演到标价销售等一系列活动，都依靠广告来帮助宣传。如果与经常宣传即将举行活动的各种群体建立合作关系，研究者就能制定一项实验来评估广告对投票率的影响。因为追踪谁出现在这些活动中常常很困难，最容易的设计是改变广告量并测量出现的人数。例如，如果某个群体通常在附近区域粘贴 30 张海报，考虑一种设计，某些活动用 30 张海报宣传，而其他活动用 60

---

① 执法相关实验的例子，参见 Vaa（1997）。这种类型的研究可以追溯到 20 世纪 30 年代；参见 Moore and Callahan（1943）。

② Rind and Bordia，1996；Rind and Strohmetz，1999；Strohmetz et al.，2002.

③ 一个成人学习研究的例子，可在 Karpicke and Blunt（2011）找到。涉及儿童的类似研究例子，参见 James-Burdumy，Dynarski and Deke（2008）。

张。如果你提供额外劳动来增加广告量，该群体就可以获得额外宣传，你也得到了一项实验。这种研究的主要挑战，是积累足够数量的已宣传的活动，以便可靠地比较干预和控制出席数。与此同时，要在地理上和时间上隔离各种干预，以最小化溢出。

（10）住房和求职市场中的歧视。上述实验均没有涉及欺骗。最接近的是涉及帮助行为的实验，一个合谋者假装问路，勉强称得上欺骗，因为该问题始终是一个问题，尽管问了许多人。在其他所有的实验中，干预和行为结果都涉及实际活动，如标价销售或回收利用。欺骗通常被用于市场歧视研究中。例如，伯特兰和穆莱纳桑发送虚构的简历来响应招聘广告，除了别的以外，改变申请者的假定种族。[1] 佩奇采用假扮的同性恋或异性恋客户打电话询问是否还有公寓出租。[2] 这些研究范式可以廉价实施，对雇主或房东的影响很小。应当注意要少量地发送简历或询问，以免威胁无干扰性假定（参见第 12 章）或者给被试施加不必要的负担。如果欺骗被认为是不可接受的，另一种方法是使用具有多个名字的真实申请者，这些名字具有不同的种族或性别含义。

上面描述的实验不会耗尽低廉实验的供给，给被试带来的风险最小。我们之所以建议这些实验，是因为这些实验都能被迅速完成，而且不需要在某个特定领域具备特殊专业知识。例如，任何精力充沛、友好和有条理的人，只要具备基本研究技能就能实施一项严格的研究，来评估给餐馆顾客呈现一张画有笑脸的账单，小费是否会增加。研究者不得不寻找愿意合作的服务员，培训他们，密切监督干预的实施。坚持不懈是另一个有用的特质，在实地研究中挫折是常见的。幸运的是，挫折有利于实现教学目标。需要通过实践来连接实地中的事故与本书各个章节。例如，如果服务员在标注某些账单时，没有遵循随机分配，他们不会告诉你使用在第 5 章和第 6 章中讨论的方法来解决不遵从问题。只有依靠实践，你才能学会去诊断问题并相应调整你的设计、分析和解释。

---

[1]　Bertrand and Mullainathan，2004.

[2]　Page，1998.

| 序号 | 书名 | 作者 | Author | 单价 | 出版年份 | ISBN |
|---|---|---|---|---|---|---|
| 1 | 组织经济学:经济学分析方法在组织管理上的应用(第五版) | 塞特斯·杜马等 | Sytse Douma | 62.00 | 2018 | 978‑7‑300‑25545‑3 |
| 2 | 经济理论的回顾(第五版) | 马克·布劳格 | Mark Blaug | 88.00 | 2018 | 978‑7‑300‑26252‑9 |
| 3 | 实地实验:设计、分析与解释 | 艾伦·伯格等 | Alan S. Gerber | 69.80 | 2018 | 978‑7‑300‑26319‑9 |
| 4 | 金融学(第二版) | 兹维·博迪等 | Zvi Bodie | 75.00 | 2018 | 978‑7‑300‑26134‑8 |
| 5 | 空间数据分析:模型、方法与技术 | 曼弗雷德·M.费希尔等 | Manfred M. Fischer | 36.00 | 2018 | 978‑7‑300‑25304‑6 |
| 6 | 《宏观经济学》(第十二版)学习指导书 | 鲁迪格·多恩布什等 | Rudiger Dornbusch | 38.00 | 2018 | 978‑7‑300‑26063‑1 |
| 7 | 宏观经济学(第四版) | 保罗·克鲁格曼等 | Paul Krugman | 68.00 | 2018 | 978‑7‑300‑26068‑6 |
| 8 | 计量经济学导论:现代观点(第六版) | 杰弗里·M.伍德里奇 | Jeffrey M. Wooldridge | 109.00 | 2018 | 978‑7‑300‑25914‑7 |
| 9 | 经济思想史:伦敦经济学院讲演录 | 莱昂内尔·罗宾斯 | Lionel Robbins | 59.80 | 2018 | 978‑7‑300‑25258‑2 |
| 10 | 空间计量经济学入门——在R中的应用 | 朱塞佩·阿尔比亚 | Giuseppe Arbia | 45.00 | 2018 | 978‑7‑300‑25458‑6 |
| 11 | 克鲁格曼经济学原理(第四版) | 保罗·克鲁格曼等 | Paul Krugman | 88.00 | 2018 | 978‑7‑300‑25639‑9 |
| 12 | 发展经济学(第七版) | 德怀特·H.波金斯等 | Dwight H. Perkins | 98.00 | 2018 | 978‑7‑300‑25506‑4 |
| 13 | 线性与非线性规划(第四版) | 戴维·G.卢恩伯格等 | David G. Luenberger | 79.80 | 2018 | 978‑7‑300‑25391‑6 |
| 14 | 产业组织理论 | 让·梯若尔 | Jean Tirole | 110.00 | 2018 | 978‑7‑300‑25170‑7 |
| 15 | 经济学精要(第六版) | 巴德、帕金 | Bade，Parkin | 89.00 | 2018 | 978‑7‑300‑24749‑6 |
| 16 | 空间计量经济学——空间数据的分位数回归 | 丹尼尔·P.麦克米伦 | Daniel P. McMillen | 30.00 | 2018 | 978‑7‑300‑23949‑1 |
| 17 | 高级宏观经济学基础(第二版) | 本·J.海德拉 | Ben J. Heijdra | 88.00 | 2018 | 978‑7‑300‑25147‑9 |
| 18 | 税收经济学(第二版) | 伯纳德·萨拉尼耶 | Bernard Salanié | 42.00 | 2018 | 978‑7‑300‑23866‑1 |
| 19 | 国际宏观经济学(第三版) | 罗伯特·C.芬斯特拉 | Robert C. Feenstra | 79.00 | 2017 | 978‑7‑300‑25326‑8 |
| 20 | 公司治理(第五版) | 罗伯特·A.G.蒙克斯 | Robert A. G. Monks | 69.80 | 2017 | 978‑7‑300‑24972‑8 |
| 21 | 国际经济学(第15版) | 罗伯特·J.凯伯 | Robert J. Carbaugh | 78.00 | 2017 | 978‑7‑300‑24844‑8 |
| 22 | 经济理论和方法史(第五版) | 小罗伯特·B.埃克伦德等 | Robert B. Ekelund. Jr. | 88.00 | 2017 | 978‑7‑300‑22497‑8 |
| 23 | 经济地理学 | 威廉·P.安德森 | William P. Anderson | 59.80 | 2017 | 978‑7‑300‑24544‑7 |
| 24 | 博弈与信息:博弈论概论(第四版) | 艾里克·拉斯穆森 | Eric Rasmusen | 79.80 | 2017 | 978‑7‑300‑24546‑1 |
| 25 | MBA宏观经济学 | 莫里斯·A.戴维斯 | Morris A. Davis | 38.00 | 2017 | 978‑7‑300‑24268‑2 |
| 26 | 经济学基础(第十六版) | 弗兰克·V.马斯切纳 | Frank V. Mastrianna | 42.00 | 2017 | 978‑7‑300‑22607‑1 |
| 27 | 高级微观经济学:选择与竞争性市场 | 戴维·M.克雷普斯 | David M. Kreps | 79.80 | 2017 | 978‑7‑300‑23674‑2 |
| 28 | 博弈论与机制设计 | Y.内拉哈里 | Y. Narahari | 69.80 | 2017 | 978‑7‑300‑24209‑5 |
| 29 | 宏观经济学精要:理解新闻中的经济学(第三版) | 彼得·肯尼迪 | Peter Kennedy | 45.00 | 2017 | 978‑7‑300‑21617‑1 |
| 30 | 宏观经济学(第十二版) | 鲁迪格·多恩布什等 | Rudiger Dornbusch | 69.00 | 2017 | 978‑7‑300‑23772‑5 |
| 31 | 国际金融与开放宏观经济学:理论、历史与政策 | 亨德里克·范登伯格 | Hendrik Van den Berg | 68.00 | 2016 | 978‑7‑300‑23380‑2 |
| 32 | 经济学(微观部分) | 达龙·阿西莫格鲁等 | Daron Acemoglu | 59.00 | 2016 | 978‑7‑300‑21786‑4 |
| 33 | 经济学(宏观部分) | 达龙·阿西莫格鲁等 | Daron Acemoglu | 45.00 | 2016 | 978‑7‑300‑21886‑1 |
| 34 | 发展经济学 | 热若尔·罗兰 | Gérard Roland | 79.00 | 2016 | 978‑7‑300‑23379‑6 |
| 35 | 中级微观经济学——直觉思维与数理方法(上下册) | 托马斯·J·内契巴 | Thomas J. Nechyba | 128.00 | 2016 | 978‑7‑300‑22363‑6 |
| 36 | 环境与自然资源经济学(第十版) | 汤姆·蒂坦伯格等 | Tom Tietenberg | 72.00 | 2016 | 978‑7‑300‑22900‑3 |
| 37 | 劳动经济学基础(第二版) | 托马斯·海克拉克等 | Thomas Hyclak | 65.00 | 2016 | 978‑7‑300‑23146‑4 |
| 38 | 货币金融学(第十一版) | 弗雷德里克·S·米什金 | Frederic S. Mishkin | 85.00 | 2016 | 978‑7‑300‑23001‑6 |
| 39 | 动态优化——经济学和管理学中的变分法和最优控制(第二版) | 莫顿·I·凯曼等 | Morton I. Kamien | 48.00 | 2016 | 978‑7‑300‑23167‑9 |
| 40 | 用Excel学习中级微观经济学 | 温贝托·巴雷托 | Humberto Barreto | 65.00 | 2016 | 978‑7‑300‑21628‑7 |
| 41 | 宏观经济学(第九版) | N·格里高利·曼昆 | N. Gregory Mankiw | 79.00 | 2016 | 978‑7‑300‑23038‑2 |
| 42 | 国际经济学:理论与政策(第十版) | 保罗·R·克鲁格曼等 | Paul R. Krugman | 89.00 | 2016 | 978‑7‑300‑22710‑8 |
| 43 | 国际金融(第十版) | 保罗·R·克鲁格曼等 | Paul R. Krugman | 55.00 | 2016 | 978‑7‑300‑22089‑5 |
| 44 | 国际贸易(第十版) | 保罗·R·克鲁格曼等 | Paul R. Krugman | 42.00 | 2016 | 978‑7‑300‑22088‑8 |
| 45 | 经济学精要(第3版) | 斯坦利·L·布鲁伊等 | Stanley L. Brue | 58.00 | 2016 | 978‑7‑300‑22301‑8 |
| 46 | 经济分析史(第七版) | 英格里德·H·里马 | Ingrid H. Rima | 72.00 | 2016 | 978‑7‑300‑22294‑3 |
| 47 | 投资学精要(第九版) | 兹维·博迪等 | Zvi Bodie | 108.00 | 2016 | 978‑7‑300‑22236‑3 |
| 48 | 环境经济学(第二版) | 查尔斯·D·科尔斯塔德 | Charles D. Kolstad | 68.00 | 2016 | 978‑7‑300‑22255‑4 |
| 49 | MWG《微观经济理论》习题解答 | 原千晶等 | Chiaki Hara | 75.00 | 2016 | 978‑7‑300‑22306‑3 |
| 50 | 现代战略分析(第七版) | 罗伯特·M·格兰特 | Robert M. Grant | 68.00 | 2016 | 978‑7‑300‑17123‑4 |
| 51 | 横截面与面板数据的计量经济分析(第二版) | 杰弗里·M·伍德里奇 | Jeffrey M. Wooldridge | 128.00 | 2016 | 978‑7‑300‑21938‑7 |
| 52 | 宏观经济学(第十二版) | 罗伯特·J·戈登 | Robert J. Gordon | 75.00 | 2016 | 978‑7‑300‑21978‑3 |

经济科学译丛

| 序号 | 书名 | 作者 | Author | 单价 | 出版年份 | ISBN |
|---|---|---|---|---|---|---|
| 53 | 动态最优化基础 | 蒋中一 | Alpha C. Chiang | 42.00 | 2015 | 978-7-300-22068-0 |
| 54 | 城市经济学 | 布伦丹·奥弗莱厄蒂 | Brendan O'Flaherty | 69.80 | 2015 | 978-7-300-22067-3 |
| 55 | 管理经济学:理论、应用与案例(第八版) | 布鲁斯·艾伦等 | Bruce Allen | 79.80 | 2015 | 978-7-300-21991-2 |
| 56 | 经济政策:理论与实践 | 阿格尼丝·贝纳西-奎里等 | Agnès Bénassy-Quéré | 79.80 | 2015 | 978-7-300-21921-9 |
| 57 | 微观经济分析(第三版) | 哈尔·R·范里安 | Hal R. Varian | 68.00 | 2015 | 978-7-300-21536-5 |
| 58 | 财政学(第十版) | 哈维·S·罗森等 | Harvey S. Rosen | 68.00 | 2015 | 978-7-300-21754-3 |
| 59 | 经济数学(第三版) | 迈克尔·霍伊等 | Michael Hoy | 88.00 | 2015 | 978-7-300-21674-4 |
| 60 | 发展经济学(第九版) | A. P. 瑟尔沃 | A. P. Thirlwall | 69.80 | 2015 | 978-7-300-21193-0 |
| 61 | 宏观经济学(第五版) | 斯蒂芬·D·威廉森 | Stephen D. Williamson | 69.00 | 2015 | 978-7-300-21169-5 |
| 62 | 资源经济学(第三版) | 约翰·C·伯格斯特罗姆等 | John C. Bergstrom | 58.00 | 2015 | 978-7-300-20742-1 |
| 63 | 应用中级宏观经济学 | 凯文·D·胡佛 | Kevin D. Hoover | 78.00 | 2015 | 978-7-300-21000-1 |
| 64 | 计量经济学导论:现代观点(第五版) | 杰弗里·M·伍德里奇 | Jeffrey M. Wooldridge | 99.00 | 2015 | 978-7-300-20815-2 |
| 65 | 现代时间序列分析导论(第二版) | 约根·沃特斯等 | Jürgen Wolters | 39.80 | 2015 | 978-7-300-20625-7 |
| 66 | 空间计量经济学——从横截面数据到空间面板 | J·保罗·埃尔霍斯特 | J. Paul Elhorst | 32.00 | 2015 | 978-7-300-21024-7 |
| 67 | 国际经济学原理 | 肯尼思·A·赖纳特 | Kenneth A. Reinert | 58.00 | 2015 | 978-7-300-20830-5 |
| 68 | 经济写作(第二版) | 迪尔德丽·N·麦克洛斯基 | Deirdre N. McCloskey | 39.80 | 2015 | 978-7-300-20914-2 |
| 69 | 计量经济学方法与应用(第五版) | 巴蒂·H·巴尔塔基 | Badi H. Baltagi | 58.00 | 2015 | 978-7-300-20584-7 |
| 70 | 战略经济学(第五版) | 戴维·贝赞可等 | David Besanko | 78.00 | 2015 | 978-7-300-20679-0 |
| 71 | 博弈论导论 | 史蒂文·泰迪里斯 | Steven Tadelis | 58.00 | 2015 | 978-7-300-19993-1 |
| 72 | 社会问题经济学(第二十版) | 安塞尔·M·夏普等 | Ansel M. Sharp | 49.00 | 2015 | 978-7-300-20279-2 |
| 73 | 博弈论:矛盾冲突分析 | 罗杰·B·迈尔森 | Roger B. Myerson | 58.00 | 2015 | 978-7-300-20212-9 |
| 74 | 时间序列分析 | 詹姆斯·D·汉密尔顿 | James D. Hamilton | 118.00 | 2015 | 978-7-300-20213-6 |
| 75 | 经济问题与政策(第五版) | 杰奎琳·默里·布鲁克斯 | Jacqueline Murray Brux | 58.00 | 2014 | 978-7-300-17799-1 |
| 76 | 微观经济理论 | 安德鲁·马斯-克莱尔等 | Andreu Mas-Collel | 148.00 | 2014 | 978-7-300-19986-3 |
| 77 | 产业组织:理论与实践(第四版) | 唐·E·瓦尔德曼等 | Don E. Waldman | 75.00 | 2014 | 978-7-300-19722-7 |
| 78 | 公司金融理论 | 让·梯若尔 | Jean Tirole | 128.00 | 2014 | 978-7-300-20178-8 |
| 79 | 经济学精要(第三版) | R·格伦·哈伯德等 | R. Glenn Hubbard | 85.00 | 2014 | 978-7-300-19362-5 |
| 80 | 公共部门经济学 | 理查德·W·特里西 | Richard W. Tresch | 49.00 | 2014 | 978-7-300-18442-5 |
| 81 | 计量经济学原理(第六版) | 彼得·肯尼迪 | Peter Kennedy | 69.80 | 2014 | 978-7-300-19342-7 |
| 82 | 统计学:在经济中的应用 | 玛格丽特·刘易斯 | Margaret Lewis | 45.00 | 2014 | 978-7-300-19082-2 |
| 83 | 产业组织:现代理论与实践(第四版) | 林恩·佩波尔等 | Lynne Pepall | 88.00 | 2014 | 978-7-300-19166-9 |
| 84 | 计量经济学导论(第三版) | 詹姆斯·H·斯托克等 | James H. Stock | 69.00 | 2014 | 978-7-300-18467-8 |
| 85 | 发展经济学导论(第四版) | 秋山裕 | 秋山裕 | 39.80 | 2014 | 978-7-300-19127-0 |
| 86 | 中级微观经济学(第六版) | 杰弗里·M·佩罗夫 | Jeffrey M. Perloff | 89.00 | 2014 | 978-7-300-18441-8 |
| 87 | 平狄克《微观经济学》(第八版)学习指导 | 乔纳森·汉密尔顿等 | Jonathan Hamilton | 32.00 | 2014 | 978-7-300-18970-3 |
| 88 | 微观经济学(第八版) | 罗伯特·S·平狄克等 | Robert S. Pindyck | 79.00 | 2013 | 978-7-300-17133-3 |
| 89 | 微观银行经济学(第二版) | 哈维尔·弗雷克萨斯等 | Xavier Freixas | 48.00 | 2014 | 978-7-300-18940-6 |
| 90 | 施米托夫论出口贸易——国际贸易法律与实务(第11版) | 克利夫·M·施米托夫等 | Clive M. Schmitthoff | 168.00 | 2014 | 978-7-300-18425-8 |
| 91 | 微观经济学思维 | 玛莎·L·奥尔尼 | Martha L. Olney | 29.80 | 2013 | 978-7-300-17280-4 |
| 92 | 宏观经济学思维 | 玛莎·L·奥尔尼 | Martha L. Olney | 39.80 | 2013 | 978-7-300-17279-8 |
| 93 | 计量经济学原理与实践 | 达摩达尔·N·古扎拉蒂 | Damodar N. Gujarati | 49.80 | 2013 | 978-7-300-18169-1 |
| 94 | 现代战略分析案例集 | 罗伯特·M·格兰特 | Robert M. Grant | 48.00 | 2013 | 978-7-300-16038-2 |
| 95 | 高级国际贸易:理论与实证 | 罗伯特·C·芬斯特拉 | Robert C. Feenstra | 59.00 | 2013 | 978-7-300-17157-9 |
| 96 | 经济学简史——处理沉闷科学的巧妙方法(第二版) | E·雷·坎特伯里 | E. Ray Canterbery | 58.00 | 2013 | 978-7-300-17571-3 |
| 97 | 管理经济学(第四版) | 方博亮等 | Ivan Png | 80.00 | 2013 | 978-7-300-17000-8 |
| 98 | 微观经济学原理(第五版) | 巴德.帕金 | Bade, Parkin | 65.00 | 2013 | 978-7-300-16930-9 |
| 99 | 宏观经济学原理(第五版) | 巴德.帕金 | Bade, Parkin | 63.00 | 2013 | 978-7-300-16929-3 |
| 100 | 环境经济学 | 彼得·伯克等 | Peter Berck | 55.00 | 2013 | 978-7-300-16538-7 |
| 101 | 高级微观经济理论 | 杰弗里·杰里 | Geoffrey A. Jehle | 69.00 | 2012 | 978-7-300-16613-1 |
| 102 | 高级宏观经济学导论:增长与经济周期(第二版) | 彼得·伯奇·索伦森等 | Peter Birch Sørensen | 95.00 | 2012 | 978-7-300-15871-6 |
| 103 | 宏观经济学:政策与实践 | 弗雷德里克·S·米什金 | Frederic S. Mishkin | 69.00 | 2012 | 978-7-300-16443-4 |
| 104 | 宏观经济学(第二版) | 保罗·克鲁格曼 | Paul Krugman | 45.00 | 2012 | 978-7-300-15029-1 |
| 105 | 微观经济学(第二版) | 保罗·克鲁格曼 | Paul Krugman | 69.80 | 2012 | 978-7-300-14835-9 |

**经济科学译丛**

| 序号 | 书名 | 作者 | Author | 单价 | 出版年份 | ISBN |
|---|---|---|---|---|---|---|
| 106 | 克鲁格曼《微观经济学(第二版)》学习手册 | 伊丽莎白·索耶·凯利 | Elizabeth Sawyer Kelly | 58.00 | 2013 | 978 - 7 - 300 - 17002 - 2 |
| 107 | 克鲁格曼《宏观经济学(第二版)》学习手册 | 伊丽莎白·索耶·凯利 | Elizabeth Sawyer Kelly | 36.00 | 2013 | 978 - 7 - 300 - 17024 - 4 |
| 108 | 微观经济学(第十一版) | 埃德温·曼斯费尔德 | Edwin Mansfield | 88.00 | 2012 | 978 - 7 - 300 - 15050 - 5 |
| 109 | 卫生经济学(第六版) | 舍曼·富兰德等 | Sherman Folland | 79.00 | 2011 | 978 - 7 - 300 - 14645 - 4 |
| 110 | 宏观经济学(第七版) | 安德鲁·B·亚伯等 | Andrew B. Abel | 78.00 | 2011 | 978 - 7 - 300 - 14223 - 4 |
| 111 | 现代劳动经济学:理论与公共政策(第十版) | 罗纳德·G·伊兰伯格等 | Ronald G. Ehrenberg | 69.00 | 2011 | 978 - 7 - 300 - 14482 - 5 |
| 112 | 宏观经济学:理论与政策(第九版) | 理查德·T·弗罗恩 | Richard T. Froyen | 55.00 | 2011 | 978 - 7 - 300 - 14108 - 4 |
| 113 | 经济学原理(第四版) | 威廉·博伊斯等 | William Boyes | 59.00 | 2011 | 978 - 7 - 300 - 13518 - 2 |
| 114 | 计量经济学基础(第五版)(上下册) | 达摩达尔·N·古扎拉蒂 | Damodar N. Gujarati | 99.00 | 2011 | 978 - 7 - 300 - 13693 - 6 |
| 115 | 《计量经济学基础》(第五版)学生习题解答手册 | 达摩达尔·N·古扎拉蒂等 | Damodar N. Gujarati | 23.00 | 2012 | 978 - 7 - 300 - 15080 - 8 |
| 116 | 计量经济分析(第六版)(上下册) | 威廉·H·格林 | William H. Greene | 128.00 | 2011 | 978 - 7 - 300 - 12779 - 8 |
| 117 | 国际贸易 | 罗伯特·C·芬斯特拉等 | Robert C. Feenstra | 49.00 | 2011 | 978 - 7 - 300 - 13704 - 9 |
| 118 | 经济增长(第二版) | 戴维·N·韦尔 | David N. Weil | 63.00 | 2011 | 978 - 7 - 300 - 12778 - 1 |
| 119 | 投资科学 | 戴维·G·卢恩伯格 | David G. Luenberger | 58.00 | 2011 | 978 - 7 - 300 - 14747 - 5 |
| 120 | 博弈论 | 朱·弗登博格等 | Drew Fudenberg | 68.00 | 2010 | 978 - 7 - 300 - 11785 - 0 |

**金融学译丛**

| 序号 | 书名 | 作者 | Author | 单价 | 出版年份 | ISBN |
|---|---|---|---|---|---|---|
| 1 | 金融学原理(第八版) | 阿瑟·J·基翁等 | Arthur J. Keown | 79.00 | 2018 | 978 - 7 - 300 - 25638 - 2 |
| 2 | 财务管理基础(第七版) | 劳伦斯·J·吉特曼等 | Lawrence J. Gitman | 89.00 | 2018 | 978 - 7 - 300 - 25339 - 8 |
| 3 | 利率互换及其他衍生品 | 霍华德·科伯 | Howard Corb | 69.00 | 2018 | 978 - 7 - 300 - 25294 - 0 |
| 4 | 固定收益证券手册(第八版) | 弗兰克·J·法博齐 | Frank J. Fabozzi | 228.00 | 2017 | 978 - 7 - 300 - 24227 - 9 |
| 5 | 金融市场与金融机构(第8版) | 弗雷德里克·S·米什金等 | Frederic S. Mishkin | 86.00 | 2017 | 978 - 7 - 300 - 24731 - 1 |
| 6 | 兼并、收购和公司重组(第六版) | 帕特里克·A·高根 | Patrick A. Gaughan | 89.00 | 2017 | 978 - 7 - 300 - 24231 - 6 |
| 7 | 债券市场:分析与策略(第九版) | 弗兰克·J·法博齐 | Frank J. Fabozzi | 98.00 | 2017 | 978 - 7 - 300 - 23495 - 3 |
| 8 | 财务报表分析(第四版) | 马丁·弗里德森 | Martin Fridson | 46.00 | 2016 | 978 - 7 - 300 - 23037 - 5 |
| 9 | 国际金融学 | 约瑟夫·P·丹尼斯等 | Joseph P. Daniels | 65.00 | 2016 | 978 - 7 - 300 - 23037 - 1 |
| 10 | 国际金融 | 阿德里安·巴克利 | Adrian Buckley | 88.00 | 2016 | 978 - 7 - 300 - 22668 - 2 |
| 11 | 个人理财(第六版) | 阿瑟·J·基翁 | Arthur J. Keown | 85.00 | 2016 | 978 - 7 - 300 - 22711 - 5 |
| 12 | 投资学基础(第三版) | 戈登·J·亚历山大等 | Gordon J. Alexander | 79.00 | 2015 | 978 - 7 - 300 - 20274 - 7 |
| 13 | 金融风险管理(第二版) | 彼德·F·克里斯托弗森 | Peter F. Christoffersen | 46.00 | 2015 | 978 - 7 - 300 - 21210 - 4 |
| 14 | 风险管理与保险管理(第十二版) | 乔治·E·瑞达等 | George E. Rejda | 95.00 | 2015 | 978 - 7 - 300 - 21486 - 3 |
| 15 | 个人理财(第五版) | 杰夫·马杜拉 | Jeff Madura | 69.00 | 2015 | 978 - 7 - 300 - 20583 - 0 |
| 16 | 企业价值评估 | 罗伯特·A·G·蒙克斯等 | Robert A. G. Monks | 58.00 | 2015 | 978 - 7 - 300 - 20582 - 3 |
| 17 | 基于Excel的金融学原理(第二版) | 西蒙·本尼卡 | Simon Benninga | 79.00 | 2014 | 978 - 7 - 300 - 18899 - 7 |
| 18 | 金融工程学原理(第二版) | 萨利赫·N·内夫特奇 | Salih N. Neftci | 88.00 | 2014 | 978 - 7 - 300 - 19348 - 9 |
| 19 | 投资学导论(第十版) | 赫伯特·B·梅奥 | Herbert B. Mayo | 69.00 | 2014 | 978 - 7 - 300 - 18971 - 0 |
| 20 | 国际金融市场导论(第六版) | 斯蒂芬·瓦尔德斯等 | Stephen Valdez | 59.80 | 2014 | 978 - 7 - 300 - 18896 - 6 |
| 21 | 金融数学:金融工程引论(第二版) | 马雷克·凯宾斯基等 | Marek Capinski | 42.00 | 2014 | 978 - 7 - 300 - 17650 - 5 |
| 22 | 财务管理(第二版) | 雷蒙德·布鲁克斯 | Raymond Brooks | 69.00 | 2014 | 978 - 7 - 300 - 19085 - 3 |
| 23 | 期货与期权市场导论(第七版) | 约翰·C·赫尔 | John C. Hull | 69.00 | 2014 | 978 - 7 - 300 - 18994 - 2 |
| 24 | 国际金融:理论与实务 | 皮特·塞尔居 | Piet Sercu | 88.00 | 2014 | 978 - 7 - 300 - 18413 - 5 |
| 25 | 货币、银行和金融体系 | R·格伦·哈伯德等 | R. Glenn Hubbard | 75.00 | 2013 | 978 - 7 - 300 - 17856 - 1 |
| 26 | 并购创造价值(第二版) | 萨德·苏达斯纳 | Sudi Sudarsanam | 89.00 | 2013 | 978 - 7 - 300 - 17473 - 0 |
| 27 | 个人理财——理财技能培养方法(第三版) | 杰克·R·卡普尔等 | Jack R. Kapoor | 66.00 | 2013 | 978 - 7 - 300 - 16687 - 2 |
| 28 | 国际财务管理 | 吉尔特·贝克特 | Geert Bekaert | 95.00 | 2012 | 978 - 7 - 300 - 16031 - 3 |
| 29 | 应用公司财务(第三版) | 阿斯沃思·达摩兰 | Aswath Damodaran | 88.00 | 2012 | 978 - 7 - 300 - 16034 - 4 |
| 30 | 资本市场:机构与工具(第四版) | 弗兰克·J·法博齐 | Frank J. Fabozzi | 85.00 | 2013 | 978 - 7 - 300 - 13828 - 2 |
| 31 | 衍生品市场(第二版) | 罗伯特·L·麦克唐纳 | Robert L. McDonald | 98.00 | 2011 | 978 - 7 - 300 - 13130 - 6 |
| 32 | 跨国金融原理(第三版) | 迈克尔·H·莫菲特等 | Michael H. Moffett | 78.00 | 2011 | 978 - 7 - 300 - 12781 - 1 |
| 33 | 统计与金融 | 戴维·鲁珀特 | David Ruppert | 48.00 | 2010 | 978 - 7 - 300 - 11547 - 4 |
| 34 | 国际投资(第六版) | 布鲁诺·索尔尼克等 | Bruno Solnik | 62.00 | 2010 | 978 - 7 - 300 - 11289 - 3 |

**图书在版编目（CIP）数据**

实地实验：设计、分析与解释/（ ）艾伦·格伯（Alan S. Gerber），（ ）唐纳德·格林（Donald P. Green）著；王思琦译. —北京：中国人民大学出版社，2018.11
（经济科学译丛）
书名原文：Field Experiments：Design, Analysis, and Interpretation
ISBN 978-7-300-26319-9

Ⅰ.①实… Ⅱ.①艾… ②唐… ③王… Ⅲ.①实验方法 Ⅳ.①N33

中国版本图书馆 CIP 数据核字（2018）第 230931 号

"十三五"国家重点出版物出版规划项目
经济科学译丛
**实地实验：设计、分析与解释**
艾伦·格伯
唐纳德·格林　　著
王思琦　译
Shidi Shiyan：Sheji, Fenxi yu Jieshi

| | | | |
|---|---|---|---|
| 出版发行 | 中国人民大学出版社 | | |
| 社　　址 | 北京中关村大街 31 号 | 邮政编码 | 100080 |
| 电　　话 | 010－62511242（总编室） | 010－62511770（质管部） | |
| | 010－82501766（邮购部） | 010－62514148（门市部） | |
| | 010－62515195（发行公司） | 010－62515275（盗版举报） | |
| 网　　址 | http://www.crup.com.cn | | |
| | http://www.ttrnet.com（人大教研网） | | |
| 经　　销 | 新华书店 | | |
| 印　　刷 | 北京七色印务有限公司 | | |
| 规　　格 | 185 mm×260 mm　16 开本 | 版　次 | 2018 年 11 月第 1 版 |
| 印　　张 | 23.5　插页 2 | 印　次 | 2018 年 11 月第 1 次印刷 |
| 字　　数 | 484 000 | 定　价 | 69.80 元 |